高等院校模具课系列教材

冲压工艺与模具设计

主　编　王桂英

副主编　贾全义　王春香　张桂侠

参　编　俞　蓓　潘祖聪

主　审　刘全坤

合肥工业大学出版社

图书在版编目(CIP)数据

冲压工艺与模具设计/王桂英主编.—合肥:合肥工业大学出版社,2010.9

ISBN 978-7-5650-0273-1

Ⅰ.①冲…　Ⅱ.①王…　Ⅲ.①冲压—工艺②—冲模—设计　Ⅳ.①TG38

中国版本图书馆CIP数据核字(2010)第173260号

冲压工艺与模具设计

主编　王桂英　　　　责任编辑　汤礼广

出　版	合肥工业大学出版社	**版　次**	2010年9月第1版
地　址	合肥市屯溪路193号	**印　次**	2010年9月第1次印刷
邮　编	230009	**开　本**	787毫米×1092毫米　1/16
电　话	总编室:0551-2903038	**印　张**	21
	发行部:0551-2903198	**字　数**	482千字
网　址	www.hfutpress.com.cn	**印　刷**	安徽江淮印务有限责任公司
E-mail	press@hfutpress.com.cn	**发　行**	全国新华书店

ISBN 978-7-5650-0273-1　　　　定价:36.00元

如果有影响阅读的印装质量问题,请与出版社发行部联系调换

前　言

随着国民经济的迅速发展，冷冲压模具在机械制造、电子电器及日常生活中占有越来越重要的地位。冷冲压模具已经发展成为一门产业，并促进了其他行业的发展与进步。

本书是根据全国机械职业教育模具设计与制造专业教学指导编写委员会制定的"冲压模具及设备"课程基本要求，并遵循"理论联系实际，体现应用性、实用性、综合性和先进性，激发创新"的原则，在总结近几年模具专业教改经验及生产实践的基础上编写的。本书的主要特点有：

(1)根据社会对从事冲压成形工艺及模具设计的工程技术应用型人才的实际要求，讲解理论以"必需、够用"为度，着眼于解决现场实际问题。同时融合相关知识为一体，突出综合素质的培养，并注意加强专业知识的广度，积极吸纳新技术、新工艺。

(2)将冲压成形原理、冲压工艺与模具设计、冲压成形设备等三门课程的内容进行了提炼和有机的融合，其中基础理论部分较全面、工艺部分简明扼要，内容编排深入浅出，语言叙述通俗易懂。

(3)各章均选编了较多的应用实例和习题，重点章节精选了在生产中得到综合应用的实例和大型连续作业，实用性和可操作性强，便于教学和自学。

本书可作为高等院校模具设计与制造专业及机械、机电类各相关专业的教材，也可供从事模具设计与制造的工程技术人员参考。

本书由安徽机电职业技术学院王桂英担任主编，合肥工业大学刘全坤教授担任主审。全书共七章。第一章由安徽国防科技职业学院张桂侠编写；第二章由安徽机电职业技术学院王春香编写；前言、第三章、第七章由安徽机电职业技术学院王桂英编写；第四章由淮南联合大学贾全义编写；第五章由安徽机电职业技术学院俞蓓编写；第六章由安徽水利水电职业技术学院潘祖聪编写。

由于编者水平有限，加之时间仓促，书中错误和缺点在所难免，恳请广大读者批评指正。

编　者

目 录

绪　论

【内容提要】　本章主要介绍冲压模具设计与制造的基础概念。内容涉及冲压和冲模的概念、冲压工序和冲模分类；冲压加工的特点与应用；冲压技术的现状和发展方向；学习本课程的要求和方法。

【目标要求】　了解冲压和冲模概念、冲压工序和冲模分类；掌握冲压加工的特点与应用；熟悉冲压技术的现状和发展方向。

一、冲压内涵

1. 冲压的概念

冲压就是在常温下，利用安装在压力机或其他相关设备上的冲压模具，对材料施加压力，使其产生塑性变形或断裂分离，从而获得一定形状、尺寸、精度零件的一种加工方法。冲压加工的对象一般是板料，所以，冲压又叫做板料冲压；又由于冲压是在常温下进行的，所以又称冷冲压。冲压不仅可以加工金属板料，而且还可以加工非金属板料。

冲压模具是实现冲压生产的工艺装备，是一种专用工具。

要实现冲压加工，一般要具备三个条件，简称冲压三要素。冲压加工的三要素是：合理的冲压工艺、先进的模具和高效的冲压设备。冲压加工的三要素是决定冲压质量、精度和生产效率的关键因素，三者之间是不可分割的，先进的模具只有配备先进的压力机和优质的材料，才能充分发挥作用，做出一流产品，取得高的经济效益。

冲压生产在电子产品、汽车、仪器仪表、家用电器、生活用品等行业应用非常广泛。

2. 冲压工序的分类

冲压工序按其变形性质可以分为分离工序与成形工序两大类，每一类中又包括许多不同的工序，见表1－1和表1－2。

表1－1　分离工序

工序名称	工序简图	特点及应用范围
落料	废料　零件	将材料沿封闭轮廓分离，被分离下来的部分大多是平板形的工件或工序件
冲孔	零件　废料	将废料沿封闭轮廓从材料或工序件上分离下来，从而在材料或工序件上获得需要的孔

（续表）

工序名称	工序简图	特点及应用范围
切断	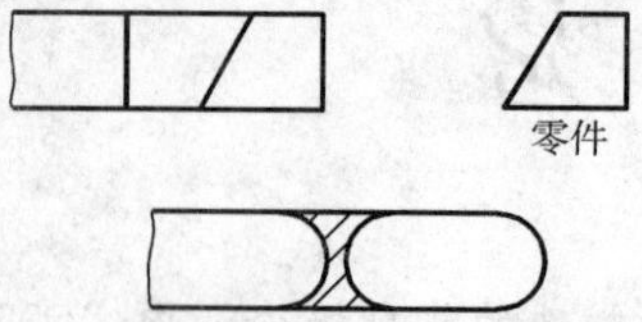 零件	将材料沿敞开轮廓分离，被分离的材料成为工件或工序件
切舌	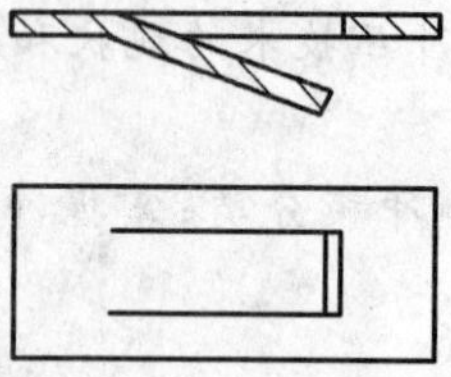	将材料沿敞开轮廓局部而不是完全分离，并使被局部分离的部分达到工件所要求的一定位置，不再位于分离前所处的平面上
切边	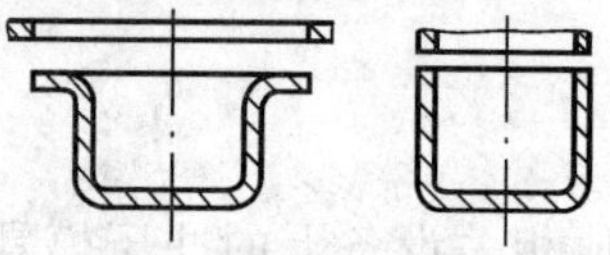	利用冲模修切成形工序件的边缘，使之具有一定直径，一定高度或一定形状
剖切	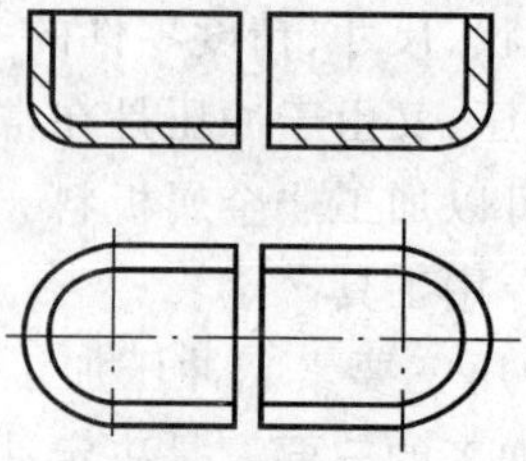	用剖切模将成形工序件一分为几，主要用于不对称零件的成双或成组冲压成形之后的分离
整修	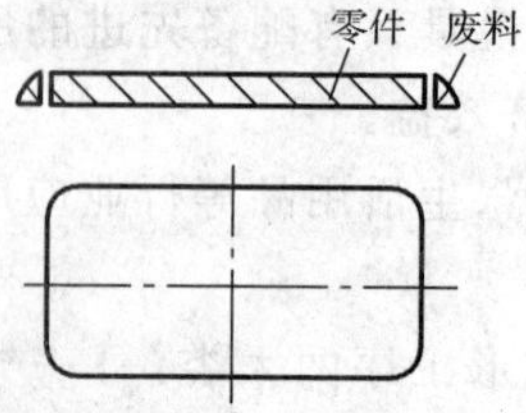 零件 废料	沿外形或内形轮廓切去少量材料，从而降低断面粗糙度，提高断面垂直度和工件尺寸精度
精冲	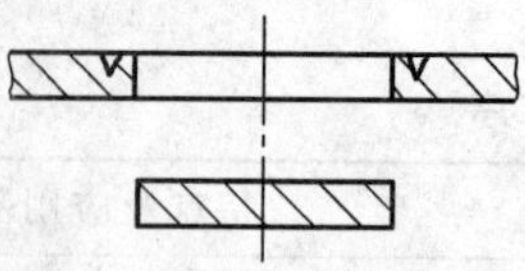	用精冲模冲出尺寸精度高，断面光洁且垂直的零件

表 1-2　成形工序

工序名称	工序简图	特点及应用范围
弯　曲	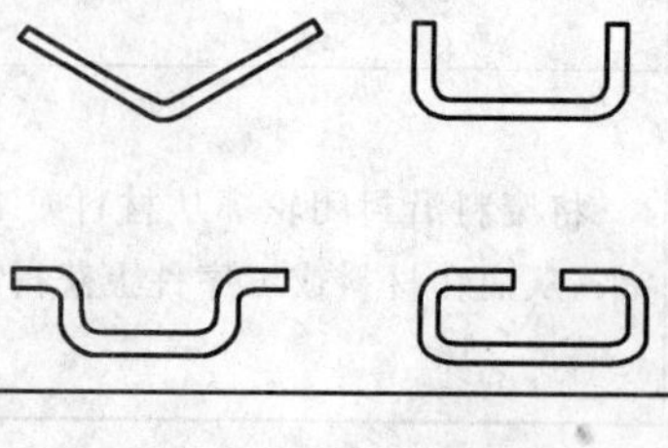	用弯曲模使材料产生塑性变形，从而弯成一定曲率、一定角度的零件。它可以加工各种复杂的弯曲件

（续表）

工序名称	工序简图	特点及应用范围
卷　边	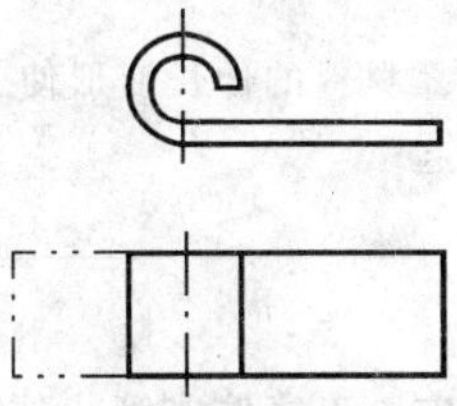	将工序件边缘卷成接近封闭圆形，用于加工类似铰链的零件
拉　弯	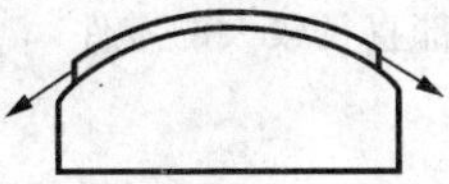	在拉力与弯矩共同作用下实现弯曲变形，使坯料的整个弯曲横断面全部受拉应力作用，从而提高弯曲件精度
扭　弯	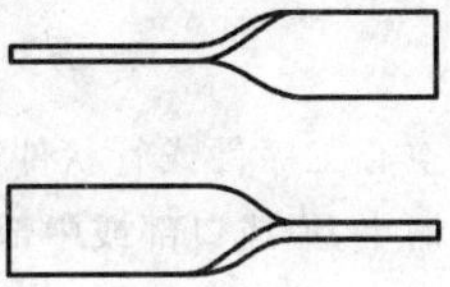	将平直或局部平直工序件的一部分相对另一部分扭转一定角度
拉　深	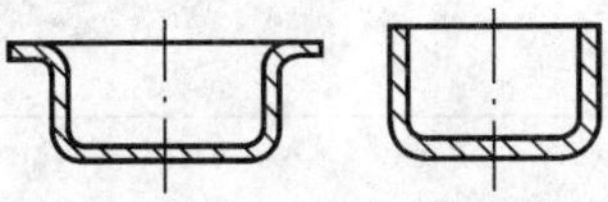	将平板形的坯料或工序件变为开口空心件，或把开口空心工序件进一步改变形状和尺寸成为开口空心件
变薄拉深	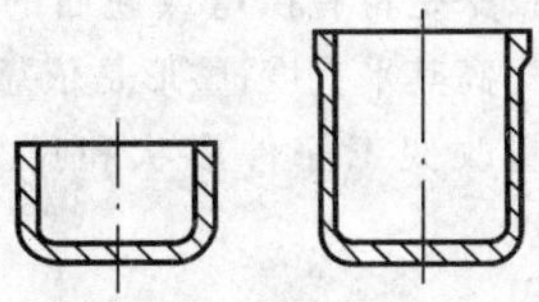	将拉深后的空心工序件进一步拉深，使其侧壁减薄，高度增大，以获得底部厚度大于侧壁的零件
翻　孔	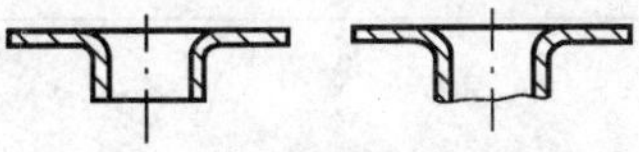	沿内孔周围将材料翻成竖边，其直径比原内孔大
翻　边	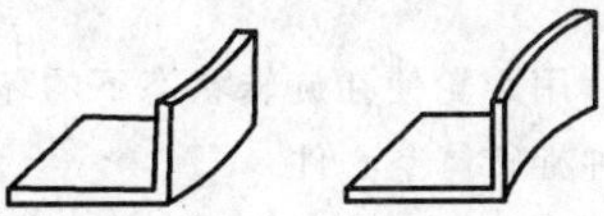	沿外形曲线周围翻成侧立短边
卷　缘	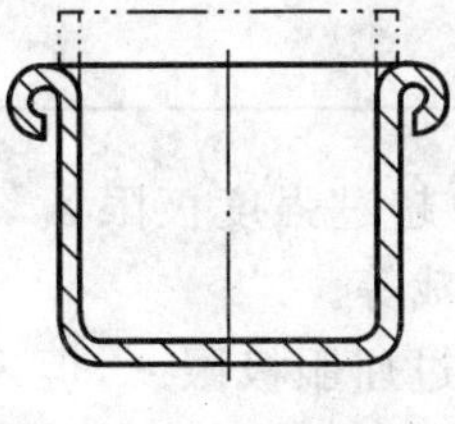	将空心件上口边缘卷成接近封闭圆形，用于加工类似牙杯的零件
胀　形	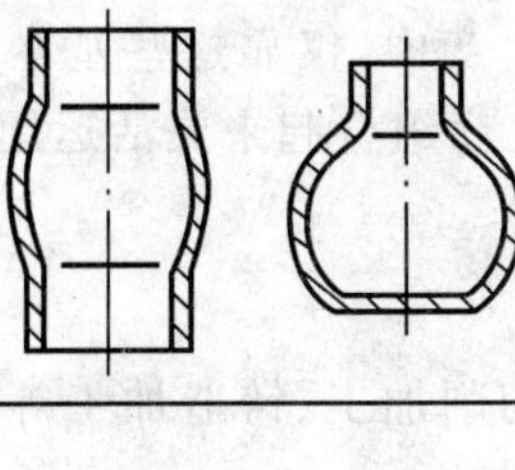	将空心工序件或管状件沿径向往外扩张，形成局部直径较大的零件

（续表）

工序名称	工序简图	特点及应用范围
起　伏	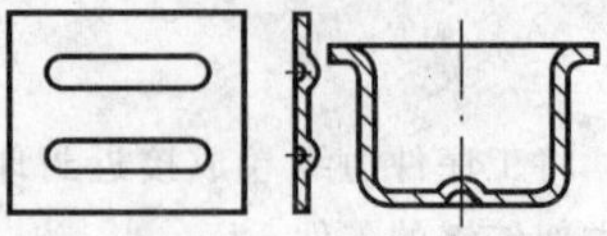	依靠材料的伸长变形使工序件形成局部凹陷或凸起
扩　口	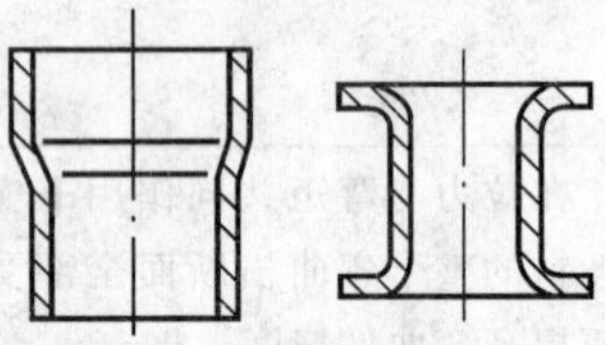	将空心工序件或管状件敞开处向外扩张，形成口部直径较大的零件
缩口缩径	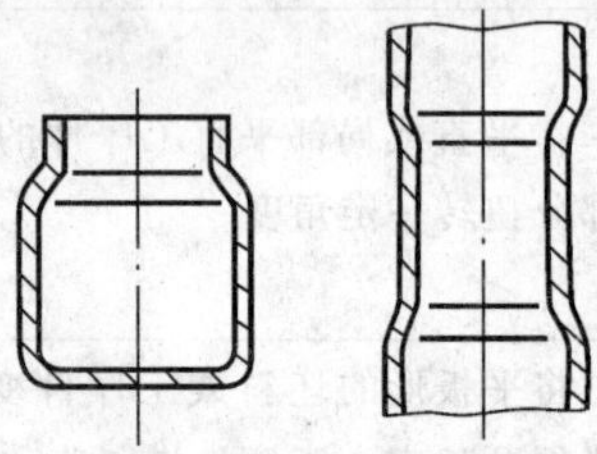	将空心工序件或管状件口部或中部加压使其直径缩小，形成口部或中部直径较小的零件
校平整形	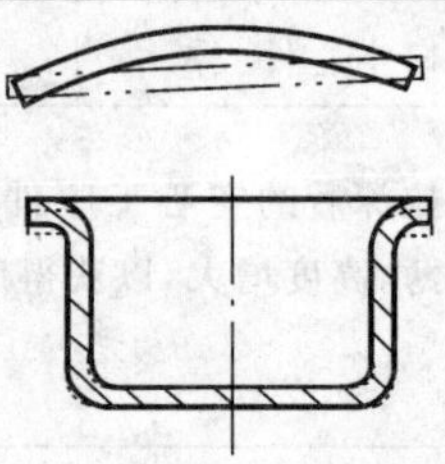	校平是将有拱弯或翘曲的平板形零件压平，以提高其平直度；整形是依靠材料的局部变形，少量改变工序件形状和尺寸，以保证工件的精度
旋　压	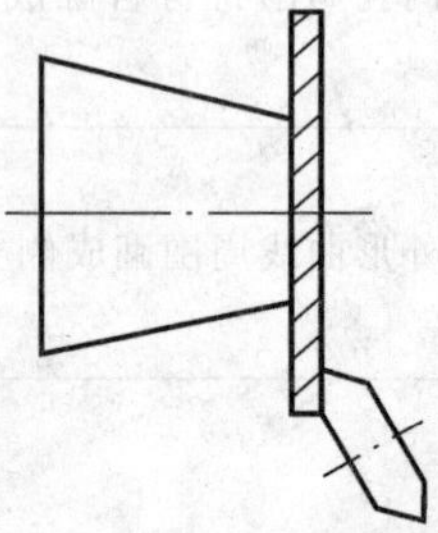	用旋轮使在旋转状态下的坯料逐步成形为各种旋转体空心件

分离工序是指冲压成形时，变形材料内部的应力超过强度极限 σ_b，使材料产生断裂而产生分离，从而成形零件。分离工序主要有冲裁和剪裁等。

成形工序是指冲压成形时，变形材料内部应力超过屈服极限 σ_s，但未达到强度极限 σ_b，使材料产生塑性变形，从而成形零件。成形工序主要有弯曲、拉深、翻边等。

上述两类工序是冲压生产的基本工序，在实际生产中，仅靠这些基本工序，往往是不能满足生产需要的，要把两个或两个以上的独立基本工序组合起来灵活运用，进行设计。

二、冲压加工的特点与应用

1．特点

冲压加工是依靠压力机和模具完成加工的，与切削加工、铸造加工等加工方法相比较，有很多优点而应用广泛。冲压生产过程的主要特点如下：

(1)依靠冲模和冲压设备完成加工，便于实现自动化，生产率很高，操作简便。

(2)冲压所获得的零件一般无需进行切削加工，故节省能源和原材料。

(3)冲件的尺寸公差由冲模保证，故冲压产品尺寸稳定，互换性好。

(4)冲压件在成形过程中发生了塑性变形，所以制件的强度高、刚度好。

(5)冲压加工可以加工形状复杂的零件。

(6)冲压模具制造精度要求高、制造复杂、周期长、制造费用昂贵，小批量生产受到限制。

2. 应用

全世界的钢材中，有 60%～70%是板材，其中大部分是经过冲压制成的成品。汽车、农机的车身、底盘、油箱、散热器片等 75%～80%是冲压件。在电子产品中接线端子、引线框架、插头弹片等 80%～85%是冲压件。机电产品中的电机、电器的铁芯硅钢片等都是冲压加工的。另外在仪器仪表、家用电器、自行车、办公机械、生活器皿、钟表等产品中，也都有大量冲压件。冲压加工范围大到汽车的纵梁、覆盖件，小到钟表的秒针。

目前全世界模具年产值约为 600～650 亿美元，日、美等工业发达国家的模具工业产值已超过机床工业，我国模具工业产值也接近了机床工业产值。在模具工业的总产值中，冲压模具约占 40%～50%。

三、我国冲压技术的现状和发展方向

1. 冲压技术现状

目前，我国模具在寿命、效率、加工精度、生产周期等方面与先进工业发达国家的模具相比差距都相当大。主要原因是我国的冲压基础理论及成形工艺落后、模具标准化程度低、模具设计方法和手段与模具制造技术落后、模具专业化水平低等。

2. 冲压技术发展方向

我国的模具工业已初具规模，取得了很大的成就。到目前为止，我国已经制定了模具国家标准 50 多项，近 300 多个标准号。许多研究机构和大专院校都在进行模具技术的开发和研究工作，并取得了一大批科研成果。在模具 CAD/CAM/CAE 技术、模具的电加工和数控技术、快速成形与快速制模技术、新型模具材料等方面取得了显著进步；在提高模具质量和缩短模具制造周期等方面也有很大的进展。在模具结构、精度和寿命方面，目前，我国已经可以制造具有自动冲切、叠压、铆合、计数、分组和安全保护等多功能的模具，生产的硬质合金级进模的步距精度可达 2 μm，寿命达到 1 亿次以上。

随着我国计算机技术和制造技术的迅速发展，冲压模具设计与制造技术正由手工设计、依靠人的经验和常规机械加工技术转向以计算机辅助设计(CAD/三维软件)、数控加工(CNC)的计算机辅助设计与制造(三维造型/CAM)技术转变。目前，CAD/CAE/CAM、UG、Pro/E、SolidWorks、SolidCAM 等软件，在我国模具工业中的应用已经相当广泛。

虽然我国的模具工业和技术在过去的十多年得到了快速发展，但未来中国模具工业和技术仍须大力发展和改进，主要发展方向包括：

(1)全面推广应用 CAD/CAM/CAE 技术。由于产品的更新换代日趋频繁，产品精度越来越高，形状千奇百怪，对模具的要求也越来越高。实践证明，模具 CAD/CAM/CAE 技术能够最大限度地满足产品对模具的要求。

(2)不断提高模具的标准化程度。为了适应模具生产的需要，缩短模具制造周期，降低模具制造成本，模具标准化工作十分重要。

(3)模具制造技术的高效、快速、精密化。随着模具制造技术的发展，许多新的加工技术、加工设备不断出现，模具制造手段越来越丰富，越来越先进。

(4)逆向工程技术。采用逆向工程技术，可以快速、准确地把复杂的实物复制出来，同时，通过实物进行复制来制造模具。这样就大大缩短了模具的研制制造周期。

(5)模具生产的自动化、智能化。缩短模具的制造周期，提高模具的制造精度，进行自动化、智能化生产是模具加工的必然趋势。

四、课程学习要求和学习方法

学生学完“冲压工艺与模具设计”课程之后，应初步掌握冷冲压成形的基本原理；掌握冲压工艺过程设计和模具设计的基本方法；具有设计一般复杂程度冲压件的工艺过程和一般复杂程度模具的能力；能够运用已学习的基本知识，分析和解决生产中常见的产品质量、工艺及模具方面的技术问题；能够合理选用冲压设备和设计一般的自动送料和自动出件装置；了解冲压成形新工艺、新模具及其发展动向。

由于冲压工艺与模具设计是一门实践性和实用性很强的学科，而且它又是以金属学与热处理、塑性力学、金属塑性成形原理以及许多技术基础学科为基础，与冲压设备、模具制造工艺学密切联系的，因而在学习时必须注意理论联系实际，认真参加实验、实习、设计等重要教学环节，注意综合运用基础学科和相关学科的知识。

第一章 冲压基础知识

【内容提要】 本章主要介绍冲压模具设计与制造的基础知识。内容涉及冲压成形基本原理和规律；冲压成形性能及常见冲压材料；常见冲压设备及工作原理、选用原则。

【目标要求】 掌握材料塑性变形时应力应变关系、体积不变条件、硬化规律、卸载弹性恢复规律和反载软化现象等冲压成形基本规律；了解冲压成形性能与机械性能关系，认识常见冲压材料；认识常见冲压设备，掌握选用冲压设备的原则。

第一节　塑性变形知识

一、主应力和主应变

1. 主应力

物体的变形都是施加于物体的外力所引起的内力或由内力直接作用的结果。作用在物体单位面积上的内力叫作应力。物体内每一点上的受力情况，称为点的应力状态。由于施加于物体的外力的作用状况、物体的尺寸千差万别，物体内各点的应力与应变也各不相同。

为了研究物体内每一点的受力情况，假想把物体切成无数个极其微小的六面体，称为单元体。一个单元体可以代表物体的一个质点。再根据单元体的平衡条件列出平衡微分方程，然后考虑其必要的条件设法求解。在变形物体上的任意点取一个单元体（如图 1 - 1a 所示），取单元体的六个相互垂直的表面作为微分面（其上有着大小不同、方向不同的全应力）设为 S_x，S_y，S_z。其中每一个全应力又可分解为平行于坐标轴的三个分量，即一个正应力和两个切应力（如图 1 - 1b 所示）。如果这三个微分面上的应力为已知，则该单元体任意方向上的应力都可以通过静力平衡方程求得。因此，无论变形体的受力状态知何，为了确定物体内任意点的应力状态，只需知道九个应力分量即可。又由于所取单元体处于平衡状态，故绕单元体各轴的合力矩必须等于零，即

$$\tau_{xy}=\tau_{yx},\tau_{yz}=\tau_{zy},\tau_{xz}=\tau_{zx}$$

为了保持单元体的平衡，切应力总是成对出现，它们大小相等，分别作用在两个相互正交的微分面内，其方向共同指向或背离两微分面的交线。因此，为了表示一点的应力状态，实际上只需要知道六个分量：三个正应力和三个切应力。

任何一种应力状态总存在这样一组坐标系，使单元体各表面上只出现正应力而不出现切应力，如图 1 - 1c 所示，则该坐标系中的正应力即为主应力，一般按其代数值大小依次用 σ_1，σ_2，σ_3 表示，且 $\sigma_1 \geqslant \sigma_2 \geqslant \sigma_3$；带正号的主应力表示拉应力，带负号的主应力表示压应力。

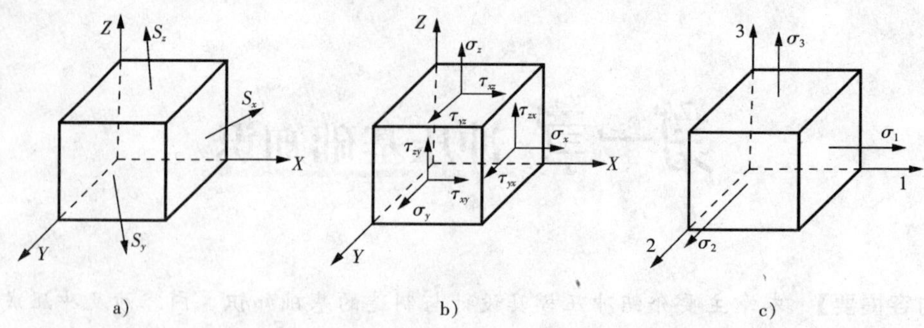

图 1-1　点的应力状态

对于任意一点的应力状态，一定有(也只有)一组相互垂直的三个主应力，在三个主应力中，如果有两个为零，则该点的应力状态为单向应力状态；如果有一个为零，则该点的应力状态为两向应力状态，又称为平面应力状态；如果三个主应力均不为零，则该点的应力状态为三向应力状态。

以主应力表示的应力状态称为主应力状态，以主应力表示其应力个数及其符号的简图称为主应力状态图。可能出现的主应力状态图共有九种(如图 1-2 所示)。

2. 主应变

根据塑性变形的特点可知，塑性变形时物体的体积不发生变化。所以，塑性变形时，在三向主应力状态下，产生的主应变状态图只可能有三类：①具有一个正应变及两个负应变；②具有一个负应变及两个正应变；③一个主应变为零，另外两个应变值大小相等符号相反(如图 1-3 所示)。

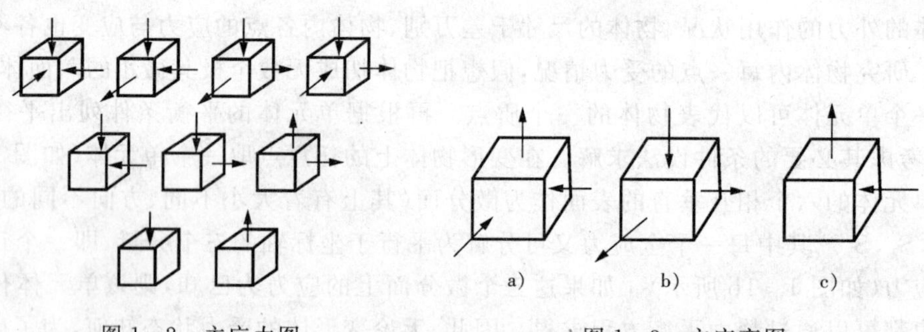

图 1-2　主应力图　　　图 1-3　主应变图

二、塑性的知识

1. 塑性

塑性是指固体材料在外力作用下发生塑性变形，而不破坏其完整性的能力。塑性不仅取决于变形物体的种类，而且与变形方式(应力和应变状态)和变形条件(变形温度和变形速度)有关。

2. 塑性变形

塑性变形的物理概念是在外力作用下，金属产生形状与尺寸的变化称为变形，它分为弹性变形和塑性变形。假若除去外力，金属中原子立即恢复到原来稳定平衡的位置，原子排列畸变消失和金属完全恢复了自己的原始形状和尺寸，则这样的变形称为弹性变形。假若除

去外力，金属的形状和尺寸都发生了永久改变。这种在外力作用下产生不可恢复的永久变形称为塑性变形。

塑性变形的特点：

(1)塑性变形遵守最小阻力定律。最小阻力定律——在塑性变形过程中，外力破坏了金属的整体而强制金属发生流动，当金属有几个质点或每个质点有几个移动方向的可能时，它总是在阻力最小的地方且沿阻力最小的方向移动(弱区先变形)。

(2)塑性变形的同时，伴随有弹性变形。当外力去除后，弹性变形进行弹性回复。

(3)物体在发生塑性变形的前后，体积不发生变化。

(4)塑性变形是不可逆的。

3. 塑性指标

为了衡量金属塑性的高低，需要一种数量上的指标来表示，即塑性指标。塑性指标是以金属材料开始破坏时的塑性变形量来表示，并可以通过各种试验方法求得，各种试验方法都有其特定的受力状况和变形条件，所以塑性指标仅具有相对的意义。常用的塑性指标有伸长率和断面收缩率。伸长率与断面收缩率越高，则金属塑性越好。

4. 变形抗力

变形金属抵抗塑性变形的力称为变形抗力。变形抗力提高，意味着要使金属产生塑性变形必须要加大外力。变形抗力反映了使材料产生变形的难易程度。变形抗力和变形力数值相等，方向相反，一般以作用在金属和工具接触面上的平均单位面积上的变形力表示其大小。

影响金属变形抗力的主要因素：

(1)化学成分的影响。纯度越高，变形抗力越小。不同牌号的合金，组织状态不同，变形抗力值也不同。

(2)合金元素、杂质元素对变形抗力的影响。一般合金、杂质含量越高，变形抗力越大。

(3)变形温度对变形抗力的影响。温度升高，金属原子间结合力降低，变形抗力降低。

(4)变形程度对变形抗力的影响。随着变形程度的增加，只要回复和再结晶来不及发生，都会必然产生加工硬化，提高变形抗力。其提高的幅度与材料的硬化率有关。

三、影响金属塑性的因素

影响金属材料塑性变形的因素有两方面，一是金属材料本身的内部因素，如：晶格类型、化学成分和金相组织等；二是金属发生塑性变形的外部条件，有变形温度、变形速度和应力状态等。

1. 内部因素

多晶体金属本身的塑性受下列因素影响：晶界强度、晶粒大小、化学成分、组织均匀性以及可能发生滑移系统的数量等。一般说来，组成金属的元素越少，塑性越好；滑移系统数量越多、力学性能越一致、晶界强度越大，塑性越好。

2. 外部因素

(1)变形温度　金属材料的塑性与变形温度有着非常大的关系，不同的金属在不同的温度条件下所表现出的塑性状态也不一样。一般的规律是，随着变形温度的升高塑性会提高。

(2)应力状态　金属在塑性变形时应力状态非常复杂，应力状态对塑性的影响也很大。一般，主应力状态对塑性的影响是：压应力个数越多、数值越大，则塑性越好；相反，拉应力个数越多、数值越大，则塑性越差。主应力对金属塑性影响的排列顺序如图 1－4 所示。

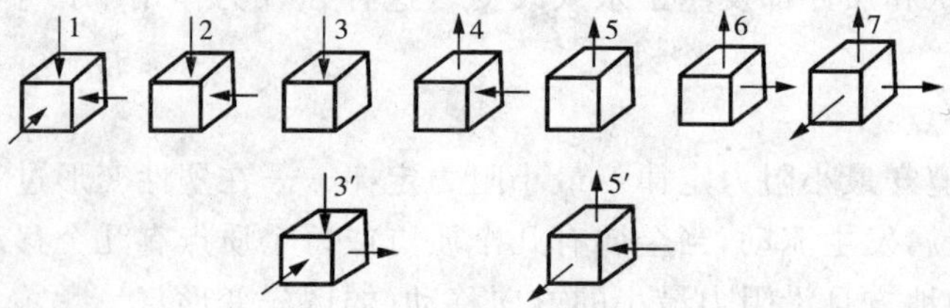

图 1-4　主应力对金属塑性影响的排列顺序

(3)变形速度　变形速度是指单位时间内应变的变化量。变形速度对金属和合金的塑性和变形抗力的影响是一个十分复杂的问题,随着变形速度的增加,既有使金属的塑性降低和变形抗力增加的一面,又有作用相反的一面。而且不同学者的研究结果出入很大,难以提供确切的资料,一般凭生产经验而定。

(4)尺寸因素　同一种材料在其他条件相同时,尺寸越大,组织和化学成分越不一致,杂质成分及分布越不均匀,应力分布越不均匀,塑性越差。

四、硬化现象与硬化曲线

1. 加工硬化

金属变形过程中随着塑性变形程度的增加,其变形抗力增加,硬度提高,而塑性和塑性指标降低,这种现象称为加工硬化。材料的加工硬化对塑性变形的影响很大,材料在发生加工硬化以后,不仅使所需的变形力增加,而且还限制了材料的进一步变形,甚至要在后续成形工序前增加退火工序。但加工硬化也有其有利的一面,可以利用它来提高冲压件的强度和刚度。因此,在处理冲压生产实际问题时,必须研究和掌握材料硬化和硬化规律以及它们对冲压工艺的影响,具体问题具体分析。

2. 真实应力、真实应变的概念

在材料力学中应力σ是用载荷F与试棒初始截面积A_0的比值来表示的,即$\sigma=F/A_0$。这种应力表示方法有其不合理性,因为拉伸试验中试棒的截面积在不断减小,真正的应力应该是该瞬间的载荷与该瞬间试棒的截面积之比,这个应力称为真实应力,而前者称为名义应力。在塑性加工中由于塑性变形量很大,都应用真实应力来表示,显然,同一载荷下材料的真实应力是大于名义应力的。

3. 真实应力—应变曲线

真实应力—应变曲线又称加工硬化曲线,就是表示材料变形抗力与变形程度的关系曲线。冲压生产中常用指数曲线来表示。

$$\sigma=C\varepsilon^n$$

式中:C——与材料性能有关的系数,MPa;

n——硬化指数。

不同的C和n值的硬化曲线如图 1-5 所示。C和n的数值取决于材料的种类和性能,也可通过拉伸试验获得。n值是表示材料在变形时硬化性能的重要指标。n值越大,表示变形过程中,材料的变形抗力随变形程度的增加而迅速增长,同时不易出现局部的集中变形和破坏,有利于增大伸长类零件成形时变形极限,所以对板料的成形性能有着

重要的影响。

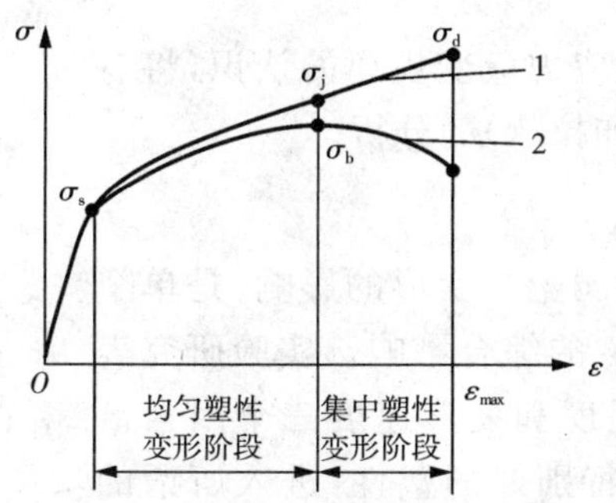

图 1-5　金属的应力—应变曲线

1—真实应力应变曲线　2—假想应力应变曲线

五、卸载规律和反载软化现象

1. 加载—卸载规律

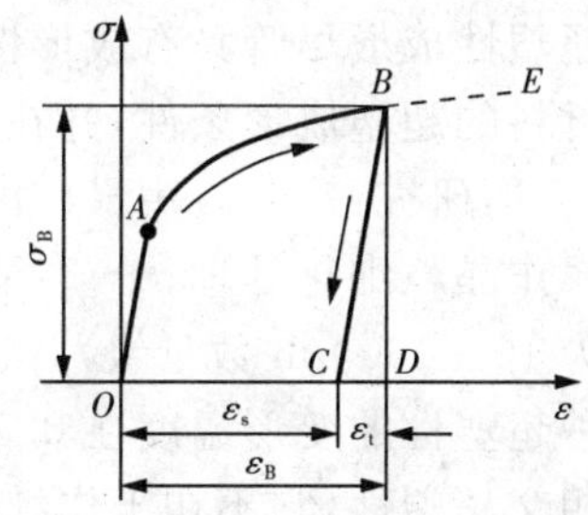

图 1-6　拉伸—卸载实际应力曲线

拉伸实际应力曲线所代表的是单向拉伸加载时材料的拉应力与拉应变之间的关系。如果加载以后卸载，这时应力与应变之间的变化规律是怎样的呢？由图 1-6 可知，拉伸变形在弹性范围内，应力与应变是直线关系，在弹性变形范围内卸载，应力、应变仍然按照同一直线回到原点 O，没有残余变形；如果将试样拉伸至超过屈服点 A，例如到达 B 点(ε_B,σ_B)，再逐渐减少拉力，这时应力应变的关系则沿 BC 逐渐降低，直至载荷为零，而不再沿 BAO 路线返回。卸载直线 BC 正好与加载时弹性变形的直线段相平行，于是加载时的总应变 ε_B 就会在卸载后一部分(ε_t)因弹性回复而消失，另一部分(ε_s)仍然保留下来成为永久变形，即 $\varepsilon_B=\varepsilon_t+\varepsilon_s$。

弹性回复的应变量为：$\varepsilon_t=\dfrac{\sigma_B}{E}$

式中：E——材料的弹性模量。

该式对我们考虑板料成形时的回弹很有意义。

2. 卸载—重新加载应力应变规律

卸载后重新加载，随拉力的加大，应力应变的关系将沿直线 CB 逐渐上升，到达 B 点应力 σ_B 时，材料又开始屈服；随后应力应变关系继续沿着加载曲线 BE 变化，如图 1-6 中虚线所示。所以 σ_B 又可理解为材料在变形程度为 ε_B 时的屈服点，进而可以认为在塑性变形阶段，实际应力曲线上每一点的应力值都可理解为材料在相应的变形程度下的屈服点。

3. 卸载—反向加载应力应变规律

卸载后反向加载，即将试样先拉伸然后改为压缩，其应力应变关系将沿曲线 $OABCA'E'$ 变化(图 1-7)。反向加载使材料屈服以后，应力应变之间基本上按照加载时的曲线规律变化。但反向加载时材料的屈服应力 σ_s' 较拉伸时的屈服应力 σ_s 有所降低，出现所谓反载软化现象。反向加载屈服应力的降低量视材料种类及正向加载的变形程度而异。关于反载软化现象，有人认为可能是因为正向加载时材料中的残余应力引起的。

对正向加载然后反向加载应力应变规律的认识，将有助于对某些冲压工艺过程(例如拉弯)的分析。

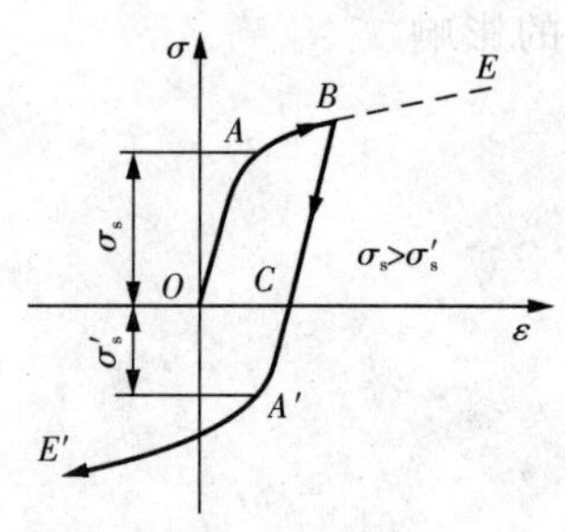

图 1-7　拉伸—压缩实际应力曲线

六、超塑性

前面讨论的各种因素对金属塑性变形的影响，是单个因素的影响，没有研究几个因素的综合影响。实验研究表明，当金属的组织结构、变形温度和变形速度三个因素恰当地配合起来，可使金属出现特别好的塑性，进入所谓的超塑性状态。超塑性状态一般是指在特定条件下，拉伸金属试样，其变形抗力大大降低，伸长率超过 100%的现象。无论是纯金属还是以纯金属为基的合金，都能呈现超塑性。目前已经发现 150 多种金属材料具有超塑性，其中包括纯 Al、Cu、钢和以 Al、Ti、Zn、Fe、Ni 为基的各种合金等。

超塑性成形尽管具有成形性好、变形抗力极低的特点，但要实现它并不容易。首先要找到该材料的超塑成形条件，并在工艺上严格控制这些条件。金属材料的超塑性一般有两种类型，目前研究最多、应用最广的第一类超塑性是细晶超塑性(又称恒温超塑性)。一般是先对金属作晶粒细化处理，希望晶粒等轴，其尺寸为 1～2 μm 数量级(一般变形金属中的晶粒大小为 10～100 μm 数量级)，然后施以一定的恒温和变形速度条件，即可得到超塑性。通常这种超塑性的变形温度在 $0.5T_{熔}$(绝对温度)左右，应变速率为 10^{-1}～10^{-4} min^{-1}。第二类是相交超塑性，它不在于作细晶处理，而在于金属必须具有相变或同素异构转变的性质。在低载荷作用下，使金属在相变点附近反复加热冷却，经过一定次数的循环后，获得很大伸长率。显然相变超塑性成形用于实际生产困难更大，目前仅用于实验室研究。

超塑性变形的机理与普通塑性变形的机理有明显的区别。观察表明，超塑性条件下的拉伸，尽管有异常大的伸长率(最大可达 1000%，甚至 2000%)，但是晶粒并未被拉长，仍保持等轴状，晶粒内部很少变形，晶界也无破坏的痕迹。有关超塑性变形的机理，存在许多争论，至今还没有一个统一的理论。实际上，超塑性变形十分复杂，在变形中往往有几个过程同时进行，其中包括晶界的滑动、晶粒的转动、位错运动、扩散过程等，在特殊情况下还有再结晶现象。

金属出现超塑性时，变形抗力大大降低，这就为冲压加工开辟了新的途径。目前在冲压工艺上的应用有吹塑成形、拉深、挤压等。由于超塑性成形需要恒温条件，要采取抗氧化措施(对高温成形)，并且成形速度低，模具需耐高温等技术上和经济上的原因，超塑成形工艺应用目前还局限于常规冲压工艺难于加工的零件和材料。而在模具制造上的应用却已崭露头角，例如超塑挤压模具型腔将大大简化模具的加工。

第二节　冲压材料及其冲压成形性能

一、材料的基本性能与冲压成形的关系

1. 板料的冲压成形性能

板料对冲压成形工艺的适应能力称为板料的冲压成形性能。板料的冲压成形性能是一

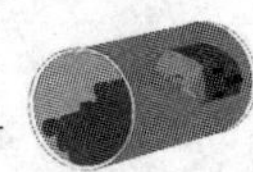

个综合性的概念，包括成形极限和成形质量两个方面。

成形极限指板料在发生失稳前所能达到的最大变形程度。在变形坯料的内部，凡是受到过大拉应力作用的区域，就会使坯料局部严重变薄，甚至拉裂而使冲件报废；凡是受到过大压应力作用的区域，若超过了临界应力就会使坯料失稳而起皱。

成形质量指尺寸和形状精度、厚度变化、表面质量及成形后材料的物理性能等。冲压件不但要求具有所需形状，还必须保证产品质量。影响形状和尺寸精度的主要因素是回弹与畸变。

二、对冲压材料的基本要求

冲压加工所用材料，不仅要满足冲压零件结构要求，而且要满足冲压工艺的要求，主要包括以下几个方面：

1. 机械性能要求

应具有良好的塑性。冲裁时良好的塑性能获得较好的断面质量，弯曲时可获得较小的弯曲半径，拉深时可获得较小的拉深系数。

一般来说，伸长率 δ 大、屈强比 σ_s/σ_b 小、弹性模数大、硬化指数 n 高有利于各种冲压成形工序。

(1)伸长率 δ　一般地说，伸长率是影响翻孔或扩孔成形性能的主要原因。伸长率越高，则金属塑性越好。

(2)屈服极限 σ_s　屈服极限 σ_s 小，材料容易屈服，变形抗力小。

(3)屈强比 σ_s/σ_b　屈强比小，即屈服强度 σ_s 值小，抗拉强度 σ_b 值大，容易产生塑性变形而不易产生拉裂。

(4)硬化指数 n　单向拉伸硬化曲线 $\sigma=C\varepsilon^n$，指数 n 为硬化指数，表示在塑性变形中材料的硬化程度。硬化指数 n 大时，说明材料在变形中加工硬化严重。

2. 表面质量要求

材料表面应光滑平整，无氧化皮、裂纹、划伤等缺陷。表面状态好的材料，加工时不易产生裂纹，零件表面状态也好。

优质钢板表面质量分 3 组：Ⅰ组(高质量表面)、Ⅱ组(较高质量表面)和Ⅲ组(一般质量表面)。

3. 材料成形性能要求

主要用于做弯曲和拉深件时，由于板料变形条件复杂，对于不同的弯曲件和拉深件使用不同的材料。

(1)铝镇静钢 08Al　按其拉深质量分为 3 级：ZF(最复杂)用于拉深最复杂的零件，HF(很复杂)用于拉深很复杂的零件，F(复杂)用于拉深复杂零件。

(2)深拉深薄钢板　按冲压性能分为 Z(最深拉深)、S(深拉深)和 P(普通拉深)3 级。

(3)材料可处于退火状态(或软状态)(M)，也可处于淬火状态(C)或硬态(Y)。

4. 材料厚度公差的要求

模具凸凹模间隙与一定厚度的板料适应，材料厚度超差，要影响冲压零件的质量和损坏模具。

厚度公差分为 A(高级)、B(较高级)和 C(普通级)3 种。

三、常用冲压材料及选用

冲压最常用的材料是金属板料,有时也用非金属板料。金属板料分黑色金属及其合金、有色金属及其合金两种。

1. 黑色金属及其合金

(1)碳素结构钢钢板。常用的有 Q195、Q215、Q235、Q235A 等。

(2)优质碳素结构钢板。常用的有 08F、08、10、12、15、20、35、45、50、15Mn、20Mn、25Mn、…、45Mn 等。

(3)低合金高强度钢板。常用的有 Q295、Q345 等。

(4)电工硅钢板。常用的有 DR510、DR440 等。

(5)不锈钢板。常用的有 1Cr18Ni9、1Cr18Ni9Ti、1Cr13、2Cr13 等。

2. 有色金属及其合金

(1)铜及铜合金。常用的有 T1、T2、H62、H68、C50500、C75200 等。

(2)铝及铝合金。常用的有 1070A、1060、1050A、1035、2A01、3A21、5A12 等。

3. 冲压用非金属材料

常见的有胶木板、橡胶、塑料板等。

4. 冲压材料的规格

(1)板料

常见规格是指非定做的、厂家按照市场常用的板料生产的,主要有 600 mm×1200 mm、700 mm×1400 mm…1000 mm×2000 mm、1250 mm×2500 mm 等。

(2)带料、卷料

① 带料。用剪板机将板料剪成各种不同宽度的条料使用。

② 卷料。卷料用于连续冲压,由开卷机和送料器组成自动送料装置。一般厂家按照市场常用的规格宽度(如 750 mm、1000 mm 宽度)生产卷料,然后根据要求用滚剪机将较大的卷料剪成模具使用的宽度并卷成卷料使用。

第三节　冲压设备

一、概述

冲压设备选用是冲压工艺设计过程中的一项重要内容。必须根据冲压工序的性质、冲压力的大小、模具结构形式、模具几何尺寸以及生产批量、生产成本、产品质量等诸多因素,结合现有设备条件选用。冲压设备的种类很多,其分类的方法也很多。如按驱动滑块力的种类可分为机械的、液压气动的等;按滑块个数可分为单动、双动、三动等;按驱动滑块机构的种类又可分为曲肘杆式、摩擦式;按机身结构形式可分为开式、闭式等等。冲压生产中常按驱动滑块力的种类而把压力机分为机械压力机、液压压力机。下面介绍两种常用的冲压设备。

二、曲柄压力机

1. 曲柄压力机的结构及工作原理

曲柄压力机是冲压生产中应用最广泛的一种机械压力机。图 1-8 所示为 JB23-63 曲

柄的的外形,图1-9为其工作原理图。电动机1通过带、齿轮带动曲轴7旋转,曲轴通过连杆9和滑块10沿导轨作上下往复运动,带动模具实施冲压,模具安装在滑块与工作台之间。

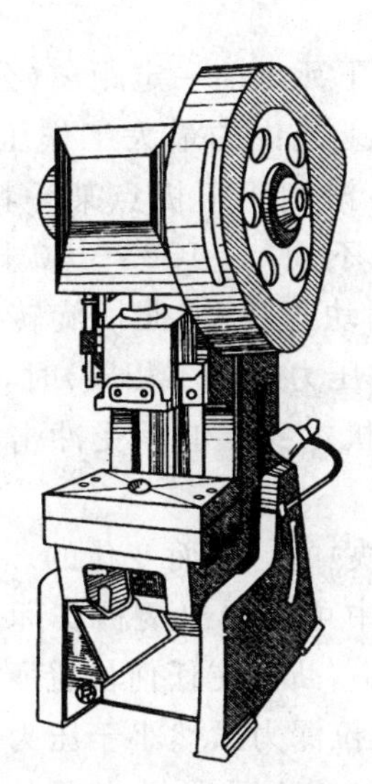

图1-8　JB23—63压力机外形

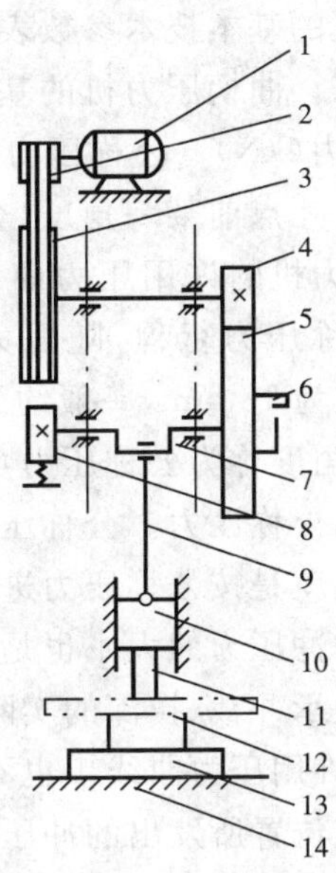

图1-9　曲柄压力机工作原理

1—电动机　2—小带轮　3—大带轮　4—小齿轮　5—大齿轮　6—离合器　7—曲轴　8—制动器　9—连杆　10—滑块　11—上模　12—下模　13—垫板　14—工作台

曲柄压力机结构组成包括:工作机构、传动机构、操作机构、支承机构和辅助机构等。

(1)工作机构　工作机构主要由曲轴7、连杆9和滑块10组成。其作用是将电动机主轴的旋转运动转变为滑块的往复直线运动。滑块底平面中心设有模具安装孔,大型压力机滑块底面设有T型槽,用来安装和压紧模具。滑块中还设有退料(或退件)装置,用以在滑块回程时将废料从模具中退下。

(2)传动系统　传动系统由电动机、皮带、飞轮、齿轮等组成。其作用是将电动机的运动按照一定要求传给曲柄滑块机构。

(3)操作系统　操作系统包括空气分配系统、离合器、制动器、电气控制箱等。

(4)支承部件　支承部件包括机身、工作台、拉紧螺栓等。

此外,压力机还包括气路和润滑等辅助系统,以及安全保护、气垫、顶料等附属装置。

2. 曲柄压力机的型号

曲柄压力机的型号用汉语拼音字母、英文字母和数字表示。例如JB23—63型号的意义是:

第一个字母为类的代号,"J"表示机械压力机。

第二个字母代表同一型号产品的变型顺序号。凡主参数与基本型号相同,但其他某些次要参数与基本型号不同的称为变型,"B"表示第二种变型产品。

第三、四个数字为列、组代号,"2"代表开式双柱压力机,"3"代表可倾机身。

横线后的数字代表主参数,一般用压力机的公称压力作为主参数。代号中的公称压力用工程单位"tf(吨力)"表示,故转换为法定单位制的"kN(千牛)"时,应将此数字乘以10。

例中 63 代表 63tf,乘以 10 即为 630kN。

3. 曲柄压力机的技术参数

曲柄压力机的基本技术参数表示压力机的工艺性能和应用范围,是选用压力机和设计模具的主要依据。曲柄压力机的基本技术参数如下。

(1)公称压力(kN) 公称压力是指当滑块运动到距下死点前一定距离(公称压力行程)或曲柄旋转到下死点前某一角度(公称压力角)时,滑块上允许的最大工作压力。图 1-10 中,曲线 1 是压力机的许用压力曲线。我国规定滑块下滑到距下极点某一特定的距离 S_p(此距离称为公称压力行程,随压力机不同。此距离也不同,如 JC23－40 规定为 7 mm,JA31－400 规定为 13 mm,一般约为 0.05～0.07 倍的滑块行程)或曲柄旋转到距下极点某一特定角度(此角度称为公称压力角,随压力机不同公称压力角也不相同)时,所产生的冲击力称为压力机的公称压力。公称压力的大小,表示压力机本身能够承受冲击的大小。压力机的强度和刚性就是按公称压力进行设计的。

冲压工序中冲压力的大小也是随凸模(即压力机滑块)的行程而变化的。在图 1-10 中曲线 2、3 分别表示冲裁、拉深的实际冲压力曲线。从图中可以看出两种实际冲压力曲线不同步,与压力机许用压力曲线 1 也不同步。在冲压过程中,凸模在任何位置所需的冲压力应小于压力机在该位置所发出的冲压力。图 1-10 中最大拉深力虽然小于压力机的最大公称压力,但大于曲柄旋转到最大拉深力位置时压力机所发出的冲压力,也就是拉深冲压力曲线不在压力机许用压力曲线范围内。故应选用比图中曲线 1 所示压力更大的压力机。因此,为保证冲压力足够,一般冲裁、弯曲时压力机的公称压力应比计算的冲压力大 30%左右。拉深时压力机的公称压力应比计算出的拉深力大 60%～100%。

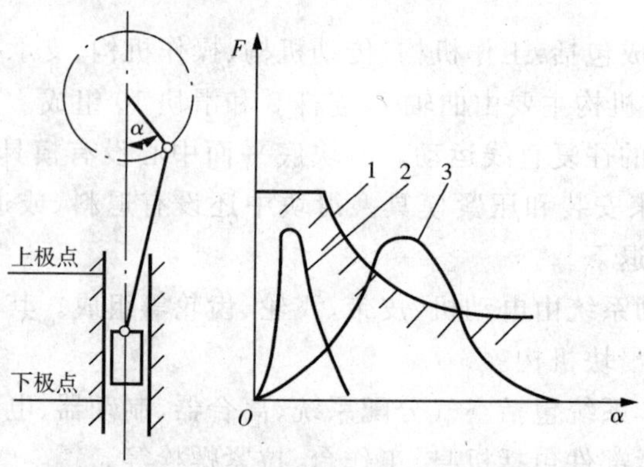

图 1-10 压力机的许用压力曲线

1—压力机许用压力曲线 2—冲裁工艺冲裁力实际变化曲线 3—拉深工艺拉深力实际变化曲线

(2)滑块行程 滑块行程是指滑块从上极点运动到下极点所走过的距离(图 1-14 中的 S),它的大小和压力机的工艺用途有很大的关系。

(3)滑块行程次数 滑块行程次数是指滑块空载时,每分钟上下往复运动的次数。有负荷时,实际滑块行程次数小于空载次数。对于自动送料曲柄压力机,滑块行程次数越高,生产效率就越高。

(4)装模高度和封闭高度 压力机装模高度(GB8845－88 称为闭合高度)是指压力机滑块处于下死点位置时,滑块下表面到工作垫板上表面的距离。当装模高度调节装置将滑

块调整到最上位置时(即当连杆调至最短时),装模高度达最大值,称为最大装模高度(图1-14中的 H_{max});当装模高度调节装置将滑块调整到最下位置时(即当连杆调至最长时),装模高度达最小值,称为最小装模高度(图 1-14 中的 H_{min})。模具的闭合高度(图 1-14 中的 H_d)应小于压力机的最大装模高度,大于压力机的最小装模高度。装模高度调节装置所能调节的距离,称为装模高度调节量(图 1-14 中的 ΔH)。例如 J31—315 型压力机的最大装模高度为 490 mm,装模高度调节量为 200 mm。和装模高度并行的参数还有封闭高度(JB1395—74)。所谓封闭高度是指滑块在下死点时,滑块下表面到工作台上表面的距离,它和装模高度之差即为垫板的厚度。

(5)工作台尺寸和滑块底面尺寸　这些尺寸与模具外形尺寸及模具安装方法有关。见图 1-14,工作台尺寸 $A\times B$ 与滑块底面尺寸 $J\times K$ 反映了压力机工作台面与滑块底面的长度和宽度尺寸,表示压力机允许安装模具的水平尺寸大小。通常,对于闭式压力机这两项尺寸基本相同,而开式压力机的滑块底面尺寸 $J\times K$ 小于工作台尺寸 $A\times B$。当采用压板和 T 型螺栓固定上、下模座时,这两项尺寸应比模座尺寸大出安装压板等零件的空间尺寸。同时要考虑工作台面和滑块底面上的 T 型槽大小与分布要与模座上的 T 型槽相适应。对于用模柄固定的模具,可以不考虑压板的空间。

(6)模柄孔尺寸　当模具需要用模柄与滑块相连时,模具的模柄尺寸应与滑块内模柄孔的尺寸(图 1-14 中的 $F\times F$ 和 L)相协调。

除上述参数外,喉口的深度、漏料孔的尺寸等也是模具设计时所必须考虑的。

表 1-2 是常用的开式可倾压力机的主要结构参数。

表 1-2　常用开式可倾压力机的主要参数

<table>
<tr><td colspan="3">公称压力/kN</td><td>63</td><td>160</td><td>400</td><td>630</td><td>1 000</td><td>1 600</td><td>2 000</td><td>2 500</td><td>3 150</td></tr>
<tr><td colspan="3">达到公称压力时滑块离下死点的距离/mm</td><td>3.5</td><td>5</td><td>7</td><td>8</td><td>10</td><td>12</td><td>12</td><td>13</td><td>13</td></tr>
<tr><td colspan="3">滑块行程/(次/min)</td><td>50</td><td>70</td><td>100</td><td>120</td><td>140</td><td>160</td><td>160</td><td>200</td><td>200</td></tr>
<tr><td colspan="3">行程次数</td><td>160</td><td>115</td><td>80</td><td>70</td><td>60</td><td>40</td><td>40</td><td>30</td><td>30</td></tr>
<tr><td rowspan="3">最大封闭高度/mm</td><td colspan="2">固定式和可倾式</td><td>170</td><td>220</td><td>300</td><td>360</td><td>400</td><td>450</td><td>450</td><td>500</td><td>500</td></tr>
<tr><td rowspan="2">活动台位置</td><td>最低</td><td></td><td>300</td><td>400</td><td>460</td><td>500</td><td></td><td></td><td></td><td></td></tr>
<tr><td>最高</td><td></td><td>160</td><td>200</td><td>220</td><td>260</td><td></td><td></td><td></td><td></td></tr>
<tr><td colspan="3">封闭高度调节量/mm</td><td>40</td><td>60</td><td>80</td><td>90</td><td>110</td><td>130</td><td>130</td><td>150</td><td>150</td></tr>
<tr><td colspan="3">滑块中心到床身的距离/mm</td><td>110</td><td>160</td><td>220</td><td>260</td><td>320</td><td>380</td><td>380</td><td>425</td><td>425</td></tr>
<tr><td rowspan="2">工作台尺寸/mm</td><td colspan="2">左右</td><td>315</td><td>450</td><td>630</td><td>710</td><td>900</td><td>1 120</td><td>1 120</td><td>1 250</td><td>1 250</td></tr>
<tr><td colspan="2">前后</td><td>200</td><td>300</td><td>420</td><td>480</td><td>600</td><td>710</td><td>710</td><td>800</td><td>800</td></tr>
<tr><td rowspan="3">工作台孔尺寸/mm</td><td colspan="2">左右</td><td>150</td><td>220</td><td>300</td><td>340</td><td>420</td><td>530</td><td>530</td><td>650</td><td>650</td></tr>
<tr><td colspan="2">前后</td><td>70</td><td>110</td><td>150</td><td>180</td><td>230</td><td>300</td><td>300</td><td>350</td><td>350</td></tr>
<tr><td colspan="2">直径</td><td>100</td><td>160</td><td>200</td><td>230</td><td>300</td><td>400</td><td>400</td><td>460</td><td>460</td></tr>
</table>

（续表）

公称压力/kN	63	160	400	630	1 000	1 600	2 000	2 500	3 150
立柱间距离/mm	150	220	300	340	420	530	530	650	650
模柄孔尺寸（直径×深度）/mm	$\phi30\times50$		$\phi50\times70$		$\phi60\times75$	$\phi70\times80$		T型槽	
工作台板厚度/mm	40	60	80	90	110	130	130	150	150
倾角（可倾式工作台压力机）/(°)	30	30	30	30	25	25			

三、液压压力机

1. 液压机的结构及工作过程

与机械压力机相比，液压机工作平稳，压力大，操作空间大，设备结构简单。它在冲压生产过程中广泛应用于拉深、成形等工艺过程，也可应用于塑料制品的加工过程中。

液压机是根据帕斯卡原理制成的。它利用液体压力来传递能量。液压机的结构如图1－11所示。工作时，模具安装于活动横梁4和下梁6之间，主缸3带动活动横梁4对模具加压；工作结束时，主缸3回复，打开模具。需要时，顶出缸7可将工件顶出。

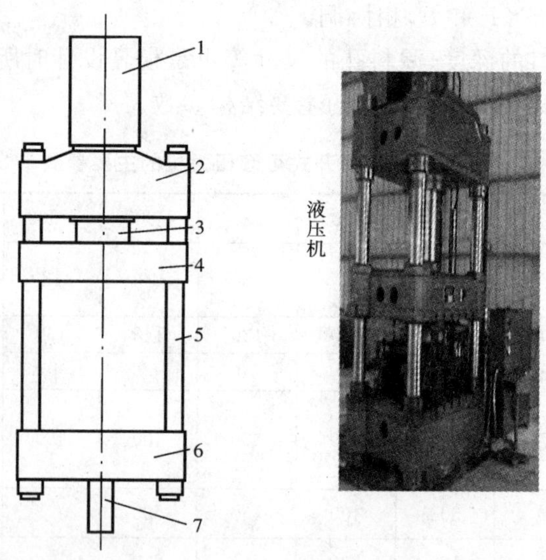

图1－11　液压机结构

1—充液罐　2—上梁　3—主缸及活塞　4—活动横梁　5—立柱　6—下梁　7—顶出缸

2. 液压机型号的表示方法

液压机的型号表示方法与曲柄压力机的型号表示方法相类似，其具体表示方法如下。

例如YA32－315型号的意义是：

第一个字母为类的代号，“Y”表示液压机。

第二个字母代表同一型号产品的变型顺序号。

第三、四个数字为列、组代号，“32”表示四柱液压机。

横线后的数字代表主参数,“315”表示公称压力为315吨。

3. 液压机的技术参数

现以三梁四柱式液压机为例,介绍液压机的基本参数如下:

(1)公称压力(公称吨位)　公称压力是指液压机名义上能产生的最大力量,在数值上等于工作液体压力和工作柱塞总工作面积的乘积,它反映了液压机的主要工作能力。

(2)最大净空距(开口高度)　最大净空距是指活动横梁停止在上限位置时,从工作台上表面到活动横梁下表面的距离。最大净空距反映了液压机高度方向上工作空间的大小。

(3)最大行程　最大行程指活动横梁能够移动的最大距离。

(4)工作台尺寸(长×宽)　工作台尺寸指工作台面上可以利用的有效尺寸。

(5)回程力　回程力由活塞缸下腔工作面积或单独设置的回程缸来实现。

(6)活动横梁运动速度(滑块速度)　可分为工作行程速度、空行程速度及回程速度。工作行程速度由工艺要求来确定,空行程速度及回程速度可以高一些,以提高生产率。

(7)最大允许偏心距　最大允许偏心距是指工件变形阻力接近公称压力时所能允许的最大偏心值。

(8)顶出器公称压力及行程　有些液压机下横梁装有顶出器,其压力和行程可按工艺要求确定。

表1-3是部分四柱式液压机的主要技术参数(天津锻压机床厂)。

表1-3　四柱式液压机的主要技术参数(天津锻压机床厂)

型号＼单位＼名称	公称力	滑块行程	滑块开口高度	滑块工作速度	工作台尺寸	液压垫力	液体工作压强	电动机功率
	kN	mm	mm	mm/s	mm	kN	MPa	kW
YB32－40	400	320	520	10	400×460	100	25	5.5
YC32－63B	630	400	600	6～10	500×570	160	25	5.5
YF32－100A	1 000	500	800	6～10	630×720	190	25	7.5
YB32－200	2 000	710	1 120	10	900×930	400	25	15.5
YA32－315F	3 150	800	1 250	10	1 160×1 260	630	25	22.6
YF32－400	4 000	800	1 250	8	1 250×1 260	630	25	30
YF32－500	5 000	900	1 500	2.5～10	1 400×1 400	1 250	25	44
YF32－630	6 300	1 000	1 600	9～12	1 600×1 880	1 250	25	60
YF32－800A	8 000	1 000	1 800	8	1 600×1 800	1 250	25	60
YF32－1000	10 000	1 000	1 600	10	1 800×2 000	2 000	25	60

四、冲压设备的选用

冲压设备选择是否合适,直接关系到模具是否能正确使用,冲压的零件能否满足设计要求;也决定着设备的安全与合理使用、模具的寿命、生产效率、成本的高低等。

1. 冲压设备的选用原则

冲压设备类型的选择主要是根据冲压零件的结构、冲压工艺特点和生产率、安全操作等

因素来确定的。主要包括以下几方面：

(1)中小形状的冲裁件、拉深件、弯曲件，一般选择开式压力机，见图 1-12。开式压力机的机身呈“C”形，机身的前面和左右面敞开，冲压操作比较方便，但机身刚度较差，受载后易变形，对模具的寿命有影响。

(2)大中形状、精度要求较高的冲压件，一般选择闭式压力机，见图 1-13。闭式压力机的机身是框架结构。机身前后敞开，两侧封闭，机身刚度大，能够承受较大的载荷。

(3)产量大的应选用高速压力机或多工位自动压力机。

(4)板较厚、产量小的，一般选择液压机。

(5)薄的冲裁件、精密冲裁件，一般选择导向准确的精密压力机。

(6)大型拉深件，一般选择双动拉深压力机。

2. 冲压设备的选用方法

(1)压力机的类型

压力机类型的选择原则：根据工序的性质，批量大小以及工件的几何形状和精度来选择压力机的类型。

① 机械压力机　选用通用压力机的场合：对普通精度的中小型冲裁件、弯曲件或浅拉深件，多用开式曲柄压力机；对精度较高的大中型冲裁件、弯曲件或浅拉深件，多用闭式曲柄压力机。选用专用压力机的场合：大型、复杂的拉深件，采用双动压力机；形状复杂冲裁件零件，且生产批量较大时，采用多工位自动压力机或自动高速压力机；制件的精度很高时，选用精冲压力机。

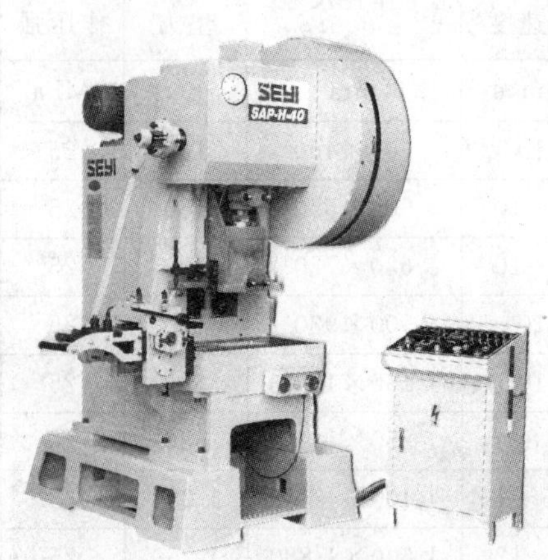

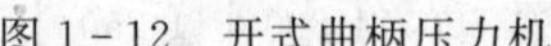
图 1-12　开式曲柄压力机

图 1-13　闭式曲柄压力机

② 液压机　小批量生产大型厚板制件，采用弯曲、拉深、成形、校平等多用液压机；冷挤压多用液压机。

(2)压力机的能力

① 压力　当压力机对坯料施加压力的行程小于 5% 的压力机行程时，压力机的公称压力应大于等于 1.3 倍冲压总力。

一般对冲裁、压印等小行程冲压，$F_{公}=(1.25\sim1.3)F_{总}$。

如：$F_{总}=700\text{kN}$，则 $F_{公}=1000\text{kN}$。

当压力机对坯料施压压力的行程大于5%的压力机行程时，如拉深成形。在浅拉深时，最大变形力应限制在公称压力的70%～80%；在深拉深时，最大变形力应限制在公称压力的50%～60%。即：

浅拉深时　$F_{公}=(1.6\sim1.8)F_{总}$

深拉深时　$F_{公}=(1.8\sim2.0)F_{总}$

② 功率能力　当成形制件的高度达到一定值时，要考虑压力机的做功能力，以此来确定压力机电机的功率大小。

拉深功：

$$W=\frac{CF_{max}h}{1000}$$

式中：W——拉深功(kW)；

C——与拉深系数有关的系数，一般可取0.6～0.8；

F_{max}——最大拉深力(包含压料力)(N)；

h——凸模的工作行程。

压力机电机的功率：

$$P=\frac{KWn}{60\times1000\times\eta_1\eta_2}$$

式中：P——电动机的功率(kW)；

K——不均衡系数，$K=1.2\sim1.4$；

η_1——压力机效率，$\eta_1=0.6\sim0.8$；

η_2——电机的效率，$\eta_2=0.9\sim0.95$；

n——压力机每分钟的行程次数。

如所选压力机的电机功率小于计算值，则应另选更大的压力机。即保证所选压力机电机的功率不小于计算值。

(3)压力机的规格

① 装模高度的选择　模具的闭合高度 H_d 要与压力机的装模高度 H 相匹配。压力机的装模高度是指滑块在下死点位置时，滑块下端面到工作台板上表面的距离。当滑块调整到最高位置时，装模高度达到最大值，成为最大装模高度 H_{max}。当滑块调整到最低位置时，装模高度达到最小值，成为最小装模高度 H_{min}(见图1-14)。

模具的闭合高度应介于压力机的最大装模高度与最小装模高度之间，如图1-14所示。压力机滑块最高和最低位置的调整是通过调节压力机连杆的长度进行的，小型压力机一般用扳手手动调整，较大型压力机采用电动调节。当滑块调整到最高位置时，连杆的长度最短，当滑块调整到最低位置时，连杆的长度最长。考虑到模具闭合高度也应留有一定的调整量，模具闭合高度不能恰好等于压力机的最大装模高度 H_{max}，比压力机的最大装模高度小5 mm。连杆太长，容易变形，所以模具闭合高度比压力机的最小装模高度大10 mm。一般应满足

$$H_{min}+10\leqslant H_d\leqslant H_{max}-5$$

式中：H_{max}——压力机最大装模高度，连杆调到最短；

H_{min}——压力机最小装模高度，连杆调到最长。

② 滑块行程 S 要满足制件高度 h_0 的要求，一般要求：$S \geqslant 2.5h_0$。

③ 工作台、工作台板及滑块尺寸　工作台板尺寸（$A \times B$）及滑块尺寸（$J \times K$）一般应大于模具底座各边 50～70 mm。其工作台孔尺寸（D）应大于工件或废料尺寸，以便漏料。对于有弹顶装置的模具，工作台孔尺寸还应大于下弹顶器的外形尺寸。模柄直径和高度应与滑块模柄孔尺寸（$F \times F$ 和 L）相适应（见图 1－14）。

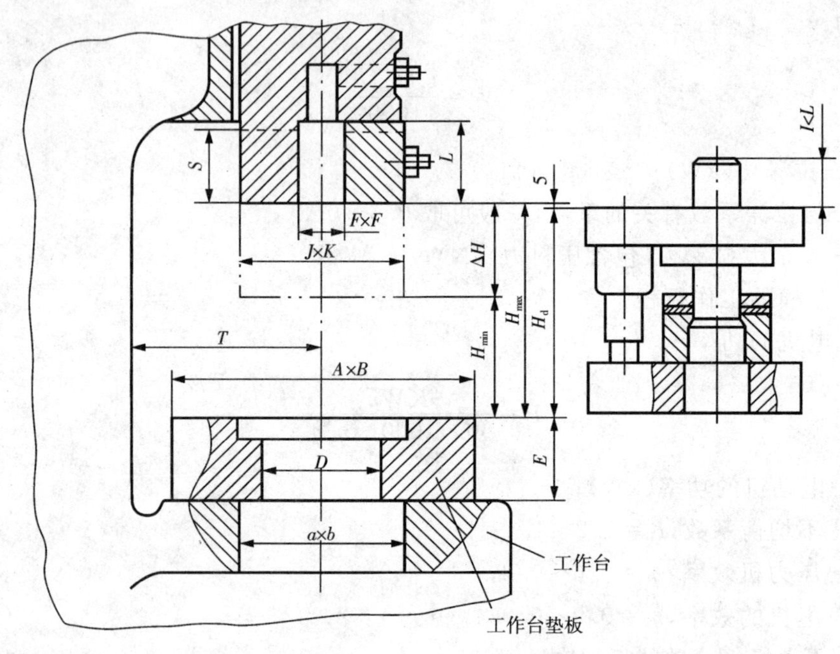

图 1－14　模具与压力机安装部分尺寸关系

在图 1－14 中：$F \times F$——滑块模柄孔径向尺寸；

S——滑块行程；

L——滑块模柄孔深度尺寸；

ΔH——连杆调节长度；

T——滑块模柄孔中心到机身的距离；

D——工作台垫板漏料孔尺寸；

$a \times b$——工作台漏料孔尺寸；

E——工作台垫板厚度；

H_{max}——压力机最大装模高度；

H_{min}——压力机最小装模高度；

H_d——模具闭合高度；

I——模具模柄长度。

3. 模具的安装

模具的安装步骤：

(1)开动压力机,将滑块调到下死点位置。用尺测量一下滑块下端面到工作台板上表面的距离,应大于模具的闭合高度。然后将滑块调到上死点位置。

(2)将压力机滑块的下底面、工作台板上表面、以及模具上下模座安装面擦拭干净。

(3)将模具放在压力机工作台板上,将滑块调到下死点位置,并调节滑块高度,使滑块下端面与冲压模具上模座上平面贴合。

(4)用压板或螺栓将模具上模紧固在压力机的滑块上,下模初步固定在工作台板上,螺栓不用太紧。

(5)将滑块稍上调 3～5 mm,开动压力机空行程数次,上下模导柱与导套对正后,其配合也没问题,拧紧下模紧固螺栓。

(6)调整好模具闭合高度进行试冲,检查首件,合格后开始批量生产。

思考题

1. 什么是冲压加工?冲压加工的特点是什么?
2. 影响金属塑性变形的因素有哪些?
3. 冲压设备的选用原则有哪些?
4. 模具与压力机安装部位尺寸的关系包括哪些方面?
5. 模具是怎样安装到压力机上的?

第二章 冲裁工艺及模具设计

【内容提要】 本章在分析冲裁变形过程及冲裁件质量影响因素的基础上，介绍冲裁工艺计算、工艺方案制订和冲裁模设计。内容涉及冲裁变形过程分析、冲裁件质量及影响因素、间隙确定、刃口尺寸计算原则和方法、排样设计、冲裁力与压力中心计算、冲裁工艺性分析与工艺方案制订、冲裁典型结构、零部件设计及模具标准应用、冲裁模设计方法与步骤等。

【目标要求】 了解冲裁变形规律、冲裁件质量及影响因素；掌握冲裁模间隙确定、刃口尺寸计算、排样设计、冲裁力计算等设计计算方法；掌握冲裁工艺性分析与工艺设计方法；认识冲裁模典型结构及特点；了解模具标准，掌握模具零部件设计及模具标准应用方法；掌握冲裁工艺与冲裁模设计的方法和步骤。

冲裁是指利用模具在压力机上使板料产生分离的冲压工艺。冲裁可直接冲出所需形状的零件，也可为其他工序制备毛坯。冲裁时所使用的模具称为冲裁模。

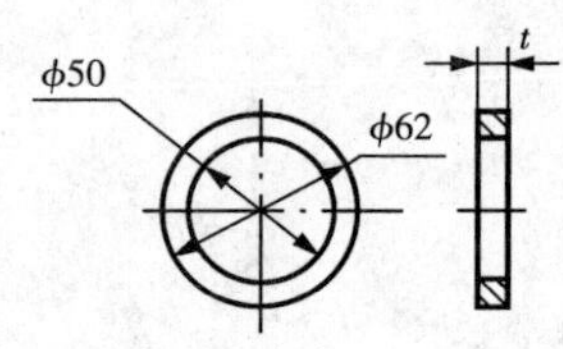

图 2-1 落料与冲孔

冲裁工艺的种类很多，常用的有落料、冲孔、切断、切边、切口等，其中落料和冲孔应用最多。从板料上沿封闭曲线冲下所需形状的冲件或工序叫落料；从工序件上冲出所需形状的孔（冲去部分为废料）叫冲孔。落料与冲孔的变形性质完全相同，但在进行模具设计时，模具尺寸的确定方法不同，因此，工艺上必须作为两个工序加以区分。

图 2-1 所示的垫圈，冲制外形 $\phi62$ 的冲裁工序为落料，冲制内孔 $\phi50$ 的工序为冲孔。

根据冲裁变形的机理不同，冲裁工艺可以分为普通冲裁和精密冲裁两大类。精密冲裁断面较光洁，精度较高，但需专门的精冲设备与模具。本章主要讨论普通冲裁。

第一节 冲裁变形过程及质量分析

一、冲裁变形过程

图 2-2 所示为冲裁工作示意图，凸模 1 与凹模 2 具有与冲件轮廓相同的间隙。冲裁时，板料 3 置于凹模上方，当凸模随压力机滑块向下运动时，便迅速冲穿板料进入凹模，使冲件与板料分离而完成冲裁工作。

从凸模接触板料到板料相互分离的过程是瞬间完成的。当凸、凹模间隙正常时，冲裁变形过程大致可分为以下三个阶段。

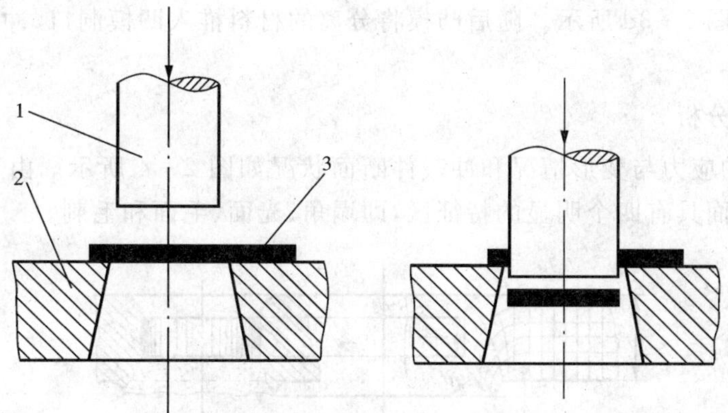

图 2-2　冲裁工作示意图

1—凸模　2—凹模　3—板料

1. 弹性变形阶段

如图 2-3a 所示，当凸模接触板料并下压时，在凸、凹模压力作用下，板料开始产生弹性压缩、弯曲、拉伸（$AB'>AB$）等复杂变形。这时，凸模略微挤入板料，板料下部也略为挤入凹模洞口，并在与凸、凹模刃口接触处形成很小的圆角。同时，板料稍有穹弯；材料越硬，凸、凹模间隙越大，穹弯越严重。随着凸模的下压，刃口附近板料所受的应力逐渐增大，直至达到弹性极限，弹性变形阶段就结束。

2. 塑性变形阶段

当凸模继续下压，使板料变形区的应力达到塑性条件时，便进入塑性变形阶段，如图 2-3b 所示。这时，凸模挤入板料和板料挤入凹模的深度逐渐增大，产生塑性剪切变形，形成光亮的剪切断面。随着凸模的下降，塑性变形程度增加，变形区材料硬化加剧，变形抗力不断上升，冲裁力也相应增大，直到刃口附近的应力达到抗拉强度时，塑性变形阶段便告终。由于凸、凹模之间间隙的存在，此阶段中冲裁变形区还伴随有弯曲和拉伸变形，且间隙越大，弯曲和拉伸变形也越大。

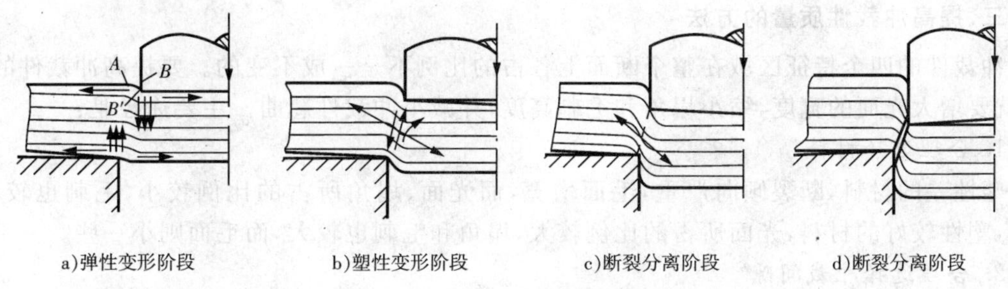

图 2-3　冲裁变形过程

3. 断裂分离阶段

当板料内的应力达到抗压强度后，凸模再向下压入时，则在板料上与凸、凹模刃口接触的部位先产生微裂纹，如图 2-3c 所示。裂纹的起点一般在距刃口很近的侧面，且一般首先在凹模刃口附近的侧面产生，继而才在凸模刃口附近的侧面产生。随着凸模的继续下压，已产生的上、下微裂纹将沿最大切应力方向不断的向板料内部扩展，当上、下裂纹重合时，板料

便被剪断分离，如图 2－3d 所示。随后凸模将分离的材料推入凹模洞口，冲裁变形过程便告结束。

二、冲裁断面分析

冲裁变形区的应力与变形情况和冲裁件断面状况如图 2－4 所示。由于冲裁件的变形特点，冲裁件的断面具有四个明显的特征区，即塌角、光面、毛面和毛刺。

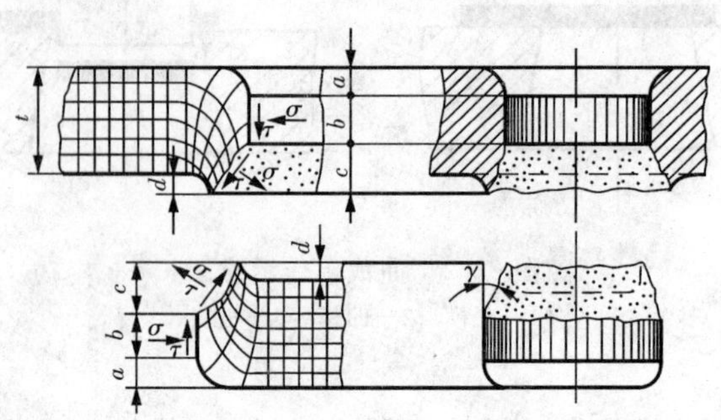

图 2－4　冲裁区应力、变形情况及冲裁断面状况

塌角 a：它是由于冲裁过程中刃口附近的材料被牵连拉入变形(弯曲和拉伸)的结果。

光面 b：它是紧挨塌角并与板平面垂直的光亮部分，是在塑性变形阶段凸模(或凹模)挤压切入材料后，材料受刃口侧面的剪切和挤压作用形成的。光面越宽，说明端面质量越好。正常状况下，普通冲裁的光面约占全断面的 1/3～1/2。

毛面 c：它是表面粗糙且带有锥度的部分，是由于刃口附近的微裂纹在拉应力作用下不断扩展断面形成的。因毛面都是向材料体内倾斜，所以对一般应用的冲裁件并不影响其使用性能。

毛刺 d：毛刺是由于裂纹的起点不在刃口，而是在刃口附近的侧面而自然形成的。普通冲裁的毛刺都是不可避免的，但间隙合适时，毛刺的高度很小，易于除去。毛刺影响冲裁件的外观、手感和使用性能，因此对冲裁件总是希望毛刺越小越好。

三、提高冲裁件质量的方法

冲裁件的四个特征区域在整个断面上各占的比例不是一成不变的。要提高冲裁件的质量，就要增大光面的宽度，缩小塌角和毛刺高度，并减小冲裁件翘曲。主要途径是：

1. 合理选择材料

塑性差的材料，断裂倾向严重，毛面增宽，而光面、塌角所占的比例较小，毛刺也较小。反之，塑性较好的材料，光面所占的比例较大，塌角和毛刺也较大，而毛面则小一些。

2. 合理选择冲裁间隙

冲裁间隙是指冲裁模中凸、凹模刃口之间的间隙，它是影响冲裁件质量的主要因素。间隙合适时，断面质量较好，一般尽可能采用合理间隙的下限值。

3. 保持模具刃口锋利

当凸、凹模刃口磨钝后，因挤压作用增大，冲裁件的圆角和光面增大。同时，因产生的裂纹偏离刃口较远，故即使间隙合理，也将在冲裁件上产生明显的毛刺。实践表明，当凸模刃口磨钝时，会在落料件上产生明显的毛刺；当凹模刃口磨钝时，会在冲孔件的孔口下端产生明显毛刺；当凸、凹模刃口均磨钝时，则会在落料件的上端和冲孔件的下端都会产生毛刺。

因此，凸、凹模磨钝后，应及时修磨凸、凹模工作端面，使刃口保持锋利状态。

此外，合理选择搭边值，采用压料板和顶板等措施也对减小塌角、毛刺和翘曲有较好效果。

要说明的是，普通冲裁方法所得冲裁件的断面质量和尺寸精度都不太高。一般金属冲裁件所能达到的经济精度为IT14～IT11，高的也只能达到IT10～IT8，厚料比薄料更差。若要进一步提高冲裁件的质量，则要在普通冲裁的基础上增加整形工序或采用精密冲裁方法。

第二节　冲裁间隙

一、冲裁间隙定义

冲裁间隙是指冲裁模中凸、凹模刃口之间的间隙。凸模与凹模间每侧的间隙称为单面间隙，用 $Z/2$ 表示；两侧间隙之和称为双面间隙，用 Z 表示。如无特殊说明，冲裁间隙都是指双面间隙。

冲裁间隙的数值等于凸、凹模刃口尺寸的差值，如图 2－5 所示，即

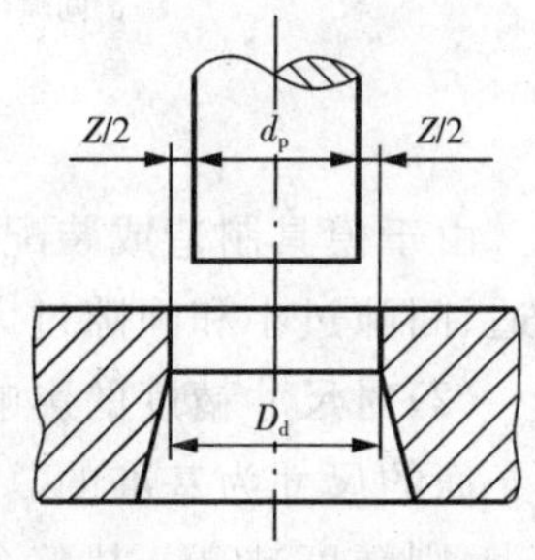

图 2－5　冲裁间隙

$$Z=D_d-d_p \tag{2-1}$$

式中：D_d——凹模刃口尺寸；

d_p——凸模刃口尺寸。

二、冲裁间隙对冲裁工艺的影响

冲裁间隙对冲裁过程有着很大的影响，不仅对冲裁件质量起着决定性作用，而且对模具寿命和冲压力也有着较大的影响。

1. 间隙对冲裁件质量的影响

冲裁件的质量是指冲裁件的断面状况、尺寸精度和形状误差。冲裁件的断面应尽可能垂直、光滑、毛刺小；尺寸精度应保证在图样规定的公差范围以内；冲件外形应符合图样要求，表面尽可能平直。

(1)对断面精度的影响　冲裁间隙合适时，上、下刃口处产生的剪切裂纹基本重合，这时光面约占板厚的1/2～1/3左右，塌角、毛刺和毛面斜角均较小，断面质量较好。如图 2－6a 所示。

当间隙过小时，凸模刃口处的裂纹相对凹模刃口处的裂纹向外错开，上、下裂纹不重合，材料在上、下裂纹相距最近的地方将发生第二次剪裂，上裂纹表面压入凹模时受到凹模壁的压挤产生第二光面或继续的小光亮块，同时部分材料被挤出，在表面形成薄而高的毛刺，如图 2－6b 所示。这种断面两端呈光面、中部带有夹层(潜伏裂纹)的毛面，塌角小，冲裁的翘曲小，毛刺虽比合理间隙时高一些，但易除去，如果中间夹层裂纹不是很深仍可用。

当间隙过大时，材料的弯曲与拉伸增大，拉应力增大，易产生裂纹，塑性变形阶段较早结束，致使断面光面减小，毛面增大，且塌角、毛刺也较大，冲裁件穹弯增大。同时，上、下裂纹

也不重合,凸模刃口处的裂纹相对凹模刃口处的裂纹向内错开了一段距离,致使毛面斜角增大,断面质量不理想,如图 2-6c 所示。

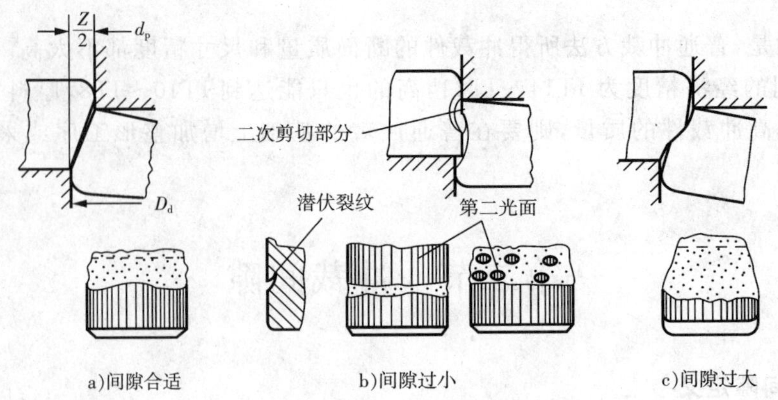

图 2-6 间隙对断面质量影响的比较

由于模具制造或装配的误差,往往造成模具间隙不均,可能在凸、凹模之间存在着间隙合适、间隙过小和间隙过大几种情况,因而在冲裁件断面上将分布着上述各种情况的断面。

(2)对尺寸精度的影响 冲裁断面存在区域特征,在冲裁件尺寸的测量和使用中,都是以光面的尺寸为基准的。冲裁件的尺寸精度是指冲裁件实际尺寸与基本尺寸的差值,差值越小,则精度越高。从整个冲裁过程来看,影响冲裁件尺寸精度的因素有两大方面:一是冲模的精度与制造精度;二是冲裁结束后冲裁件相对于凸模或凹模尺寸的偏差。

① 冲模的结构与制造精度。冲模的制造精度(主要是凸、凹模制造精度)对冲裁件尺寸精度有直接的影响。冲模的制造精度越高,冲裁件的精度亦高。冲裁件的精度与冲模制造精度的关系见表 2-1。冲模结构对冲裁件精度也有较大影响(参看第二章第七节)。

表 2-1 冲裁件精度与冲模制造精度的关系

冲模制造精度	冲裁件精度										
	材料厚度 t/mm										
	0.5	0.8	1.0	1.5	2	3	4	5	6	8	10	12
IT6～IT7	IT8	IT8	IT9	IT10	IT10	—	—	—	—	—	—	—
IT7～IT8	—	IT9	IT10	IT10	IT12	IT12	IT12	—	—	—	—	—
IT9	—	—	—	IT12	IT12	IT12	IT12	IT12	IT14	IT14	IT14	IT14

② 冲裁件相对于凸模或凹模尺寸的偏差。冲裁件产生偏离凸、凹模尺寸偏差的原因是由于冲裁是材料所受的挤压、拉伸和翘曲变形,都要在冲裁结束后产生弹性回复,当冲裁件从凹模内推出(落料)或从凸模上卸下(冲孔)时,相对于凸、凹模尺寸就会产生偏差。

影响这个偏差值的因素有:间隙、材料性质、工件形状与尺寸等,其中间隙值起主导作用。

凸、凹模间隙 Z 对冲裁件尺寸精度(δ 为冲裁件相对于凸、凹模尺寸的偏差)影响的一般规律如图 2-7。从图中可以看出,当间隙较大时,材料所受拉伸作用增大,冲裁后因材料的

弹性恢复使落料件尺寸小于凹模刃口尺寸，冲孔件孔径大于凸模刃口尺寸；当间隙较小时，则由于材料受凸、凹模侧面挤压力增大，故冲裁后材料的弹性恢复使落料尺寸增大，冲孔孔径尺寸减小；当间隙为某一恰当值（即曲线与横轴 Z 的交点）时，冲裁件尺寸与凸、凹模尺寸完全一样，这时 $\delta=0$。

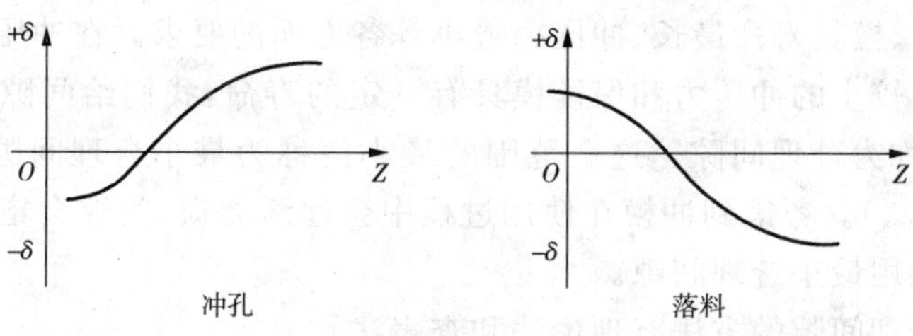

图 2-7　间隙对冲裁件尺寸精度的影响

材料性质直接决定了该材料在冲裁过程中的弹性变形量。对于比较软的材料，弹性变形量较小，冲裁后的弹性回复量亦较小，因而冲裁件的精度较高。硬的材料则情况正好相反。

材料的相对厚度 t/D（t 为冲裁件材料的厚度，D 为冲裁件外径）越大，弹性变形量越小，因而冲裁件的精度越高。

冲裁件形状越简单，尺寸越小，则精度越高。这是因为模具精度易于保证，间隙均匀，冲裁件翘曲小，以及冲裁件的弹性变形绝对量小的缘故。

2. 间隙对冲压力的影响

间隙很小时，因材料的挤压和摩擦作用增强，冲裁力必然较大。随着间隙的增大，材料所受的拉应力增大，容易断裂分离，因此冲裁力减小。但试验表明，当单面间隙介于材料厚度的 5%～20%范围内时，冲裁力降低不多，不超过 5%～10%。因此，在正常情况下，间隙对冲裁力的影响不是很大。

间隙对卸料力、顶件力、推件力的影响比较显著。由于间隙的增大，使冲裁件的光面变窄，材料弹性回复使落料件尺寸小于凹模尺寸，冲孔件尺寸大于凸模尺寸，因而使卸料力、推件力或顶件力随之减小。一般当单面间隙增大到材料厚度的 5%～20%左右时，卸料力几乎降为零。

3. 间隙对模具寿命的影响

模具寿命通常是用模具失效前所冲得的合格冲裁件数量来表示。冲裁模的失效形式一般有磨损、变形、崩刃和凹模胀裂。间隙大小主要对模具的磨损及凹模的胀裂产生较大影响。

在冲裁过程中，由于材料的弯曲变形，材料对模具的反作用力主要集中在凸、凹模刃口部分。如果间隙小，垂直冲裁力和侧向挤压力将增大，摩擦力也增大，且间隙小时，光面变宽，摩擦距离增长，摩擦发热严重，所以小间隙将使凸、凹模刃口磨损加剧，甚至使模具与材料之间产生黏结现象，严重的还会产生崩刃。另外，小间隙还易产生小凸模折断，凸、凹模相互啃刃等异常现象。凸、凹模磨损后，其刃口处形成圆角，冲裁件上就会出现不正常的毛刺，且因刃口尺寸发生变化，冲裁件的尺寸精度也会降低，模具寿命也降低。因此，为了减少模具的磨损，延长模具使用寿命，在保证冲裁件质量的前提下，应选用较大的间隙值。若采用

小间隙，就必须提高模具硬度和精度，减小模具表面粗糙度值，提供良好润滑，以减小磨损。

三、冲裁合理间隙值的确定

由上述分析可以看出，冲裁间隙对冲裁件质量、冲压力、模具寿命等都有很大的影响，但影响的规律各有不同。因此，并不存在一个绝对合理的间隙值，能同时满足冲裁件断面质量最佳、尺寸精度最高、模具寿命最长、冲压力最小等各方面的要求。在冲压实际生产中，为了获得合格的冲裁件、较小的冲压力和保证模具有一定的寿命，我们给间隙值规定一个范围，这个间隙值范围就称为合理间隙。这个范围的最小值称为最小合理间隙（Z_{min}），最大值称为最大合理间隙（Z_{max}）。考虑到冲模在使用过程中会逐渐磨损，间隙会增大，因此在设计和制造新模具时，应采用最小合理间隙。

确定凸、凹模合理间隙的方法有理论法和查表法。

1. 理论法

用理论法确定合理间隙值，是根据凸、凹模刃口处产生的上、下裂纹相互重合的原则进行计算。图 2－8 所示为冲裁过程中开始产生裂纹的瞬时状态，根据图中的几何关系，可得合理间隙 Z 的计算公式为

$$Z=2t(1-h_0/t)\tan\beta \qquad (2-2)$$

式中：t——材料厚度；

h_0——产生裂纹时凸模挤入材料的深度；

h_0/t——产生裂纹时凸模挤入材料的相对深度；

β——剪裂纹与垂线间的夹角。

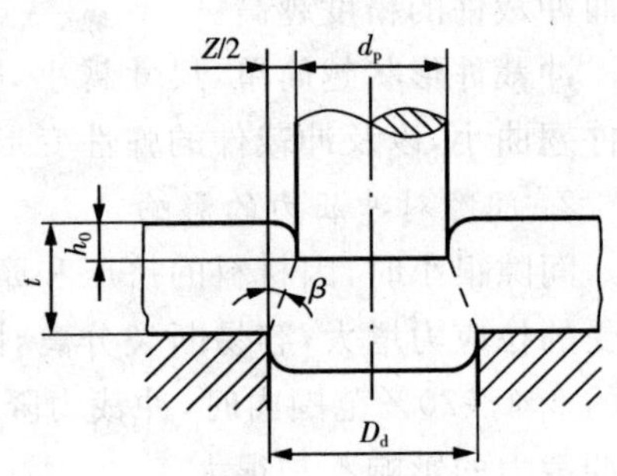

图 2－8　冲裁产生裂纹的瞬时状态

由上式可以看出，合理间隙与材料厚度 t、相对挤入深度 h_0/t 及裂纹角 β 有关，而 h_0/t 与 β 及材料性质有关，见表 2－2。因此，影响间隙值的主要因素是材料性质和厚度。厚度越大、塑性越差的材料，其合理间隙值就越大；反之，厚度越薄、塑性越好的材料，其合理间隙值就越小。

表 2－2　h_0/t 与 β 值

材　料	h_0/t		β	
	退火	硬化	退火	硬化
软铜、纯铜、软黄铜	0.5	0.35	6°	5°
中硬钢、硬黄铜	0.3	0.2	5°	4°
硬钢、硬青铜	0.2	0.1	4°	4°

理论计算法在生产中使用不方便，主要用来分析间隙与上述几个因素之间的关系。实际生产中广泛采用经验数据来确定间隙值。

2. 查表法

查表法是根据经验数据来确定间隙值。有关间隙值的经验数值，可在一般冲压手册中查到，选用时结合冲裁件的质量要求和实际生产条件考虑。

这里推荐两种实用间隙表，供设计时参考：对于尺寸精度、断面垂直度要求高的工件宜选用小间隙值（表 2－3）；对于尺寸精度、断面垂直度要求不高的工件，以提高模具寿命为主，可采用大间隙值（表 2－4）。

表 2－3 冲裁模初始双面间隙 Z(一)

材料厚度 t/mm	软铝		纯铜、黄铜、软钢 w_C＝0.08％～0.2％		杜拉铝、中等硬钢 w_C＝0.3％～0.4％		硬钢 w_C＝0.5％～0.06％	
	Z_{min}	Z_{max}	Z_{min}	Z_{max}	Z_{min}	Z_{max}	Z_{min}	Z_{max}
0.2	0.008	0.012	0.010	0.014	0.012	0.016	0.014	0.018
0.3	0.012	0.018	0.015	0.021	0.018	0.024	0.021	0.027
0.4	0.016	0.024	0.020	0.028	0.024	0.032	0.028	0.036
0.5	0.020	0.030	0.025	0.035	0.030	0.040	0.035	0.045
0.6	0.024	0.036	0.030	0.042	0.036	0.048	0.042	0.054
0.7	0.028	0.042	0.035	0.049	0.042	0.056	0.049	0.063
0.8	0.032	0.048	0.040	0.056	0.048	0.064	0.056	0.072
0.9	0.036	0.054	0.045	0.063	0.054	0.072	0.063	0.081
1.0	0.040	0.060	0.050	0.070	0.060	0.080	0.070	0.090
1.2	0.050	0.084	0.072	0.096	0.084	0.108	0.096	0.120
1.5	0.075	0.105	0.090	0.120	0.105	0.135	0.120	0.150
1.8	0.090	0.126	0.108	0.144	0.126	0.162	0.144	0.180
2.0	0.100	0.140	0.120	0.160	0.140	0.180	0.160	0.200
2.2	0.132	0.176	0.154	0.198	0.176	0.220	0.198	0.242
2.5	0.150	0.200	0.175	0.225	0.200	0.250	0.225	0.275
2.8	0.168	0.224	0.196	0.252	0.224	0.280	0.252	0.308
3.0	0.180	0.240	0.210	0.270	0.240	0.300	0.270	0.330
3.5	0.245	0.315	0.280	0.350	0.315	0.385	0.350	0.420
4.0	0.280	0.360	0.320	0.400	0.360	0.440	0.400	0.480
4.5	0.315	0.405	0.360	0.450	0.405	0.490	0.450	0.540
5.0	0.350	0.450	0.400	0.500	0.450	0.550	0.500	0.600
6.0	0.480	0.600	0.540	0.660	0.600	0.720	0.660	0.780
7.0	0.560	0.700	0.630	0.770	0.700	0.840	0.770	0.910
8.0	0.720	0.880	0.800	0.960	0.880	1.040	0.960	1.120
9.0	0.870	0.990	0.900	1.080	0.990	1.170	1.080	1.260
10.0	0.900	1.100	1.000	1.200	1.100	1.300	1.200	1.400

注：(1)初始间隙值的最小值相当于间隙的公称数值。

(2)初始间隙的最大值是考虑到凸模和凹模的制造公差所增加的数值。

(3)在使用过程中，由于模具工作部分的磨损，间隙将有所增加，因而间隙使用的最大数值要超过列表数值。

(4)本表适用于尺寸精度和断面质量要求较高的冲裁件。

表 2-4 冲裁模初始双面间隙 Z(二)

材料厚度 t/mm	08、10、35 09Mn2、Q235		Q345		40、50		65Mn	
	Z_{min}	Z_{max}	Z_{min}	Z_{max}	Z_{min}	Z_{max}	Z_{min}	Z_{max}
小于 0.5	极小间隙							
0.5	0.040	0.060	0.040	0.060	0.040	0.060	0.040	0.060
0.6	0.048	0.072	0.048	0.072	0.048	0.072	0.048	0.072
0.7	0.064	0.092	0.064	0.092	0.064	0.092	0.064	0.092
0.8	0.072	0.104	0.072	0.104	0.072	0.104	0.064	0.092
0.9	0.090	0.126	0.090	0.126	0.090	0.126	0.090	0.126
1.0	0.100	0.140	0.100	0.140	0.100	0.140	0.090	0.126
1.2	0.126	0.180	0.132	0.180	0.132	0.180		
1.5	0.132	0.240	0.170	0.240	0.170	0.240		
1.8	0.220	0.320	0.220	0.320	0.220	0.320		
2.0	0.246	0.360	0.260	0.380	0.260	0.380		
2.1	0.260	0.380	0.280	0.400	0.280	0.400		
2.5	0.360	0.500	0.380	0.540	0.380	0.540		
2.8	0.400	0.560	0.420	0.600	0.420	0.600		
3.0	0.460	0.640	0.480	0.660	0.480	0.660		
3.5	0.540	0.740	0.580	0.780	0.580	0.780		
4.0	0.640	0.880	0.680	0.920	0.680	0.920		
4.5	0.720	1.000	0.680	0.960	0.780	1.040		
5.5	0.940	1.280	0.780	1.100	0.980	1.320		
6.0	1.080	1.440	0.840	1.120	1.140	1.500		
6.5			0.940	1.130				
8.0			1.200	1.680				

注:(1)冲裁皮革、石棉和纸板时,间隙取 08 钢 25%。

(2)本表适用于尺寸精度和断面质量要求不高的冲裁件。

我国原机械部 1986 年制定的“冲裁间隙”指导性技术文件(JB/Z 271—1986),根据冲件剪切面质量、尺寸精度、模具寿命和力能消耗等因素,将冲裁间隙分成Ⅰ、Ⅱ、Ⅲ三种类型,并按材料的种类、供应状态和厚度给出了三类间隙比值,后经修改,于 1997 年作为国家标准公布的冲裁间隙表(GB/T 16744—1997)可供选用,见表 2-5、表 2-6。

表 2－5　冲裁间隙分类

<table>
<tr><th colspan="3">类别
分类依据</th><th>Ⅰ</th><th>Ⅱ</th><th>Ⅲ</th></tr>
<tr><td rowspan="5">冲件断面质量</td><td colspan="2">塌角宽度</td><td>(4～7)%t</td><td>(6～8)%t</td><td>(8～10)%t</td></tr>
<tr><td colspan="2">光面宽度</td><td>(35～55)%t</td><td>(25～40)%t</td><td>(15～25)%t</td></tr>
<tr><td colspan="2">毛刺宽度</td><td>小</td><td>中</td><td>大</td></tr>
<tr><td colspan="2">毛刺高度</td><td>一般</td><td>小</td><td>一般</td></tr>
<tr><td colspan="2">毛面斜角 β</td><td>4°～7°</td><td>7°～8°</td><td>8°～11°</td></tr>
<tr><td rowspan="3">冲件精度</td><td rowspan="2">尺寸精度</td><td>落料件</td><td>接近凹模尺寸</td><td>稍小于凹模尺寸</td><td>小于凹模尺寸</td></tr>
<tr><td>冲孔件</td><td>接近凸模尺寸</td><td>稍大于凸模尺寸</td><td>大于凸模尺寸</td></tr>
<tr><td colspan="2">翘曲度</td><td>稍小</td><td>小</td><td>较大</td></tr>
<tr><td colspan="3">模具寿命</td><td>较低</td><td>较高</td><td>最高</td></tr>
<tr><td rowspan="3">力能消耗</td><td colspan="2">冲裁力</td><td>较小</td><td>小</td><td>最小</td></tr>
<tr><td colspan="2">卸、推件力</td><td>较大</td><td>最小</td><td>小</td></tr>
<tr><td colspan="2">冲裁功</td><td>较大</td><td>小</td><td>稍小</td></tr>
<tr><td colspan="3">使用场合</td><td>冲裁件切断面质量、尺寸精度要求较高时，采用小间隙。冲模寿命较低</td><td>冲裁件切断面质量、尺寸精度一般时，采用中等间隙。因残余应力小，能减小破裂现象，适用于需继续塑性变形的冲件</td><td>冲裁件切断面质量、尺寸精度要求不高时，应优先采用大间隙，以利于提高冲模寿命</td></tr>
</table>

注：选用冲裁间隙时，应针对冲件技术要求、使用特点和生产条件等因素，首先按表 2－5 确定拟采用的间隙类别，然后按表 2－6 相应选取该类间隙的比值，经简单计算便可得到合适间隙的具体数值。

表 2－6　冲裁间隙比值

(%)

类别 分类依据	Ⅰ	Ⅱ	Ⅲ
低碳钢 08F、10F、10、20、Q215、Q235	3.0～7.0	7.0～10.0	10.0～12.5
中碳钢 45 不锈钢 1Cr18Ni9Ti、4Cr13 膨胀合金(可伐合金)4J29	3.5～8.0	8.0～11.0	11.0～15.0
高碳钢 T8A、T10A、65Mn	8.0～12.0	12.0～15.0	15.0～18.0
纯铝 1060、1050A、1035、1200 铝合金(软态)LF21 黄铜(软态)H62 纯铜(软态)T1、T2、T3	2.0～4.0	4.5～6.0	6.5～9.5

（续表）

分类依据＼类别	Ⅰ	Ⅱ	Ⅲ
黄铜（硬态）、铅黄铜 纯铜（硬态）	3.0～5.0	5.5～8.0	8.5～11.0
铝合金（硬态）2A12 锡磷青铜、铝青铜、铍青铜	3.5～6.0	7.0～10.0	11.0～13.0
镁合金	1.5～2.5		
硅钢	2.5～5.0	5.0～9.0	

注：(1)表中适合于厚度为 10 mm 以下的金属材料。考虑到料厚对间隙比值的影响，将料厚分成≤1.0 mm、>1.0～2.5 mm、>2.5～4.5 mm、>4.5～7.0 mm、>7.0～10.0 mm 五档，当料厚≤1.0 mm 时，各类间隙比值取下限值，并以此为基数，随着料厚的增加，再逐档递增(0.5～1.0)%t(有色金属、低碳钢和高碳钢取大值)。

(2)凸、凹模的制造偏差和磨损均使间隙变大，故新模具应取允许范围内的最小值。

(3)其他金属材料的间隙比值可参照表中抗剪强度相似的材料选取。

(4)对于非金属材料，可依据材料的种类、软硬、厚薄不同，在 Z=(0.5～4.0)%t 的范围内选取。

应当指出，实用间隙表中的间隙比值都是基于普通薄板材料而制定的，对于极薄板或厚板的冲裁不一定很适用。如冲裁 0.2 mm 厚度以下的极薄板时，间隙值取为(5～10)%t 则未必允许，因为在如此小的近乎为零的实际间隙下，模具在加工、装配、安装及工作时可能会出现“卡模”、“啃模”现象；而在冲裁厚板(例如 t=8 mm 以上)时，在(5～10)%t 这种间隙值里，冲件切断面的缺陷会十分明显，这时可取更小些的比值。所以，设计者在设计时要多注意这一点，灵活处理问题。

第三节　冲裁模刃口尺寸的计算

冲裁件的尺寸精度主要决定于凸、凹模刃口尺寸及公差，模具的合理间隙值也是靠凸、凹模刃口尺寸及其公差来保证。因此，正确确定凸、凹模刃口尺寸及其公差，是冲裁模设计的一项重要工作。

一、凸、凹模刃口尺寸计算的原则

在冲裁尺寸的测量和使用中，都是以光面的尺寸为基准。由前述冲裁过程可知，落料件的光面是凹模刃口挤切材料产生的，而孔的光面是凸模挤切材料产生的。所以，在计算刃口尺寸时，应按落料和冲孔两种情况分别考虑，其原则如下：

(1)落料时，因落料件光面尺寸与凹模尺寸相等或基本一致，应先确定凹模刃口尺寸，即以凹模刃口尺寸为基准。又因落料件尺寸会随凹模刃口的磨损而增大，为保证凹模磨损到一定程度仍能冲出合格零件，故凹模基本尺寸应取落料件尺寸公差范围内的较小尺寸。落料凸模的基本尺寸则是在凹模基本尺寸上减去最小合理间隙。

(2)冲孔时，因孔的光面尺寸与凸模刃口尺寸相等或基本一致，应先确定凸模刃口尺寸，

即以凸模刃口尺寸为基准。又因冲孔的尺寸会随凸模刃口的磨损而减小，故凸模基本尺寸应取冲件孔尺寸公差范围内的较大尺寸。冲孔凹模的基本尺寸是在凸模基本尺寸上加上最小合理间隙。

(3)确定凸、凹模刃口的制造公差时，应依据冲裁件的尺寸公差要求和凸、凹模加工方法。如果冲模制造公差过小，会使模具制造困难，成本增加，生产周期延长；若冲模制造公差过大，冲出的工件可能不合格，模具寿命低。

二、凸或凹模刃口尺寸的计算方法

由于冲模加工方法不同，凸、凹模刃口尺寸的计算方法也不同，基本上可分为两类。

1. 凸、凹模分别加工法

凸、凹模分别加工是指凸模与凹模分别按照各自图样上标注的尺寸公差进行加工，冲裁间隙由凸、凹模刃口尺寸及公差来保证。主要适用于简单规则形状（圆形、方形或矩形）的冲件。凸、凹模刃口与冲件尺寸及公差分布情况如图 2－9 所示。

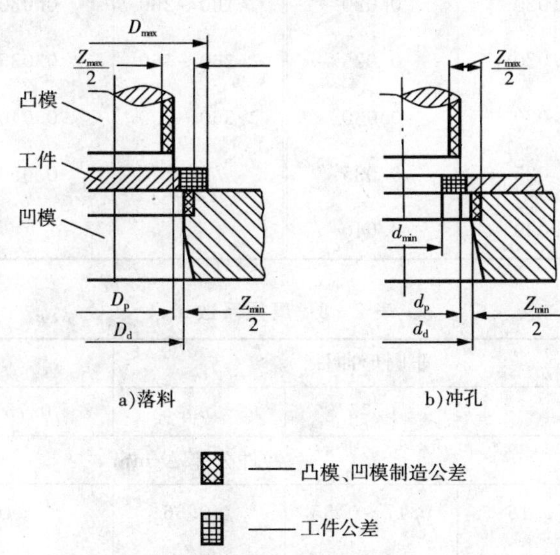

图 2－9　落料、冲孔时各部分尺寸及公差的分布状态

分别加工法计算公式如下：

设落料件的外形尺寸为 D，冲孔件内孔尺寸为 d，根据刃口尺寸计算原则，可得

落料时：

$$D_d=(D_{max}-x\Delta)+\delta_d \tag{2-3}$$

$$D_p=(D_d-Z_{min})-\delta_p$$

$$=D_{max}-x\Delta-Z_{min} \tag{2-4}$$

冲孔时：

$$d_p=(d_{min}+x\Delta)-\delta_p \tag{2-5}$$

$$d_d=(d_p+Z_{min})+\delta_d$$

$$=d_{min}+x\Delta+Z_{min} \tag{2-6}$$

式中：D_d、D_p——落料凸、凹模刃口尺寸(mm)；

d_p、d_d——冲孔凸、凹模刃口尺寸(mm)；

D_{max}——落料件的最大极限尺寸(mm)；

Δ——冲件的制造公差(mm,若冲件为自由尺寸,可按 IT14 级精度处理)；

Z_{min}——最小合理间隙(mm)；

δ_p、δ_d—凸、凹模的制造公差(mm),可查表 2-7,或取 $\delta_p \leqslant 0.4(Z_{max}-Z_{min})$,$\delta_d \leqslant 0.6(Z_{max}-Z_{min})$；

x——磨损系数,x 值在 0.5～1 之间,它与工件精度有关,可查表 2-8 或按下列关系选取:工件精度为 IT10 以上,$x=1$;工件精度为 IT11～IT13,$x=0.75$;工件精度为 IT14 以下,$x=0.5$。

表 2-7　规则形状(圆形、方形)冲裁时凸、凹模的制造公差　(mm)

基本尺寸	凸模偏差 δ_p	凹模偏差 δ_d	基本尺寸	凸模偏差 δ_p	凹模偏差 δ_d
≤18	0.020	0.020	>180～260	0.030	0.045
>18～30	0.020	0.025	>260～360	0.035	0.050
>30～80	0.020	0.030	>360～500	0.040	0.060
>80～120	0.025	0.035	>500	0.050	0.070
>120～180	0.030	0.040			

表 2-8　磨损系数 x

料厚 t/mm	非圆形冲件			圆形冲件	
	1	0.75	0.5	0.75	0.5
	冲件公差 Δ/mm				
1	<0.16	0.17～0.35	≥0.36	<0.16	≥0.16
1～2	<0.20	0.21～0.41	≥0.42	<0.20	≥0.20
2～4	<0.24	0.25～0.49	≥0.50	<0.24	≥0.24
>4	<0.30	0.31～0.59	≥0.60	<0.30	≥0.30

采用凸、凹模分开加工时,因要分别标注凸、凹模刃口尺寸与制造公差,所以无论是冲孔还是落料,为了保证间隙值,凸、凹模的制造公差必须满足下列条件:

$$\delta_p+\delta_d \leqslant Z_{max}-Z_{min} \tag{2-7}$$

如果 $\delta_p+\delta_d > Z_{max}-Z_{min}$ 时,可以取 $\delta_p=0.4(Z_{max}-Z_{min})$,$\delta_d=0.6(Z_{max}-Z_{min})$。如果 $\delta_p+\delta_d \gg Z_{max}-Z_{min}$,则应采用后面将要介绍的凸、凹模配作方法。

凸、凹模分开加工法的优点是,凸、凹模具有互换性,制造周期短,便于成批制造。其缺点是模具的制造公差小,模具制造困难,成本较高,特别是单件生产时,采用这种方法更不经济。

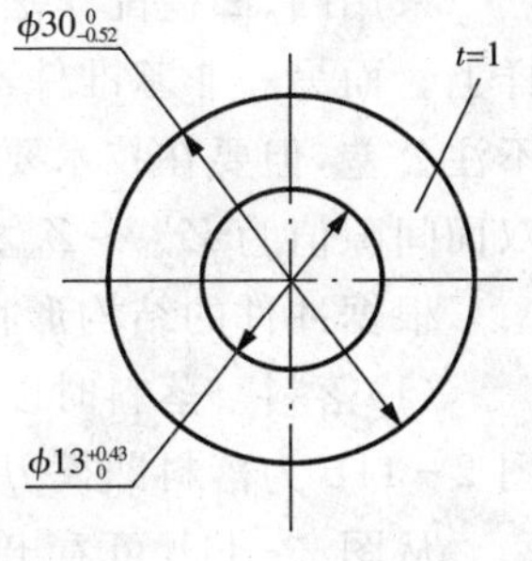

图 2-10　垫圈

【例 2-1】　冲裁图 2-10 所示垫圈零件，材料 Q235 钢，料厚 $t=1$ mm，计算凸、凹模刃口尺寸及公差。

解：由图可知，该零件为一般冲孔、落料件，无特殊要求，外形 $\phi30$ 由落料获得，内形 $\phi13$ 由冲孔获得，工件内外形公差均为 IT14。查表 2-4 得 $Z_{min}=0.100$，$Z_{max}=0.140$。

(1)落料($\phi30^{0}_{-0.52}$)

$D_d=(D_{max}-x\Delta)^{+\delta_d}_{0}$

$D_p=(D_d-Z_{min})^{0}_{-\delta_p}$

查表 2-7、2-8 得 $\delta_d=0.025$ mm，$\delta_p=0.020$ mm，$x=0.5$

校核间隙：

因为 $\delta_p+\delta_d=0.020+0.025=0.045\text{ mm}>Z_{max}-Z_{min}=0.04\text{ mm}$

说明所取凸、凹模公差不能满足 $\delta_p+\delta_d\leqslant Z_{max}-Z_{min}$ 条件，但相差不大，此时可调整如下：

$$\delta_p=0.4(Z_{max}-Z_{min})=0.4\times0.04=0.016\text{ mm}$$

$$\delta_d=0.6(Z_{max}-Z_{min})=0.6\times0.04=0.024\text{ mm}$$

将已知和查表的数据代入公式，即得

$$D_d=(30-0.5\times0.52)^{+0.024}_{0}=29.74^{+0.024}_{0}\text{ mm}$$

$$D_p=(29.74-0.10)^{0}_{-0.016}=29.64^{0}_{-0.016}\text{ mm}$$

(2)冲孔($\phi13^{+0.43}_{0}$)

$d_p=(d_{min}+x\Delta)^{0}_{-\delta_p}$

$d_d=(d_p+Z_{min})^{+\delta_d}_{0}$

查表 2-7、2-8 得 $\delta_d=0.02$ mm，$\delta_p=0.02$ mm，$x=0.5$

校核间隙：

因为 $\delta_p+\delta_d=0.02+0.02=0.04\text{ mm}=Z_{max}-Z_{min}$，所以符合 $\delta_p+\delta_d\leqslant Z_{max}-Z_{min}$ 的条件。

将已知和查表的数据代入公式，即得

$$d_p=(13+0.5\times0.43)^{0}_{-0.020}=13.22^{0}_{-0.020}\text{ mm}$$

$$d_d=(13.22+0.10)^{+0.020}_{0}=13.32^{+0.020}_{0}\text{ mm}$$

2. 凸、凹模配作法

凸、凹模配作法是指先按图样设计尺寸加工好凸模或凹模中的一件作为基准件(一般落料时以凹模为基准件，冲孔时以凸模为基准件)，然后根据基准件的实际尺寸按间隙要求配作另一件。这种加工方法的特点是模具的间隙由配作保证，工艺比较简单，不必校核 $\delta_p+\delta_d\leqslant Z_{max}-Z_{min}$ 的条件，并且还可以放大基准件的制造公差(一般可取冲件公差的 1/4)，使制造容易，因此是目前一般工厂广泛采用的方法，特别适用于冲裁薄板件(因其 $Z_{max}-Z_{min}$ 很小)和复杂形状件的冲模加工。

采用凸、凹模配作法加工时，只需计算基准件的刃口尺寸及公差，并详细标注在设计图样上。而另一非基准件不需计算，且设计图样上只标注基本尺寸(与基准件尺寸对应一致)，不注公差，但要在技术要求中注明："凸(凹)模刃口尺寸按凹(凸)模实际刃口尺寸配作，保证双面间隙值为 $Z_{min}\sim Z_{max}$"。

根据冲件的结构形状不同，刃口尺寸的计算方法如下：

(1)落料　落料时以凹模为基准，配作凸模。设落料件的形状与尺寸如图 2-11a 所示，图 2-11b 为落料凹模刃口的轮廓图，图中双点画线表示凹模磨损后尺寸的变化情况。

从图 2-11b 可看出，凹模磨损刃口尺寸的变化有增大、减小和不变三种情况，故凹模刃口尺寸也应分三种情况进行计算：凹模磨损后变大的尺寸(如图中 A 类尺寸)，按一般落料凹模尺寸公式计算；凹模磨损后变小的尺寸(如图中 B 类尺寸)，因它在凹模上相当于冲孔凸模尺寸，故按一般冲孔凸模尺寸公式计算；凹模磨损后不变的尺寸(如图中 C 类尺寸)。具体计算公式见表 2-9。

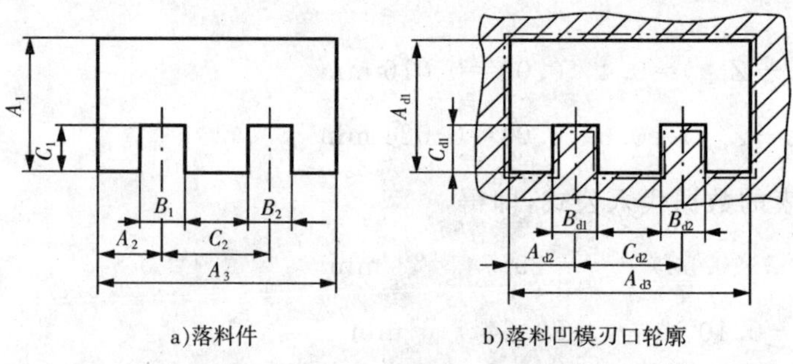

图 2-11　落料件与落料凹模

表 2-9　以落料凹模为基准的刃口尺寸计算公式

工序性质	落料件尺寸 (图 2-11a)	落料凹模尺寸 (图 2-11 b)	落料凸模尺寸
落料	A 类尺寸 $A^{0}_{-\Delta}$	$A_d=(A_{max}-x\Delta)^{+\Delta/4}_{0}$	按凹模实际刃口尺寸配作，保证双面间隙值为 $Z_{min}\sim Z_{max}$
	B 类尺寸 $B+\Delta$	$B_d=(B_{min}+x\Delta)^{0}_{-\Delta/4}$	
	C 类尺寸 $C\pm\Delta/2$	$C_d=(C_{min}+0.5\Delta)\pm\Delta/8$	

(2)冲孔　冲孔时以凸模为基准，配作凹模。设冲孔件的形状和尺寸如图 2-12a 所示，图 2-12b 为冲孔凸模刃口的轮廓图，图中双点画线表示凸模磨损后尺寸的变化情况。

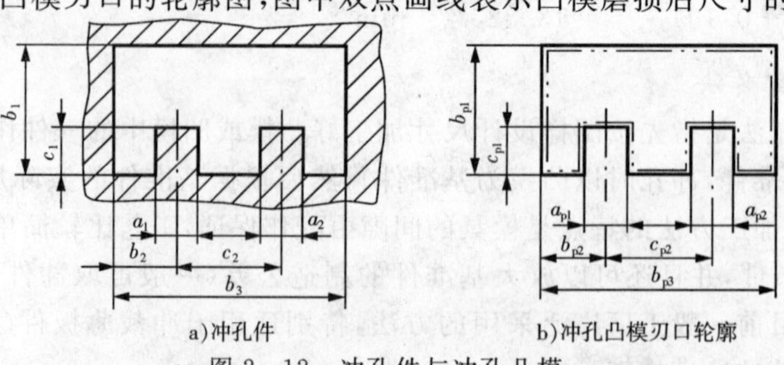

图 2-12　冲孔件与冲孔凸模

从图 2-12b 中可以看出，冲孔凸模刃口尺寸的计算同样要考虑三种不同的磨损情况：凸模磨损后变大的尺寸（如图中 a 类尺寸）。因它在凸模上相当于落料凹模尺寸，故按一般落料凹模尺寸公式计算；凸模磨损后变小的尺寸（如图中 b 类尺寸），按一般冲孔凸模尺寸公式计算；凸模磨损后不变的尺寸（如图中 c 类尺寸）。具体计算公式见表 2-10。

表 2-10 以冲孔凸模为基准的刃口尺寸计算

工序性质	冲孔凸模尺寸(图 2-11a)	冲孔凸模尺寸(图 2-11 b)	冲孔凹模尺寸
冲孔	a 类尺寸 $a^{0}_{-\Delta}$	$a_d=(a_{max}-x\Delta)^{+\Delta/4}_{0}$	按凸模实际刃口尺寸配作，保证双面间隙值为 $Z_{min}\sim Z_{max}$
	b 类尺寸 $b+\Delta$	$b_d=(b_{min}+x\Delta)^{0}_{-\Delta/4}$	
	c 类尺寸 $c\pm\Delta/2$	$c_d=(c_{min}+0.5\Delta)\pm\Delta/8$	

【例 2-2】 如图 2-13a 所示零件，材料为 10 钢，料厚 $t=2$ mm，按配作加工法计算落料凸、凹模的刃口尺寸及公差。

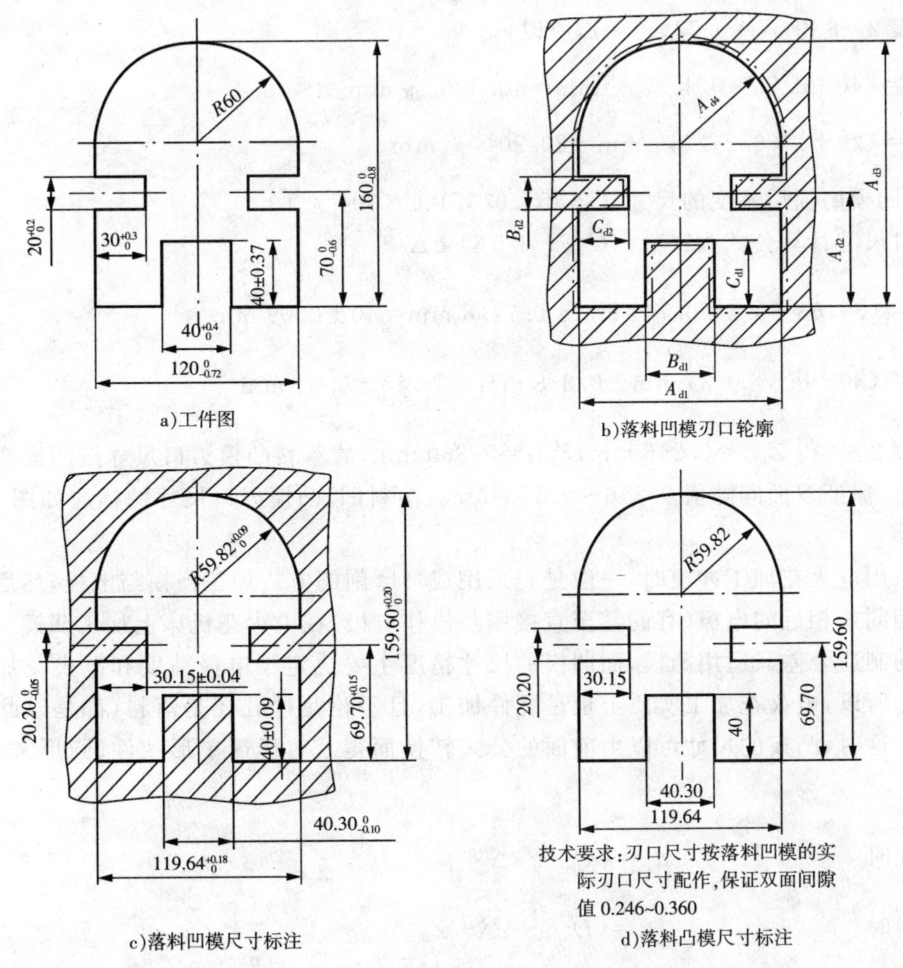

图 2-13 工件及落料凸、凹模刃口尺寸

解:由于工件为落料件,故以凹模为基准,配作凸模。凹模磨损后其尺寸变化有变大、变小和不变三种情况,如图 2-13 b 所示。

(1)凹模磨损后变大的尺寸:$A_1(120^{0}_{-0.72})$、$A_2(70^{0}_{-0.6})$、$A_3(160^{0}_{-0.8})$、$A_4(R60)$

刃口尺寸计算公式为:$A_d=(A_{max}-x\Delta)^{+\Delta/4}_{0}$

因圆弧 $R60$ 与尺寸 $120^{0}_{-0.72}$ 相切,故 A_{d4} 不需采用刃口尺寸公式计算,而直接取 $A_{d4}=A_{d1}/2$。查表 2-8 得 $x_1=x_2=x_3=0.5$,所以

$$A_{d1}=(120-0.5\times0.72)^{+0.72/4}_{0}\ \text{mm}=119.64^{+0.18}_{0}\ \text{mm}$$

$$A_{d2}=(70-0.5\times0.6)^{+0.6/4}_{0}\ \text{mm}=69.70^{+0.15}_{0}\ \text{mm}$$

$$A_{d3}=(160-0.5\times0.8)^{+0.8/4}_{0}\ \text{mm}=159.60^{+0.20}_{0}\ \text{mm}$$

$$A_{d4}=\text{A}_{d1}/2=119.64^{+0.18}_{0}/2\ \text{mm}=59.82^{+0.09}_{0}\ \text{mm}$$

(2)凹模磨损后变小的尺寸:$B_1(40^{+0.40}_{0})$、$B_2(20^{+0.2}_{0})$

刃口尺寸计算公式为:$B_d=(B_{min}+x\Delta)^{0}_{-\Delta/4}$

查表 2-8 得 $x_1=0.75$,$x_2=1$,所以

$$B_{d1}=(40+0.75\times0.4)^{0}_{-0.4/4}\ \text{mm}=40.30^{0}_{-0.10}\ \text{mm}$$

$$B_{d2}=(20+1\times0.2)^{0}_{-0.2/4}\ \text{mm}=20.20^{0}_{-0.05}\ \text{mm}$$

(3)凹模磨损后不变的尺寸:$C_1(40\pm0.37)$、$C_2(30^{+0.30}_{0})$

刃口尺寸计算公式为:$C_d=(C_{min}+0.5\Delta)\pm\Delta/8$

$$C_{d1}=(39.63+0.5\times0.74)\ \text{mm}\pm0.74/8\ \text{mm}=40\pm0.09\ \text{mm}$$

$$C_{d2}=(30+0.5\times0.3)\ \text{mm}\pm0.3/8\ \text{mm}=30.15\pm0.04\ \text{mm}$$

查表 2-4 得 $Z_{min}=0.246$ mm,$Z_{max}=0.360$ mm,故落料凸模刃口尺寸按凹模实际刃口尺寸配作,保证双面间隙值 0.246~0.360 mm。落料凹、凸模刃口尺寸的标注如图 2-13c、d 所示。

当采用电火花加工冲模时,一般是先采用成形磨削的方法加工凸模与电极,然后用尺寸与凸模相同或相近的电极(有的甚至直接用凸模作电极)在电火花机床上加工凹模。因此机械加工的制造公差只适用凸模,而凹模的尺寸精度主要决定于电极精度和电火花加工间隙的误差。所以,电火花加工实质上也是配件加工,且不论是冲孔还是落料,都是以凸模作为基准件。这时,凸模的尺寸可以由前面的公式转换而得。对于简单形状件(圆形、方形或矩形):

冲孔时　　$d_p=(d_{min}+x\Delta)^{0}_{-\Delta/4}$

落料时　　$D_p=(D_{max}-x\Delta-Z_{min})^{0}_{-\Delta/4}$

对于复杂形状件:冲孔时凸模刃口尺寸按表 2-10 计算;落料时凸模刃口尺寸的计算按同样的原理,考虑凸模磨损后变大、变小和不变三种情况,但应注意间隙的取向。

不论是分开加工法还是配作法，当在同一工步冲出冲件上两个以上孔时，因凹模磨损后孔距尺寸不变，故凹模型孔的中心距 L_d 可按下式确定：

$$L_d=(L_{min}+0.5\Delta)\pm\Delta/8 \tag{2-8}$$

式中：L_{min}——工件孔距的最小极限尺寸(mm)；

Δ——工件孔距公差(mm)。

当工件上有位置公差要求的孔时，凹模上的型孔的位置公差一般可取位置公差的 1/3～1/5。

第四节　冲裁件的工艺性

在编制冲压工艺规程和设计模具之前，应从工艺角度分析零件设计的是否合理，是否符合冲裁的工艺要求。

冲裁件的工艺性是指冲裁件对冲裁工艺的适应性，即冲裁加工的难易程度。良好的冲裁工艺性，是指在满足冲裁件使用要求的前提下，能以最简单、最经济的冲裁方式加工出来。

冲裁件的工艺性主要包括冲裁件的结构与尺寸、精度与断面粗糙度、材料等三个方面。

一、冲裁件结构与尺寸

(1)冲裁件的形状应力求简单、规则、对称，有利于材料的合理利用，提高模具寿命，降低生产成本。

(2)冲裁件的内、外形转角处要尽量避免尖角，应以圆弧过渡，便于模具加工，减少热处理开裂，减少冲裁时尖角处的崩刃和过快磨损。冲裁件的最小圆角半径可参照表 2-11 选取。

表 2-11　冲裁件最小圆角半径　(mm)

工序种类		最小圆角半径			
		黄铜、铝	合金钢	软钢	备注
落料	交角≥90°	0.18t	0.35t	0.25t	≥0.25
	交角<90°	0.35t	0.70t	0.50t	≥0.50
冲孔	交角≥90°	0.20t	0.45t	0.30t	≥0.30
	交角<90°	0.40t	0.90t	0.60t	≥0.60

注：t 为料厚。

(3)尽量避免冲裁件上过于窄长的凸出悬臂和凹槽，否则会降低模具寿命和冲裁件质量。如图 2-14 所示，一般情况下，悬臂和凹槽的宽度 $B\geqslant1.5t$(t 为料厚，当材料厚 $t<1$ mm时，按 $t=1$ mm 计算)；当冲件材料为黄铜、铝、软钢时，$B\geqslant1.2t$；当冲件材料为高碳钢时，$B\geqslant2t$。悬臂和凹槽的深度 $L\leqslant5B$。

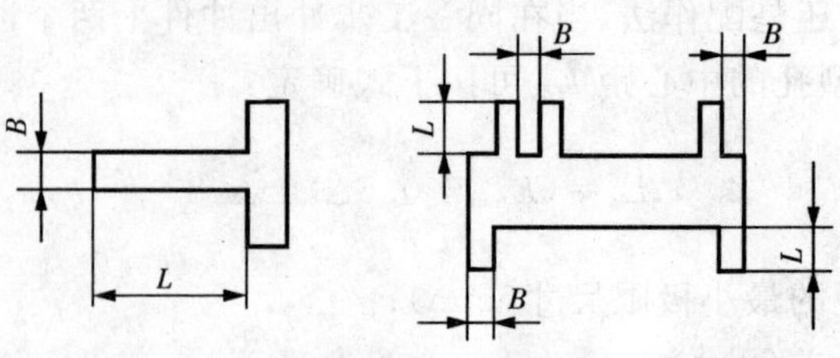

图 2-14　冲裁件的悬臂与凹槽

(4)冲孔时,因受凸模强度的限制,孔的尺寸不应太小。用无导向凸模和带护套凸模所能冲制的孔的最小尺寸可分别参考表 2-12、表 2-13。

表 2-12　无导向凸模冲孔的最小尺寸

冲件材料	圆形孔 (直径 d)	方形孔 (孔宽 b)	矩形孔 (孔宽 b)	长圆形孔 (孔宽 b)
钢 $\tau_b>700$MPa	1.5t	1.35t	1.2t	1.1t
钢 $\tau_b=400\sim700$MPa	1.3t	1.2t	1.0t	0.9t
钢 $\tau_b=700$MPa	1.0t	0.9t	0.8t	0.7t
黄铜、铜	0.9t	0.8t	0.7t	0.6t
铝、锌	0.8t	0.7t	0.6t	0.5t

注:τ_b 为抗剪强度;t 为料厚。

表 2-13　带护套凸模冲孔的最小尺寸

冲件材料	圆形孔(直径 d)	矩形孔(孔宽 b)
硬钢	0.5t	0.4t
软钢及黄铜	0.35t	0.3t
铝、锌	0.3t	0.28t

注:t 为料厚。

(5)冲裁件的孔与孔之间、孔与边缘之间的距离,受模具强度和冲裁件质量的制约,其值不应过小,一般要求 $c\geqslant(1\sim1.5)t$,$c'\geqslant(1.5\sim2)t$,如图 2-15a 所示。

(6)弯曲件或拉深件上冲孔时,孔边与直壁之间应保持一定的距离,避免冲孔时凸模受水平推力而折断,一般要求 $L\geqslant R+0.5t$,如图 2-15b 所示。

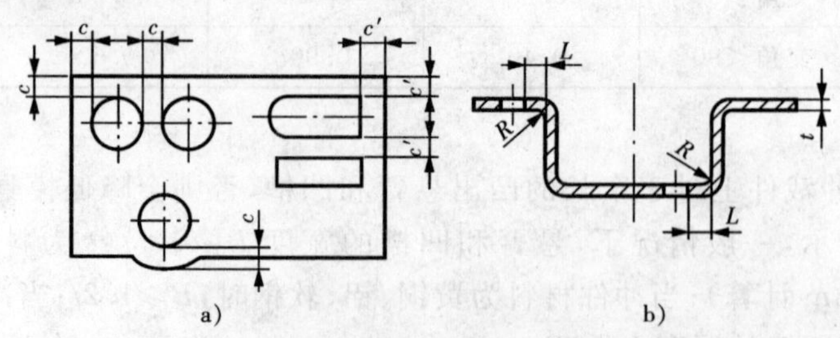

图 2-15　工件上的孔距及孔边距

二、冲裁件精度与断面粗糙度

冲裁件的经济公差等级不高于 IT11 级，一般落料件公差等级最好低于 IT10 级，冲孔件公差等级最好低于 IT9 级。

冲裁可达到的工件公差列于表 2－14、表 2－15。如果工件要求的公差值小于表值，则冲裁后需进行修整或采用精密冲裁。

表 2－14　冲裁件外形与内孔尺寸公差　(mm)

料厚 t/mm	冲裁件尺寸							
	一般精度的冲裁件				较高精度的冲裁件			
	<10	10～50	50～150	150～300	<10	10～50	50～150	150～300
0.2～0.5	0.08/0.05	0.10/0.08	0.14/0.12	0.20	0.025/0.02	0.03/0.04	0.05/0.08	0.08
0.5～1	0.12/0.05	0.16/0.08	0.22/0.12	0.30	0.03/0.02	0.04/0.04	0.06/0.08	0.10
1～2	0.18/0.06	0.22/0.10	0.30/0.16	0.50	0.04/0.03	0.06/0.06	0.08/0.10	0.12
2～4	0.24/0.08	0.28/0.12	0.40/0.20	0.70	0.06/0.04	0.08/0.08	0.10/0.12	0.15
4～6	0.30/0.10	0.35/0.15	0.50/0.25	1.0	0.10/0.06	0.12/0.10	0.15/0.15	0.20

注：(1)分子为外形尺寸公差，分母为内孔尺寸公差。

(2)一般精度的冲裁件采用 IT8～IT7 级精度的普通冲裁模；较高精度的冲裁件采用 IT7～IT6 精度的高级冲裁模。

表 2－15　冲裁件孔中心距公差

料厚 t/mm	普通冲裁模			高级冲裁模		
	孔距基本尺寸			孔距基本尺寸		
	<50	50～150	150～300	<50	50～150	150～300
<1	±0.10	±0.15	±0.20	±0.03	±0.05	±0.08
1～2	±0.12	±0.20	±0.30	±0.04	±0.06	±0.10
2～4	±0.15	±0.25	±0.35	±0.06	±0.08	±0.12
4～6	±0.20	±0.30	±0.40	±0.08	±0.10	±0.15

注：(1)表中所列孔距公差适用于两孔同时冲出的情况。

(2)冲裁件的断面粗糙度及毛刺高度与材料塑性、材料厚度、冲裁间隙、刃口锋利程度、冲模结构及凸、凹模工作部分表面粗糙度值等因素有关。用普通冲裁方式冲裁厚度为 2 mm 以下的金属板料时，其断面粗糙度 R_a 一般可达 12.5～3.2 μm。毛刺允许高度见表 2－16。

表 2－16　普通冲裁毛刺的允许高度　(mm)

料厚 t/mm	≤0.3	>0.3～0.5	>0.5～1.0	>1.0～1.5	>1.5～2.0
试模时	≤0.015	≤0.02	≤0.03	≤0.04	≤0.05
生产时	≤0.05	≤0.08	≤0.10	≤0.13	≤0.15

三、冲裁件的材料

冲裁件所用的材料，既要满足使用性能要求，又应满足冲裁工艺基本要求。材料的品种与厚度尽量采用国家标准，尽可能采取“廉价代贵重，薄料代厚料，黑色代有色”等措施，降低冲裁件成本。

第五节　排　样

冲裁件在条料、带料或板料上的布置方法叫排样。排样合理与否，将直接影响到材料利用率、冲件质量、生产效率、冲模结构与寿命等。因此，排样是冲压工艺中一项重要的、技术性很强的工作。

一、材料利用率

在批量生产中，材料费用约占冲裁件成本的60%以上。因此，合理利用材料，提高材料的利用率，是排样设计考虑的主要因素之一。

1. 材料利用率的计算

冲裁件的实际面积与所用板料的面积的百分比称为材料利用率，它是衡量材料是否合理利用的一项重要经济指标。

一个步距内的材料利用率 η 为(如图 2-16)

$$\eta=\frac{A}{BS}\times 100\% \qquad (2-9)$$

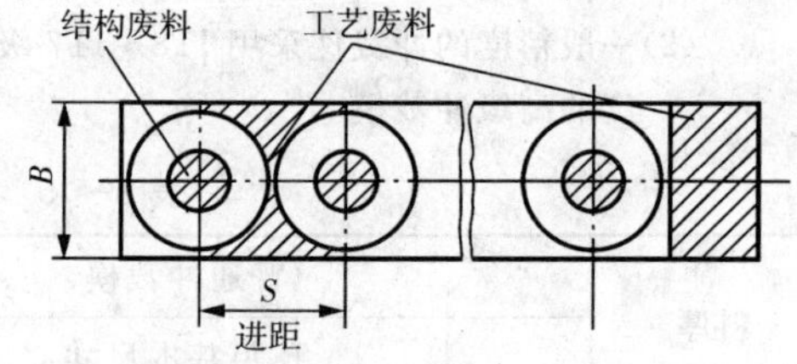

图 2-16　废料的种类

式中：A——一个进距内的冲裁件的实际面积(mm^2)；

B——条料宽度(mm)；

S——进距(冲裁时条料在模具上每次送进的距离，其值为两个对应冲件间对应点的间距，mm)；

一张板料(或带料、条料)上总的材料利用率 η_0 为

$$\eta_0=\frac{nA_1}{LB}\times 100\% \qquad (2-10)$$

式中：n——一张板料(或带料、条料)上冲裁件的总数目；

A_1——一个冲裁件的实际面积(mm^2)；

L——板料(或带料、条料)的长度 (mm)；

B——板料(或带料、条料)的宽度(mm)；

η 或 η_0 值越大，材料利用率就越高。

2. 提高材料利用率的方法

要提高材料利用率，主要从减少废料着手。冲裁所产生的废料可分为两类(图 2-16)：一类是结构废料，是由冲件的形状特点产生的；另一类是工艺废料，是由于冲件之间和冲件

与条料边缘之间存在余料(即搭边),以及料头、料尾和边余料而产生的废料。

要减少废料,主要应从减少工艺废料着手。但在特殊情况下,也可利用结构废料。

提高材料利用率的措施主要有:

(1)设计合理的排样方案　同一形状和尺寸的冲裁件,排样方法不同,材料的利用率也会不同。如图 2-17 所示,在同一圆形冲件的四种排样方案中,图 a 采用单排方法,材料利用率为 71%;图 b 采用平行双排方法,材料利用率为 72%;图 c 采用交叉三排方法,材料利用率为 80%;图 d 采用交叉双排方法,材料利用率为 77%。从提高材料利用率角度出发,图 c 的方法最好。

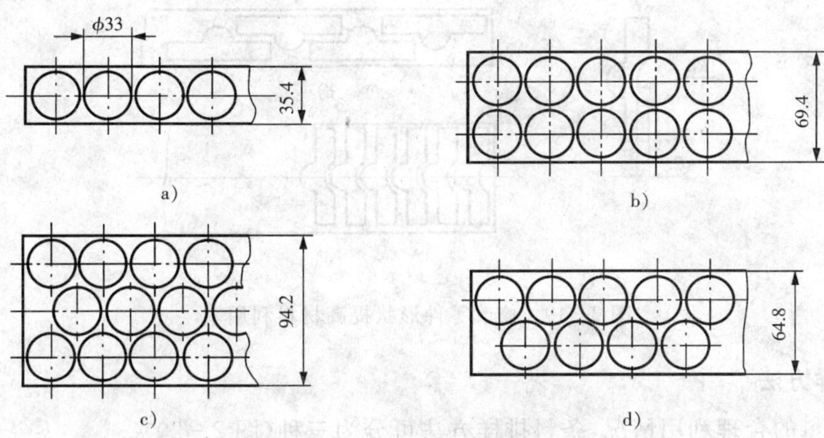

图 2-17　圆形冲件的四种排样方法

(2)选择合适的板料规格和合理的裁板法　在确定了排样方法、条料宽度和进距大小后,可选用合适的板料规格和合理的裁板方法。板料一般为长方形,裁板方式有纵裁(沿长边裁,也即沿板料轧制的纤维方向裁)和横裁(沿短边裁)两种。尽量减少料头、料尾和裁板后剩余的边料,从而提高材料利用率。

(3)利用结构废料冲制小零件　对一定形状的冲件,结构废料是不可避免的,但充分利用是可能的。图 2-18 是材料和厚度相同的两个冲件,尺寸较小的垫圈可在尺寸较大的"工"字形件的结构废料中冲制出来。

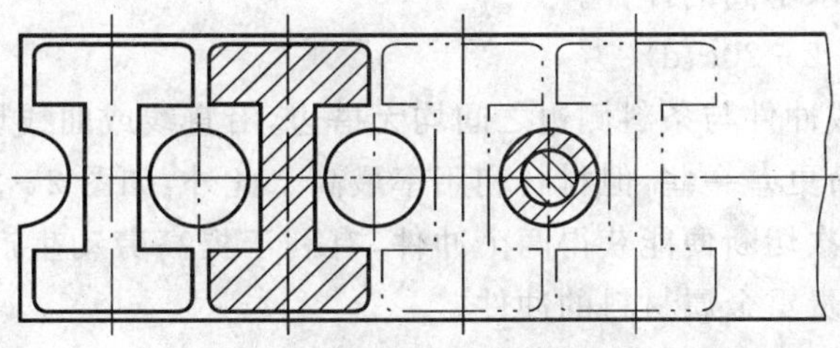

图 2-18　利用结构废料冲小零件

(4)改进零件结构形状　图 2-19 所示零件 A 的三种排样方法中,图 c 的利用率最高,但也只能达到 70%左右。在使用条件许可的情况下,当取得产品零件设计单位同意后,将零件 A 修改成 B 的形状,采用直排(图 d),利用率可提高到 80%,且不需掉头冲裁,操作简单。

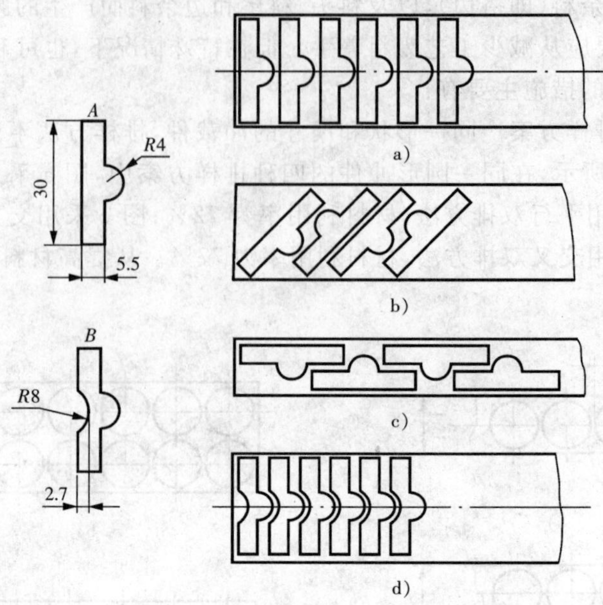

图 2-19　修改零件形状提高材料利用率

二、排样方法

根据材料的合理利用情况，条料排样方法可分为三种(图 2-20)。

1. 有废料排样(图 2-20a)

沿冲件全部外形冲裁，冲件与冲件之间、冲件与条料之间都存在有搭边(a、a_1)。冲件尺寸完全由冲模来保证，因此精度高，模具寿命也高，但材料利用率低，常用于冲裁形状较复杂，尺寸精度要求较高的冲件。

2. 少废料排样(图 2-20b)

沿冲件部分外形切断或冲裁，只在冲件与冲件之间或冲件与条料侧边之间留有搭边。因受剪裁条料质量和定位误差的影响，其冲件质量稍差，同时边缘毛刺被凸模带入间隙也影响模具寿命，但材料利用率比有废料排样材料利用率稍高，冲模结构简单。一般用于形状较规则、某些尺寸精度要求不高的冲件。

3. 无废料排样(图 2-20c、d)

冲件与冲件之间或冲件与条料侧边之间均无搭边，沿直线或曲线切断条料而获得冲件。冲件的质量和模具寿命更差一些，但材料利用率最高。此外，如图 2-20c 所示，当送进步距为两倍零件宽度时，一次切断便能获得两个冲件，有利于提高劳动生产率，可用于形状规则对称、尺寸精度不高或贵重金属材料的冲件。

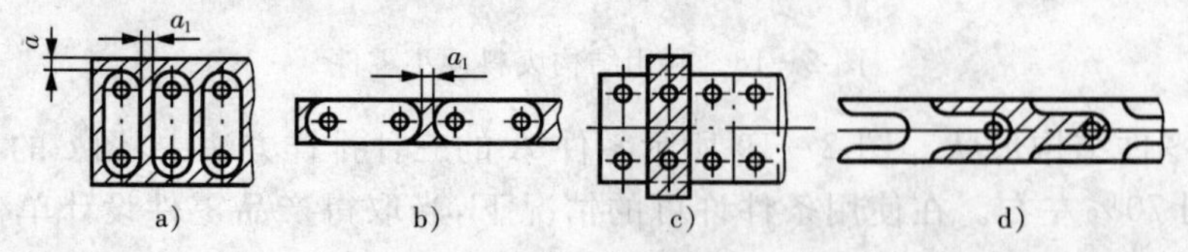

图 2-20　排样方法

此外，对有废料排样，少、无废料排样还可以进一步按冲裁件在条料上的布置方法加以分类，其主要形式列于表2-17。

表2-17　有废料排样和少、无废料排样主要形式的分类

排样形式	有废料排样		少、无废料排样	
	简　图	应　用	简　图	应　用
直　排		用于简单几何形状（方形、矩形、圆形）的冲件		用于矩形或方形冲件
斜　排		用于T形、L形、S形、十字形、椭圆形的冲件	第1方案 第2方案	用于L形或其他形状的冲件，在外形上允许有不大的缺陷
直对排		用于T形、Ⅱ形、山形、梯形、三角形、半圆形的冲件		用于T形、Ⅱ形、山形、梯形、三角形零件，在外形上允许有不大的缺陷
斜对排		用于材料利用率比直对排时高的情况		多用于T形冲件
混合排		用于材料及厚度都相同的两种以上的冲件		用于两个外形互相嵌入的不同冲件（铰链等）

（续表）

排样形式	有废料排样		少、无废料排样	
	简 图	应 用	简 图	应 用
多 排	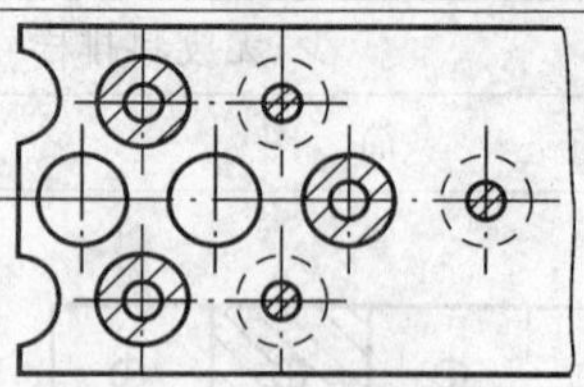	用于大批生产中尺寸不大的圆形、六角形、方形、矩形冲件	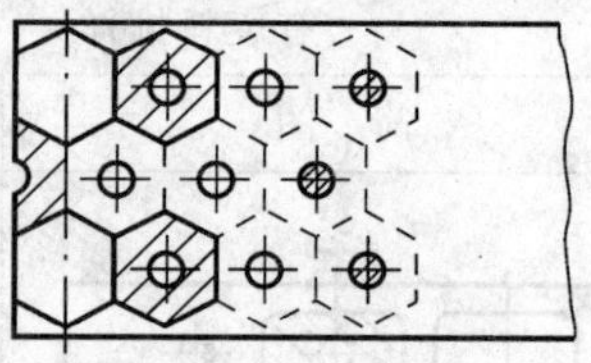	用于大批生产中尺寸不大的方形、矩形及六角形冲件
冲裁搭边		用于大批生产中小的窄形冲件（表针及类似的冲件）或带料的连续拉深	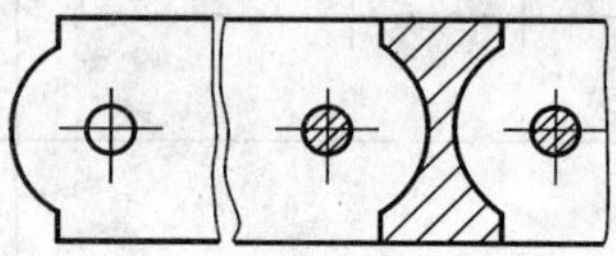	用于以宽度均匀的条料或带料冲制长形件

确定排样时，通常可先根据冲件的形状和尺寸列出几种可能的排样方案（对于形状复杂的冲件，可用纸片剪成3～5个样件，再用样件摆出不同的排样方案），经分析和计算，再综合考虑冲件的精度、批量、经济性、模具结构与寿命、生产率、操作与安全、原材料供应等各方面因素，最后选择出最合理的排样方案。

决定排样方案应遵循的原则是：保证在最低的材料消耗和最高的劳动生产率的条件下得到符合技术条件要求的零件，同时要考虑生产操作方便、冲模结构简单、寿命长以及车间生产条件和原材料供应情况等。

三、搭边

排样时冲裁件之间以及冲裁件与条料侧边之间留下的工艺废料叫搭边。

搭边虽然是废料，但在冲裁工艺中却有很大的作用：补偿定位误差和剪板误差，确保冲出合格零件；增加条料刚度，方便条料送进，提高劳动生产率；避免冲裁时条料边缘的毛刺被拉入模具间隙，从而提高模具寿命。

搭边宽度对冲裁过程和冲裁件质量有很大影响，因此要合理确定搭边数值。搭边值过大，材料利用率低；搭边值过小，搭边的强度和刚度不够，冲裁时容易翘曲或被拉断，不仅会增大冲裁件毛刺，有时甚至单边拉入模具间隙，造成冲裁力不均，损坏模具刃口。

在确定搭边值时，主要考虑以下因素：

(1)材料的力学性能。硬材料的搭边值可小一些；软材料、脆材料的搭边值要大一些。

(2)材料厚度。厚材料的搭边值要取大一些。

(3)冲裁件的形状与尺寸。零件形状越复杂，圆角半径越小，搭边值取大些。

(4)送料及挡料方式。用手工送料，有侧压装置的搭边值可以小一些；用侧刃定距比用挡料销定距的搭边小一些。

(5)卸料方式。弹性卸料比刚性卸料的搭边小一些。

搭边值是由经验确定的。表2-18为最小搭边值的经验数表之一，供设计时参考。

表 2-18　最小搭边值

料厚 t	圆形或圆角 $r>2t$		矩形件边长 $l\leqslant 50$ mm		矩形件边长 $l>50$ mm 或圆角 $r<2t$	
	工件间距 a_1	侧边距 a	工件间距 a_1	侧边距 a	工件间距 a_1	侧边距 a
0.25 以下	0.8	2.0	2.2	2.5	2.8	3.0
0.25～0.5	1.2	1.5	1.8	2.0	2.2	2.5
0.5～0.8	1.0	1.2	1.5	1.8	1.8	2.0
0.8～1.2	0.8	1.0	1.2	1.5	1.5	1.8
1.2～1.6	1.0	1.2	1.5	1.8	1.8	2.0
1.6～2.0	1.2	1.5	1.8	2.5	2.0	2.2
2.0～2.5	1.5	1.8	2.0	2.2	2.2	2.5
2.5～3.0	1.8	2.2	2.2	2.5	2.5	2.8
3.0～3.5	2.2	2.5	2.5	2.8	2.8	3.2
3.5～4.0	2.5	2.8	2.5	3.2	3.2	3.5
4.0～5.0	3.0	3.5	3.5	4.0	4.0	4.5
5.0～12	$0.6t$	$0.7t$	$0.7t$	$0.8t$	$0.8t$	$0.9t$

注:表列搭边值适用于低碳钢,对于其他材料,应将表中数值乘以以下系列。

中等硬度钢	0.9	软黄铜、纯铜	1.2
硬钢	0.8	铝	1.3～1.4
硬黄铜	1～1.1	非金属	1.5～2
硬铝	1～1.2		

四、条料宽度与导料板间距

在排样方案和搭边值确定之后，就可以确定条料的宽度，进而确定导料板的间距(采用导料板导向的模具时)。条料的宽度要保证冲裁时冲件周边有足够的搭边值，导料板间距应使条料能在冲裁时顺利地在导料板之间送进，并与条料之间有一定的间隙。因此，条料宽度与导料板间距与冲模送料定位方式有关，应根据不同结构分别进行计算。

(1)用导料板导向且有侧压装置时(图 2－21a)

这种情况下，条料是在侧压装置作用下紧靠导料板一侧送进的，计算公式如下：

条料宽度　$B^{0}_{-\Delta}=(D_{max}+2a)^{0}_{-\Delta}$　(2－11)

导料板间距离　$B_0=B+Z=D_{max}+2a+Z$　(2－12)

(2)用导料板导向且无侧压装置时(图 2－21b)

无侧压装置的模具，应考虑在送料过程中因条料在导料板之间摆动而使侧面搭边值减小的情况。为了补偿侧面搭边的减少，条料宽度应增加一个条料可能的摆动量(其值为条料与导料板之间的间隙 Z)，按下列公式计算：

条料宽度　$B^{0}_{-\Delta}=(D_{max}+2a+Z)^{0}_{-\Delta}$　(2－13)

导料板间距离　$B_0=B+Z=D_{max}+2a+2Z$　(2－14)

式中：D_{max}——条料宽度方向冲裁件的最大尺寸；

a——侧搭边值，可参考表 2－18；

Δ——条料宽度的单向(负向)偏差，见表 2－19；

Z——导料板与最宽条料之间的间隙，其值见表 2－20。

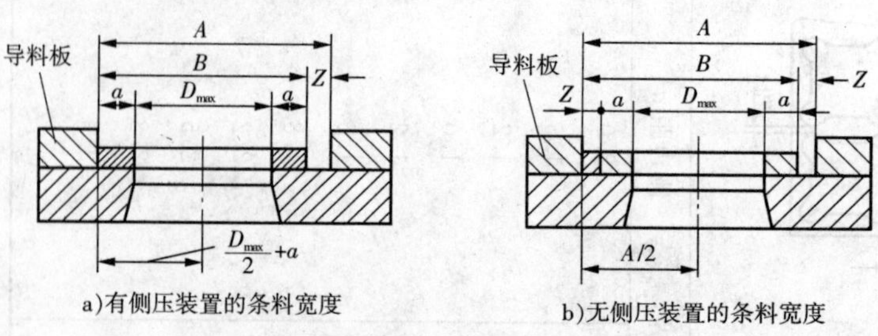

a)有侧压装置的条料宽度　b)无侧压装置的条料宽度

图 2－21　条料宽度与导料板间距

表 2－19　条料宽度偏差 Δ　(mm)

条料宽度 B/mm	材料厚度 t/mm				
	～0.5	0.5～1	1～2	2～3	3～5
～20	0.05	0.08	0.10	0.70	0.90
20～30	0.08	0.10	0.15	0.80	1.00
30～40	0.10	0.15	0.20	0.90	1.10
40～50		0.40	0.50	1.00	1.20
50～100		0.5	0.60	1.10	1.30
100～150		0.60	0.70		
150～220		0.70	0.80		
200～300		0.80	0.90		

表 2-20 导料板与条料之间的最小间隙 Z_{min} (mm)

材料厚度 t/mm	无侧压装置			有侧压装置	
	条料宽度 B/mm			条料宽度 B/mm	
	100 以下	100～200	200～300	100 以下	100 以上
0～1	0.5	0.5	1	5	8
1～5	0.5	1	1	5	8

(3)用侧刃定距时(图 2-22)

当条料的送进步距用侧刃定位时，条料宽度必须增加侧刃切去的部分，按下列公式计算：

条料宽度 $$B^{0}_{-\Delta}=(D_{max}+2a+nb_1)^{0}_{-\Delta} \tag{2-15}$$

导料板间距离 $$B'=B+Z=D+2a+nb_1+Z \tag{2-16}$$

$$B'_1=D_{max}+2a+y \tag{2-17}$$

式中：D_{max}——条料宽度方向冲件的最大尺寸；

a——侧搭边值；

b_1——侧刃冲切的料边宽度，见表 2-21；

n——侧刃数；

Z——冲切前的条料与导料板间的间隙，见表 2-20；

y——冲切后的条料与导料板间的间隙，见表 2-21。

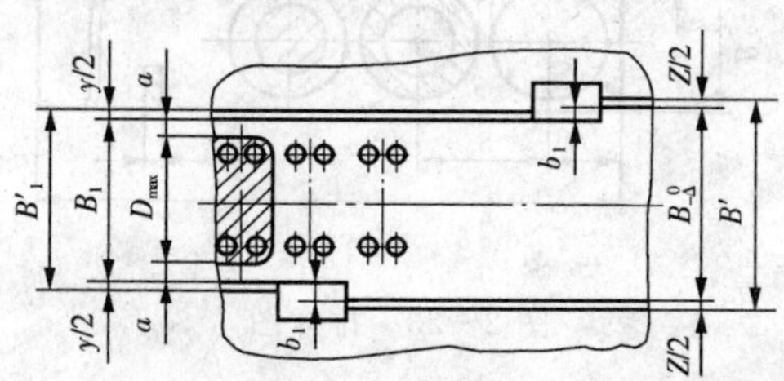

图 2-22 用侧刃定距的条料宽度

表 2-21 b_1、y 值 (mm)

材料厚度 t/mm	b_1		y
	金属材料	非金属材料	
～1.5	1～1.5	1.5～2	0.10
＞1.5～2.5	2.0	3	0.15
＞2.5～3	2.5	4	0.20

五、排样图设计

排样图是排样设计的最终表达形式，通常绘制在冲压工艺规程卡片上和冲裁模总装图的右上角。

绘制排样图通常有如下要求：

(1)一张完整的排样图应标注条料宽度尺寸 $B^{0}_{-\Delta}$、条料长度 L、板料厚度 t 、端距 l、步距 S、工件间搭边 a_1 和侧搭边 a，侧刃定距时侧刃的截面尺寸与位置等，如图 2-23 所示。

(2)排样图上习惯以剖面线表示冲压位置(即凸模或凹模的截面形状)，反映是单工序冲裁(图 2-23a)还是复合冲裁(图 2-23b)或级进冲裁(图 2-23c)。

(3)采用斜排时，应注明倾斜角度的大小。必要时，还可采用双点划线画出送料时定位元件的位置，对有纤维方向要求的排样图，应用箭头表示条料的纹向。

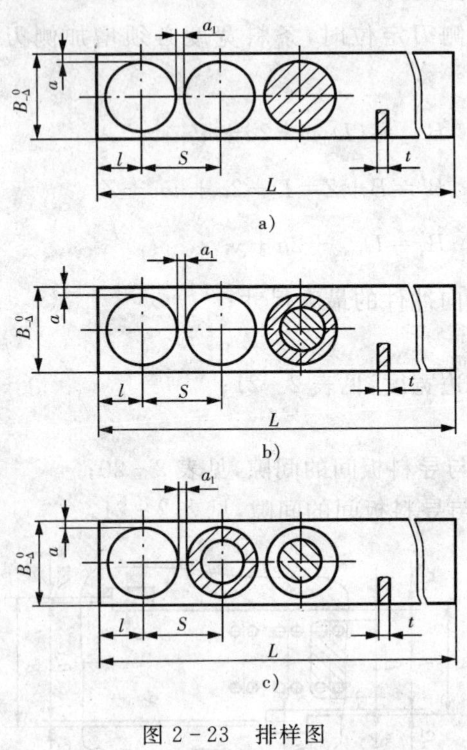

图 2-23　排样图

第六节　冲压力与压力中心的确定

一、冲压力的计算

在冲裁过程中，冲压力是对冲裁力、卸料力、推件力和顶件力的总称。冲压力是选择压力机、设计冲裁模和校核模具强度的重要依据。

1. 冲裁力

冲裁力是冲裁时凸模冲穿板料所需的压力。在冲裁过程中，冲裁力是随凸模进入板料的深度(凸模行程)而变化的。图 2-24 所示为冲裁 Q235 钢时的冲裁力变化曲线，图中 OA 段是冲裁的弹性变形阶段，AB 段是塑性变形阶段，B 点为冲裁力的最大值，在此点材料开始被剪断，BC 段为断裂分离阶段，CD 段是凸模克服与材料间的摩擦和将材料从凹模内推

出所需的压力。通常，冲裁力是指冲裁过程中的最大值（即图中 B 点压力 F_{max}）。

影响冲裁力的主要因素是材料的力学性能、厚度、冲件轮廓周长及冲裁间隙、刃口锋利程度与表面粗糙度值等。综合考虑上述影响因素，平刃口模具的冲裁力可按下式计算：

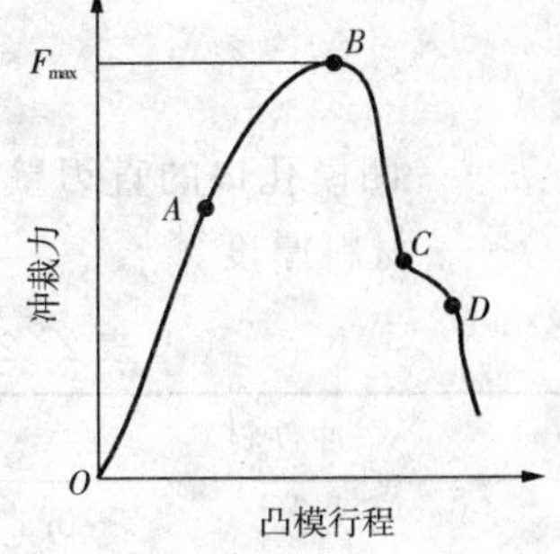

图 2-24　冲裁力变化曲线

$$F=KLt\tau_b \tag{2-18}$$

式中：F——冲裁力（N）；

L——冲件周边长度（mm）；

t——材料厚度（mm）；

τ_b——材料抗剪强度（MPa）；

K——考虑模具间隙的不均匀、刃口的磨损、材料力学性能与厚度的波动等因素引入的修正系数，一般取 $K=1.3$。

对于同一种材料，其抗拉强度与抗剪强度的关系为 $\sigma_b\approx1.3\tau_b$，为计算简便，也可按下式估算冲裁力：

$$F\approx Lt\sigma_b \tag{2-19}$$

式中：σ_b——材料的抗拉强度。

2. 卸料力、推件力与顶件力

在冲裁结束时，由于材料的弹性回复及摩擦的存在，从板料上冲裁下的部分会梗塞在凹模孔口内，而冲裁剩下的材料则会紧箍在凸模上。为使冲裁工作继续进行，必须将箍在凸模上和卡在凹模内的材料（冲件或废料）卸下或推出。从凸模上卸下箍着的料所需要的力称为推件力，用 F_X 表示；将卡在凹模内的料顺冲裁方向推出所需要的力称为推出力，用 F_T 表示；逆冲裁方向将料从凹模内顶出所需要的力称为顶件力，用 F_D 表示，如图 2-25 所示。

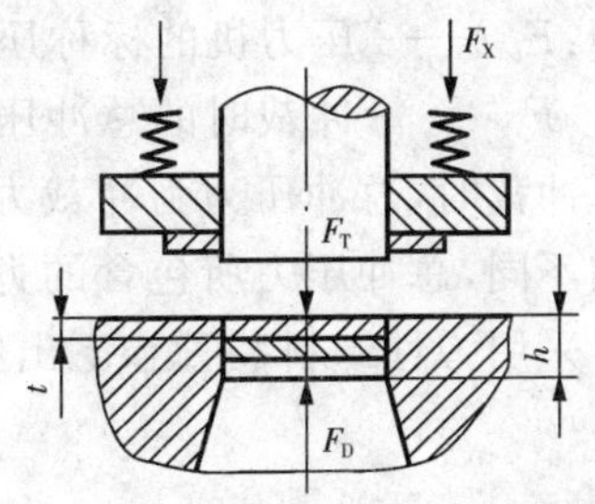

图 2-25　卸料力、推件力与顶件力

卸料力、推件力与顶件力是从压力机和模具的卸料、推件和顶件装置中获得的，所以在选择压力机的标称压力和设计冲模以上装置时，应分别予以考虑。影响这些力的因素较多，主要有材料的力学性能与厚度、冲件形状与尺寸、冲模间隙与凹模孔口结构、排样的搭边大小及润滑情况等。在实际计算时，常用下列经验公式：

卸料力　　$F_X=K_XF$　　(2-20)

推件力　　$F_T=nK_TF$　　(2-21)

顶件力　　$F_D=K_DF$　　(2-22)

式中：F——冲裁力（N）；

K_X、K_T、K_D——分别为卸料力系数、推件力系数和顶件力系数，其值见表 2-22；

n——同时卡在凹模孔内的冲件(或废料)数。

$$n=h/t$$

式中:h——凹模孔口的直刃壁高度;

t——材料厚度。

表 2-22 卸料力系数、推件力系数与顶件力系数

冲件材料		K_X	K_T	K_D
钢(料厚 t/mm)	~0.1	0.065~0.075	0.1	0.14
	>0.1~0.5	0.045~0.055	0.063	0.08
	>0.5~2.5	0.04~0.05	0.055	0.06
	>2.5~6.5	0.03~0.04	0.045	0.05
	>6.5	0.02~0.03	0.025	0.03
铝、铝合金		0.025~0.08	0.03~0.07	
纯铜、黄铜		0.02~0.06	0.03~0.09	

二、压力机公称压力的确定

对于冲裁工序,压力机的标称压力应大于冲裁时总冲压力的 1.1~1.3 倍,即

$$F_{标} \geqslant (1.1 \sim 1.3)F_{\Sigma} \tag{2-23}$$

式中:$F_{标}$ —— 压力机的标称压力;

F_{Σ} —— 冲裁时的总冲压力。

冲裁时,总冲压力为冲裁力和与冲裁力同时发生的卸料力、推件力或顶件力之和。模具结构不同,总冲压力所包含的力的组成有所不同,具体可分为以下情况计算:

采用弹性卸料装置和下出料方式的冲模时

$$F_{\Sigma}=F+F_X+F_T \tag{2-24}$$

采用弹性卸料装置和上出料方式的冲模时

$$F_{\Sigma}=F+F_X+F_D \tag{2-25}$$

采用刚性卸料装置和下出料方式的冲模时

$$F_{\Sigma}=F+F_T \tag{2-26}$$

三、降低冲裁力的方法

冲裁高强度材料或厚料和大尺寸冲件需要冲裁力很大,而生产现场没有足够吨位的压力机时,为实现小设备冲裁大工件,或使冲裁过程平稳以减小压力机振动和噪音,常用以下方法降低冲裁力:

1. 阶梯凸模冲裁

在多凸模的冲裁中,将凸模设计成不同长度,使工作端面呈阶梯形布置(图 2-26),这样,各凸模冲裁力的最大值不同时出现,从而达到降低总冲裁力的目的。

在几个凸模直径相差悬殊、相距又很近的多孔冲裁中,为避免小直径凸模因受材料流动

挤压的作用而产生倾斜或折断现象，应采取阶梯布置，即将小直径凸模做短一些。此外，各层凸模的布置要尽量对称，使模具受力平衡。

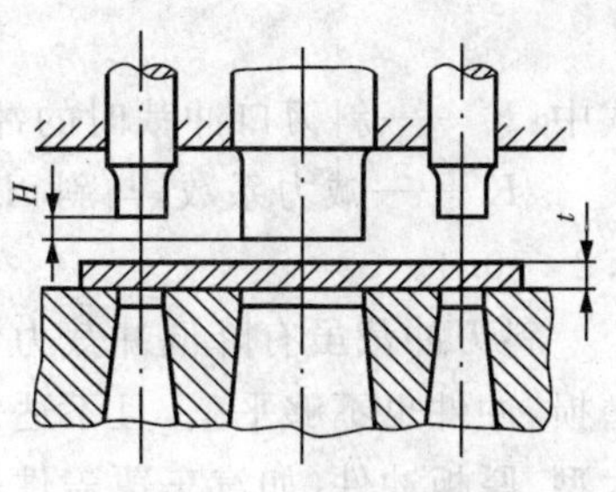

图 2-26　阶梯凸模冲裁

阶梯凸模间的高度差 H 与板料厚度 t 有关，即：

$t<3$ mm 时，$H=t$

$t>3$ mm 时，$H=0.5t$

阶梯凸模冲裁的冲裁力，一般只按产生最大冲裁力的那一层阶梯进行计算。

2. 斜刃冲裁

用平刃口模具冲裁时，沿刃口整个周边同时切入材料，所需冲裁力较大。若将凸模或凹模刃口平面制成与其轴线倾斜一定角度，即斜刃冲裁，则冲裁时整个刃口就不是全部同时切入，而是逐步将材料切断，因而能显著降低冲裁力。

各种斜刃形式如图 2-27 所示。斜刃配置的原则是：必须保证冲件平整，只允许废料产生弯曲变形。因此，落料时凸模应为平刃，将凹模做成斜刃(图 2-27a、b)；冲孔时则凹模应为平刃，凸模做成斜刃(图 2-27c、d、e)。斜刃还应对称布置，以免冲裁时模具承受单向侧压力而发生偏移，啃伤刃口。向一边倾斜的单边斜刃口冲模，只能用于切口(图 2-28f)或切断。

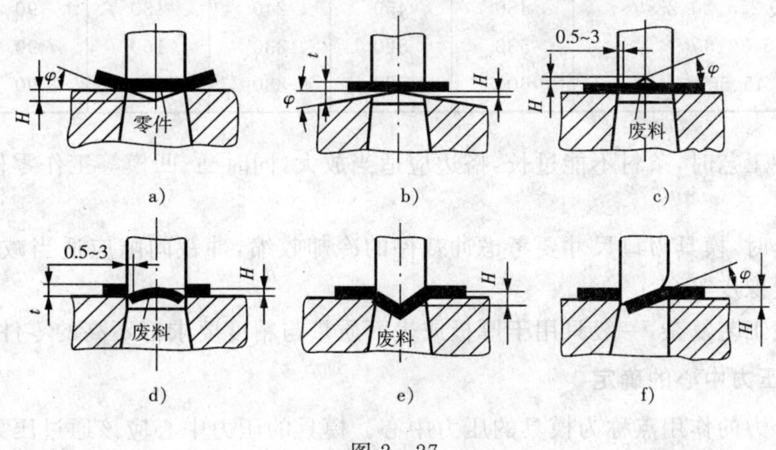

图 2-27

斜刃主要参数的设计：斜刃角 ψ 和斜刃高度 H 与板料厚度有关。可参考表 2-23 选用。

表 2-23　斜刃参数 ψ、H 值

材料厚度 t/mm	ψ	H
<3	$<5°$	$2t$
3～10	$<8°$	t

斜刃冲裁力可按下面简化公式计算：

$$F'=K'Lt\tau_b \tag{2-27}$$

式中：F'——斜刃口冲裁时的冲裁力(N)；

K'——减力系数，与斜刃高度 H 有关。当 $H=t$ 时，$K'=0.4\sim0.6$；$H=2t$ 时，$K'=0.2\sim0.4$。

斜刃冲裁虽有降低冲裁力使冲裁过程平稳的优点，但刃口制造与刃磨比较复杂，刃口易磨损，冲件也不够平整，且不适用于冲裁外形复杂的冲件，因此一般情况下尽量不用，只用于大型、厚板冲件(如汽车覆盖件等)的冲裁。

3. 加热冲裁

金属材料在加热状态下的抗剪强度会显著降低，表 2-24 为部分钢在加热状态时的抗剪强度。从表中可以看出，当钢加热至 900℃时，其抗剪强度最低，冲裁最为有利，所以一般加热冲裁是把钢加热到 800℃～900℃时进行。

加热冲裁的冲裁力按平刃口冲裁力公式计算，但材料的抗剪强度应根据冲裁温度(一般比加热温度低 150℃～200℃)按表 2-24 查取。

表 2-24　钢在加热状态的抗剪强度 τ_b

材料 \ 加热温度/℃	200	500	600	700	800	900
Q195、Q 215、10、15	360	320	200	110	60	30
Q235、Q 255、20、25	450	450	240	130	90	60
Q275、30、35	530	520	330	160	90	70
40、45、50	600	580	380	190	90	70

编制热冲工艺时，条料不能过长，搭边应适当放大，同时凸、凹模等工作零件应选用耐热材料。

设计模具时，模具刃口尺寸要考虑冲裁件的冷却收缩，冲裁间隙应适当减小，模具受热部分不能设置橡皮等。

加热冲裁工艺复杂，一般只用于厚板或表面质量与精度要求都不高的零件。

四、冲模压力中心的确定

冲压力合力的作用点称为模具的压力中心。模具的压力中心应该通过压力机滑块的中心线。对于有模柄的中小型冲模来说，就是使其压力中心通过模柄中心线。否则，冲压时压力机滑块会承受偏心载荷，导致滑块导轨和模具导向部分不正常的磨损，刃口会迅速变钝。还会使合理间隙得不到保证，从而降低冲件质量和模具寿命甚至损坏模具。若因冲件的形状特殊，从模具结构方面考虑不宜使压力中心与模柄中心线相重合，也应注意尽量使压力中心的偏离不超出所选压力机模柄孔投影面积的范围。

压力中心的确定有解析法、作图法和实验法，这里主要介绍解析法。

1. 单凸模冲裁时的压力中心

(1)简单或对称形状零件　其压力中心即位于冲件轮廓图形的几何中心。

冲裁直线段时，其压力中心位于直线段的中心。

冲裁圆弧段时，其压力中心的位置按下式计算(见图 2-28)：

$$x_0 = R\frac{180° \times \sin\alpha}{\pi\alpha} \tag{2-28}$$

$$= R\frac{b}{l}$$

式中：l——弧长。

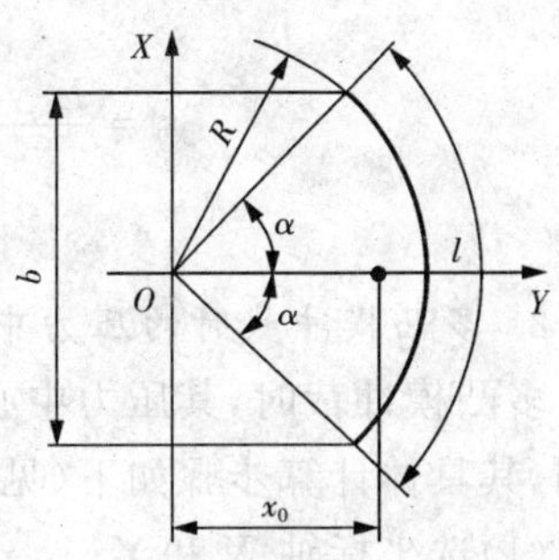

图 2-28　圆弧线段的压力中心

(2)复杂形状零件　可先将组成图形的轮廓线划分为若干简单的直线段和圆弧段，分别计算其冲裁力。这些即为分力，再由各分力之和算出合力。然后任意选定直角坐标轴 X、Y，并算出各线段的压力中心至 X 轴和 Y 轴的距离。根据"合力对某轴之矩等于各分力对同轴力矩之和"的力学原理，即可求出压力中心坐标。

如图 2-29 所示，设图形轮廓线段(包括直线段和圆弧段)的冲裁力为 F_1、F_2、F_3、…、F_n，各线段压力中心至坐标轴的距离分别为 x_1、x_2、x_3、…、x_n 和 y_1、y_2、y_3、…、y_n，则压力中心坐标计算公式为

$$x_0 = \frac{F_1x_1 + F_2x_2 + F_3x_3 + \cdots + F_nx_n}{F_1 + F_2 + F_3 + \cdots + F_n} = \frac{\sum_{i=1}^{n} F_ix_i}{\sum_{i=1}^{n} F_i} \tag{2-29}$$

$$y_0 = \frac{F_1y_1 + F_2y_2 + F_3y_3 + \cdots + F_ny_n}{F_1 + F_2 + F_3 + \cdots + F_n} = \frac{\sum_{i=1}^{n} F_iy_i}{\sum_{i=1}^{n} F_i} \tag{2-30}$$

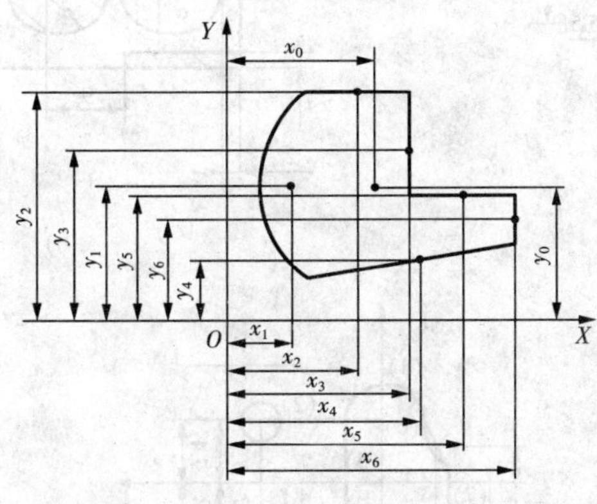

图 2-29　复杂形状件压力中心计算

由于线段的冲裁力与线段长度成正比，所以可用各线段的长度 L_1、L_2、L_3、…、L_n，代替各线段的冲裁力 F_1、F_2、F_3、…、F_n，这时压力中心坐标计算公式为：

$$x_0 = \frac{L_1x_1 + L_2x_2 + L_3x_3 + \cdots + L_nx_n}{L_1 + L_2 + L_3 + \cdots + L_n} = \frac{\sum_{i=1}^{n} L_ix_i}{\sum_{i=1}^{n} L_i} \tag{2-31}$$

$$y_0=\frac{L_1y_1+L_2y_2+L_3y_3+\cdots+L_ny_n}{L_1+L_2+L_3+\cdots+L_n}=\frac{\sum_{i=1}^{n}L_iy_i}{\sum_{i=1}^{n}L_i} \qquad (2-32)$$

2. 多凸模冲裁时的压力中心

多凸模冲裁时，其压力中心的计算公式与单凸模复杂形状零件冲裁压力中心求解公式相同，其具体计算步骤如下（见图 2-30）：

(1)选坐标轴 X 和 Y。

(2)按前述单凸模冲裁时压力中心计算方法计算出各单一图形的压力中心到坐标轴的距离 x_1、x_2、x_3、…、x_n 和 y_1、y_2、y_3、…、y_n。

(3)计算各单一图形轮廓的周长 L_1、L_2、L_3、…、L_n。

(4)将计算数据分别代入式(2-31)和式(2-32)，即可求得压力中心坐标(x_0，y_0)。

【例 2-3】 图 2-30a 所示冲件，材料 10 钢，料厚 1mm，采用级进冲裁，排样图如图 2-30b所示，试计算冲裁时的压力中心。

解：(1)根据排样图画出全部冲裁轮廓图，并建立坐标系，标出各冲裁图形压力中心对坐标轴的坐标，如图 2-30c 所示。

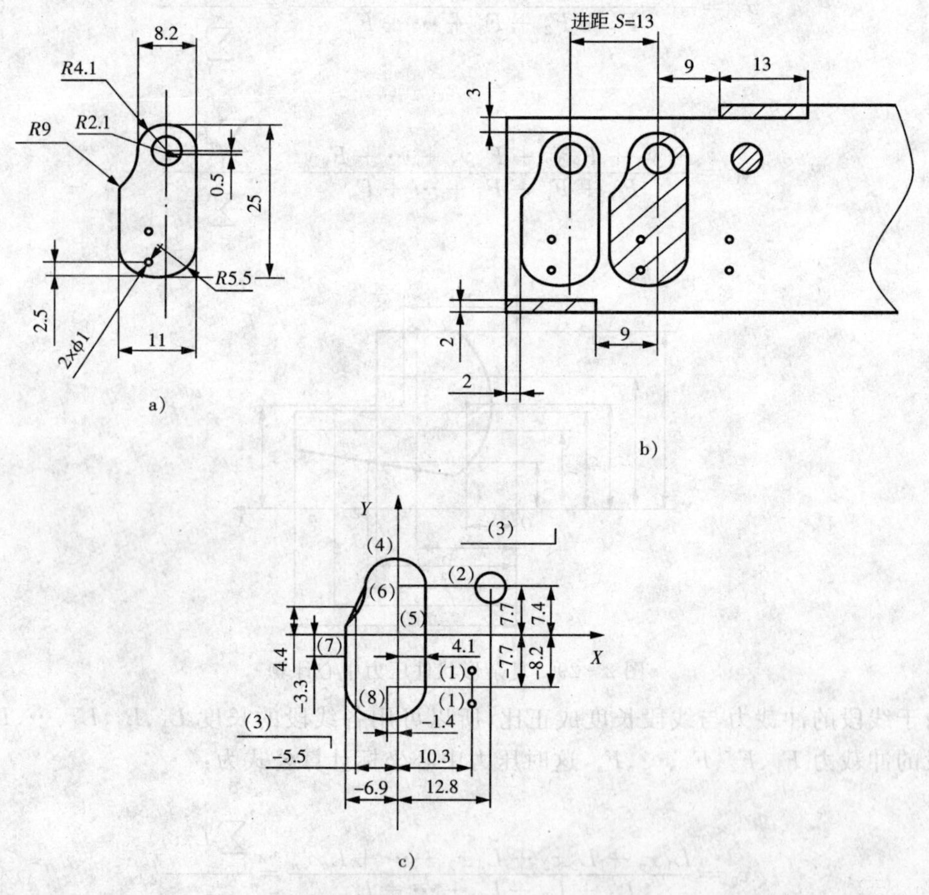

图 2-30 压力中心计算实例

(2)计算各图形的冲裁长度及压力中心坐标。计算结果列于表2－25中。

表2－25　各图形的冲裁长度和压力中心坐标

序号	L_i	x_i	y_i	序号	L_i	x_i	y_i
1	6.3	10.3	−8.2	5	15.4	4.1	0
2	14.2	12.8	7.4	6	7.3	−5.5	4.4
3	30	0	0	7	8.9	−6.9	−3.3
4	12.9	0	7.7	8	17.2	−3.3	−7.7

(3)计算冲模压力中心。将表2－25的数据代入式((2－31)和式((2－32),得

$$x_0=\frac{6.3\times10.3+14.2\times12.8+30\times0+12.9\times0+15.4\times4.1+7.3\times(-5.5)+8.9\times(-6.9)+17.2\times(-3.3)}{6.3+14.2+30+12.9+15.4+7.3+8.9+17.2}$$

$=1.35\ \mathrm{mm}$

$$y_0=\frac{6.3\times(-8.2)+14.2\times7.4+30\times0+12.9\times7.7+15.4\times0+7.3\times4.4+8.9\times(-3.3)+17.2\times(-7.7)}{6.3+14.2+30+12.9+15.4+7.3+8.9+17.2}$$

$=0.21\ \mathrm{mm}$

第七节　冲裁模分类及典型结构分析

冲裁模结构的合理性和先进性,对冲裁件的质量与精度、冲裁加工的生产率与经济效益、模具的使用寿命与操作安全等都有着密切的关系。

一、冲裁模的分类

冲裁模的结构类型很多,一般可按下列不同特征分类:

(1)按工序性质分类　可分为落料模、冲孔模、切断模、切口模、切边模等。

(2)按工序组合程度分类　可分为如下三种:

① 单工序模(又称简单模),即在压力机的一次行程内只完成一种冲裁工序的模具,如落料模、冲孔模、切断模等。单工序模可以由一个凸模和一个凹模洞口组成,也可以是多个凸模和多个凹模洞口组成。

② 复合模,是指在压力机的一次行程中,在模具的同一个工位上同时完成两道或两道以上不同冲压工序的模具。

③ 级进模(又称连续模),是指在压力机的一次行程中,依次在同一模具的不同工位上同时完成多道工序的模具。级进模所完成的同一零件的不同冲压工序是按一定顺序、相隔一定步距排列在模具的送料方向上,在压力机一次行程中得到一个或数个冲压件。

(3)按模具有无导向装置和导向方式分类　可分为无导向的开式模和有导向的导板模、导柱模等。

(4)按模具专业化程度分类　可分为通用模、专用模、自动模、组合模、简易模等。

(5)按模具工作零件所用材料分类　可分为钢制冲模、硬质合金冲模、锌基合金冲模、橡胶冲模、钢带冲模等。

(6)按模具结构尺寸分类　可分为大型冲模和中小型冲模等。

另外,按送料步距定位方法不同可分为挡料销式、导正销式、侧刃式模具。按卸料方法不同可分为刚性卸料式和弹性卸料式模具。

对于一副冲模,上述几种特征可能兼有,如导柱导套导向、固定卸料、侧刃定距的冲孔落料级进模等。

二、冲裁模零部件组成

冲裁模的类型虽然很多,但一副模具总是分为上模和下模两个部分。上模通过模柄或上模座固定在压力机的滑块上,可随滑块作上、下往复运动,是冲模的活动部分;下模通过下模座固定在压力机工作台或垫板上,是冲模的固定部分。

冲裁模的组成零件分类及作用如下:

(1)工作零件。直接对坯料分离或塑性成形的零件,如模具中的凸模、凹模、凸凹模等。工作零件是冲裁模中最重要的零件。

(2)定位零件。确定坯料或工序件在模具中正确位置的零件,如模具中的挡料销、导料销、导料板、导正销等。

(3)卸料与出件零件。是将箍在凸模上或卡在凹模孔内的废料或冲件卸下、推出或顶出,以保证冲压工作能继续进行,如卸料板、卸料螺钉、橡胶、打杆、推件块等。

(4)导向零件。确定上、下模的相对位置并保证运动导向精度的零件,如导柱、导套等。

(5)支承与固定零件。将上述各类零件固定在上、下模上以及将上、下模连接在压力机上,是冲裁模的基础零件。如固定板、垫板、上模座、下模座、模柄等。

(6)其他零件。除上述零件以外的零件,如紧固件(主要为螺钉、销钉)和侧孔冲裁模中的滑块、斜楔等。

当然,不是所有的冲模都具备上述各类零件,但工作零件和必要的支承固定零件是不可缺少的。

组成冲裁模的零部件各有其独特的作用,并在冲压时相互配合,以保证冲压过程正常进行,从而冲出合格冲压件。

三、冲裁模典型结构分析

1. 单工序模(简单模)

(1)无导向单工序模　图 2－31 所示为冲裁圆形零件的无导向简单落料模,工作零件为凸模 2 和凹模 5,定位零件为导料板 4 和定位板 7,卸料零件为卸料板 3,其余为支承固定零件。上、下模之间无直接导向关系。工作时,条料沿导料板 4 送至定位板 7 定位后进行冲裁,从条料上分离下来的冲件靠凸模直接从凹模洞口依次推下,箍在凸模上的废料由固定卸料板 3 刮下来。照此循环,完成冲裁工作。

该模具具有一定的通用性,通过更换凸模和凹模,调整导料板、定位板、卸料板位置,可以冲裁不同尺寸的零件。另外,改变定位零件和卸料零件的结构,还可用于冲孔,即成为冲孔模。

无导向冲裁模的特点是结构简单,制造容易,可用边角料冲裁,有利于降低冲件成本。

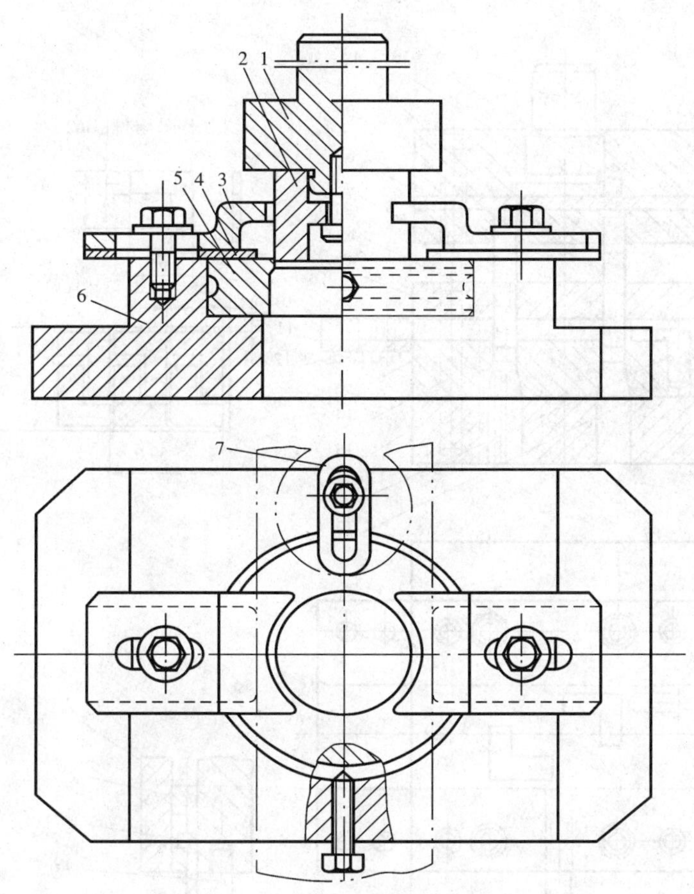

图 2-31　无导向简单落料模

1—上模座　2—凸模　3—卸料板　4—导料板　5—凹模　6—上模座　7—定位板

但它在使用时安装调整凸、凹模之间间隙较麻烦，冲件精度不高，模具寿命和生产效率较低，操作也不够安全。它适用于冲裁精度要求不高，形状简单和生产批量小的冲件。

(2)导板式单工序冲裁模　图 2-32 为导板式简单落料模。其上、下模的导向是依靠导板 9 与凸模 5 的间隙配合(一般为 H7/h6)进行的，故称导板模。

冲模的工作零件为凸模 5 和凹模 13；定位零件为导料板 10 和固定挡料销 16、始用挡料销 20；导向零件是导板 9(兼起固定卸料板作用)；支承零件是凸模固定板 7、垫板 6、上模座 3、模柄 1、下模座 15；此外还有紧固螺钉、销钉等。

根据排样的需要，这副冲模的固定挡料销所设置的位置对首次冲裁起不到定位作用，为此采用了始用挡料销 20。在首件冲裁之前，用手将始用挡料销压入以限定条料的位置，在以后各次冲裁中，放开始用挡料销，始用挡料销被弹簧弹出，不再起挡料作用，而靠固定挡料销对条料定位。

这副冲模的冲裁过程如下：当条料沿导料板 10 送到始用挡料销 20 时，凸模 5 由导板 9 导向而进入凹模，完成了首次冲裁，冲下一个零件。条料继续送至固定挡料销 16 时，进行第二次冲裁，第二次冲裁时落下两个零件。此后，条料继续送进，其送进距离就由固定挡料销 16 来控制了，而且每一次冲压都是同时落下两个零件，分离后的零件靠凸模从凹模洞口中依次推出。

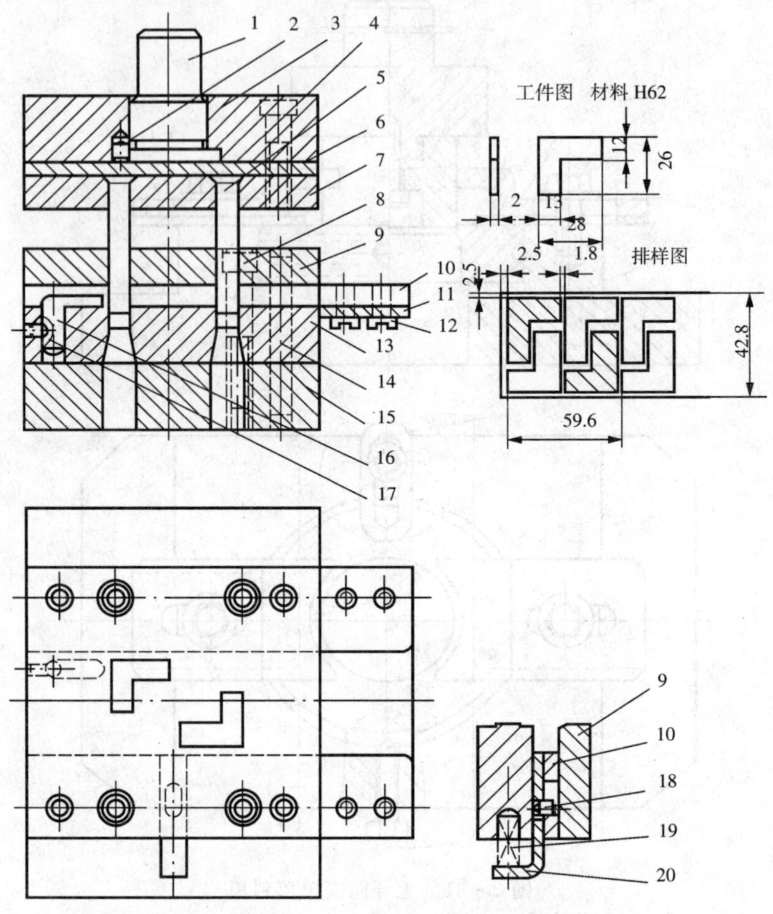

图 2-32 导板式单工序落料模

1—模柄 2—止动销 3—上模座 4、8—内六角螺钉 5—凸模 6—垫板 7—凸模固定板 9—导板 10—导料板 11—承料板 12—螺钉 13—凹模 14—圆柱销 15—下模座 16—固定挡料销 17—止动销 18—限位销 19—弹簧 20—始用挡料销

这种冲模的主要特征是:凸、凹模的正确配合是依靠导板导向。为了保证导向精度和导板的使用寿命,工作过程不允许凸模离开导板。为此,要求压力机行程较小。根据这个要求,选用行程较小且可调节的偏心式冲床较合适。在结构上,为了拆装和调整间隙的方便,固定导板的两排螺钉和销钉内缘之间距离(见俯视图)应大于上模相应的轮廓宽度。

导板模比无导向简单模的精度高,寿命也较长,使用时安装较容易,卸料可靠,操作较安全,轮廓尺寸也不大。导板模一般用于冲裁形状比较简单、尺寸不大、厚度大于 0.3 mm 的冲裁件。

图 2-33 是斜楔式水平冲孔模。冲孔模的结构与一般落料模相似,但冲孔模有自己的特点,冲孔模的对象是已经落料或冲压加工后的半成品,所以冲孔模要解决半成品在模具上如何定位、如何使半成品放进模具以及冲好后如何取出既方便又安全的问题;而冲小孔模具,必须考虑凸模的强度和刚度以及快速更换凸模的结构;对成形零件上侧壁孔冲压时,必须考虑凸模水平运动方向的转换机构等。

图 2-33 所示模具最大特征是依靠斜楔 1 把压力机滑块的垂直运动变为滑块 4 的水平运动，从而带动凸模 5 在水平方向上进行冲孔。凸模与凹模 6 的对准依靠滑块在导滑槽内移动来保证。斜楔的工作角度 α 以 40°～50°为宜，一般取 40°；需要较大冲裁力时，α 角也可用 30°，以增大水平推力。如果为了获得较大的工作行程，α 角可增大到 60°。为了排除冲孔废料，应该注意开设漏料孔并与下模座漏料孔相通。滑块的复位依靠橡胶来完成，也可靠弹簧或斜楔本身的另一工作角度完成。

工序件以内形定位，为了保证冲孔位置的准确，弹压板 3 在冲孔之前就把工序件压紧。该模具在压力机一次行程中冲一个孔。类似这种模具，如果安装多个斜楔滑块机构，可以同时冲多个孔，孔的相对位置由模具精度来保证。其生产率高，但模具结构较复杂，轮廓尺寸较大。这种冲模主要用于冲空心件或弯曲件等成形零件的侧孔、侧槽、侧切口等。

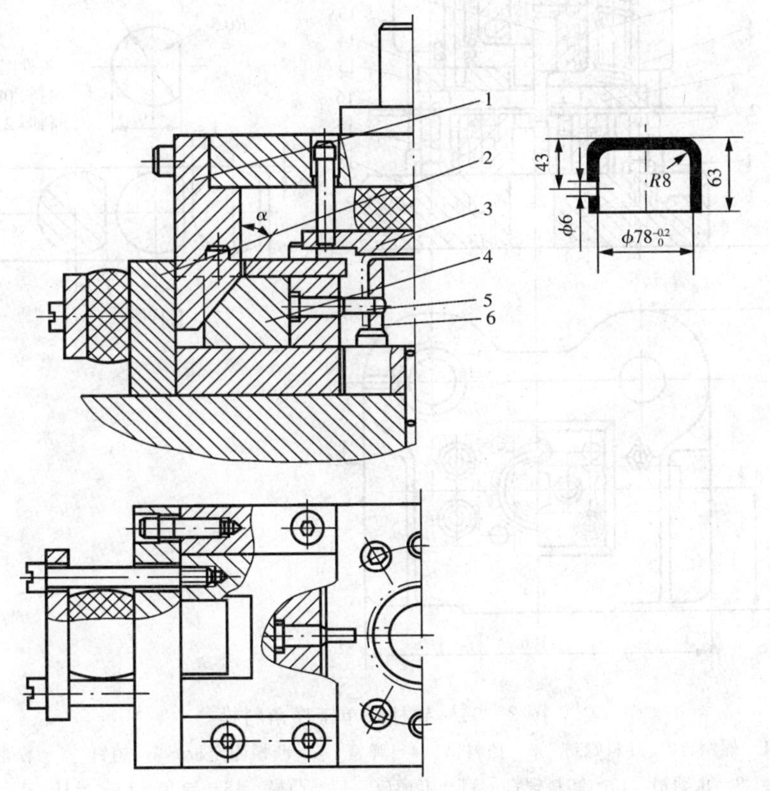

图 2-33　斜楔式水平冲孔模

1—斜楔　2—座板　3—弹压板　4—滑块　5—凸模　6—凹模

(3)导柱式单工序冲裁模　图 2-34 是导柱式落料模。这种冲模的上、下模正确位置利用导柱 14 和导套 13 的导向来保证。凸、凹模在进行冲裁之前，导柱已经进入导套，从而保证了在冲裁过程中凸模 12 和凹模 16 之间间隙的均匀性。

上、下模座和导套、导柱装配组成的部件为模架。凹模 16 用内六角螺钉和销钉与下模座 18 紧固并定位。凸模 12 用凸模固定板 5、螺钉、销钉与上模座紧固并定位，凸模背面垫上垫板 8。压入式模柄 7 装入上模座并以止动销 9 防止其转动。

条料沿导料螺栓 2 送至挡料销 3 定位后进行落料。箍在凸模上的边料靠弹压卸料装置

进行卸料，弹压卸料装置由卸料板15、卸料螺钉10和弹簧4组成。在凸、凹模进行冲裁工作之前，由于弹簧力的作用，卸料板先压住条料，上模继续下压时进行冲裁分离，此时弹簧被压缩（如图左半边所示）。上模回程时，弹簧恢复推动卸料板把箍在凸模上的边料卸下。

导柱式冲裁模的导向比导板模的可靠，精度高，寿命长，使用安装方便，但轮廓尺寸较大，模具较重，制造工艺复杂、成本较高。它广泛用于生产批量大、精度要求高的冲裁件。

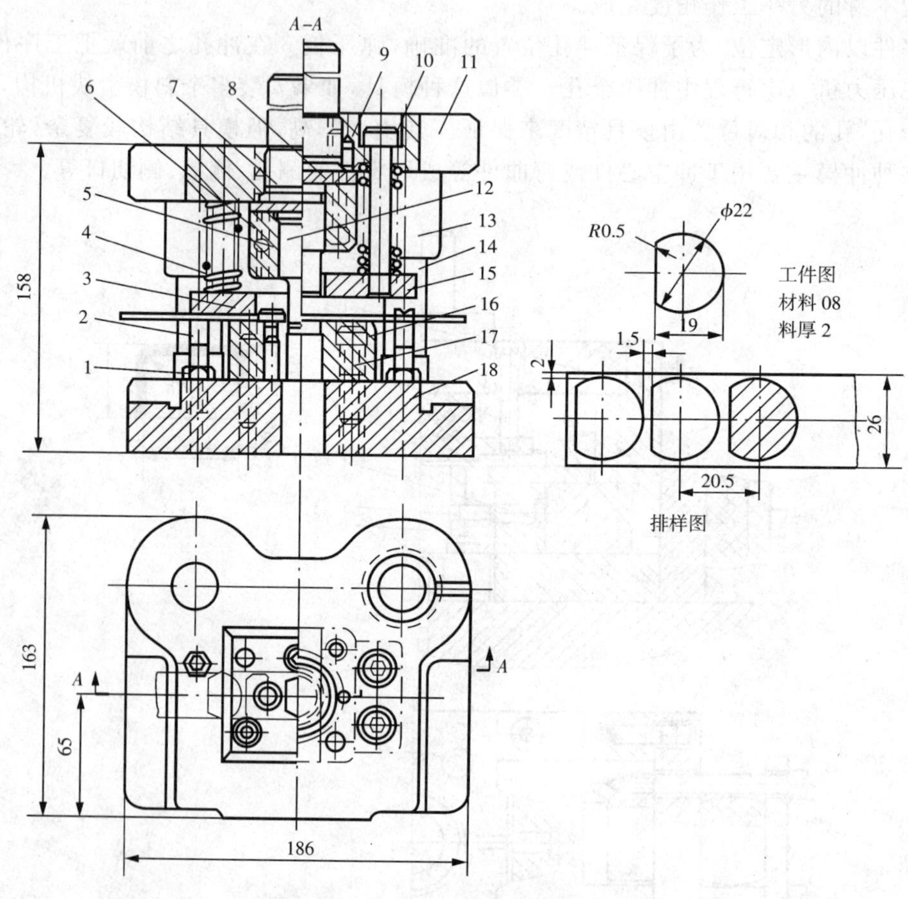

图 2-34　导柱式单工序落料模

1—螺帽　2—导料螺钉　3—挡料销　4—弹簧　5—凸模固定板　6—销钉　7—模柄　8—垫板　9—止动销　10—卸料螺钉　11—上模座　12—凸模　13—导套　14—导柱　15—卸料板　16—凹模　17—内六角螺钉　18—下模座

图2-35是导柱式冲孔模。冲件上的所有孔一次全部冲出，是多凸模的单工序冲裁模。由于工序件是经过拉深的空心件，而且孔边与侧壁距离较近，因此采用工序件口部朝上，用定位圈5实行外形定位，以保证凹模有足够强度。但增加了凸模长度，设计时必须注意凸模的强度和稳定性问题。如果孔边与侧壁距离大，则可采用工序件口部朝下，利用凹模实行内形定位。该模具采用弹性卸料装置，除卸料作用外，该装置还可保证冲孔零件的平整，提高零件的质量。

图2-36是一副全长导向结构的小孔冲模，其与一般冲孔模的区别是：凸模在工作行程中除了进入被冲材料内的工作部分外，其余全部得到不间断的导向作用，因而大大提高凸模

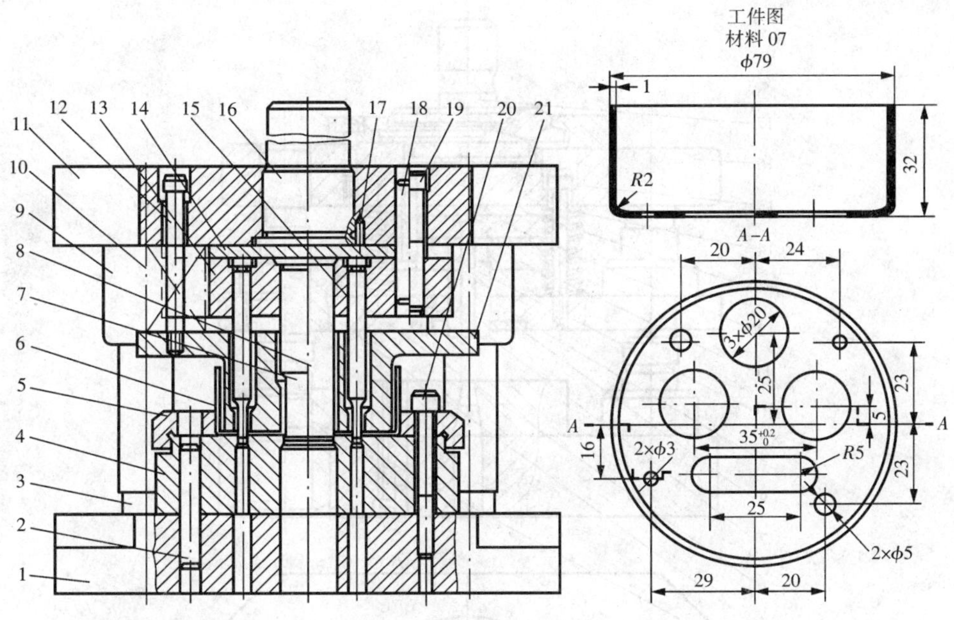

图 2-35 导柱式冲孔模

1—下模座 2、18—圆柱销 3—导柱 4—凹模 5—定位圈 6、7、8、15—凸模 9—导套 10—弹簧 11—上模座 12—卸料螺钉 13—凸模固定板 14—垫板 16—模柄 17—止动销 19、20—内六角螺钉 21—卸料板

的稳定性和强度。该模具的结构特点是：

① 导向精度高。这副模具的导柱不但在上、下模座之间进行导向，而且对卸料板也导向。在冲压过程中，导柱装在上模座上；在工作行程中，上模座、导柱、弹压卸料板一同运动。卸料板严格地保持与上、下模座平行装配，其中的凸模护套精确地与凸模滑配。当凸模受侧向力时，卸料板通过凸模护套承受侧向力，保护凸模不致发生弯曲。为了提高导向精度，排除压力机导轨的干扰，这副模具采用了浮动模柄的结构。但必须保证在冲压过程中，导柱始终不脱离导套。

② 凸模全长导向。该模具采用凸模全长导向结构。冲裁时，凸模 7 由件 9 凸模护套全长导向，伸出护套后，即冲出一个孔。

③ 在所冲孔周围先对材料加压。从图中可见，凸模护套伸出于卸料板，冲压时，卸料板不接触材料。由于凸模护套与材料的接触面积上的压力很大，使其产生了立体的压应力状态，改善了材料的塑性条件，有利于塑性变形过程。因而，在冲制的孔径小于材料厚度时，仍能获得断面光洁孔。

图 2-37 所示为短凸模多孔冲孔模，用于冲裁孔多而尺寸小的冲裁件。该模具的主要特点是采用了厚垫板短凸模的结构。由于凸模大为缩短，同时凸模以卸料板 5 为导向，其配合为 H7/h6，而与固定板 2 以 H8/h6 间隙配合，得到良好导向，因此大大提高了凸模的刚度。卸料板 5 与导板 1 用螺钉、销钉紧固定位，导板以固定板为导向（两者以 H7/h6 配合）作上、下运动，保证了卸料板不产生水平偏摆，避免了凸模承受侧压力而折断。该模具配备了较强压力的弹性元件，这是小孔冲裁模的共同特点，其卸料力一般取冲裁力的 10%，以利于提高冲孔的质量。

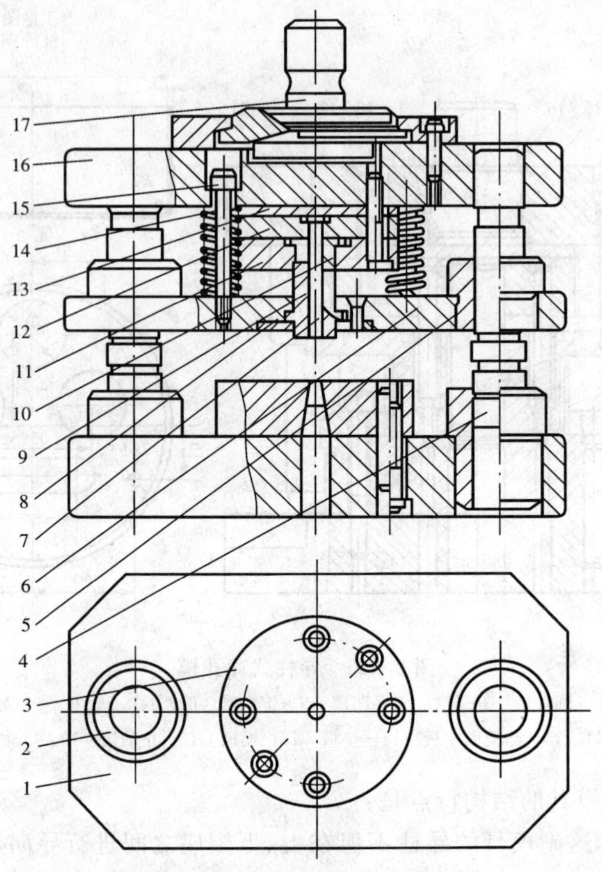

图 2－36　全长导向结构的小孔冲模

1－下模座　2、5－导套　3－凹模　4－导柱　6－弹压卸料板　7－凸模　8－托板　9－凸模护套　10－扇形块　11－扇形块固定板　12－凸模固定板　13－垫板　14－弹簧　15－阶梯螺钉　16－上模座　17－模柄

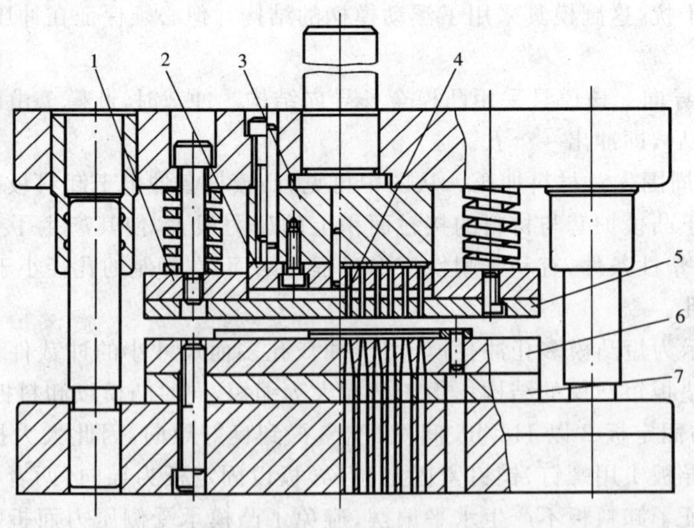

图 2－37　短凸模多孔冲孔模

1－导板　2－凸模固定板　3－垫板　4－凸模　5－卸料板　6－凹模　7－垫板

2. 复合模

复合模是一种多工序冲模，其设计难点是如何在同一工作位置上合理地布置好几对凸、凹模。复合模在结构上的主要特征是有一个或几个具有双重作用的工作零件——凸凹模，如在落料冲孔复合模中就有一个既能作落料凸模又能作冲孔凹模的凸凹模。按照复合模工作零件的安装位置不同，分为正装式复合模和倒装式复合模两种。

(1)倒装式复合模 图 2-38 是冲制垫圈的倒装复合模。落料凹模 17 在上模，件 14、16 是冲孔凸模，件 18 为凸凹模。倒装复合模一般采用刚性推件装置，把卡在凹模中的制件推出。刚性推件装置由打杆 12、打板 11、内打杆 10 和推件块 9 推出制件。冲孔废料直接由凸模从凸凹模内孔推出，外形落料后的废料由弹性卸料装置从凸凹模外部卸到工作面，随送料移出。

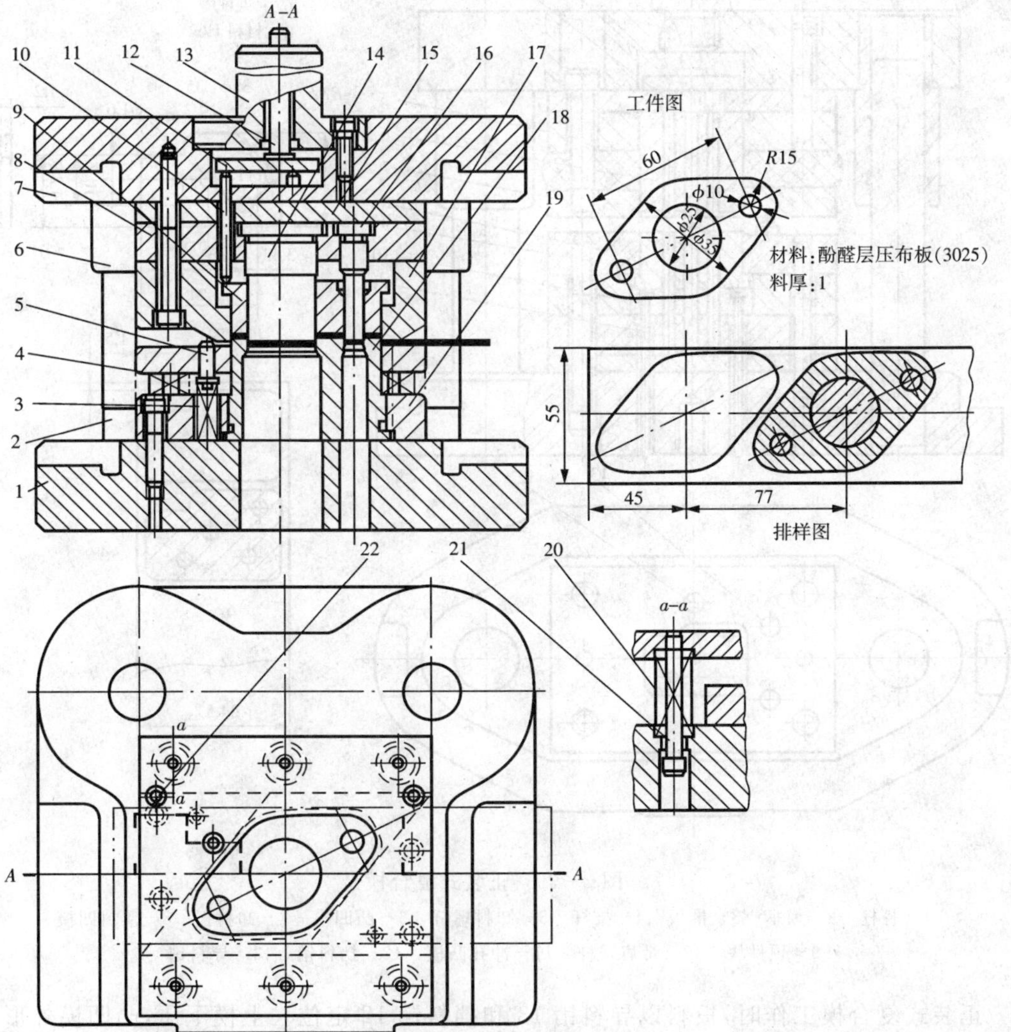

图 2-38 冲制垫圈的倒装复合模

1—下模座 2—导柱 3、20—弹簧 4—卸料板 5—活动挡料销 6—导套 7—上模座 8—凸模固定板 9—推件块 10—内打杆 11—打板 12—打杆 13—模柄 14、16—冲孔凸模 15—垫板 17—落料凹模 18—凸凹模 19—固定板 21—卸料螺钉 22—导料销采用刚性推件装置的倒装式复合模，条料不是处于被压紧状态下分离，因而冲件的平直度不高。同时由于冲孔废料直接从凸凹模内孔推下，当采用直刃壁凹模洞口时，凸凹模内孔中会聚集废料，凸凹模壁厚较小时可能引起胀裂，因而这种复合模结构适用于冲裁材料较硬或厚度大于 0.3 mm 且孔边距较大的冲件。如果在上模内设置弹性元件，即可用来冲制材料较软或料厚小于 0.3 mm、平直度要求较高的冲件。

(2)正装式复合模　图 2－39 为正装式落料冲孔复合模，凸凹模 6 在上模，落料凹模 8 和冲孔凸模 11 在下模。

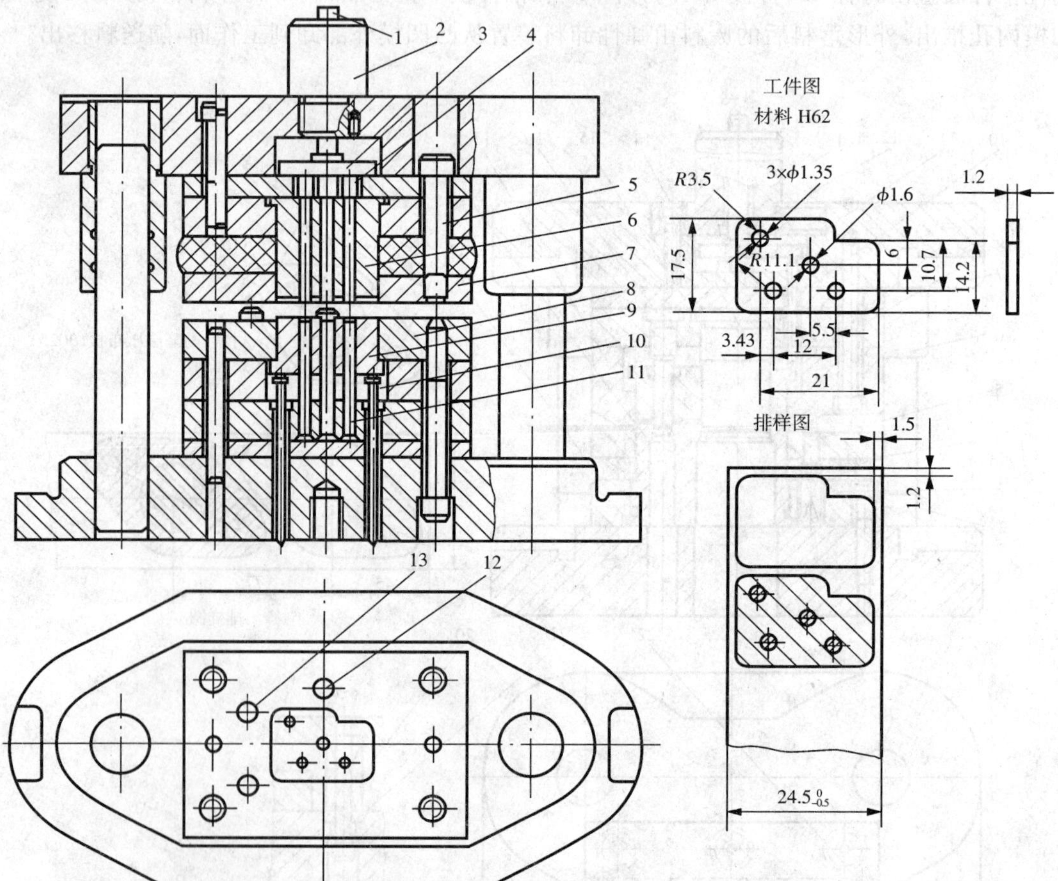

图 2－39　正装式复合模

1—打杆　2—模柄　3—推板　4—推杆　5—卸料螺钉　6—凸凹模　7—卸料板　8—落料凹模　9—顶件块　10—带肩顶杆　11—冲孔凸模　12—挡料销　13—导料销

正装式复合模工作时，板料以导料销 13 和挡料销 12 定位。上模下压，凸凹模外形和凹模 8 进行落料，落下料卡在凹模中，同时冲孔凸模与凸凹模内孔进行冲孔，冲孔废料卡在凸凹模孔内。卡在凹模中的冲件由顶件装置顶出凹模面。顶件装置由带肩顶杆 10 和顶件块 9 及装在下模座底下的弹顶器组成。

该模具采用装在下模座底下的弹顶器推动顶杆和顶件块，弹性元件高度不受模具有

关空间的限制，顶件力大小容易调节，可获得较大的顶件力。卡在凸凹模内的冲孔废料由推件装置推出。推件装置由打杆1、推板3和推杆4组成。当上模上行至上止点时，把废料推出。每冲裁一次，冲孔废料被推下一次，凸凹模孔内不积存废料，胀力小，不易破裂。但冲孔废料落在下模工作面上，清除废料麻烦，尤其孔较多时更是如此。边料由弹压卸料装置卸下，由于采用固定挡料销和导料销，在卸料板上需钻出让位孔，或采用活动导料销或挡料销。

从上述工作过程可以看出，正装式复合模工作时，板料是在压紧的状态下分离，冲出的冲件平直度较高。但由于弹顶器和弹压卸料装置的作用，分离后的冲件容易被嵌入边料中影响操作，从而影响了生产率。

从正装式和倒装式复合模结构分析中可以看出，两者各有优缺点：

正装式复合模较适用于冲制材料较软或料厚较薄、平直度较高的冲件，还可以冲制孔边距较小的冲件。而倒装式复合模结构简单，又可以直接利用压力机的打杆装置进行推件，卸件可靠，便于操作，并为机械化出件提供了有利条件，故应用十分广泛。

复合模的特点是生产率高，冲裁件的内孔与外缘的相对位置精度高，板料的定位精度要求比级进模低，冲模的轮廓尺寸较小。但复合模结构复杂，制造精度要求高，成本高。复合模主要用于生产批量大、精度要求高的冲裁件。

3. 级进模

级进模是一种工位多、效率高的冲模。整个冲件的成形是在连续过程中逐步完成的。连续成形是工序集中的工艺方法，可使切边、切口、切槽、冲孔、塑性成形、落料等多种工序在一副模具上完成。根据冲压件的实际需要，按一定顺序安排了多个冲压工序（在级进模中称为工位）进行连续冲压。它不但可以完成冲裁工序，还可以完成成形工序，甚至装配工序，许多需要多工序冲压的复杂冲压件可以在一副模具上完全成形，为高速自动冲压提供了有利条件。

由于级进模工位数较多，因而用级进模冲制零件，必须解决条料或带料的准确定位问题，才有可能保证冲压件的质量。根据级进模定位零件的特征，级进模有以下几种典型结构：

（1）用导正销定位的级进模　图2-40为用导正销定距的冲孔落料连续模。上、下模用导板导向。冲孔凸模3与落料凸模4之间的距离就是送料步距 s。送料时由固定挡料销6进行初定位，由两个装在落料凸模上的导正销5进行精定位。导正销与落料凸模的配合为H7/r6，其连接应保证在修磨凸模时的装拆方便。因此，落料凸模安装导正销的孔是个通孔。导正销头部的形状应有利于在导正时插入已冲的孔，它与孔的配合应略有间隙。为了保证首件的正确定距，在带导正销的级进模中，常采用始用挡料装置。它安装在导板下的导料板中间。在条料上冲制首件时，用手推始用挡料销7，使它从导料板中伸出来抵住条料的前端即可冲第一件上的两个孔。以后各次冲裁时就都由固定挡料销6控制送料步距作粗定位。

这种定距方式多用于较厚板料、冲件上有孔、精度低于IT12级的冲件冲裁。它不适用于软料或板厚 $t<0.3$ mm的冲件，不适于孔径小于1.5 mm或落料凸模较小的冲件。

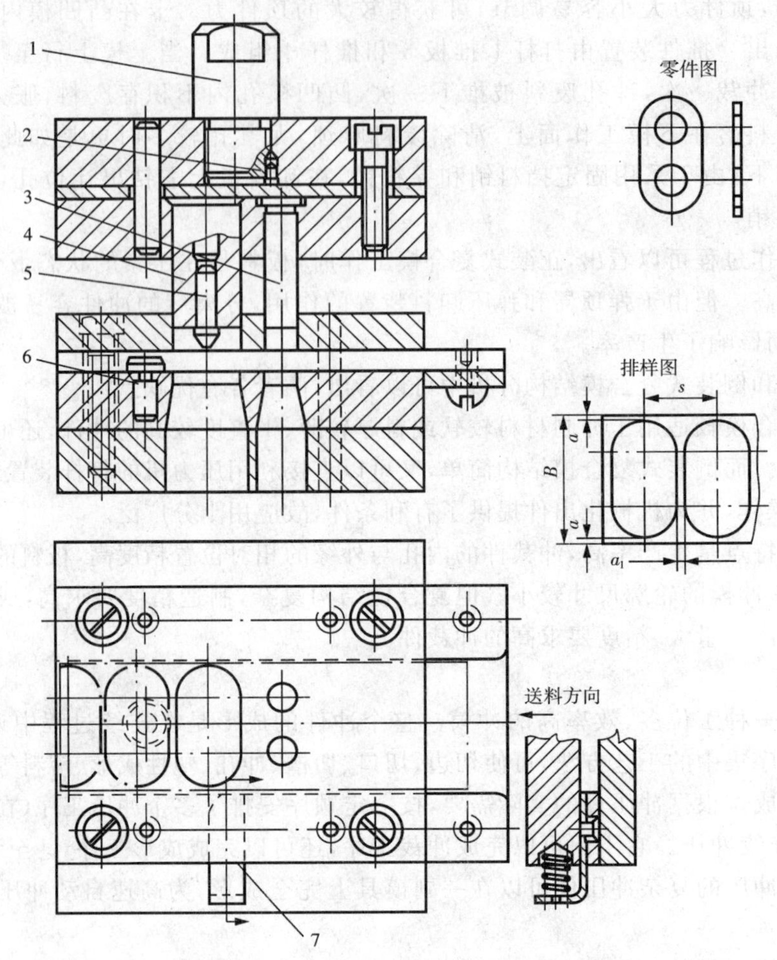

图 2-40　用导正销定距的冲孔落料级进模

1—模柄　2—螺钉　3—冲孔凸模　4—落料凸模　5—导正销　6—固定挡料销　7—始用挡料销

(2)侧刃定距的级进模　图 2-41 是双侧刃定距的冲孔落料级进模。它以侧刃 16 代替了始用挡料销、挡料销和导正销，控制条料送进距离(进距或俗称步距)。侧刃是特殊功用的凸模，其作用是在压力机每次冲压行程中，沿条料边缘切下一块长度等于步距的料边。由于沿送料方向上，在侧刃前后的两导料板间距不同，前宽后窄形成一个凸肩，所以条料上只有切去料边的部分方能通过，通过的距离即等于步距。为了减少料尾损耗，尤其工位较多的级进模，可采用两个侧刃前后对角排列。由于该模具冲裁的板料较薄(0.3 mm)，所以选用弹压卸料方式。

图 2-42 为侧刃定距的弹压导板级进模。该模具除了具有上述侧刃定距级进模的特点外，还具有如下特点：

① 凸模以装在弹压导板 2 中的导板镶块 4 导向，弹压导板以导柱 1、10 导向，导向准确，保证凸模与凹模的正确配合，并且加强了凸模纵向稳定性，避免小凸模产生纵弯曲。

② 凸模与固定板为间隙配合，凸模装配调整和更换较方便。

③ 弹压导板用卸料螺钉与上模连接，加上凸模与固定板是间隙配合，因此能消除压力

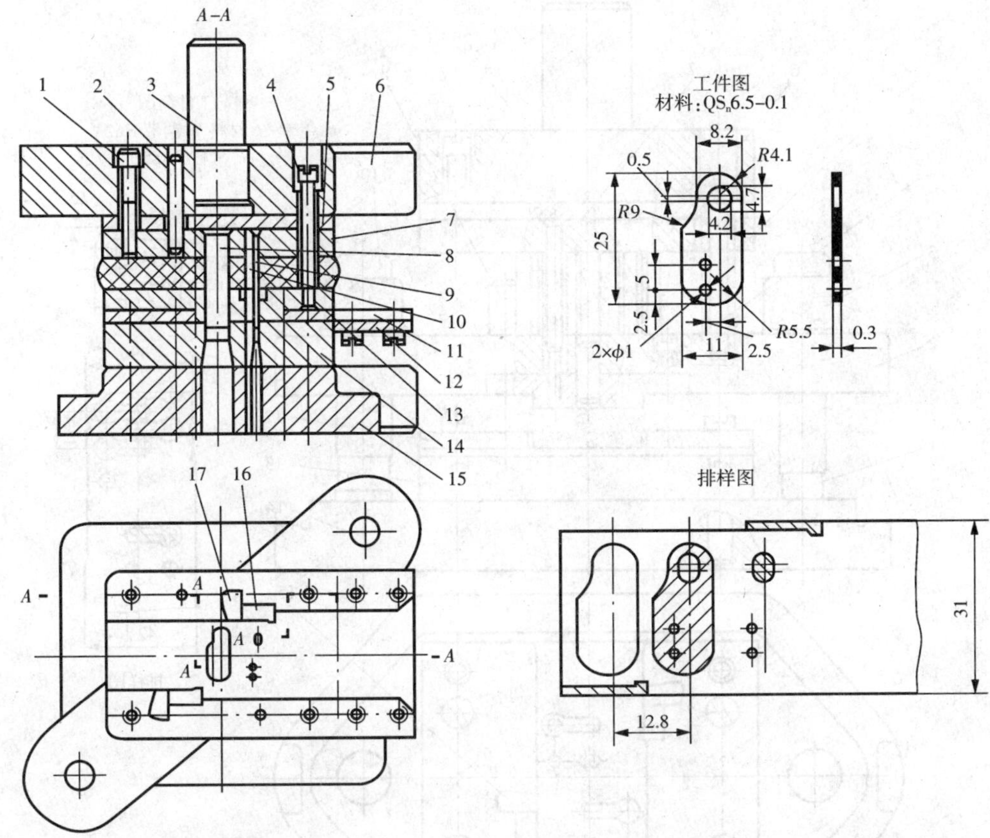

图 2-41　双侧刃定距的冲孔落料级进模

1—内六角螺钉　2—销钉　3—模柄　4—卸料螺钉　5—垫板　6—上模座　7—凸模固定板　8、9、10—凸模　11—导料板　12—承料板　13—卸料板　14—凹模　15—下模座　16—侧刃　17—侧刃挡块

机导向误差对模具的影响，对延长模具寿命有利。

④ 冲裁排样采用直对排，一次冲裁获得两个零件，两件的落料工位离开一定距离，以增强凹模强度，也便于加工和装配。

这种模具适用于冲压零件尺寸小而复杂、需要保护凸模的场合。

在实际生产中，对于精度要求高的冲压件和多工位的级进冲裁，采用了既有侧刃（粗定位）又有导正销定位（精定位）的级进模。

总之，级进模比单工序模生产率高，减少了模具和设备的数量，工件精度较高，便于操作和实现生产自动化。对于特别复杂或孔边距较小的冲压件，用简单模或复合模冲制有困难时，可用级进模逐步冲出。但级进模轮廓尺寸较大，制造较复杂，成本较高，一般适用于大批量小型冲压件。

应用级进模冲压时，排样设计十分重要，它不但要考虑材料的利用率，还应考虑零件的精度要求、冲压成形规律、模具结构及模具强度等问题。下面讨论这些因素对排样的要求。

① 零件的精度对排样的要求。零件精度要求高的，除了注意采用精确的定位方法外，还应尽量减少工位数，以减少工位积累误差，孔距公差较小的应尽量在同一工步中冲出。

② 模具结构对排样的要求。零件较大或零件虽小但工位较多，应尽量减少工位数，可

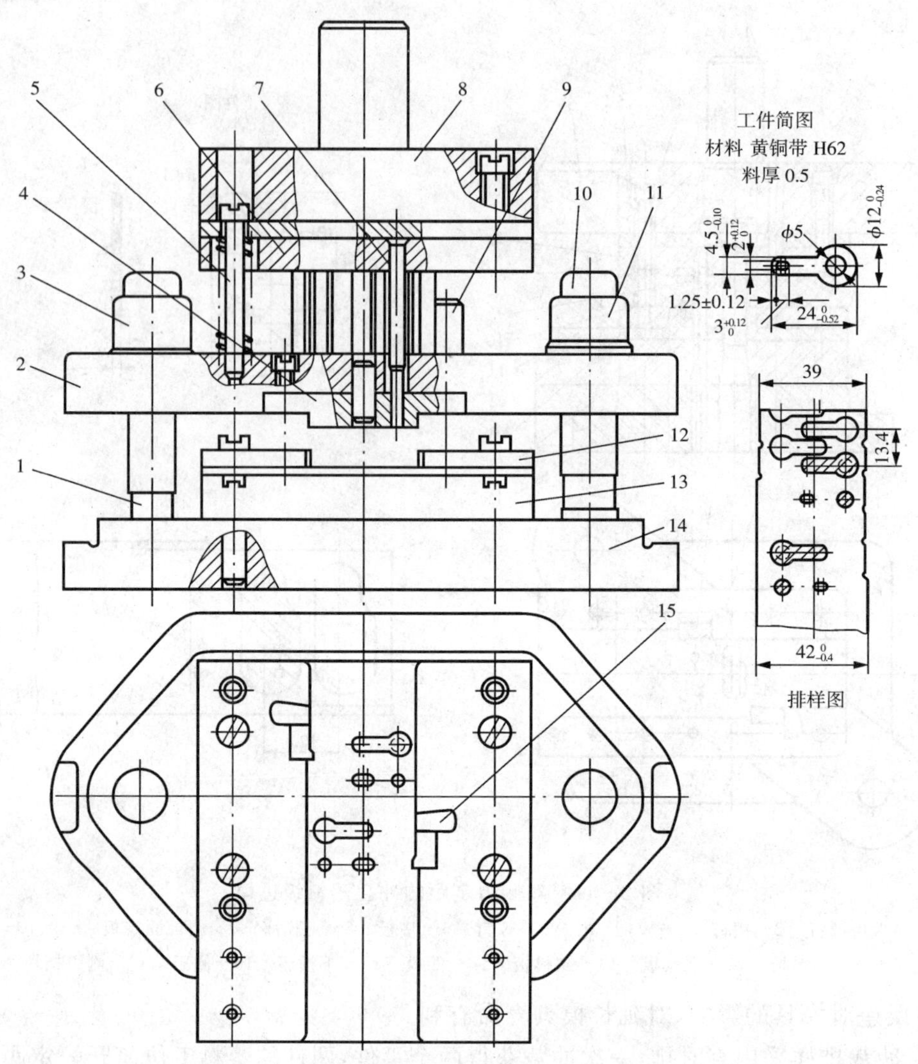

图 2-42　侧刃定距的弹压导板级进模

1、10—导柱　2—弹压导板 3、11—导套　4—导板镶块　5—卸料螺钉　6—凸模固定板　7—凸模　8—上模座　9—限位柱　12—导料板　13—凹模　14—下模座　15—侧刃挡块

采用连续—复合排样法，如图 2-43a 所示，以减少模具轮廓尺寸。

③ 模具强度对排样的要求。孔间距小的冲件，其孔要分步冲出，如图 2-43b；工位之间凹模壁厚小的，应增设空步如图 2-43c；外形复杂的冲件应分步冲出，以简化凸、凹模形状，增强其强度，便于加工和装配，如图 2-43d；侧刃的位置应尽量避免导致凸、凹模局部工作而损坏刃口，如图 2-43b；侧刃与落料凹模刀口距离增大 0.2～0.4 mm 就是为了避免落料凸、凹模切下条料端部的极小宽度。

④ 零件成形规律对排样的要求。需要弯曲、拉深、翻边等成形工序的零件，采用级进模冲压时，位于成形过程变形部位上的孔，一般应安排在成形工步之后冲出，落料或切断工步一般安排在最后工位上。

全部为冲裁工步的级进模，一般是先冲孔后落料或切断。先冲出的孔可作后续工位的定位孔，若该孔不适合于定位或定位精度要求较高时，则应冲出辅助定位工艺孔（导正销

孔），如图 2－43a。

套料级进冲裁时，如图 2－43e，按由里向外的顺序进行冲裁。

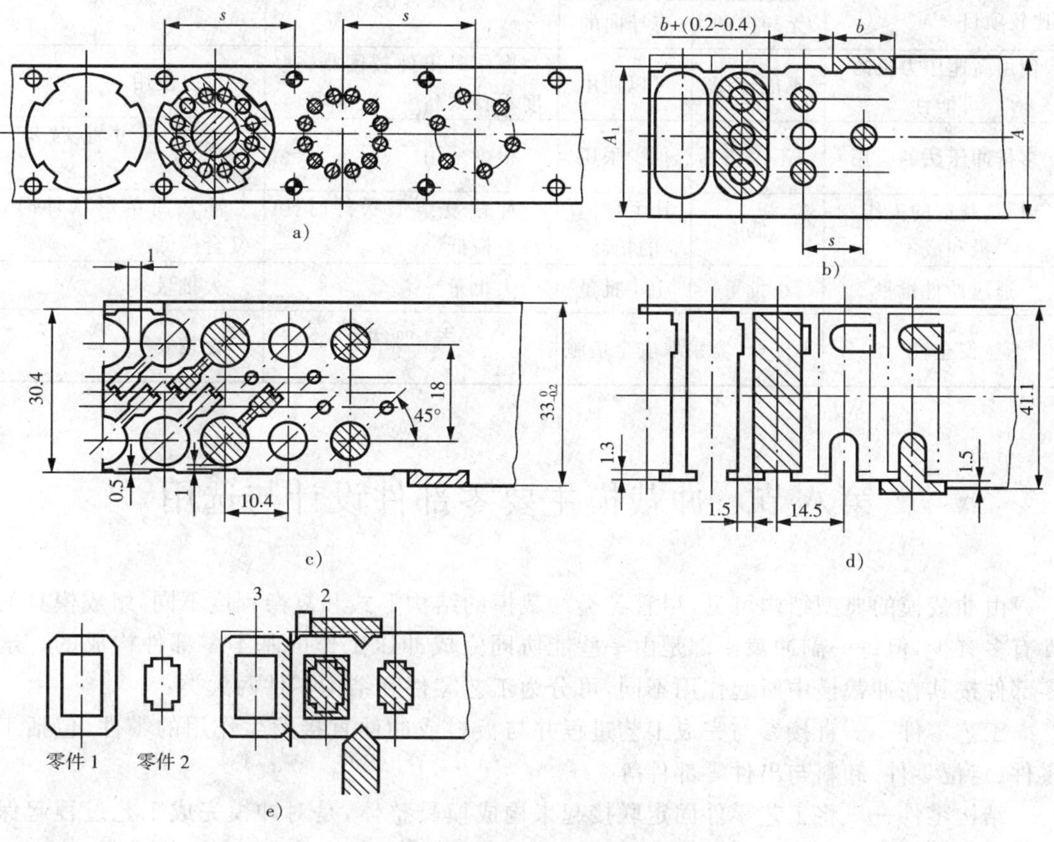

图 2－43 级进模的排样图

前面介绍了单工序模、复合模、级进模三类冲裁模的典型结构，这三类模具的结构特点与适用场合各有不同，表 2－26 列出了它们之间的对比关系，供选择类型时参考。

表 2－26 三类冲裁模的对比关系

模具种类 比较项目	单工序模		复合模	级进模
	无导向的	有导向的		
冲件精度	低	一般	可达 IT10～IT8 级	IT13～IT10 级
冲件平整度	差	一般	因压料较好，冲件平整	不平整，要求质量较高时需校平
冲件最大尺寸和材料厚度	尺寸和厚度不受限制	中小型尺寸、厚度较大	尺寸在 300 mm 以下，厚度在 0.05～3 mm 之间	尺寸在 250 mm 以下，厚度在 0.1～6 mm 之间
生产率	低	较低	冲件或废料落到或被顶到模具工作面上，必须用手工或机械清理，生产率稍低	工序间可自动送料，冲件和废料一般从下模漏下，生产效率高

（续表）

模具种类 比较项目	单工序模		复合模	级进模
	无导向的	有导向的		
使用高速压力机的可能性	不能使用	可以使用	操作时出件较困难，速度不宜太高	可以使用
多排冲压法的应用	不采用	很少采用	很少采用	冲件尺寸小时应用较多
模具制造的工作量和成本	低	比无导向的稍高	冲裁复杂形状件时比级进模低	冲裁简单形状件时比复合模低
适应冲件批量	小批量	中小批量	大批量	大批量
安全性	不安全，需采取安全措施		不安全，需采取安全措施	比较安全

第八节　冲裁模主要零部件设计与选用

由冲裁模的典型结构可见，尽管各类冲裁模的结构形式和复杂程度不同，组成模具的零件有多有少，但每一副冲裁模都是由一些能协同完成冲压工作的基本零部件构成的。这些零部件按其在冲裁模中所起作用不同，可分为工艺零件和结构零件两大类：

工艺零件——直接参与完成工艺过程并与板料或冲件直接发生作用的零件，包括工作零件、定位零件、卸料与出件零部件等。

结构零件——将工艺零件固定联接起来构成模具整体，是对冲模完成工艺过程起保证和完善作用的零件，包括支承与固定零件、导向零件、紧固件及其他零件等。

冲裁模零部件的详细分类可如下图：

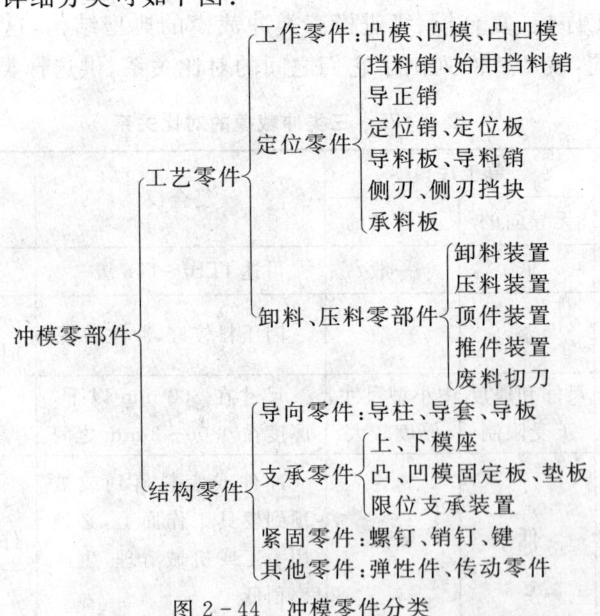

图 2-44　冲模零件分类

国家标准总局对中小型冷冲模先后制定了 GB/T2851.1～2861.16－1990、GB/T2861.17－1981 等标准。这些标准根据模具类型、导向方式、凹模形状等不同，规定了 14 种典型组合形式。每一种典型组合中，又规定了多种模架类型及相应的凹模周界尺寸（长×宽或直径）、凹模厚度、凸模长度和固定板、卸料板、垫板、导料板等模板的具体尺寸，还规定了选用标准件的种类、规格、数量、布置方式、有关的尺寸及技术条件等。这样，在模具设计时，重点就只需放在工作零件的设计上，其他零件可尽量选用标准件或选用标准件后再进行二次加工，简化了模具设计，缩短了设计周期，同时为模具的计算机辅助设计奠定了基础。为此，本节着重介绍冲裁模各主要零部件的结构、设计要点及标准选用等基本知识。

一、工作零件

1. 凸模

（1）凸模的结构形式与固定方法　由于冲件的形状和尺寸不同，冲模的加工以及装配工艺等实际条件亦不同，所以在实际生产中使用的凸模结构形式很多。其截面形状有圆形和非圆形；刃口形状有平刃和斜刃等；结构有整体式、镶拼式、阶梯式、直通式和带护套式等。凸模的固定方法有台肩固定、铆接、螺钉和销钉固定、黏结剂浇注法固定等。

下面通过介绍圆形和非圆形凸模、大中型和小孔凸模，来分析凸模的结构形式、固定方法、特点及应用场合。

① 圆形凸模。按标准规定，圆形凸模有以下 3 种形式如图 2－45 所示。

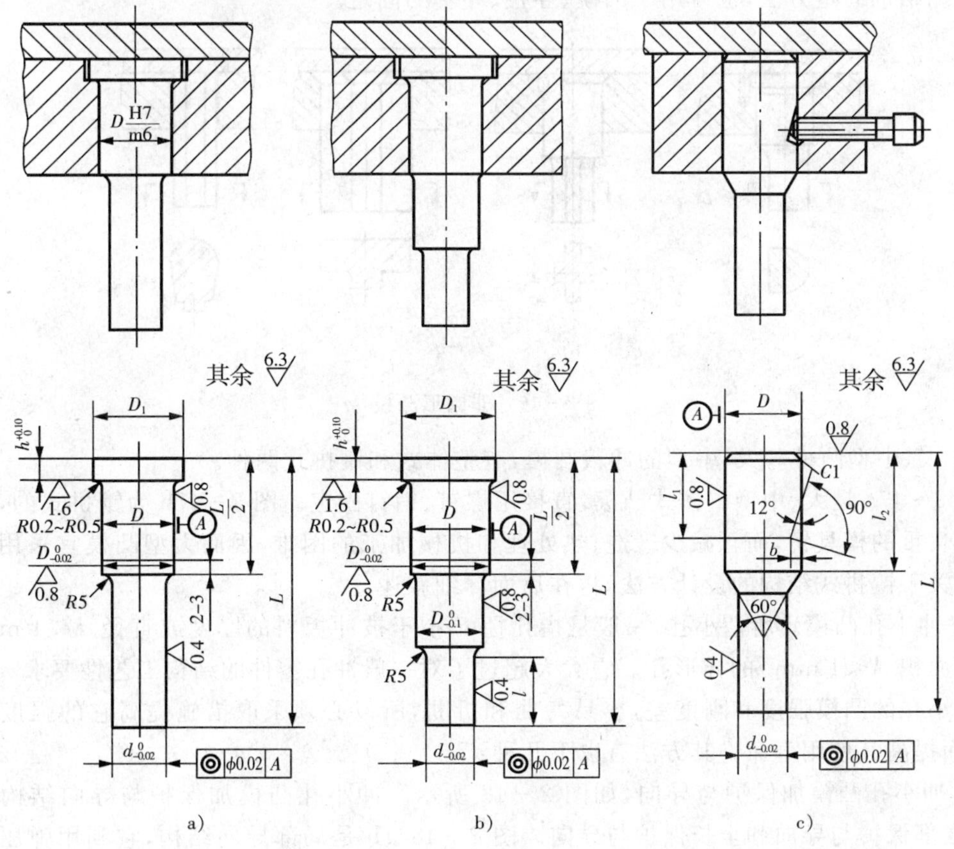

图 2－45　圆形凸模

台阶式的凸模强度刚性较好，装配修磨方便，其工作部分的尺寸由计算而得；与凸模固定板配合部分按过渡配合（H7/m6 或 H7/n6）制造；最大直径的作用是形成台肩，以便固定，保证工作时凸模不被拉出。

图 2 - 45a 用于较大直径的凸模，图 2 - 45b 用于较小直径的凸模，它们适用于冲裁力和卸料力大的场合。图 2 - 45c 是快换式的小凸模，维修更换方便。

② 非圆形凸模。在实际生产中广泛应用的非圆形凸模，如图 2 - 46 所示。

图 2 - 46a 和图 2 - 46b 是台阶式的。凡是截面为非圆形的凸模，如果采用台阶式的结构，其固定部分应尽量简化成简单形状的几何截面（圆形或矩形的）。

图 2 - 46a 是台肩固定；图 2 - 46b 是铆接固定。这两种固定方法应用较广泛，但不论哪一种固定方法，只要工作部分截面是非圆形的，而固定部分是圆形的，都必须在固定端接缝处加防转销。以铆接法固定时，铆接部位的硬度较工作部分要低。

图 2 - 46c 和图 2 - 46d 是直通式凸模。直通式凸模用线切割加工或成形铣、成形磨削加工。截面形状复杂的凸模，广泛应用这种结构。

图 2 - 46d 是用黏结剂固定凸模。其优点在于，当多凸模冲裁时（如电机定、转子冲槽孔），可以简化凸模固定板加工工艺，便于装配时保证凸模与凹模合理均匀的间隙。常用的黏结剂有环氧树脂、无机黏结剂等，各种黏结剂均有一定的配方，也有一定的配制方法，有的在市场上可以直接买到。

用黏结剂固定方法，也可用于凹模、导柱、导套的固定。

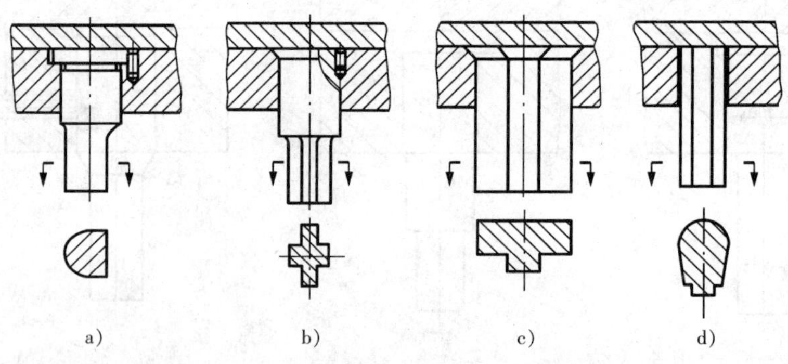

图 2 - 46　非圆形凸模

③ 大、中型凸模。大、中型的冲裁凸模，有整体式和镶拼式两种。

图 2 - 47a 是大、中型整体式凸模，直接用螺钉、销钉固定。图 2 - 47b 为镶拼式的，它不但节约贵重的模具钢，而且减少锻造、热处理和机械加工的困难，因而大型凸模宜采用这种结构。关于镶拼式结构的设计方法，将在后面详细叙述。

④ 冲小孔凸模。所谓小孔，一般是指孔径 d 小于被冲板料的厚度或直径 $d<1$ mm 的圆孔和面积 $A<1\ \text{mm}^2$ 的异形孔。它大大超过了对一般冲孔零件的结构工艺性要求。

冲小孔的凸模强度和刚度差，容易弯曲和折断，所以必须采取措施提高它的强度和刚度，从而提高其使用寿命。其方法有以下几种：

a. 冲小孔凸模加保护与导向，如图 2 - 48 所示。冲小孔凸模加保护与导向结构有两种，即局部保护与导向和全长保护与导向。图 2 - 48a、b 是局部导向结构，它利用弹压卸料板对凸模进行保护与导向。图 2 - 48c、d 是以简单的凸模护套来保护凸模，并以卸料板导

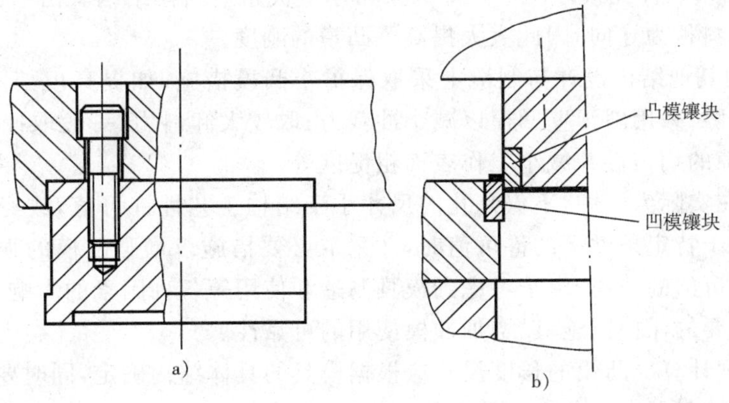

图 2-47　大、中型凸模

向，其效果较好。图 2-48e、f、g 基本上是全长保护与导向，其护套装在卸料板或导板上，在工作过程中始终不离上模导板、等分扇形块或上护套。模具处于闭合状态，护套上端也不碰到凸模固定板。当上模下压时，护套相对上滑，凸模从护套中相对伸出进行冲孔。这种结构避免了小凸模可能受到侧压力，防止小凸模弯曲和折断。尤其图 2-48f，具有三个等分扇形槽的护套，可在固定的三个等分扇形块中滑动，使凸模始终处于三向保护与导向之中，效果较图 2-48e 好，但结构较复杂，制造困难。而图 2-48g 结构较简单，导向效果也较好。

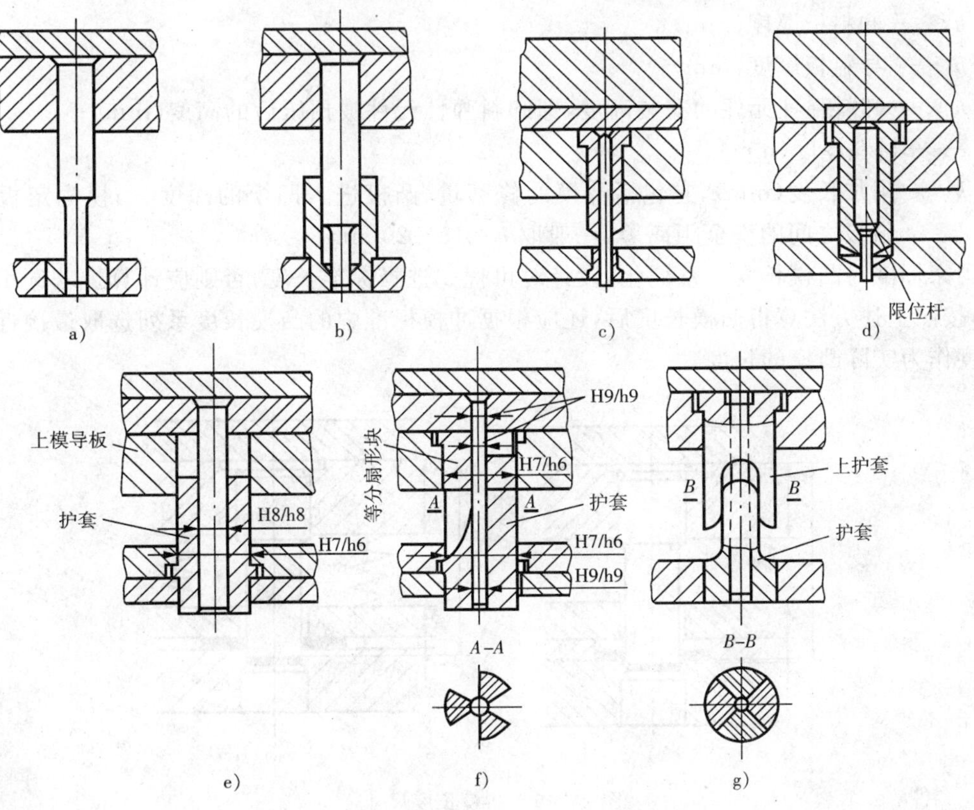

图 2-48　冲小孔凸模保护与导向结构

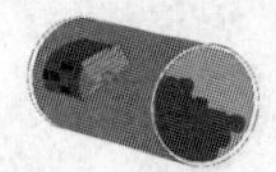

b. 采用短凸模的冲孔模。图 2－37 为采用厚垫板超短凸模结构。由于凸模大为缩短，同时凸模又以卸料板为导向，因此大大提高了凸模的刚度。

c. 在冲模的其他结构设计与制造上采取保护小凸模措施，如提高模架刚度和精度；采用较大的冲裁间隙；采用斜刃壁凹模以减小冲裁力；取较大卸料力（一般取冲裁力的 10%）；保证凸、凹模间隙的均匀性并减小工作表面粗糙度等。

应该指出，在实际生产中，不仅是孔的尺寸小于结构工艺性许可值，或经过校核后凸模的强度和刚度小于特定条件下的许可值时，才采取必要措施以增强凸模的强度和刚度。即使尺寸稍大于许可值的凸模，由于考虑到模具制造和使用等各种因素的影响，也要根据具体情况采取一些必要的保护措施，以增加冲模使用的可靠性。

(2)凸模长度计算　凸模的长度尺寸应根据模具的具体结构确定，同时要考虑凸模的修磨量及固定板与卸料板之间的安全距离等因素。

当采用固定卸料时（见图 2－49a），凸模长度可按下式计算：

$$L=h_1+h_2+h_3+h \tag{2-33}$$

当采用弹性卸料时（见图 2－49b），凸模长度可按下式计算：

$$L=h_1+h_2+h_a+t \tag{2-34}$$

式中：L——凸模长度（mm）；

h_1——凸模固定板厚度（mm）；

h_2——卸料板厚度（mm）；

h_3——导料板厚度（mm）；

h_a——卸料弹性元件的安装高度，即卸料弹性元件被预压后的高度（mm）；

t——材料厚度（mm）；

h——附加长度（mm），它包括凸模的修磨量、凸模进入凹模的深度、凸模固定板与卸料板之间的安全距离等，一般取 $h=15\sim20$ mm。

国家标准对凸模长度已系列化，设计时可优先选择标准长度，否则应计算。若选用标准凸模，按照上述方法算得凸模长度后，还应根据冲模标准中的凸模长度系列选取最接近的标准长度作为实际凸模的长度。

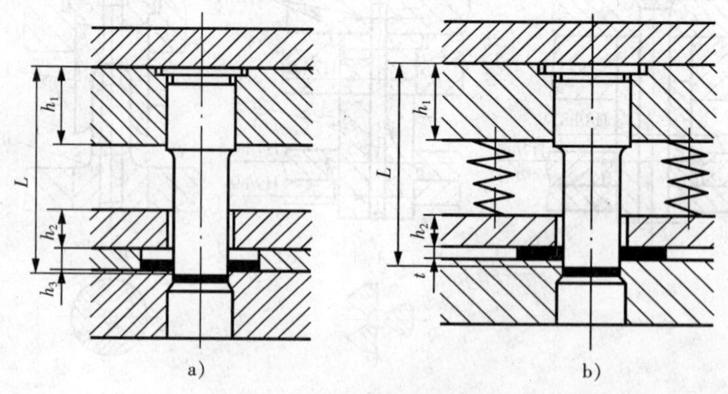

图 2－49　凸模长度尺寸

(3)凸模的强度与刚度校核　一般情况下，凸模的强度和刚度是足够的，没有必要进行

校核。但是当凸模的截面尺寸很小而冲裁的板料厚度较大，或根据结构需要确定的凸模特别细长时，则应进行承压能力和抗纵向弯曲能力的校核。

冲裁凸模的强度与刚度校核计算公式见表 2－27。

表 2－27 冲裁凸模强度校核计算公式

校核内容		计算公式		式中符号意义
弯曲应力	简图	无导向	有导向	L——凸模允许的最大自由长度（mm） d——凸模最小直径（mm） A——凸模最小断面（mm^2） J——凸模最小断面的惯性矩（mm^4） F——冲裁力（N） t——冲压材料厚度（mm） τ——冲压材料抗剪强度（MPa） [$\sigma_{压}$]——凸模材料的许用压应力（MPa），碳素工具钢淬火后的许用压应力一般为淬火前的 1.5～3 倍
	圆形	$L \leqslant 90\dfrac{d^2}{\sqrt{F}}$	$L \leqslant 270\dfrac{d^2}{\sqrt{F}}$	
	非圆形	$L \leqslant 416\sqrt{\dfrac{J}{F}}$	$L \leqslant 1180\sqrt{\dfrac{J}{F}}$	
压应力	圆形	$d \geqslant \dfrac{4t\tau}{[\sigma_{压}]}$		
	非圆形	$d \geqslant \dfrac{F}{[\sigma_{压}]}$		

2. 凹模

凹模类型很多，凹模的外形有圆形和板形；结构有整体式和镶拼式；刃口也有平刃和斜刃。

(1)凹模外形结构及其固定方法　图 2－50a、图 2－50b 为标准中的两种圆形凹模及其固定方法。这两种圆形凹模尺寸都不大，直接装在凹模固定板中，主要用于冲孔。图 2－50c 所示是采用螺钉和销钉直接固定在支承件上的凹模，这种凹模板已经有标准，它可以与标准固定板、垫板和模座等配合使用。图 2－50d 为快换式冲孔凹模固定方法。

凹模采用螺钉和销钉定位固定时，要保证螺钉（或沉孔）间、螺孔与销孔间及螺孔、销孔与凹模刃壁间的距离不能太近，否则会影响模具寿命。孔距的最小值可参考表 2－28。

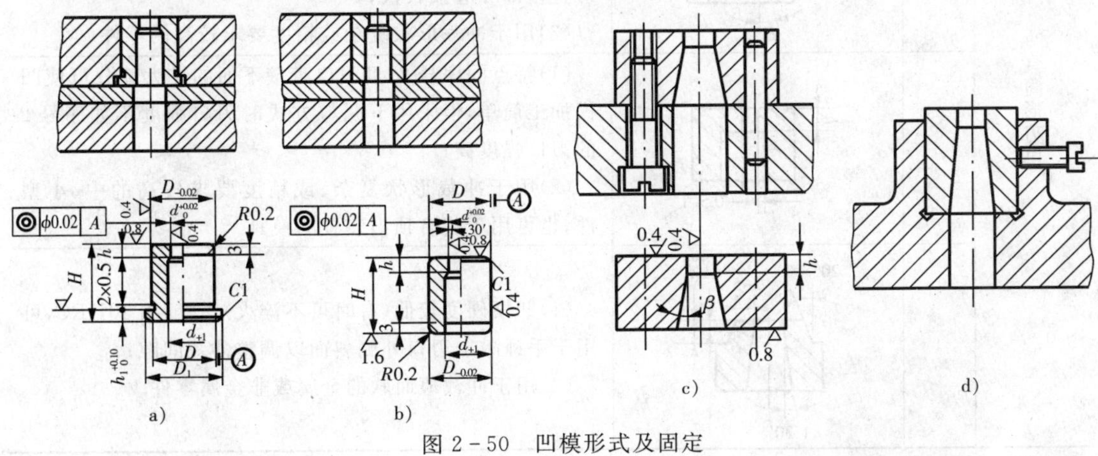

图 2－50　凹模形式及固定

表 2-28　螺孔(或沉孔)、销孔之间及至刃壁的最小距离

简图	销孔　沉孔　s_3　s_1　s_1　s_3　s_1　s_3　刃口　销孔　s_4　s_4							
螺钉孔		M4	M6	M8	M10	M12	M16	M20	M24
S_1/mm	淬火	8	10	12	14	16	20	25	30
	不淬火	6.5	8	10	11	13	16	20	25
S_2/mm	淬火	7	12	14	17	19	24	28	35
S_3/mm	淬火	5							
	不淬火	3							

销钉孔 d/mm		2	3	4	5	6	8	10	12	16	20	25
S_4/mm	淬火	5	6	7	8	9	11	12	15	16	20	25
	不淬火	3	3.5	4	5	6	7	8	10	13	16	20

(2)凹模刃口形式　凹模按结构分为整体式和镶拼式凹模,这里介绍整体式凹模。冲裁凹模的刃口形式有直筒形和锥形两种。选用刃口形式时,主要应根据冲裁件的形状、厚度、尺寸精度以及模具的具体结构来决定,其刃口形式见表 2-29。

表 2-29　冲裁凹模刃口形式及主要参数

刃口形式	序号	简　图	特点及适用范围
直筒形刃口	1		(1)刃口为直通式,强度高,修磨后刃口尺寸不变; (2)用于冲裁大型或精度要求较高的零件,模具装有顶出装置,不适用于下漏料的模具
	2	h　β	(1)刃口强度较高,修磨后刃口尺寸不变; (2)凹模内易积存废料或冲裁件,尤其间隙较小时,刃口直壁部分磨损较快; (3)用于冲裁形状复杂或精度要求较高的零件
	3	h　0.5~1	(1)特点同序号 2,且刃口直壁下面的扩大部分可使凹模加工简单,但采用下漏料方式时刃口强度不如序号 2 的刃口强度高; (2)用于冲裁形状复杂、或精度要求较高的中、小型件,也可用于装有顶出装置的模具
	4	20°~30°　2~5　1~2　3~5　1°30′	(1)凹模硬度较低(有时可不淬火),一般为 40HRC,可用于手锤敲击刃口外侧斜面以调整冲裁间隙; (2)用于冲裁薄而软的金属或非金属零件

（续表）

刃口形式	序号	简　图	特点及适用范围
锥形刃口	5		(1)刃口强度较差，修磨后刃口尺寸约有增大； (2)凹模内不易积存废料或冲裁件，刃口内壁磨损较慢
	6		(1)特点同序号 5； (2)可用于冲裁形状较复杂的零件

	材料厚度 t/mm	$\alpha/(')$	$\beta/(°)$	刃口高度 h/mm	备注
主要参数	<0.5	15	2	≥4	α 值适用于钳工加工。采用线切割加工时，可取 $\alpha=5'\sim20'$
	0.5～1			≥5	
	1～2.5			≥6	
	2.5～6	30	3	≥8	
	>6			≥10	

(3)整体式凹模轮廓尺寸的确定　凹模轮廓尺寸包括凹模板的平面尺寸 $L\times B$（长×宽）及厚度尺寸 H。由于冲裁时凹模承受冲裁力和侧向挤压力的作用，受力情况比较复杂，目前还不能用理论方法确定凹模轮廓尺寸。在生产中，通常根据冲裁的板料厚度和冲件的轮廓尺寸或凹模孔口刃壁间的距离，按经验公式来确定，如图 2－51 所示。

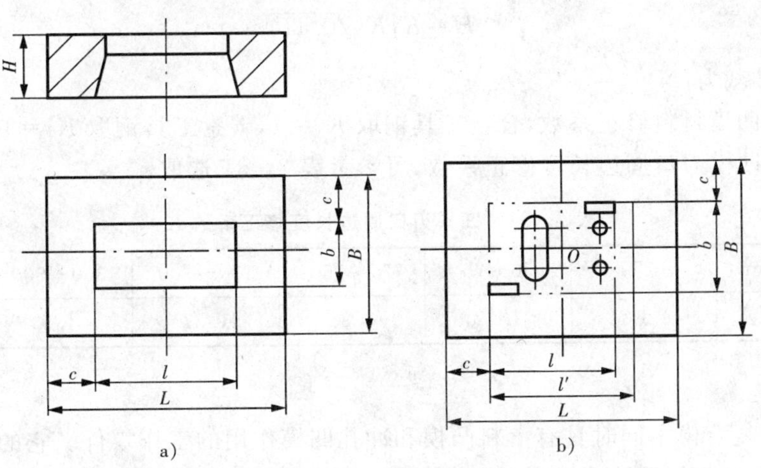

图 2－51　凹模外形尺寸的确定

① 凹模平面尺寸

$$L=l+2c \qquad B=b+2c \tag{2-35}$$

式中：l——沿凹模长度方向刃口型孔的最大距离(mm)；

b——沿凹模宽度方向刃口型孔的最大距离(mm)；

c——凹模壁厚(mm)，从凹模刃口至凹模外边缘的最短距离。主要考虑布置螺钉与销钉的需要，同时也要保证凹模的强度和刚度，计算时可参考表 2－30 选取。

对于多型孔凹模，如图 2－51b 所示。设压力中心 O 沿矩形 $l \times b$ 的宽度方向对称，而沿长度方向不对称，则为了使压力中心与凹模板中心重合，凹模平面尺寸应按下式计算：

$$L = l' + 2c \qquad B = b + 2c \tag{2-36}$$

式中：l'——沿凹模长度方向压力中心至最远刃口间距的 2 倍(mm)。

表 2－30 凹模壁厚 c (mm)

条料宽度/mm	冲件材料厚度 t/mm			
	≤0.8	＞0.8～1.5	＞1.5～3	＞3～5
≤40	20～25	22～28	24～32	28～36
＞40～50	22～28	24～32	28～36	30～40
＞50～70	28～36	30～40	32～42	35～45
＞70～90	32～42	35～45	38～48	40～52
＞90～120	35～45	40～52	42～54	45～58
＞120～150	40～50	42～54	45～58	48～62

注：(1) 冲件料薄时取表中较小值，反之取较大值。

(2) 型孔为圆弧时取小值，为直边时取中值，为尖角时取大值。

② 凹模厚(高)度

$$H = K_1 K_2 \sqrt[3]{0.1F} \tag{2-37}$$

式中：F——冲裁力(N)；

K_1——凹模材料修正系数，合金工具钢取 $K_1=1$，碳素工具钢取 $K_1=1.3$；

K_2——凹模刃口周边长度修正系数，可参考表 2－31 选取。

表 2－31 凹模刃口周边长度修正系数 K_2

刃口长度/mm	＜50	50～75	75～150	150～300	300～500	＞500
修正系数 K_2	1	1.12	1.25	1.37	1.5	1.6

3. 凸凹模

凸凹模是复合模中同时具有落料凸模和冲孔凹模作用的工作零件。它的内外缘均为刃口，内外缘之间的壁厚取决于冲裁件的尺寸。从强度方面考虑，其壁厚应受最小值限制。凸凹模的最小壁厚与模具结构有关：当模具为正装结构时，内孔不积存废料，胀力小，最小壁厚可以小些；当模具为倒装结构时，若内孔为直筒形刃口形式，且采用下出料方式，则内孔积存废料，胀力大，故最小壁厚应大些。

凸凹模的最小壁厚值，目前一般按经验数据确定，倒装复合模的凸凹模最小壁厚见表 2－32。正装复合模的凸凹模最小壁厚可比倒装的小些。

表 2-32　倒装复合模的凸凹模最小壁厚 δ

简图											
材料厚度 t/mm	0.4	0.6	0.8	1.0	1.2	1.4	1.6	1.8	2.0	2.2	2.5
最小壁厚 δ/mm	1.4	1.8	2.3	2.7	3.2	3.6	4.0	4.4	4.9	5.2	5.8
材料厚度 t/mm	2.8	3.0	3.2	3.5	3.8	4.0	4.2	4.4	4.6	4.8	5.0
最小壁厚 δ/mm	6.4	6.7	7.1	7.6	8.1	8.5	8.8	9.1	9.4	9.7	10

4. 凸模和凹模的镶拼结构

(1)镶拼结构的应用场合及镶拼方法　对于大、中型的凸、凹模或形状复杂、局部薄弱的小型凸、凹模，如果采用整体式结构，将给锻造、机械加工或热处理带来困难，而且当发生局部损坏时，就会造成整个凸、凹模的报废，因此常采用镶拼结构的凸、凹模。

镶拼结构有镶接和拼接两种：镶接是将局部易磨损部分另做一块，然后镶入凹模体或凹模固定板内，如图 2-52 所示；拼接是整个凸、凹模的形状按分段原则分成若干块，分别加工后拼接起来，如图 2-53 所示。

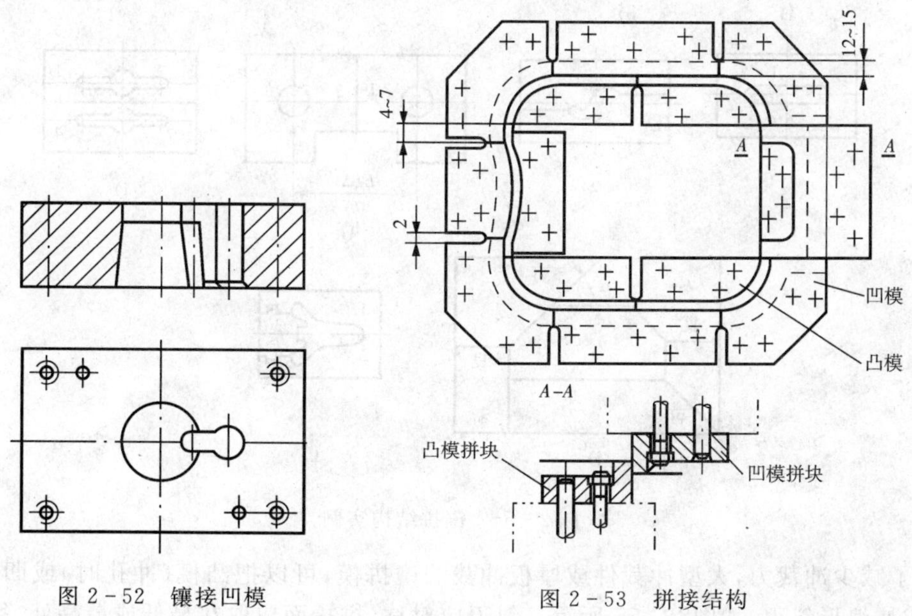

图 2-52　镶接凹模　　图 2-53　拼接结构

(2)镶拼结构的设计原则　凸模和凹模镶拼结构设计的依据是凸、凹模形状，尺寸及其受力情况，冲裁板料厚度等。镶拼结构设计的一般原则如下：

① 力求改善加工工艺性，减少钳工工作量，提高模具加工精度。

a. 尽量将形状复杂的内形加工变成外形加工，以便于切削加工和磨削，见图 2－54a、b、d、g 等。

b. 尽量使分割后拼块的形状、尺寸相同，可以几块同时加工和磨削，见图 2－54d、g、f 等，一般沿对称线分割可以实现这个目的。

c. 应沿转角、尖角分割，并尽量使拼块角度大于或等于 90°，见图 2－54j。

d. 圆弧尽量单独分块，拼接线应在离切点 4～7 mm 的直线处，大圆弧和长直线可以分为几块，见图 2－53。

e. 拼接线应与刃口垂直，而且不宜过长，一般为 12～15 mm，见图 2－53。

② 便于装配调整和维修。

a. 比较薄弱或容易磨损的局部凸出或凹进部分，应单独分为一块。见图 2－52、图 2－54a。

b. 拼块之间应能通过磨削或增减垫片方法，调整其间隙或保证中心距公差，见图 2－54h、i。

c. 拼块之间应尽量以凸、凹槽形相嵌，便于拼块定位，防止在冲压过程发生相对移动，见图 2－54k。

③ 满足冲压工艺要求，提高冲压件质量。为此，凸模与凹模的拼接线应至少错开 3～5 mm，以免冲裁件产生毛刺，见图 2－53；拉深模拼接线应避开材料有增厚部位，以免零件表面出现拉痕。

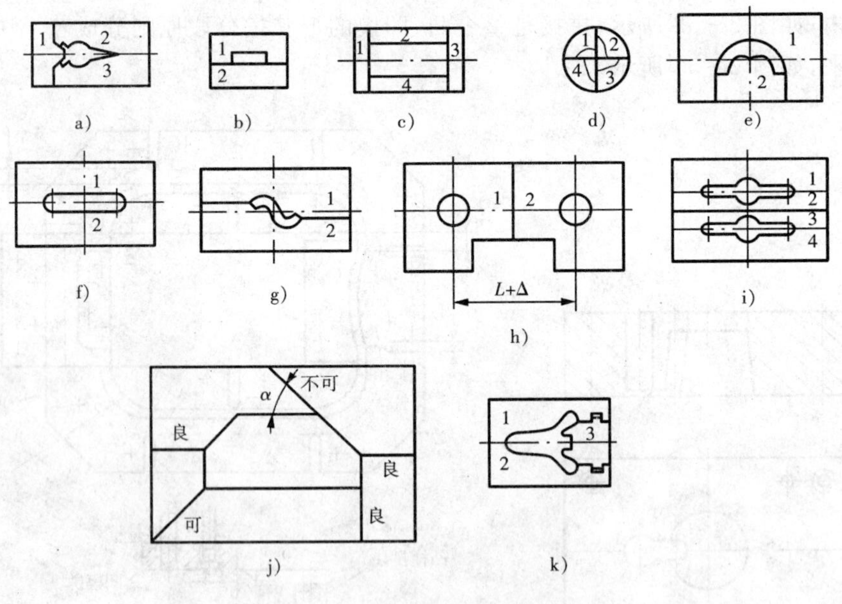

图 2－54 镶拼结构实例

为了减少冲裁力，大型冲裁件或厚板冲裁的镶拼模，可以把凸模（冲孔时）或凹模（落料时）制成波浪形斜刃，如图 2－55 所示。斜刃应对称，拼接面应取在最低或最高处，每块一个或半个波形，斜刃高度 H 一般取 1～3 倍的板料厚度。

(3)镶拼结构的固定方法 镶拼结构的固定方法主要有以下几种：

① 平面式固定。即把拼块直接用螺钉、销钉紧固定位于固定板或模座平面上，如图 2－

53 所示。这种固定方法主要用于大型的镶拼凸、凹模。

② 嵌入式固定。即把各拼块拼合后嵌入固定板凹槽内，如图 2－56a 所示。

③ 压入式固定。即把各拼块拼合后，以过盈配合压入固定板孔内，如图 2－56b 所示。

④ 斜楔式固定。如图 2－56c 所示。

此外，还有用黏结剂浇注等固定方法。

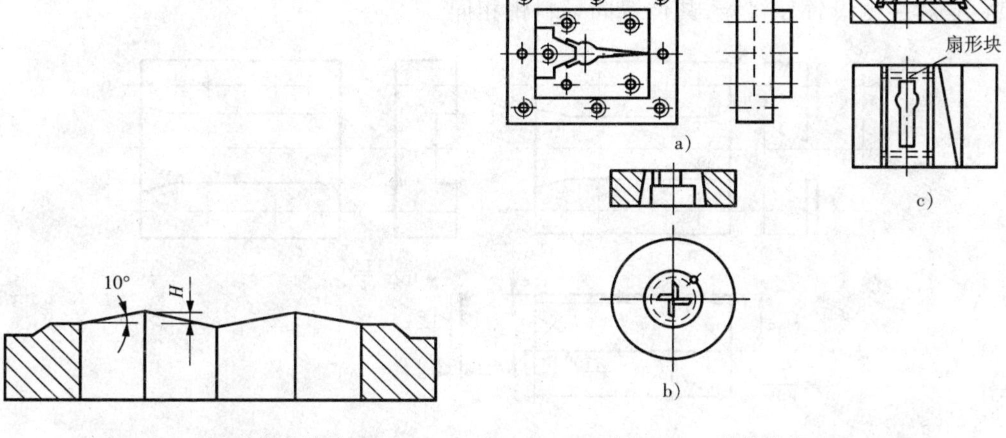

图 2－55 斜刃拼块结构

图 2－56 镶拼结构固定方法

二、定位零件

冲模的定位零件是用来保证条料的正确送进及在模具中的正确位置。

条料在模具送料平面中必须有两个方向的限位：一是在与条料方向垂直的方向上的限位，保证条料沿正确的方向送进，称为送进导向；二是在送料方向上的限位，控制条料一次送进的距离（步距）称为送料定距。

对于块料或工序件的定位，基本也是在两个方向上的限位，只是定位零件的结构形式与条料的有所不同而已。

属于送进导向的定位零件有导料销、导料板、侧压板等；属于送料定距的定位零件有挡料销、导正销、侧刃等；属于块料或工序件的定位零件有定位销、定位板等。

选择定位方式及定位零件时应根据坯料形式、模具结构、冲件精度和生产率的要求等确定。

定位零件基本上都已标准化，可根据坯料或工序件形状、尺寸、精度及模具的结构形式与生产率要求等选用相应的标准。

1. 导料销、导料板

导料销或导料板是对条料或带料的侧向进行导向以免送偏的定位零件。

导料销一般设两个，并在位于条料的同侧，从右向左送料时，导料销装在后侧；从前向后送料时，导料销装在左侧 。导料销可设在凹模面上（一般为固定式的），见图 2－39；也可以设在弹压卸料板上（一般为活动式的），见图 2－38；还可以设在固定板或下模座平面上（导料螺钉），见图 2－34。

固定式和活动式的导料销可选用标准结构。导料销导向定位多用于单工序模和复合模中。

图 2－32 是导料板送进导向的模具。具有导板(或卸料板)的单工序模或级进模，常采用这种送料导向结构。

导料板一般设在条料两侧，其结构有两种：一种是标准结构，如图 2－57a 所示，它与卸料板(或导板)分开制造；另一种是与卸料板制成整体的结构，如图 2－57b 所示。为使条料顺利通过，两导料板间距离应等于条料宽度加上一个间隙值(见排样及条料宽度计算)。导料板的厚度 H 取决于导料方式和板料厚度，采用固定挡料销时，导料板厚度见表 2－34。如果只在条料一侧设置导料板，其位置同导料销相同。

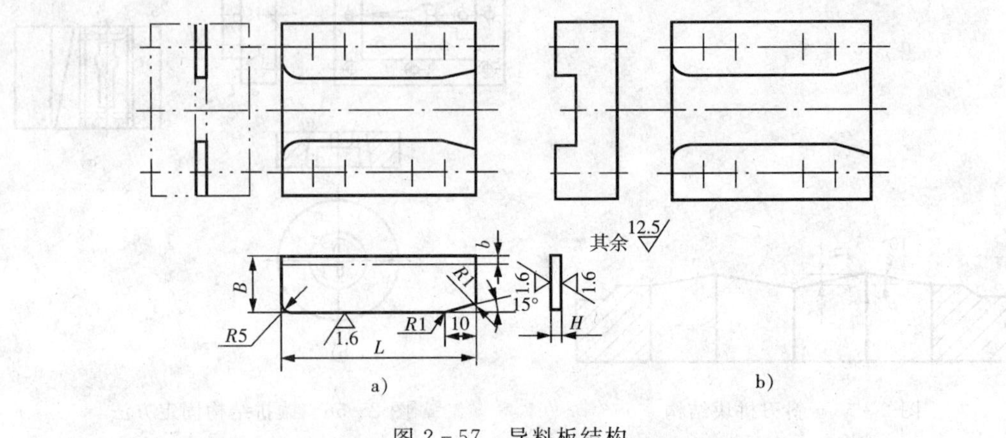

图 2－57　导料板结构

表 2－33　导料板厚度 H　(mm)

简　图			
材料厚度 t	挡料销高度 h	导料板厚度 H	
		固定导料销	自动导料销
0.3～2	3	6～8	4～8
2～3	4	8～10	6～8
3～4	4	10～12	8～10
4～6	5	12～15	8～10
6～10	8	15～25	10～15

2. 侧压装置

如果条料的公差较大，为避免条料在导料板中偏摆，使最小搭边得到保证，应在送料方向的一侧装侧压装置，迫使条料始终紧靠另一侧导料板送进。

侧压装置的结构形式如图 2－58 所示。标准中的侧压装置有两种：图 2－58a 是弹簧式侧压装置，其侧压力较大，宜用于较厚板料的冲裁模；图 2－58b 为簧片式侧压装置，侧压力

较小,宜用于板料厚度为0.3～1 mm的薄板冲裁模。在实际生产中还有两种侧压装置:图2-58c是簧片压块式侧压装置,其应用场合与图2-58b相似;图2-58d是板式侧压装置,侧压力大且均匀,一般装在模具进料一端,适用于侧刃定距的级进模中。在一副模具中,侧压装置的数量和位置视实际需要而定。

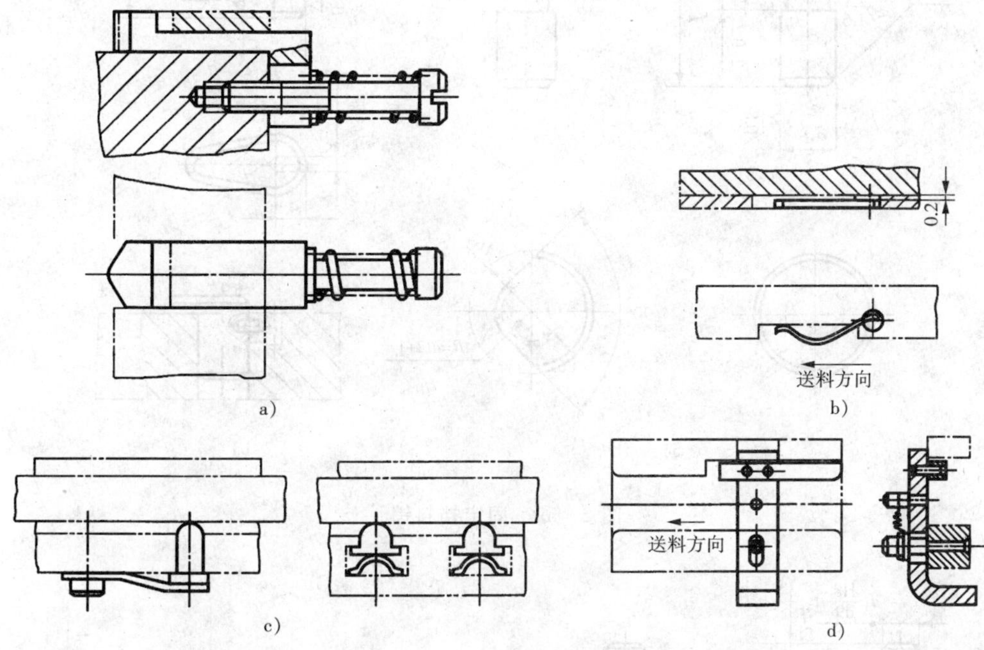

图2-58　侧压装置

应该注意的是,板料厚度在0.3 mm以下的薄板不宜采用侧压装置。另外,由于有侧压装置的模具,送料阻力较大,因而备有辊轴自动送料装置的模具也不宜设置侧压装置。

3. 挡料销

挡料销起定位作用,用它挡住搭边或冲件轮廓,以限定条料送进距离。它可分为固定挡料销、活动挡料销和始用挡料销。

(1)固定挡料销　标准结构的固定挡料销如图2-59a所示,其结构简单,制造容易,广泛用于冲制中、小型冲裁件的挡料定距;其缺点是销孔离凹模刃壁较近,削弱了凹模的强度。在部颁标准中还有一种钩形挡料销,如图2-59b。这种挡料销的销孔距离凹模刃壁较远,不会削弱凹模强度。但为了防止钩头在使用时发生转动,需考虑防转。

(2)活动挡料销　标准结构的活动挡料销如图2-60所示。图2-60a为弹簧弹顶挡料装置;图2-60b是扭簧弹顶挡料装置;图2-60c为橡胶弹顶挡料装置;图2-60d为回带式挡料装置。回带式挡料装置的挡料销对着送料方向带有斜面,送料时搭边碰撞斜面使挡料销跳起并越过搭边,然后将条料后拉,挡料销便挡住搭边而定位。即每次送料都要先推后拉,作方向相反的两个动作,操作比较麻烦。采用哪一种结构形式挡料销,需根据卸料方式、卸料装置的具体结构及操作等因素决定。回带式的常用于具有固定卸料板的模具上;其他形式的常用于具有弹压卸料板的模具上。

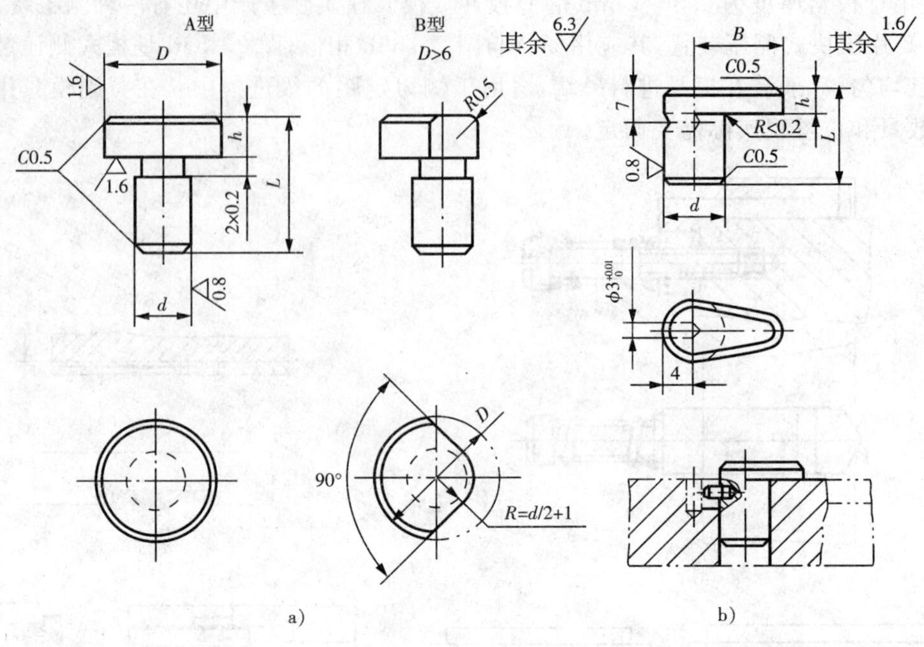

图 2-59　固定挡料销

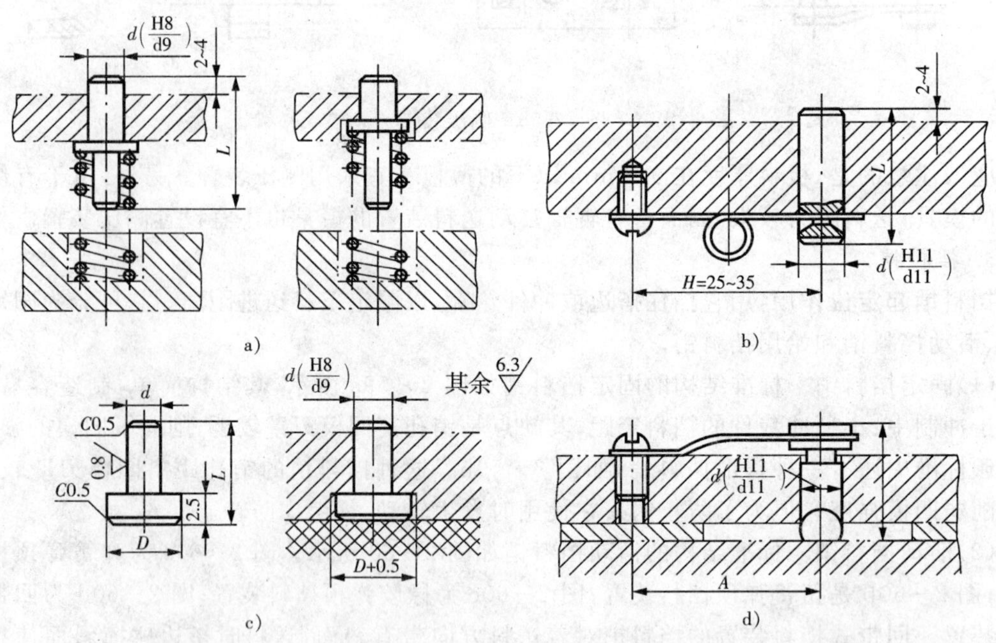

图 2-60　活动挡料销

(3)始用挡料装置　图 2-61 为标准结构的始用挡料装置。始用挡料销一般用于以导料板送料导向的级进模和单工序模中(图 2-32)。一副模具用几个始用挡料销,取决于冲裁排样方法及工位数。采用始用挡料销,可提高材料利用率。

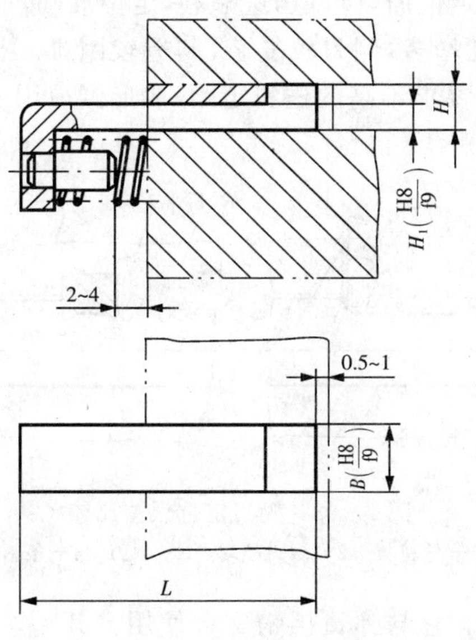

图 2-61 始用挡料销

4. 侧刃

在级进模中，为了限定条料送进距离，在条料侧边冲切出一定尺寸缺口的凸模，称为侧刃。它定距精度高、可靠，一般用于薄料、定距精度和生产效率要求高的情况。

图 2-41 和图 2-42 是使用侧刃定距的级进模。标准中的侧刃结构如图 2-62 所示。按侧刃的工作端面形状分为Ⅰ型和Ⅱ型两类，Ⅱ型的多用于厚度为 1 mm 以上较厚板料的冲裁。冲裁前凸出部分先进入凹模导向，以免由于侧压力导致侧刃损坏(工作时侧刃是单边冲切)。按侧刃的截面形状分为长方形侧刃和成形侧刃两类。图 2-62 $Ⅰ_A$ 型和 $Ⅱ_A$ 型为长方形侧刃。其结构简单，制造容易，但当刃口尖角磨损后，在条料侧边形成的毛刺会影响顺利送进和定位的准确性，如图 2-63a 所示。而采用成形侧刃，如果条料侧边形成毛刺，毛刺

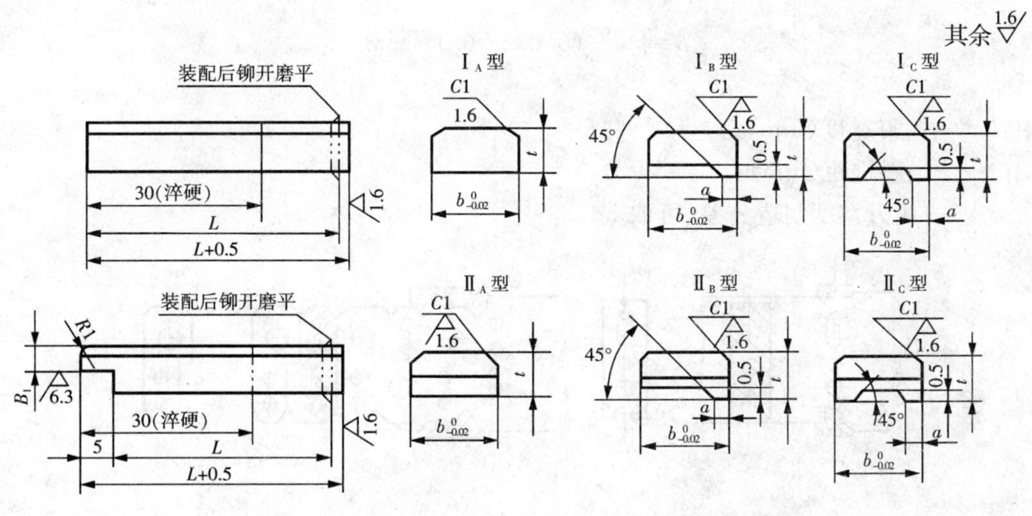

图 2-62 侧刃结构

离开了导料板和侧刃挡板的定位面，所以送进顺利，定位准确，如图 2－63b 所示。但这种侧刃使切边宽度增加，材料消耗增多，侧刃较复杂，制造较困难。长方形侧刃一般用于板料厚度小于 1.5 mm，冲裁件精度要求不高的送料定距；成形侧刃用于板料厚度小于 0.5 mm，冲裁件精度要求较高的送料定距。

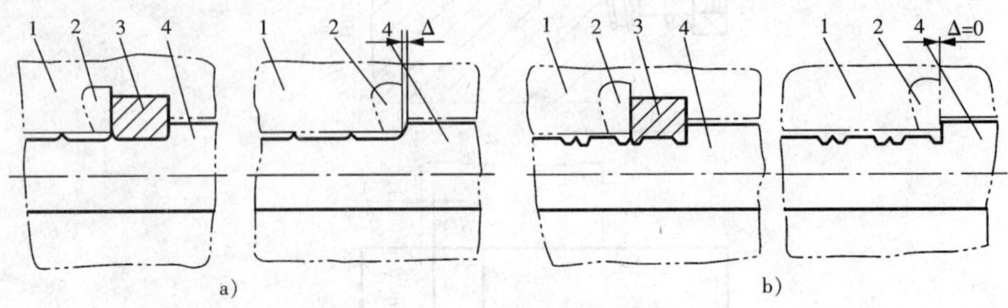

图 2－63　侧刃定位误差比较

1—导料板　2—侧刃挡块　3—侧刃　4—条料

图 2－64 是尖角形侧刃。它与弹簧挡销配合使用。其工作过程如下：侧刃先在料边冲一缺口，条料送进时，当缺口直边滑过挡销后，再向后拉条料，至挡销直边挡住缺口为止。使用这种侧刃定距，材料消耗少，但操作不便，生产率低，此侧刃可用于冲裁贵重金属。

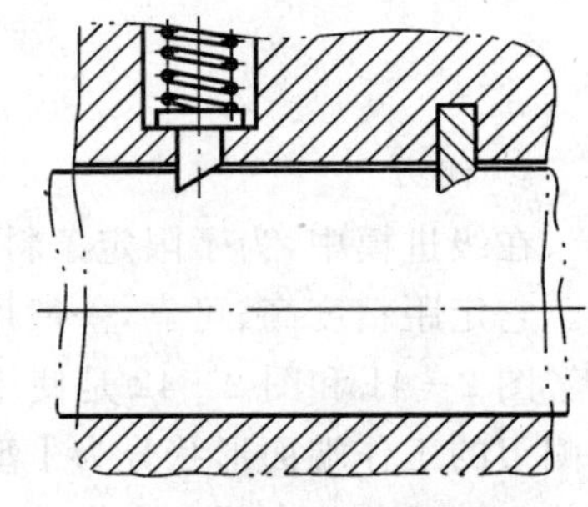

图 2－64　尖角形侧刃

在实际生产中，往往遇到两侧边或一侧边有一定形状的冲裁件，如图 2－65 所示。对这种零件，如果用侧刃定距，则可以设计与侧边形状相应的特殊侧刃（图 2－65 中 1 和 2），这种侧刃既可定距，又可冲裁零件的部分轮廓。

侧刃断面的关键尺寸是宽度 b，其他尺寸按标准规定。宽度 b 原则上等于送料步距，但在侧刃与导正销兼用的级进模中，其宽度为

$$b=[\,s+(0.05\sim 0.1)]-\delta_c \tag{2-38}$$

式中：b——侧刃宽度（mm）；

s——送料进距（mm）；

δ_c——侧刃宽度制造公差，可取 h6。

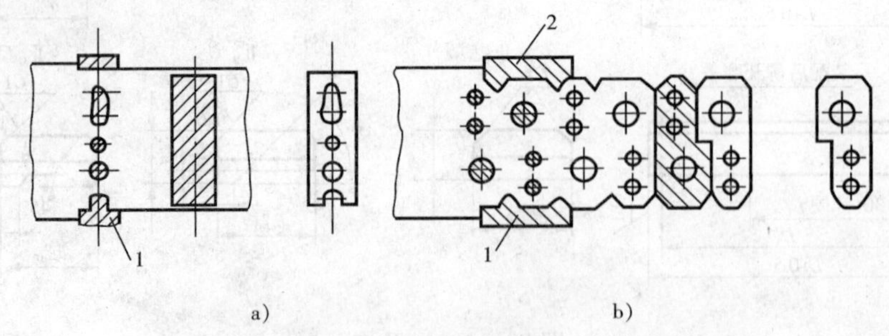

图 2－65　特殊侧刃

侧刃凹模按侧刃实际尺寸配制，留单边间隙。侧刃数量可以是一个，也可以是两个，如图 2－41 的双侧刃级进模。两个侧刃可以在条料两侧并列布置，也可以对角布置，对角布置能够保证料尾的充分利用。

5. 导正销

使用导正销的目的是消除送进导向和送料定距或定位板等粗定位的误差。冲裁中，导正销先进入已冲孔中，导正条料位置，保证孔与外形相对位置公差的要求。导正销主要用于级进模，其特点和适用范围见表 2－34。导正销通常与挡料销配合使用，也可以与侧刃配合使用。

为了使导正销工作可靠，避免折断，导正销的直径一般应大于 2 mm。孔径小于 2 mm 的孔不宜用导正销导正，但可另冲直径大于 2 mm 的工艺孔进行导正。

导正销的头部由圆锥形的导入部分和圆柱形的导正部分组成。导正部分的直径和高度尺寸及公差很重要。导正销的基本尺寸可按下式计算：

$$d=d_{p}-a \qquad (2-39)$$

式中：d——导正销导正部分直径(mm)；

d_{p}——冲孔凸模直径(mm)；

a——导正销与冲孔凸模直径的差值(mm)，可参考表 2－35 选取。

表 2－34　导正销的结构形式

形式	简　图	特点及适用范围
固定式导正销	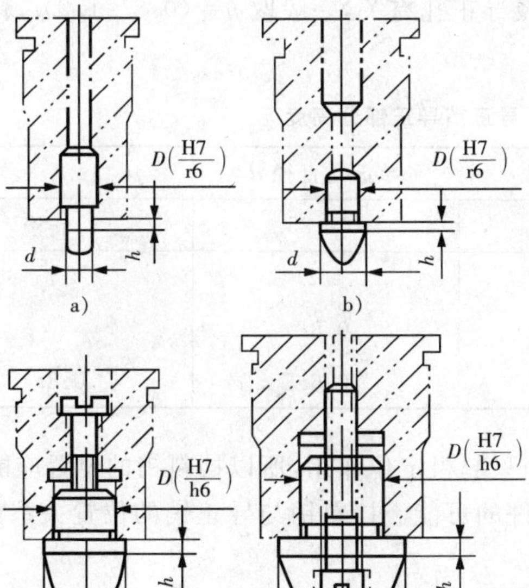 a) $D\left(\frac{H7}{r6}\right)$, d, h b) $D\left(\frac{H7}{r6}\right)$, d, h c) $D\left(\frac{H7}{h6}\right)$, d, h d) $D\left(\frac{H7}{h6}\right)$, d, h	(1)导正销固定在凸模上，与凸模之间不能相对滑动，送料失误时易发生事故； (2)常见于工位少的级进模中。图 a 用于 $d<6$mm 的导正孔；图 b 用于 $d<10$mm；图 c 用于 $d=10\sim30$mm；图 d 用于 $d=20\sim50$mm

（续表）

形式	简　图	特点及适用范围
活动式导正销	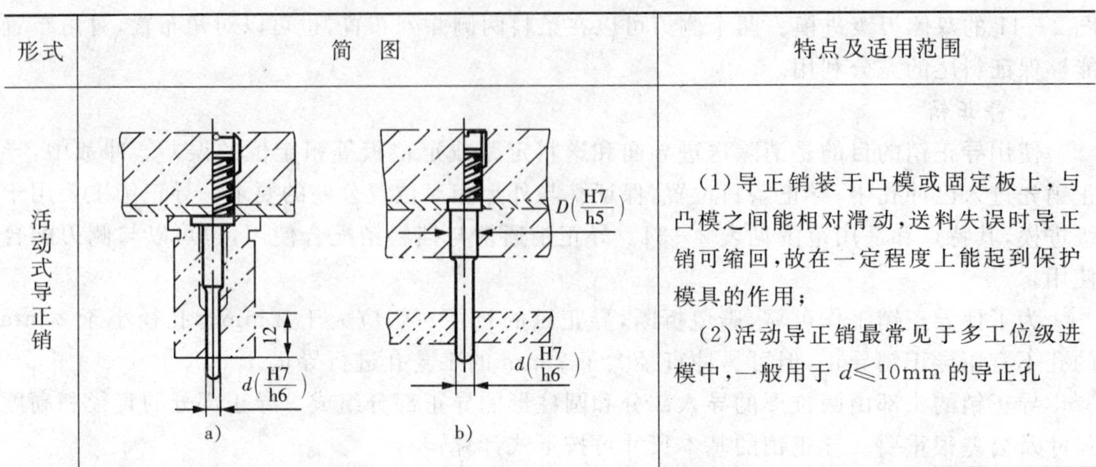	(1)导正销装于凸模或固定板上，与凸模之间能相对滑动，送料失误时导正销可缩回，故在一定程度上能起到保护模具的作用； (2)活动导正销最常见于多工位级进模中，一般用于 $d \leqslant 10$mm 的导正孔

注：导正销导正部分的直径 d 与导正孔之间的配合一般取 H7/h6 或 H7/h7，也可查有关冲压资料。

表 2-35　导正销直径与冲孔凸模直径的差值 a　　(mm)

材料厚度 t	冲孔凸模直径 d_p						
	1.5～6	6～10	10～16	16～24	24～32	32～42	42～60
<1.5	0.04	0.06	0.06	0.08	0.09	0.10	0.12
1.5～3	0.05	0.07	0.08	0.10	0.12	0.14	0.16
3～5	0.06	0.08	0.10	0.12	0.06	0.18	0.20

导正销导正部分的高度 h 与料厚 t 及导正孔有关，一般取 $h=(0.8\sim1.2)t$，料薄时取大值，导正孔大时取大值，也可查表 2-36 。

表 2-36　导正销导正部分高度 h　　(mm)

材料厚度 t	导正孔直径 d		
	1.5～10	10～25	25～50
<1.5	1	1.2	1.5
1.5～3	$0.6t$	$0.8t$	t
3～5	$0.5t$	$0.6t$	$0.8t$

导正销常与挡料销配合使用，挡料销只起粗定位作用，所以挡料销的位置应能保证导正销在导正过程中条料有被前推或后拉少许的可能。挡料销与导正销的位置关系如图 2-66 所示。

按图 2-66a 方式定位时，挡料销与导正销的中心距为

$$s_1 = s - d_p/2 + d/2 + 0.1 \tag{2-40}$$

按图 2-66b 方式定位时，挡料销与导正销的中心距为

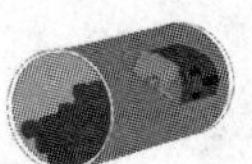

$$s_1{}'=s+d_p/2-d/2-0.1 \quad (2-41)$$

式中：s_1、$s_1{}'$——挡料销与导正销的中心距(mm)；

s——送料进距(mm)；

d_p——落料凸模直径(mm)；

d——挡料销头部直径(mm)。

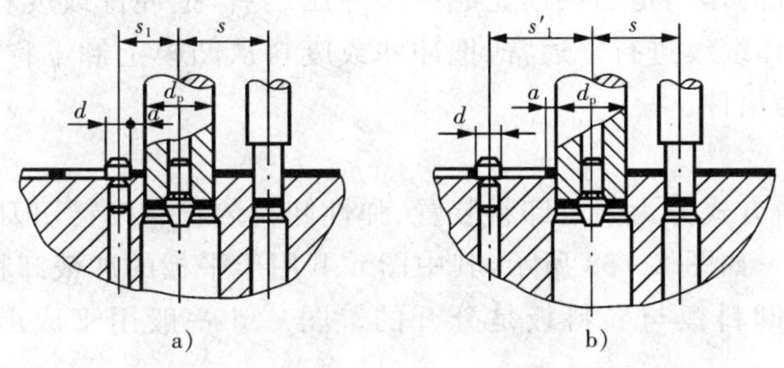

图 2-66 挡料销与导正销的位置关系

6. 定位板和定位销

定位板和定位销是作为单个坯料或工序件的定位用。其定位方式有两种：外缘定位和内孔定位。如图 2-67 所示。

定位方式是根据坯料或工序件的形状复杂性、尺寸大小和冲压工序性质等具体情况决定。外形比较简单的冲件一般可采用外缘定位，如图 2-67a；外轮廓较复杂的一般可采用内孔定位，如图 2-67b。定位板厚度或定位销高度见表 2-37。

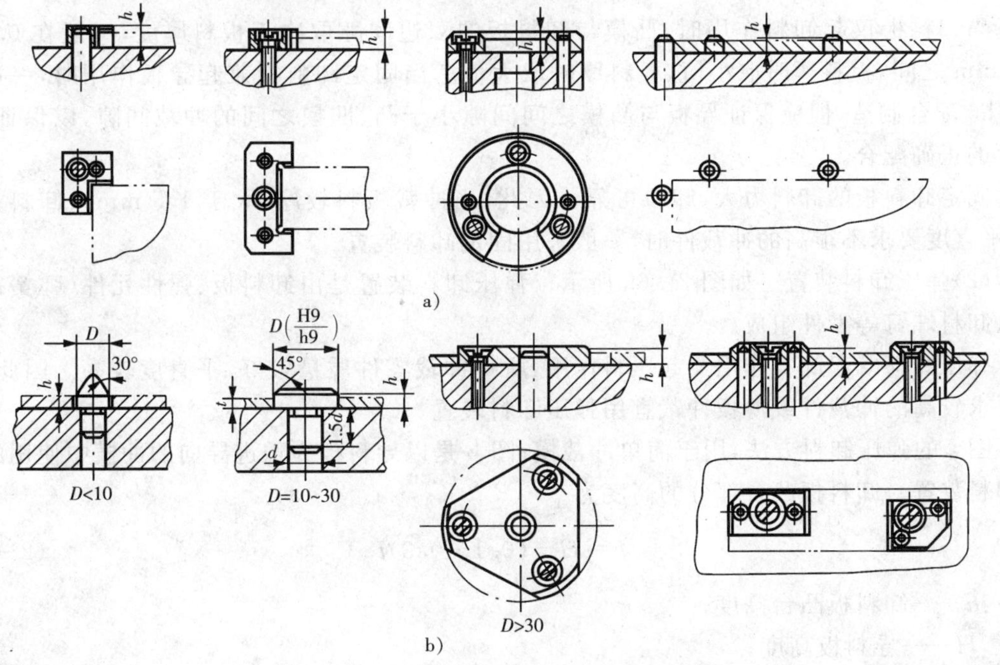

图 2-67 定位板和定位销的结构形式

表 2-37　定位板厚度或定位销高度　(mm)

定位板厚度 t	<1	>1～3	>3～5
定位销厚度 h	$t+2$	$t+1$	1

三、卸料与出件装置

卸料与出件装置的作用是当冲模完成一次冲压之后，把冲件或废料从模具工作零件上卸下来，以便冲压工作继续进行。通常，把冲件或废料从凸模上卸下称为卸料，把冲件或废料从凹模中卸下称为出件。

1. 卸料装置

卸料装置按卸料方式分为固定卸料装置、弹性卸料装置和废料切刀三种。

(1)固定卸料板　如图 2-68 所示，其中图 a、b 用于平板的冲裁卸料。图 a 卸料板与导料板为一整体；图 b 卸料板与导料板是分开的。图 c、d 一般用于成形后的工序件的冲裁卸料。

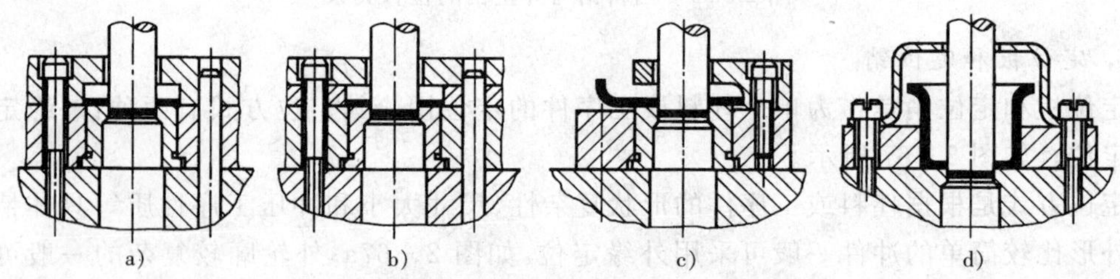

图 2-68　固定卸料装置

当卸料板仅起卸料作用时，凸模与卸料板的双边间隙取决于板料厚度，一般在 0.2～0.5 mm 之间，板料薄时取小值，板料厚时取大值。当固定卸料板兼起导板作用时，一般按 H7/h6 配合制造，但应保证导板与凸模之间间隙小于凸、凹模之间的冲裁间隙，以保证凸、凹模的正确配合。

固定卸料板的卸料力大，卸料可靠。因此，当冲裁板料较厚(大于 1.5 mm)、卸料力较大、平直度要求不很高的冲裁件时，一般采用固定卸料装置。

(2)弹压卸料装置　如图 2-69 所示。弹压卸料装置是由卸料板、弹性元件(弹簧或橡胶)、卸料螺钉等零件组成。

弹压卸料既起卸料作用又起压料作用，所得冲裁零件质量较好，平直度较高。因此，质量要求较高的冲裁件或薄板冲裁宜用弹压卸料装置。

图 a 的弹压卸料方法，用于简单冲裁模；图 b 是以导料板为送进导向的冲模中使用的弹压卸料装置。卸料板凸台部分的高度为

$$h=H-(0.1\sim0.3)t \tag{2-42}$$

式中：h——卸料板凸台高度；

H——导料板高度；

t——板料厚度。

图 c、e 属倒装式模具的弹压卸料装置，但后者的弹性元件装在下模座之下，卸料力大小

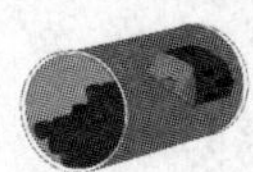

容易调节。

图 d 是以弹压卸料板作为细长小凸模的导向，卸料板本身又以两个以上的小导柱导向，以免弹压卸料板产生水平摆动，从而保护小凸模不被折断。

弹压卸料板与凸模的单边间隙可根据冲裁板料厚度按表 2－38 选用。在级进模中，特别小的冲孔凸模与卸料板的单边间隙可将表列数值适当加大。当卸料板起导向作用时，卸料板与凸模按 H7/h6 配合制造，但其间隙应比凸、凹模间隙小，此时凸模与固定板以 H7/h6 或 H8/h7 配合。此外，在模具开启状态，卸料板应高出模具工作零件刃口 0.3～0.5 mm，以便顺利卸料。

卸料螺钉一般采用标准的阶梯形螺钉，其数量按卸料板形状与大小确定：卸料板为圆形时常用 3～4 个，为矩形时一般用 4～6 个。卸料螺钉的直径根据模具大小可选 8～12 mm，各卸料螺钉的长度应一致，以保证装配后卸料板水平和均匀卸料。

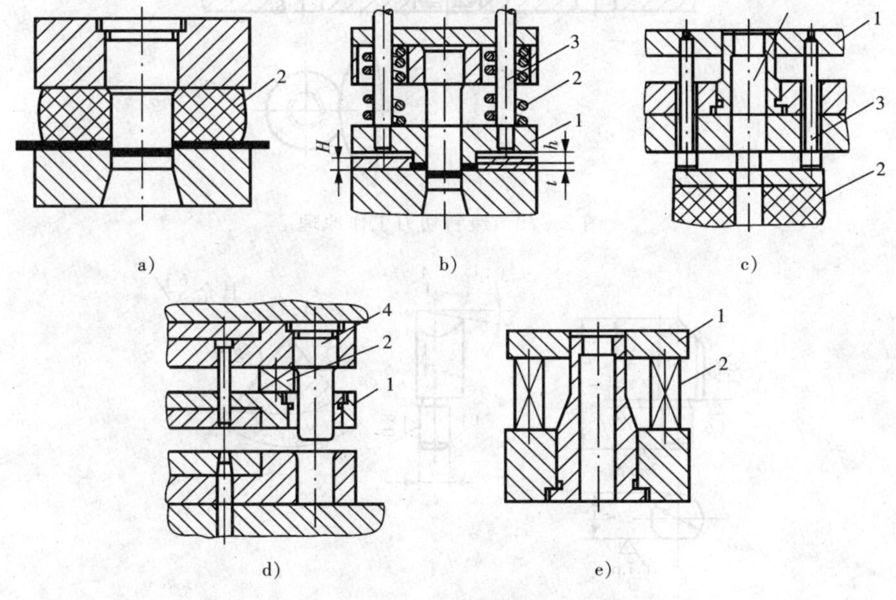

图 2－69　弹压卸料装置

1—卸料板　2—弹性元件　3—卸料螺钉　4—小导柱

表 2－38　弹压卸料板与凸模间隙值　(mm)

材料厚度 t	＜0.5	0.5～1	＞1
单边间隙 Z	0.05	0.1	0.15

(3)废料切刀　对于落料或成形件的切边，如果冲件尺寸大，卸料力大，往往采用废料切刀代替卸料板，将废料切开而卸料。如图 2－70 所示，当凹模向下切边时，同时把已切下的废料压向废料切刀上，从而将其切开。对于冲裁形状简单的冲裁模，一般设两个废料切刀；冲件形状复杂的冲裁模，可以用弹压卸料板加废料切刀进行卸料。

图 2－71 为国家标准中的废料切刀的结构。图 2－71a 为圆废料切刀，用于小型模具和切薄板废料；图 2－71b 为方形废料切刀，用于大型模具和切厚板废料。废料切刀的刃口长度应比废料宽度大些，刃口比凸模刃口低，其值 h 大约为板料厚度的 2.5～4 倍，并且不小于

2 mm，见图 2-70。

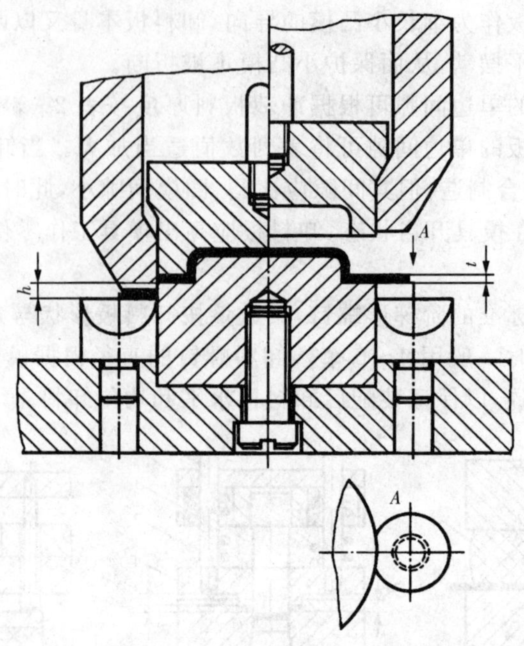

图 2-70　废料切刀工作原理

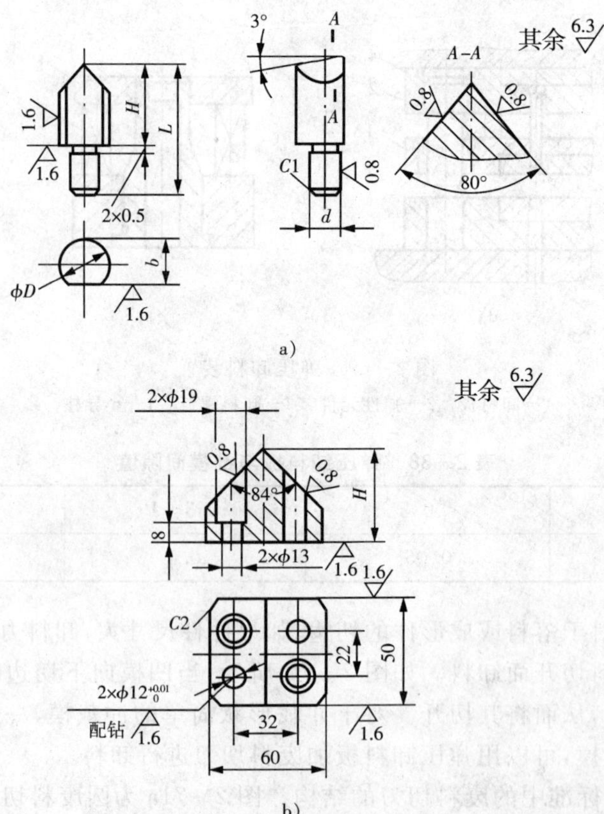

图 2-71　废料切刀结构

2. 出件装置

出件装置的作用是从凹模内卸下冲件或废料。为了便于学习，把装在上模内的出件装置称为推件装置，装在下模内的称为顶件装置。

(1)推件装置　推件装置主要有刚性推件装置和弹性推件装置两种。一般刚性的用得较多，它由打杆、推板、内打杆和推件块组成，如图 2-72a 所示。有的刚性推件装置不需要推板和连接推杆组成中间传递结构，而由打杆直接推动推件块，甚至直接由打杆推动，如图 2-72b 所示。其工作原理是在冲压结束后上模回程时，利用压力机滑块上的打料杆，撞击上模内的打杆与推件板(块)，将凹模内的工件推出，其推件力大，工作可靠。

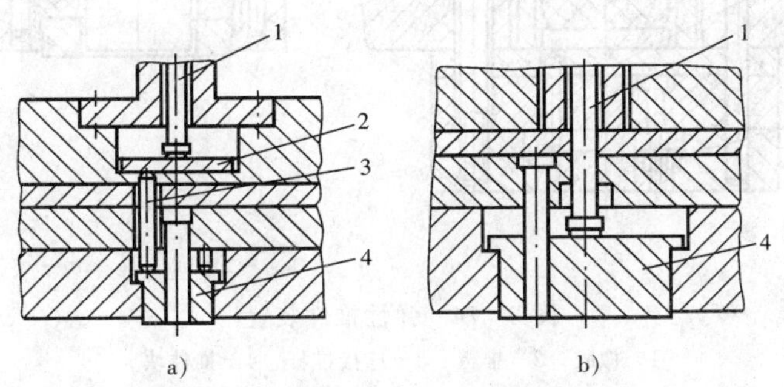

图 2-72　刚性推件装置

1—打杆　2—推板　3—内打杆　4—推件块

内打杆需要 2～4 根且分布均匀、长短一致。推板要有足够的刚度，其平面形状尺寸只要能够覆盖到内打杆，不必设计的太大，以使安装推板的孔不至太大。图 2-73 为标准推板的结构，设计时可根据实际需要选用。

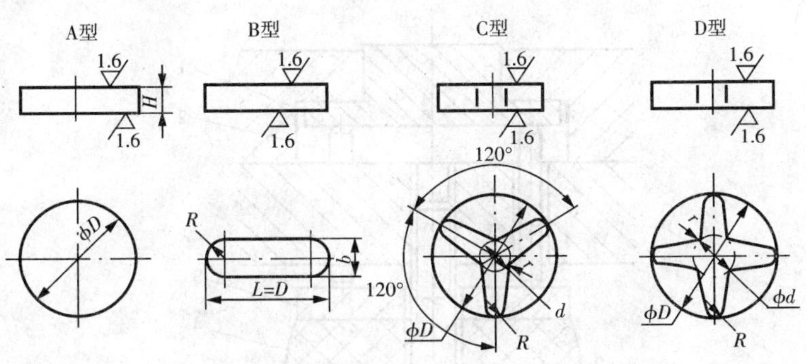

图 2-73　推板

弹性推件装置其弹力来源于弹性元件，它同时兼起压料和卸料作用，如图 2-74 所示。尽管出件力不大，但出件平稳无撞击，冲件质量较高，多用于冲压大型薄板以及工件精度要求较高的模具。

(2)顶件装置　顶件装置一般是弹性的。其基本组成有顶杆、顶件块和装在下模底下的弹顶器，弹顶器可以做成通用的，其弹性元件是弹簧或橡胶，如图 2-75 所示。这种结构的顶件力容易调节，工作可靠，冲件平直度较高。

推件块或顶件块在冲裁过程中是在凹模中运动的零件，对它有如下要求：模具处于闭合

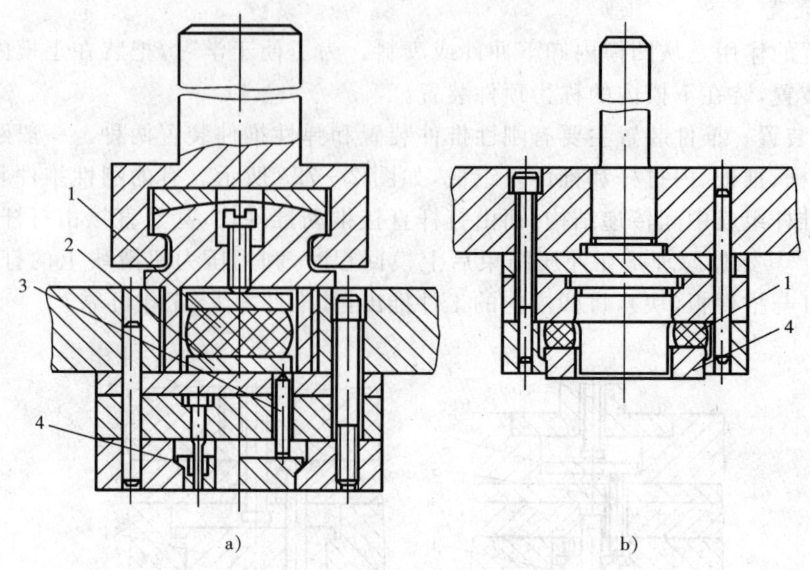

图 2-74　弹性推件装置

1—橡胶　2—推板　3—连接推杆　4—推件块

状态时，其背后有一定空间，以备修磨和调整的需要；模具处于开启状态时，必须顺利复位，工作面高出凹模平面，以便继续冲裁；它与凹模和凸模 的配合应保证顺利滑动，不发生互相干涉。为此，推件块和顶件块与凹模为间隙配合，其外形尺寸一般按公差与配合国家标准h8 制造，也可以根据板料厚度取适当间隙。推件块和顶件块与凸模的配合一般呈较松的间隙配合，也可以根据板料厚度取适当间隙。

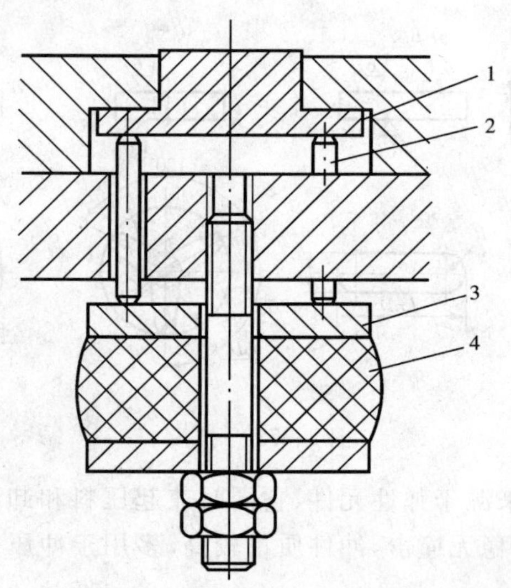

图 2-75　弹性顶件装置

1—顶件块　2—顶杆　3—托板　4—橡胶

3. 弹簧和橡皮的选用

弹簧和橡皮是模具中广泛应用的弹性元件，主要为弹性卸料、压料及顶件装置提供作用力和行程。

(1)弹簧的选用与计算　弹簧属标准件,在模具中应用最多的是圆柱螺旋压缩弹簧和矩形、碟形弹簧。

① 弹簧选择原则:

a. 为保证卸料正常工作,在非工作状态下,弹簧应该预压,其预压力 F_y 应大于等于单个弹簧承受的卸料力,即

$$F_y \geqslant F_x / n \tag{2-43}$$

式中:F_y——弹簧的预压力(N);

F_x——卸料力(N);

n——弹簧数量。

b. 弹簧的极限压缩量应大于或等于弹簧工作时的总压缩量,即

$$h_j \geqslant h = h_y + h_x + h_m \tag{2-44}$$

式中:h_j——弹簧的极限压缩量(mm);

h——弹簧工作时的总压缩量(mm);

h_y——弹簧在预压力作用下产生的预压量(mm);

h_x——卸料板的工作行程(mm);

h_m——凸模或凸凹模的刃磨量(mm),通常取 $h_m = 4 \sim 10$ mm。

c. 选用的弹簧能够合理地布置在模具的相应空间。

② 卸料弹簧选用与计算步骤:

a. 根据卸料力和模具安装弹簧的空间大小,初定弹簧数量 n,计算每个弹簧应产生的预压力 F_y。

b. 根据预压力和模具结构预选弹簧规格,选择时应使弹簧的极限工作压力 F_j 大于预压力 F_y,初选时一般可取 $F_j = (1.5 \sim 2) F_y$。

c. 计算预选弹簧在预压力作用下的预压量 h_y 是

$$h_y = F_y \cdot h_j / F_j \tag{2-45}$$

d. 校核弹簧的极限压缩量是否大于实际工作的总压缩量,即 $h_j \geqslant h$。如不满足,则必须重选弹簧规格,直至满足为止。

e. 列出所选弹簧的主要参数包括 d(钢丝直径)、D_2(弹簧中径)、t(节距)、h_0(自由度)、n(圈数)、F_j(弹簧的极限工作压力)、h_j(弹簧的极限压缩量)。

【例 2-4】　某冲模冲裁的板料厚度 $t = 0.6$ mm,经计算卸料力 $F_x = 1350$ N,若采用弹性卸料装置,试选用和计算卸料弹簧。

解:(1)假设考虑了模具结构,初定弹簧的个数 $n = 4$,则每个弹簧的预压力为

$$F_y = F_x / n = 1350/4 \approx 338 \text{ N}$$

(2)初选弹簧规格。按 $2F_y$ 估算弹簧的极限工作压力为

$$F_j = 2F_y = 2 \times 338 = 676 \text{ N}$$

查标准 GB/T2089－1994，初选规格为 $d\times D_2\times h_0=4\times 22\times 60$，$F_j=670$ N，$h_j=20.9$ mm。

(3)计算所选弹簧的预压量为

$$h_y=F_y\cdot h_j/F_j=338\times 20.9/670\approx 10.5\ \text{mm}$$

(4)校核所选弹簧是否合适。卸料板工作行程 $h_x=0.6+1=1.6$ mm，取凸模刃磨量 $h_m=6$ mm，则弹簧工作时的总压缩量为

$$h=h_y+h_x+h_m=10.5+1.6+6=18.1\ \text{mm}$$

因为 $h<h_j=20.9$，故所选弹簧合适。

(5)所选弹簧的主要参数，$d=4$ mm，$D_2=22$ mm，$t=7.12$ mm，$n=7.5$ 圈，$h_0=60$ mm，$F_j=670$ N，$h_j=20.9$ mm。弹簧的标记为 4×22×60GB/T2089－1994 弹簧。弹簧的安装高度为 $h_a=h_0-h_y=60-10.5=49.5$ mm。

(2)橡胶的选用与计算　由于橡胶允许承受的载荷较大，安装调整灵活方便，因而是冲裁模中常用的弹性元件。冲裁模中用于卸料的橡胶有合成橡胶和聚氨酯橡胶，其中聚氨酯的性能比合成橡胶优异，是常用的卸料弹性元件。模具标准中还专门规定了聚氨酯橡胶的规格与尺寸(JB/T7650.9－1994)，选用很方便。

① 卸料橡胶选择的原则：

a. 为保证卸料正常工作，应使橡胶的预压力 F_y 大于或等于卸料力 F_x，即

$$F_y\geqslant F_x \tag{2-46}$$

橡胶的压力与压缩量之间不是线性关系，其特性曲线如图 2－76 所示。橡胶压缩时产生的压力按下式计算：

$$F=pA \tag{2-47}$$

式中：A——橡胶的横截面积(与卸料板贴合的面积，mm²)；

p——橡胶的单位压力(MPa)，其值与橡胶的压缩量、形状及尺寸大小有关，可由图 2－76所示的橡胶特性曲线或从表 2－39 中选取。

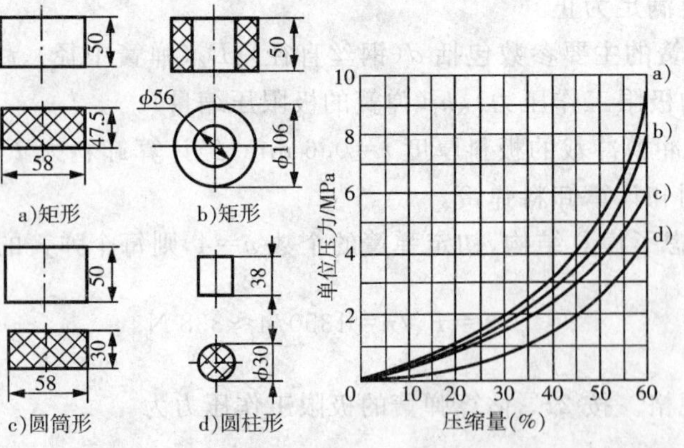

图 2－76　合成橡胶压缩特性曲线

表 2-39　橡胶压缩量与单位压力

压缩量(%)		10	15	20	25	30	35
单位压力 p /MPa	聚氨酯橡胶	1.1		2.5		4.2	5.6
	合成橡胶	0.26	0.50	0.74	1.06	1.52	2.10

b. 橡胶极限压缩量应大于或等于橡胶工作时的总压缩量，即

$$h_j \geqslant h = h_y + h_x + h_m$$

式中：h_j——橡胶的极限压缩量(mm)，为了保证橡胶不过早失效，一般合成橡胶取 $h_j=(0.35\sim0.45)h_0$，聚氨酯橡胶取 $0.35h_0$，h_0为橡胶的自由高度；

h——橡胶工作时的总压缩量(mm)；

h_y——橡胶的预压量(mm)，一般合成橡胶取 $h_y=(0.1\sim0.15)h_0$，聚氨酯橡胶取 $h_y=0.1h_0$；

h_x——卸料板的工作行程(mm)，一般取 $h_x=t+1$，t 为板料厚度；

h_m——凸模或凸凹模的刃模量，一般取 $h_m=4\sim10$ mm。

c. 橡胶的高度 h_0与外径 D 之比应满足条件

$$0.5 \leqslant h_0/D \leqslant 1.5 \tag{2-48}$$

② 橡胶选用与计算步骤：

a. 根据模具结构确定橡胶的形状与数量 n。

b. 确定每块橡胶所承受的预压力 $F_y=F_x/n$。

c. 确定橡胶的横截面积及截面尺寸。

d. 计算并校核橡胶的自由高度 h_0，橡胶的自由高度可按下式计算：

$$h_0=\frac{h_x+h_m}{0.25\sim0.3} \tag{2-49}$$

橡胶自由高度的校核式为 $0.5\leqslant h_0/D\leqslant1.5$。若 $h_0/D>1.5$，则可将橡胶分成若干层，并在层间垫以钢垫片；若 $h_0/D<1.5$，则应重新确定其尺寸。

【例 2-5】 如果例 2-4 中将卸料弹簧改用聚氨酯橡胶，试确定橡胶的尺寸。

解：(1)假设考虑了模具结构，选用 4 个圆筒形的聚氨酯橡胶，则每个橡胶所承受的预压力为

$$F_y=F_x/n=1350/4\approx338\ \text{N}$$

(2)确定橡胶的横截面积 A。取 $h_y=10\%\ h_0=0.1\ h_0$，查表 2-39 得 $p=1.1$MPa，则

$$A=F_y/p=338/1.1\approx307\ \text{mm}^2$$

(3)确定橡胶的截面尺寸。假设选用直径为 8 mm 的卸料螺钉，取橡胶上螺钉过孔的直径 $d=10$ mm，则橡胶外径 D 根据

$$\pi(D^2-d^2)/4=A$$

求得

$$D=\sqrt{d^2+4A/\pi}$$

$$=\sqrt{100+4\times307/3.14}$$

$$\approx22\ \text{mm}$$

为了保证足够卸料力，可取 $D=25$ mm。

(4)计算并校核橡胶的自由高度 h_0。

$$h_0=\frac{h_x+h_m}{0.25\sim0.3}=\frac{0.6+1+6}{0.25}=30\ \text{mm}$$

因为 $h_0/D=30/25=1.2$，故所选橡胶符合要求。橡胶的安装高度 $h_a=h_0-h_y=30-0.1\times30=27$ mm。

四、模架及其零件

1. 模架

根据标准规定，模架主要有两大类：一类是由上模座、下模座、导柱、导套组成的导柱模模架；另一类是由弹压导板、下模座、导柱、导套组成的导板模模架。模架及其组成零件已经标准化，并对其规定了一定的技术条件。

(1)导柱模模架　导柱模模架按导向结构形式分为滑动导向和滚动导向两种。滑动导向模架的精度等级分为Ⅰ级和Ⅱ级，滚动导向模架的精度等级分为0Ⅰ级和0Ⅱ级。各级对导柱、导套的配合精度、上模座上平面对下模座下平面的平行度、导柱轴心线对下模座下平面的垂直度等都规定了一定的公差等级。这些技术条件保证了整个模架具有一定的精度，也是保证冲裁间隙均匀性的前提。

滑动导向模架中导柱与导套通过小间隙或无间隙滑动配合，因导柱、导套结构简单，加工与装配方便，故应用最广泛。滑动导向模架的结构形式有6种，如图2-77所示。

滚动导向模架在导柱和导套间装有保持架和钢球。导柱通过滚珠与导套实现有微量过盈的无间隙配合(一般过盈量为0.01～0.02 mm)，导向精度高，使用寿命长，但结构较复杂，制造成本高，主要用于高精度、高寿命的硬质合金模，薄材料的冲裁模以及高速精密级进模。滚动导向模架有4种，如图2-78所示。

对角导柱模架、中间导柱模架和四导柱模架的共同特点是导向零件都是安装在模具的对称线上，滑动平稳，导向准确可靠。不同的是，对角导柱模架工作面的横向(左右方向)尺寸一般大于纵向(前后方向)尺寸，故常用于横向送料的级进模、纵向送料的复合模或单工序模；中间导柱模架只能纵向送料，一般用于复合模或单工序模；四导柱模架常用于精度要求较高或较大冲件的冲压及大批量生产用的自动模。

后侧导柱模架的特点是导向装置在后侧，横向和纵向送料都比较方便，但如有偏心载荷，压力机导向又不精确，就会造成上模偏斜，导向零件和凸、凹模都易磨损，从而影响模具寿命，一般用于较小的冲模。

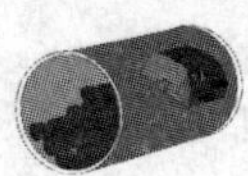

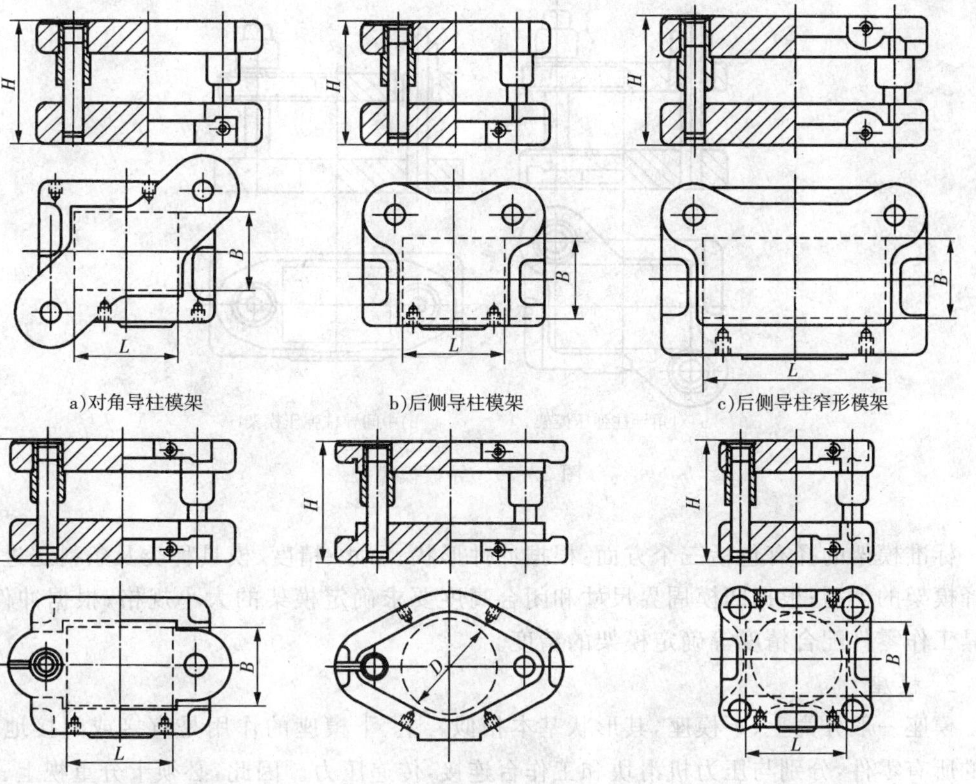

a)对角导柱模架　b)后侧导柱模架　c)后侧导柱窄形模架

d)中间导柱模架　e) 中间导柱圆形模架　f)四角导柱模架

图 2 - 77　滑动导向模模架

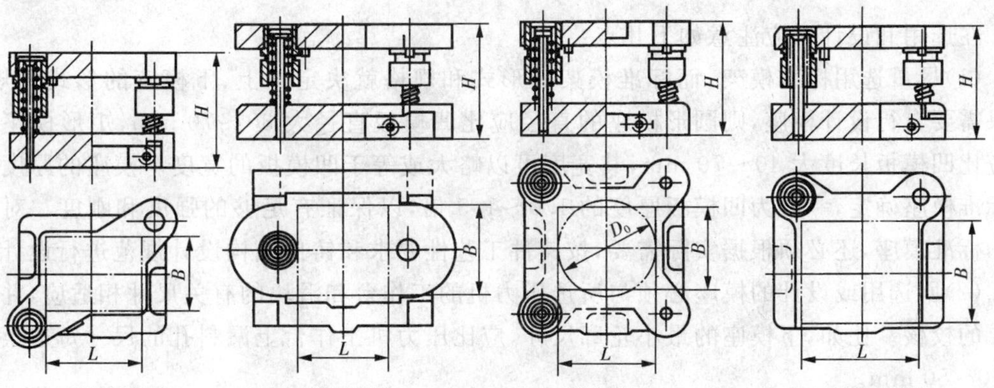

a)对角导柱模架　b)中间导柱模架　c)四导柱模架　d)后侧导柱模架

图 2 - 78　滚动导向模模架

(2)导板模模架　导板模模架有两种结构形式，如图 2 - 79 所示。导板模模架的特点是：弹压导板对凸模起导向作用，并与下模座以导柱、导套为导向构成整体结构；凸模与固定板是间隙配合而不是过渡配合，因而凸模在固定板中有一定的浮动量，这样的结构形式可以起保护凸模的作用。因而导板模模架一般用于带有细小凸模的级进模。

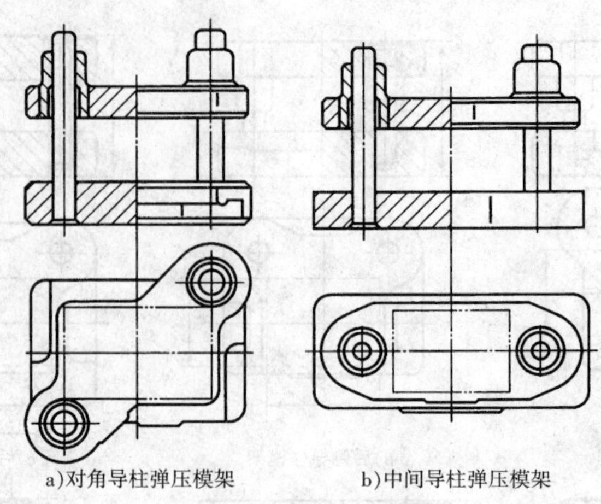

图 2-79　导板模模架

标准模架的择有包括三个方面：根据冲件形状、尺寸、精度、模具种类及条料送进方向等选择模架的类型；根据凹模周界尺寸和闭合高度要求确定模架的大小规格；根据冲件精度、模具工作零件配合精度等确定模架的精度。

2. 模座

模座一般分为上、下模座，其形状基本相似。上、下模座的作用是直接或间接地安装冲模的所有零件，分别与压力机滑块和工作台连接，传递压力。因此，必须十分重视上、下模座的强度和刚度。模座因强度不足会产生破坏；如果刚度不足，工作时会产生较大的弹性变形，导致模具的工作零件和导向零件迅速磨损，这是常见的却又往往不为人们所重视的现象。

在选用和设计时应注意如下几点：

(1)尽量选用标准模架，而标准模架的形式和规格就决定了上、下模座的形式和规格。如果需要自行设计模座，则圆形模座的直径应比凹模板直径大 30～70 mm，矩形模座的长度应比凹模板长度大 40～70 mm，其宽度可以略大或等于凹模板的宽度。模座的厚度可参照标准模座确定，一般为凹模板厚度的 1.0～1.5 倍，以保证有足够的强度和刚度。对于大型非标准模座，还必须根据实际需要，按铸件工艺性要求和铸件结构设计规范进行设计。

(2)所选用或设计的模座必须与所选压力机的工作台和滑块的有关尺寸相适应，并进行必要的校核。比如，下模座的最小轮廓尺寸，应比压力机工作台上漏料孔的尺寸每边至少要大 40～50 mm。

(3)模座材料一般选用 HT200、HT250，也可选用 Q235、Q255 结构钢，对于大型精密模具的模座选用铸钢 ZG35、ZG45。

(4)上、下模座的导柱与导套安装孔的位置尺寸必须一致，其孔距公差要求在±0.01 mm以下。模座上、下面的平行度，导柱导套安装孔与模座上、下面的垂直度等要求应符合《冲模模架零件技术条件》的有关规定。

(5)模座的上、下表面粗糙度为 R_a1.6 ～0.8 μm，在保证平行度的前提下，可允许降低为 R_a3.2～1.6 μm。

3. 导向零件

导向零件是用来保证上模相对于下模的正确运动。对生产批量较大、零件公差要求较高、寿命要求较长的模具，一般都采用导向装置。模具中应用最广泛的是导柱和导套。

图 2-80 是标准的导柱结构。A 型和 B 型导柱结构较简单，但与模座为过盈配合（H7/r6），装拆麻烦；A 型和 B 型可卸导柱通过锥面与衬套配合并用螺钉和垫圈紧固，衬套再与模座以过渡配合（H7/m6）并用压板和螺钉紧固，其结构较复杂，制造麻烦，但导柱磨损后可及时更换，便于模具维护和刃磨。为了使导柱顺利地进入导套，导柱的顶部一般均以圆弧过渡或以 30°锥面过渡。

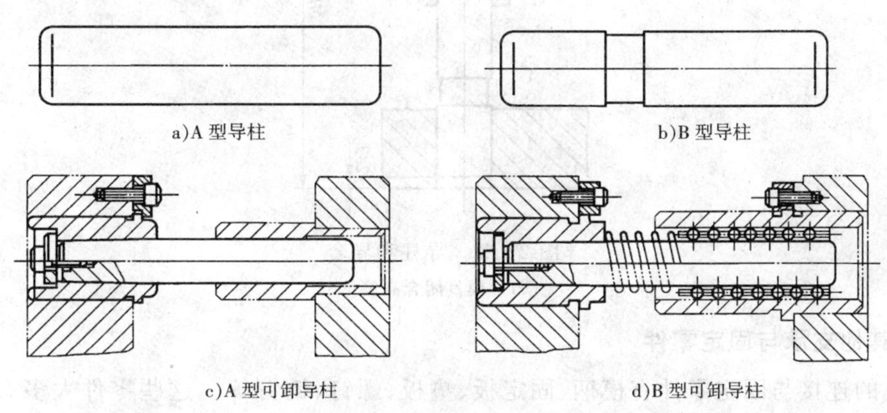

图 2-80　导柱形式

图 2-81 是标准的导套结构形式。其中 A 型和 B 型导套与模座为过盈配合（H7/r6），与导柱配合的内孔开有储油环槽，以便储油润滑，扩大的内孔是为了避免导套与模座过盈配合时孔径缩小而影响导柱与导套的配合；C 型导套与模座也用过渡配合（H7/m6）并用压板与螺钉紧固，磨损后便于更换或维修。

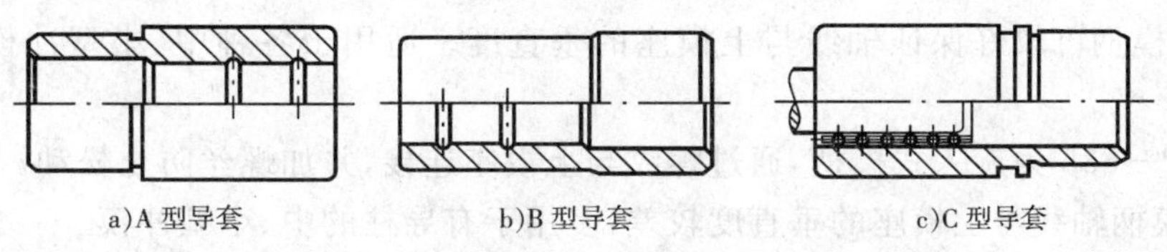

图 2-81　导套形式

A 型导柱、B 型导柱、A 型可卸导柱一般与 A 型或 B 型导套配套用于滑动导向，导柱与导套按 H7/h6 或 H7/h5 配合，但应注意使其配合间隙小于冲裁间隙。B 型可卸导柱的公差和表面粗糙度 R_a 值较小，一般与 C 型导套配套用于滚动导向，导柱与导套之间通过滚珠实现有微量过盈的无间隙配合，切滑动摩擦磨损较小，因而是一种精度高、寿命长的精密导向装置。在滚动导向装置中，滚珠用保持器隔离而均匀排列，并用弹簧托起使之保持在导柱导套相配合的部位，工作时导柱与导套之间不允许脱离。

导柱、导套的尺寸规格根据所选标准模架和模具实际闭合高度确定，但还应符合图 2-82 要求，并保证有足够的导向长度。

导柱、导套一般选用 20 钢制造。为了增加表面硬度和耐磨性，应进行表面渗碳处理，渗碳后的淬火硬度为 58～62HRC。

导板导向装置分为固定导板导向和弹压导板导向两种,导板的结构已标准化。

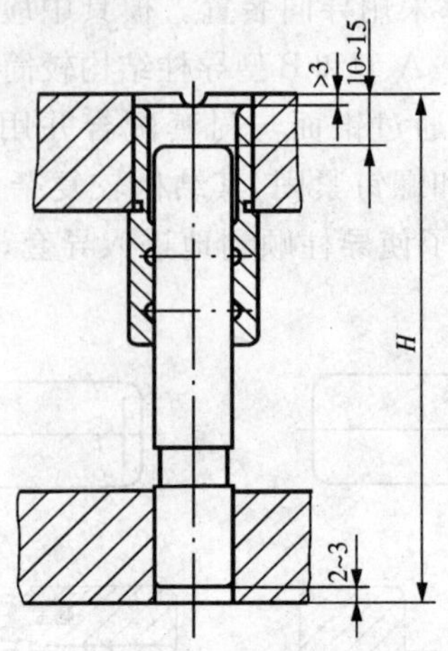

图 2-82　导柱和导套

H—模具闭合高度

五、其他支承与固定零件

模具的连接与固定零件有模柄、固定板、垫板、螺钉、销钉等。这些零件大多有标准,设计时可按标准选用。

1. 模柄

中、小型模具一般是通过模柄将上模固定在压力机滑块上。模柄是作为上模与压力机滑块连接的零件,对它的基本要求是:一要与压力机滑块上的模柄孔正确配合,安装可靠;二要与上模正确而可靠连接。标准的模柄结构形式如图 2-83 所示。

(1)图 2-83a 为压入式模柄,它与模座孔采用过渡配合 H7/m6、H7/h6,并加销钉以防转动。这种模柄可较好保证轴线与上模座的垂直度。适用于各种中、小型冲模,生产中最常见。

(2)图 2-83b 为旋入式模柄,通过螺纹与上模座连接,并加螺丝防止松动。这种模具拆装方便,但模柄轴线与上模座的垂直度较差,多用于有导柱的中、小型冲模。

(3)图 2-83c 为凸缘模柄,用 3～4 个螺钉紧固于上模座,模柄的凸缘与上模座的窝孔采用 H7/js6 过渡配合。多用于较大型的模具。

(4)图 2-83d、e 为槽型模柄和通用模柄,均用于直接固定凸模,也可称为带模座的模柄,主要用于简单模中,更换凸模方便。

(5)图 2-83f 为浮动模柄,主要特点是压力机的压力通过凹球面模柄和凸球面垫块传递到上模,以消除压力机导向误差对模具导向精度的影响。主要用于硬质合金模等精密模具。

(6)图 2-83g 为推入式活动模柄,压力机压力通过模柄接头、凹球面垫块和活动模柄传递到上模,它也是一种浮动模柄。因模柄单面开通(呈 U 形),所以使用时,导柱导套不易脱离。它主要用于精密模具。

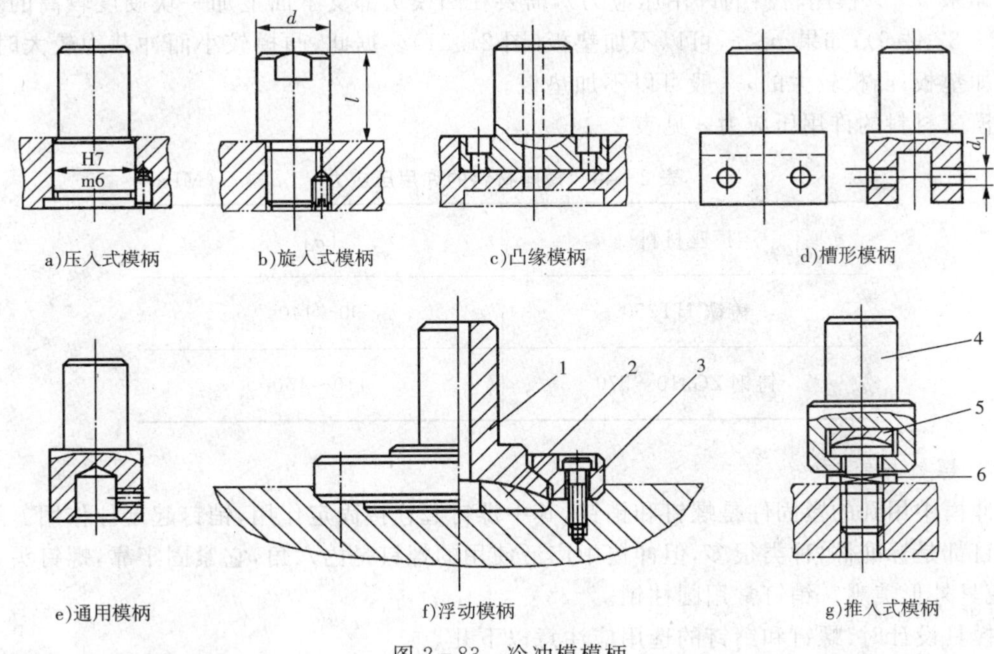

图 2-83　冷冲模模柄

1—凹球面模柄　2—凸球面垫块　3—压板　4—模柄接头　5—凹球面垫块　6—弹簧

选择模柄时，先根据模具大小、上模结构、模架类型及精度等确定模柄的结构类型，再根据压力机滑块上模柄孔确定尺寸的规格。一般模柄直径应与模柄孔直径相等，模柄长度比模柄孔深度小 5～10 mm。

模柄材料通常采用 Q235 或 Q275、45 钢，其支撑面应垂直于模柄的轴线（垂直度不应超过 0.02 : 100）

2. 固定板

将凸模或凹模按一定相对位置压入固定后，作为一个整体安装在上模座或下模座上。模具中最常见的是凸模固定板，固定板分为圆形固定板和矩型固定板两种，主要用于固定小型的凸模和凹模。

凸模固定板的厚度一般取凹模厚度的 0.6～0.8 倍，其平面尺寸可与凹模、卸料板外形尺寸相同，但还应考虑紧固螺钉及销钉的位置。固定板的凸模安装孔与凸模采用过渡配合 H7/m6、H7/n6，压装后将凸模端面与固定板一起磨平。固定板材料一般采用 Q235 或 45 钢。

3. 垫板

垫板的作用是直接承受凸模的压力，以降低模座所受的单位压力，防止模座被局部压陷，从而影响凸模的正常工作。是否需要用垫板，可按下式校核：

$$p=F/A \tag{2-50}$$

式中：p——凸模头部端面对模座的单位压力（N/mm^2）；

F——凸模承受的总压力（N）；

A——凸模头部端面支承面积（mm^2）。

如果 $p>\sigma$(模座材料的许用压应力),需要在凸模头部支承面上加一块硬度较高的垫板(图 2-32 件 6);如果 $p\leqslant\sigma$,可以不加垫板(图 2-31)。据此,凸模较小而冲裁力较大时,一般需加垫板;凸模较大的,一般可以不加垫板。

模座材料的许用压应力 σ 见表 2-40。

表 2-40　模座材料的许用压应力　(MPa)

模座材料	[σ]
铸铁 HT250	90～140
铸钢 ZG310—570	110～150

4. 螺钉与销钉

冲模中用到的紧固件是螺钉和销钉,其中螺钉起连接固定作用,销钉起定位作用。螺钉和销钉都是标准件,种类很多,但冲模中广泛使用的螺钉是内六角,它紧固牢靠,螺钉头不外露,模具外形美观。销钉常用圆柱销。

模具设计时,螺钉和销钉的选用应注意以下几点:

(1)同一组合中,螺钉的数量一般不少于 3 个(被连接件为圆形时用 3～6 个,为矩形时用 4～8 个),并尽量沿被连接件的外缘均匀布置。销钉的数量一般都用 2 个 ,且尽量远距离错开布置,以保证定位可靠。

(2)螺钉和销钉的规格应根据冲压工艺力大小和凹模厚度等条件确定。螺钉规格可参考表 2-41 选用,销钉的公称直径可取与螺钉大径相同或小一个规格。螺钉的旋入深度和销钉的配合都不能太浅,也不能太深,一般可取其公称直径的 1.5～2 倍。

表 2-41　螺钉规格的选用

凹模厚度 H/mm	≤13	13～19	19～25	25～32	>32
螺钉规格	M4、M5	M5、M6	M6、M8	M8、M10	M10、M12

(3)螺钉之间、螺钉与销钉之间的距离,螺钉、销钉距凹模刃口及外边缘的距离,均不应过小,以防降低模板强度,其最小距离可参考表 2-28。

(4)各被联接件的销孔应配作加工,以保证位置精度。销钉与销孔之间采用 H7/m6 或 H7/n6 配合。

六、冲模的标准组合结构

为了便于模具的专业化生产,减少模具设计与制造的工作量,国家标准规定了冲模的组合结构。图 2-84 是冲模典型标准组合结构。各种典型组合结构还细分有不同的形式,以适应冲压加工的实际需要。

每一种组合结构中,零件的数量、规格及其固定方法等都已标准化,设计时根据凹模周界大小选用,并作必要的校核(如闭合高度等)。

选用标准组合结构后,设计和制造冲模时只需根据冲件尺寸和排样方法设计和加工凸

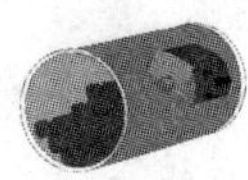

模和凹模孔口、固定板安装孔、卸料板的凸模过孔及模座的漏料孔等。

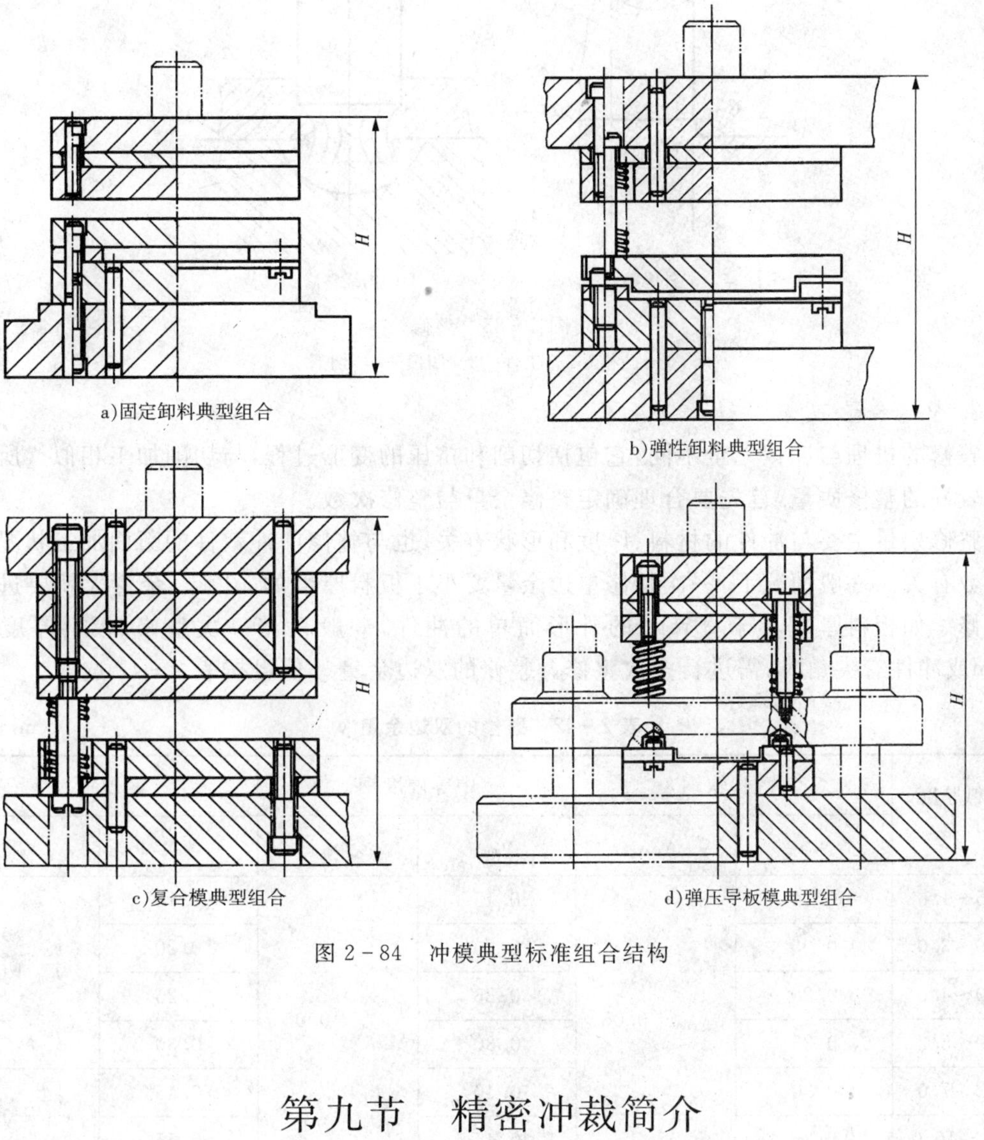

a)固定卸料典型组合

b)弹性卸料典型组合

c)复合模典型组合

d)弹压导板模典型组合

图 2-84　冲模典型标准组合结构

第九节　精密冲裁简介

一、整修

1. 整修原理

整修原理如图 2-85 所示。它是利用整修模将普通冲裁后的半成品件沿其内形或外形切去一层薄薄的金属切屑，以除去普通冲裁时在断面上留下的塌角、毛刺和毛面等缺陷，从而提高冲裁件的尺寸精度和断面质量，尺寸精度可达 IT6～IT7 级，切断面的表面粗糙度可达 $R_a=0.4\sim0.8\ \mu m$。

整修冲裁件的外形称为外缘整修，整修冲裁件的内形称为内缘整修。

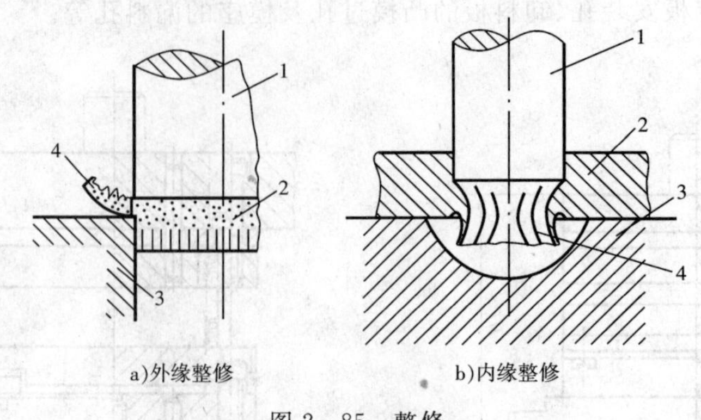

图 2-85 整修

1—凸模 2—工件 3—凹模 4—切屑

2. 整修余量

整修的机理与冲裁完全不同，它包括切削和挤压的变形过程，与切削加工相似。所以要获得较好的整修质量，首先要合理确定整修余量与整修次数。

整修余量主要与冲件的材料、厚度和形状有关，也与整修前冲裁件的断面加工状况及整修次数有关。一般情况下，一次整修单边余量要小于板料厚度的10%。余量大就要进行多次整修。如板料厚度小于 3 mm 的外形简单的冲件，一般只需一次整修；板料厚度大于 3 mm或冲件有尖角时，需进行多次整修。整修的双边余量 y 值可按表 2-42 选取。

表 2-42 整修的双边余量 y (mm)

板料厚度 t/mm	黄铜、软钢		中等硬度钢		硬钢	
	y_{min}	y_{max}	y_{min}	y_{max}	y_{min}	y_{max}
0.5～1.6	0.10	$y_{min}+0.05$	0.15	$y_{min}+0.05$	0.15	$y_{min}+0.1$
1.6～3.0	0.05		0.20		0.20	
3.0～4.0	0.20		0.25		0.25	
4.0～5.2	0.25		0.30		0.30	
5.2～7.0	0.30		0.40		0.45	$y_{min}+0.05$
7.0～10.0	0.35		0.45		0.55	

注：(1)冲件形状简单时选用最小整修余量，冲件形状复杂和有凸缘尖角时选用最大整修余量。

(2)多次整修时，第二次以后的整修选用最小整修余量。

(3)钛合金整修选用最大整修余量或按(0.2～0.3)t 选用。

3. 整修模工作部分尺寸计算

(1)整修前落料或冲孔凸、凹模刃口尺寸计算

落料时：

$$D_p=(D+y)-\delta_p \tag{2-51}$$

$$D_d=(D+y+Z)+\delta_d \tag{2-52}$$

冲孔时
$$d_d=(d-y-Z)+\delta_d \quad (2-53)$$

$$d_p=(d-y)-\delta_p \quad (2-54)$$

式中：D、d——整修后冲件外形与内形尺寸；

D_p、d_p——整修前落料凸模与冲孔凸模尺寸；

D_d、d_d——整修前落料凹模与冲孔凹模尺寸；

y——整修双边余量，见表 2-42；

Z——整修前冲裁凸、凹模间隙；

δ_p、δ_d——整修前凸、凹模制造公差，按普通冲裁确定。

(2)整修凸、凹模刃口尺寸计算

整修凸、凹模刃口尺寸计算方法与普通冲裁模基本相同，可按表 2-43 计算。表中计算公式考虑了整修时工件在通过模具时的弹性变形量。外缘整修时，工件略有增大，但刃口锋利的模具增大数值很小，一般小于 0.005 mm，计算时可以不计入。内缘整修时，孔径回弹变形量大于外缘整修，计算凸模尺寸时应考虑进去。

表 2-43　整修凸、凹模刃口尺寸计算

整修类型 / 刃口尺寸	外缘整修	内缘整修
整修凹模刃口尺寸	$D_d=(D_{max}-0.75\Delta)+\delta_d$	凹模一般只起支承坯料的作用，型孔形状及尺寸可严格要求
整修凸模刃口尺寸	$D_p=(D_{max}-0.75\Delta-Z)-\delta_p$	$d_p=(d_{min}+0.75\Delta+\varepsilon)-\delta_p$

注：D_{max}——外缘整修件的最大极限尺寸；d_{min}——内缘整修件的最小极限尺寸；Δ——整修件的公差；δ_p、δ_d——整修凸、凹模制造公差，一般取 $\Delta/4$；Z——整修间隙，一般取 $Z=0.006\sim0.025$ mm；ε——整修后孔的收缩量，铝是 0.005～0.01 mm，黄铜为 0.007～0.012 mm，软钢为 0.008～0.015 mm。

整修模的基本结构与单个坯料的普通落料或冲孔模相似。但由于整修是精密冲压，整修余量小，因而要求模具定位准确，尤其对内缘整修更是如此。由于整修模冲裁间隙小，因此对模具导向精度要求较高，必要时应采用滚珠导向和浮动模柄，以保证凸、凹模的正常工作。

4. 整修特点及应用场合

与精密冲裁的其他方法相比，整修不需要专用设备，设备规格也小，而且对工件材料的塑性要求不高，因此对于用后述精密冲裁工艺无法保证尺寸公差和断面质量的硬材料，可以通过整修来达到。但整修定位困难，多次整修时模具数量多，生产率低。

除了上述切削方式的整修外，生产中还可以用挤光方法进行整修。外缘挤光凹模如图 2-86a 所示，凸模比凹模尺寸大(0.1～0.2)t(t 为板料厚度)，单边挤光量小于 0.04～0.06 mm，对于内孔，可采用冲孔和挤光同时进行的方法，如图 2-86b 所示，但这种整修工艺一般只适用于塑性较好的软材料。

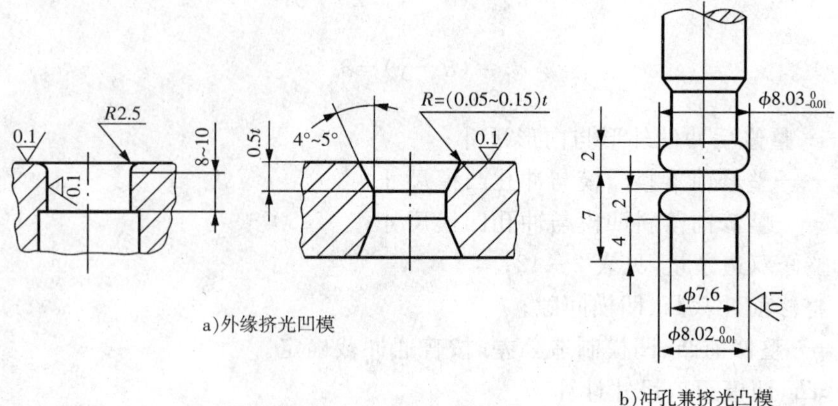

图 2-86　挤光整修模

二、半精密冲裁

半精密冲裁主要指小间隙圆角刃口冲裁(光洁冲裁)和负间隙冲裁。

1. 小间隙圆角刃口冲裁

小间隙圆角刃口冲裁也称光洁冲裁,如图 2-87 所示。它与普通冲裁不同的是,凸、凹模采用了小圆角刃口(圆角半径可取板料厚度的 10%)和小冲裁间隙(可取 0.01～0.02 mm)。落料时,凹模刃口带小圆角,凸模刃口仍保持锋利状态;冲孔时,凸模刃口带小圆角,而凹模刃口保持锋利状态。由于采用小间隙圆角刃口冲裁,加强了冲裁变形区的压应力,起到了抑制裂纹的作用,改变了普通冲裁条件,因而能获得比普通冲裁更好的冲件质量。

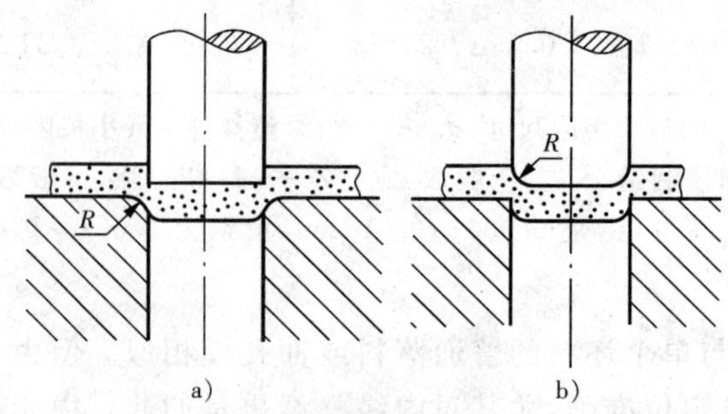

图 2-87　小间隙圆角刃口冲裁

小间隙圆角刃口冲裁适用于塑性较好的材料,如软铝、纯铜、黄铜和低碳钢等,所得冲件尺寸精度为 IT8～IT11 级,冲裁断面的表面粗糙度值可达 $R_a=1.6\sim0.4$ um。此外,冲件从凹模孔口出来后,其尺寸会回弹增大 0.02～0.05 mm,设计凹模工作部分尺寸时要考虑进去。小间隙圆角刃口冲裁工艺方法简单,不需要特殊的设备,但冲裁力约比普通冲裁力大 50%左右。

2. 负间隙冲裁

负间隙冲裁如图 2-88 所示,是指凸模刃口尺寸比凹模大,对于圆形零件,凸模比凹模大(0.1～0.2)t(t 为板料厚度);对于非圆形零件,凸出的角部比内凹的角部差值大(见图 2-89)。同时,凹模刃口也采用小圆角半径,其值可取板料厚度的 5%～10%,而凸模刃口则越

锋利越好。由于是负间隙，冲裁时，凸模的工作端面不能与凹模接触，而应保持 0.1～0.2 mm的距离，这时冲件没有全部挤入凹模，而是借助下一次冲裁将它全部挤入并推出凹模。

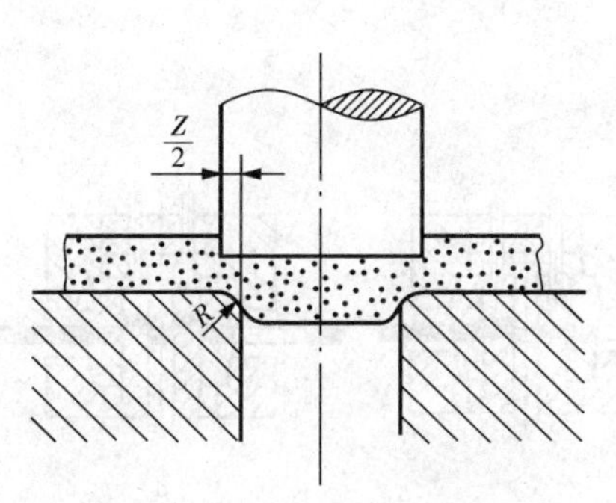

图 2－88　负间隙冲裁

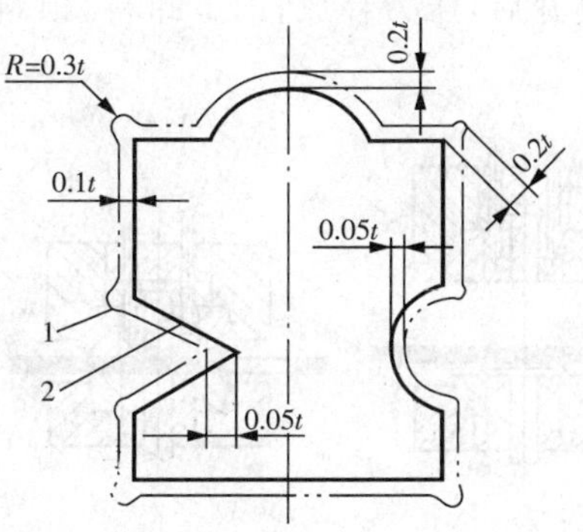

图 2－89　非圆形零件凸模与凹模的差值

1—凸模尺寸　2—凹模尺寸

负间隙冲裁时，在刃口处出现的裂纹方向与普通冲裁方向相反，形成一个倒锥形冲裁断面。凸模继续下压时，将倒锥形冲件从凹模型孔中挤出，相当于整修过程。因此，负间隙冲裁是落料与整修的复合工序。

负间隙冲裁力要比普通冲裁大得多，冲裁铝件时冲裁力为普通冲裁的 1.3～1.6 倍，冲裁黄铜或软钢时则高达 2.25～2.8 倍。同时凹模承受的压力较大，容易引起开裂。因此，必须注意凹模的设计，并采用良好的润滑，以防止材料黏模，延长模具的寿命。

负间隙冲裁所得到的落料件带有挤压的特征，因此冲裁件的断面粗糙度数值低，可达 $R_a=0.4\sim0.8\ \mu m$，尺寸精度可达 IT8～IT11 级，但只适用于塑性好的软材料，如软铝、纯铜、软黄铜、软钢等。负间隙冲裁也不需要特殊的设备。

三、精密冲裁

精密冲裁通常是指带齿圈压料板的精冲方法（俗称带齿压料板精冲法）。如图 2－90 所示，带齿压料板 2 的作用在于限制冲裁时变形区外围的材料随凸模下降而产生的向外扩展，带齿压料板和顶件块 5 的夹持作用，再结合凸、凹模的极小间隙，使板料在冲裁过程中始终保持和冲裁方向垂直，避免了因板料弯曲或翘曲在变形区产生拉应力，提高了变形区材料的静水压力，从而延缓甚至不出现剪裂纹，使板料以塑性变形的方式分离。同时，制造出让凹模（落料）或凸模（冲孔）刃口带小圆角，以减少材料在刃口处的应力集中，并改善变形区的应力状态。

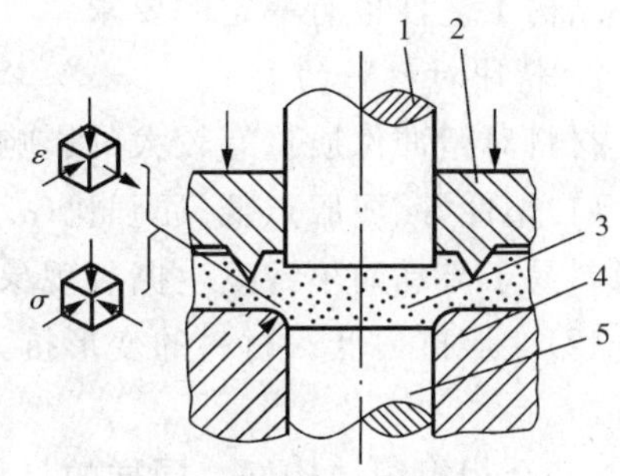

图 2－90　带齿压料板的精密冲裁

1—凸模　2—带齿压料板　3—板料　4—凹模　5—顶件块

带齿圈压料板的精冲方法创造了较为理想的冲裁条件，可以获得形状复杂的精密冲裁件，其公差等级可达 IT8～IT6 级，断面粗糙度可达 $R_a=0.4\sim0.8\ \mu m$，且断面垂直度、表面平直度均较高，适应的材料种类和厚度范围较广，生产率高，因此应用较广泛。

1. 带齿压料板精冲过程

带齿压料板精密冲裁的过程如图 2-91 所示：图 a 材料送至起始位置；图 b 模具闭合，带齿压料板、凸模、凹模和顶件块压紧材料；图 c 材料在完全压紧的状态下冲裁；图 d 材料分离；图 e 模具开启，压力释放；图 f 卸料、顶料；图 g 推出冲件并开始送料；图 h 吹出冲件及废料。

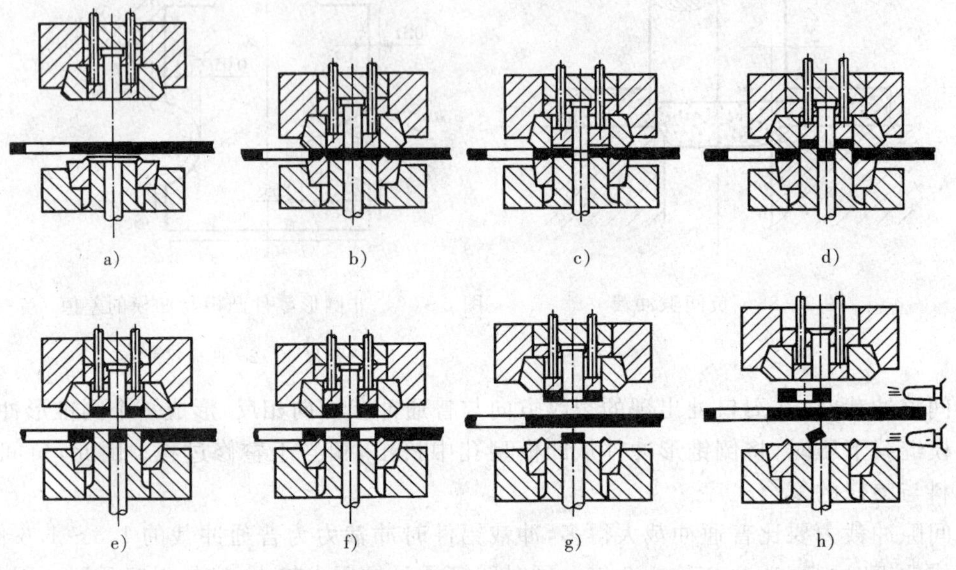

图 2-91　带齿压料板精冲过程

从上述过程可以看出，要达到精冲的目的，需要有压料、冲裁、反顶压力等三种压力，并且要求这三种压力按顺序施压。故带齿压料板精冲法需要具有实现三种压力的三重动作的模具和压力机，还要在板料分离之后有顶(推)件和卸料动作。同时，此法对精冲件材料和精冲件结构工艺性也有一定的要求。

2. 精冲对材料的要求

材料对精冲件质量有较大的影响。精冲对材料的基本要求是：

(1)塑性好、屈服点低、屈强比(σ_s/σ_b)小。这样的材料变形能力高，精密冲裁时，变形区的材料易于流动而不致发生撕裂现象。

(2)变形抗力低。材料的变形抗力低，有利于精冲过程，有利于提高冲件断面质量和模具寿命。

(3)金相组织结构好。同样的材料，金相组织不同，对精冲件的质量有明显的影响。对碳钢和合金钢来说，以球化完全、分布均匀的细球状碳化物组织为最佳。

目前适合于精冲的材料较多，其中以黑色金属占多数。w_C 在 0.35%以下、抗拉强度在 300～600 MPa 的低碳钢，可冲板料厚度约 10～15 mm，冲件质量很好。w_C 在 0.35%～0.70%的碳钢，以及含铬、镍、锰、钼等元素的低合金钢及不锈钢等，经过适当软化处理，也可得到良好的精冲效果，可冲板料厚度约为 3～7 mm。随着软化处理技术，特别是高碳、高合金钢的球化退火工艺水平的提高，目前已经能够精冲抗拉强度高达 700～800 MPa 的高碳钢、合金工具钢、轴承钢等材料。在有色金属中，σ_b 小于 250MPa 的铝及铝合金、w_{Cu} 大于

62%的黄铜、纯铜、青铜等，其精冲质量较好。另外，镍合金、金、银等材料也可以精冲。

3. 精冲零件的结构工艺性

精冲零件的结构工艺性主要包括零件的几何形状和尺寸极限等，其中几何形状是主要影响因素。精冲件的几何形状，在满足技术要求的前提下，应力求简单、规则，避免尖角。精冲件的尺寸极限，如最小孔径、最小槽宽等都比普通冲裁的小。正确设计精冲件有利于提高产品质量，提高模具寿命，降低生产成本。

(1)圆角半径及轮廓形状　精冲件内外轮廓的拐角处必须采用圆角过渡，以保证模具的寿命及零件的质量。圆角半径与零件的角度、材料、厚度及其强度有关。

(2)冲件的壁厚　冲件的壁厚是指冲件相邻两孔、槽间的距离，或内形边缘与外形轮廓间的距离，其值一般不小于$(0.6\sim0.9)t$。当$t=1\sim4$ mm时，孔边缘至外形的最小距离为$(0.6\sim0.65)t$；当$t>4$ mm时，应适当增大系数。

(3)孔径和槽宽　精冲时的最小孔径和槽宽与料厚、槽长及材料有关，为改善精冲工艺性，应尽量增大孔径、槽宽，减小槽的深度。

4. 精冲件的质量

精冲件的质量与模具结构及精度、凸(凹)模状况、冲件材料性能与厚度、润滑条件、设备精度、压料力、反顶力等因素有关。一般来说，精冲能够获得公差等级高、断面粗糙度小、平直度及断面垂直度高的冲件，但所能达到的精度也有一定限度。

(1)精冲件的断面质量　精冲件断面上的光面很难达到料厚的100%。由于各种原因，断面上可能出现局部断裂和毛刺等。为了提高模具寿命，在没有特殊要求的情况下，断面上应允许有微量的毛边存在，一般光面占板料厚度的90%就算符合要求。精冲件的断面粗糙度一般为$R_a=0.63\sim2.5\ \mu$m。

(2)精冲件的尺寸公差和形状、位置公差　一般情况下，精冲件可达到的经济尺寸公差等级见表2-44。

表2-44　精冲件可达到的经济尺寸公差等级

材料厚度 t/mm	抗拉强度极限(600MPa)			材料厚度 t/mm	抗拉强度极限(600MPa)		
	内形(IT)	外形(IT)	孔距(IT)		内形(IT)	外形(IT)	孔距(IT)
0.5～1	6～7	7	7	5～6.3	8	9	8
1～2	7	7	7	6.3～8	8～9	9	8
2～3	7	7	7	8～10	9～10	10	8
3～4	7	8	7	10～12.5	9～10	10	9
4～5	7～8	8	8	12.5～16	10～11	10	9

精冲件的断面与板平面垂直度较高，且内形断面垂直度高于外形断面垂直度。

精冲件的平面度和直线度都很高，一般无需加校平工序就可以达到要求。

5. 精冲的排样与搭边

排样时，精冲件断面质量要求较高的部位或形状复杂的部位应排在条料送进的一边，如图2-92所示。

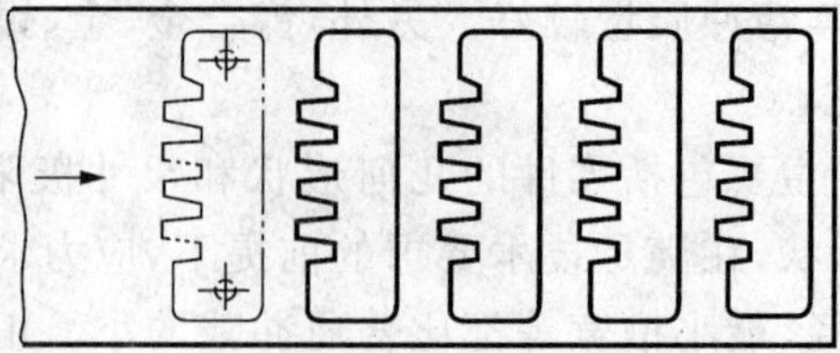

图 2-92　精冲的排样

由于精冲时压紧材料的是带齿压料板，故搭边值比普通冲裁大，其值见表 2-45。

表 2-45　搭边值　　(mm)

材料厚度 t/mm	材料抗拉强度 σ_b/MPa（≤40）						材料抗拉强度 σ_b/MPa（>40）					
	≤450		450～600		600～700		≤450		450～600		600～700	
	a_1	a	a_1	a	a_1	a	a_1	a	a_1	a	a_1	a
1.0	1.3	1.5	1.2	1.3	1.1	1.2	1.5	2.0	1.3	1.6	1.2	1.3
1.5	2.0	2.2	1.8	2.0	1.6	1.8	2.2	3.0	2.0	2.4	1.8	2.1
2.0	2.6	3.0	2.4	2.6	2.2	2.4	3.0	4.0	2.6	3.2	2.4	2.6
2.5	3.2	3.6	3.0	3.3	2.7	3.0	3.6	5.0	3.2	4.0	3.0	3.2
3.0	3.9	4.4	3.6	3.9	3.3	3.6	4.6	6.0	3.9	4.8	3.6	3.9
3.5	4.5	5.2	4.2	4.5	3.8	4.2	5.2	7.0	4.5	5.6	4.2	4.5
4.0	5.2	6.0	4.8	5.2	4.0	4.8	6.0	7.6	5.2	6.4	4.4	4.8
5.0	5.5	6.5	5.0	6.0	4.5	5.5	6.5	8.0	6.0	7.0	5.5	6.0
6.0	6.6	7.8	6.0	7.2	5.4	6.6	7.8	9.0	7.2	8.4	6.6	7.2
7.0	7.7	9.1	7.0	8.4	6.3	7.7	9.1	10.5	8.4	9.8	7.7	8.4
8.0	8.8	10.4	8.0	9.6	7.2	8.8	10.4	12.0	9.6	11.2	8.8	9.6
10.0	11.0	13.0	10.0	12.0	9.0	11.0	13.0	15.0	12.0	14.0	11.0	12.0
12.0	13.2	15.6	12.0	14.4	10.8	13.2	15.6	18.0	14.4	16.8	13.2	14.4

6. 精冲模结构

(1)对精冲模的要求　精密冲裁模比普通冲裁模要求高，其必须满足以下要求：

① 精冲模必须具有足够的强度和刚度，导向准确，精度高。模座一般采用 45 号钢或碳素工具钢制造，采用双导柱或四导柱结构。小批量生产时常采用滑动导向模架，其滑动部分配合间隙为 0.002～0.005μm；大量生产时可采用滚动导向模架。

② 精冲模工作部分的零件，如压板、凸模、凹模、顶板等采用淬透性好、变形小的合金工具钢制造，以保证其刚度和强度，且要求加工精度高，装配稳固，相对位置精确。

③ 模具应具备实现较大的冲裁力、压料力、反顶力以及卸料力、顶(推)件力的可靠装置。

④ 必须严格控制进入凸模的深度(一般控制在 0.025～0.05 mm)，以免损坏刃口。

还要适当考虑工作部分的润滑和排气问题。

(2)精冲模的典型结构　按使用冲压设备不同,精冲模分为普通压力机上使用的简易精冲模和专用压力机上使用的精冲模两类。

① 普通压力机上使用的简易精冲模。简易精冲模在单动压力机或液压机上获得主要冲裁力,其他辅助压力靠模具的弹压装置或液压装置完成。

图 2-93 所示为简易机械式精冲模,它的基本结构与倒装式普通复合冲裁模相似,但对整个模具的要求比普通冲裁模高。由于带齿压料板的压料力和推板反压力要求很大,因而采用了蝶形弹簧作为弹性元件。这类精冲模的结构简单,制造容易。但模架强度和刚度不高,且弹性元件的压力随压缩量的增大而增大,不能按实际需要进行调节。一般适用于料厚小于 4 mm、批量不大、精度要求不太高的小型精冲零件。

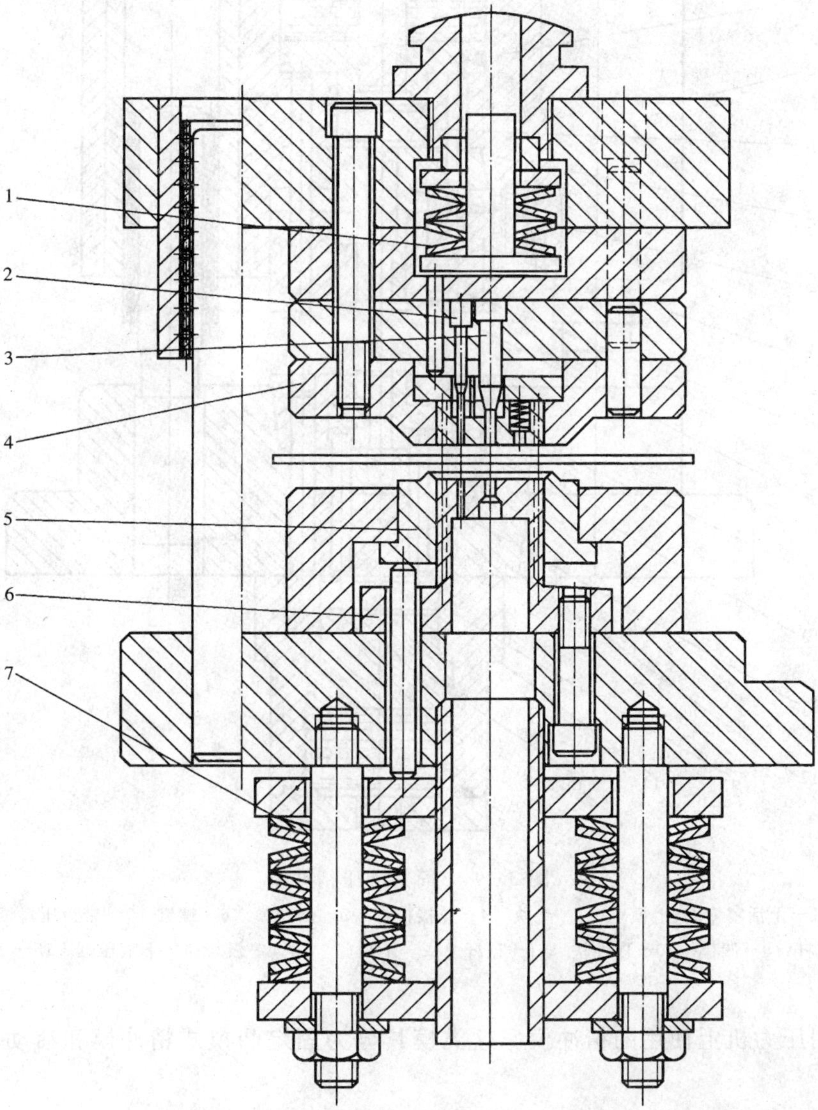

图 2-93　简易机械式精冲模

1、7—蝶形弹簧　2、3—冲孔凸模　4—凹模　5—带齿压料板　6—凸凹模

图 2-94 所示为简易液压精冲模，它的特点是：精冲所需的冲裁力由压力机滑块提供，而带齿压料板的压料力和顶件块的反压力由液压通过活塞得到。上液压缸内的活塞通过连接推杆 4 对带齿压料板 7 起作用，以产生压料力；同时通过垫块 3 对推杆 8 起作用，以产生推件力。下液压缸 14 内的活塞 15 通过垫板 13 和顶杆 11 对顶件块 10 起作用，以产生反压力。由于配备了液压装置，因而冲裁时可对带齿压料板、顶件块和凹模施加较大压力，使材料变形区产生很大的静水压力，且压力稳定，可以调节。但此冲模结构比较复杂，制造较困难，成本较高。

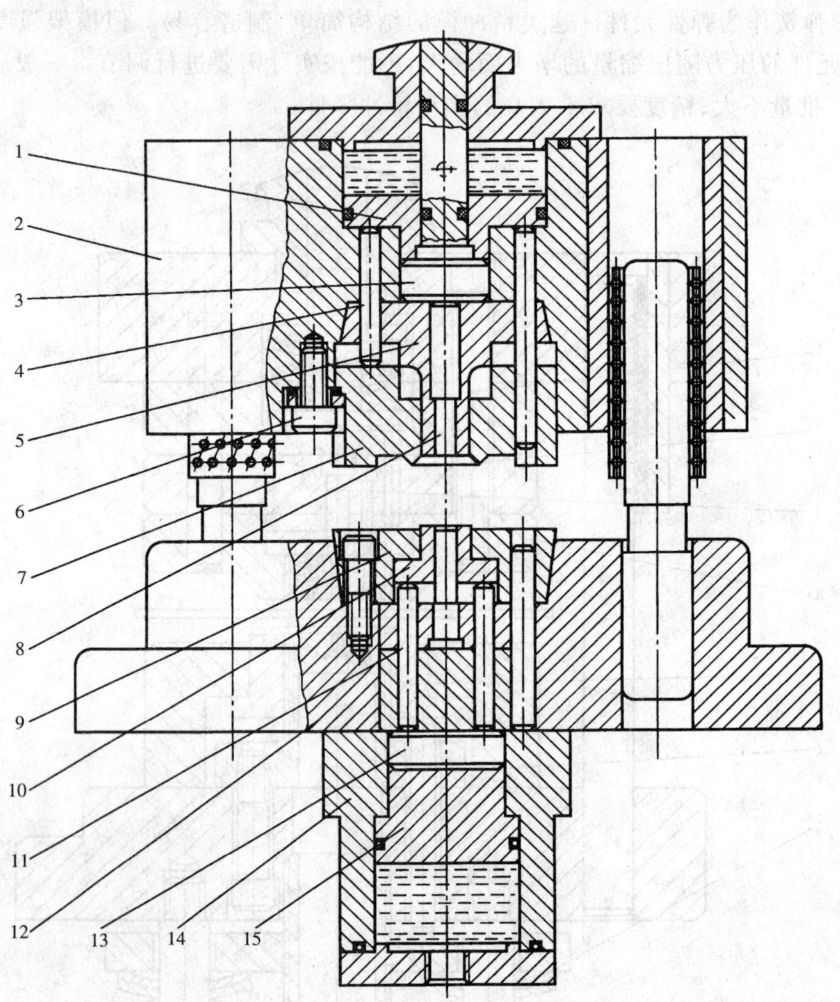

图 2-94　简易液压精冲模

1—上活塞　2—上模座　3—垫块　4—连接推杆　5—凸凹模　6—螺钉　7—带齿压料板
8—推杆　9—凹模　10—顶件块　11—顶杆　12—下模座　13—垫板　14—下液压缸　15—下活塞

② 专用压力机上使用的精冲模。这类模具分为固定凸模式精冲模和活动凸模式精冲模两种。

图 2-95 所示为固定凸模式精冲模，其凸凹模固定在上模座上（也可以固定在下模座上）。带齿压料板 9 的压力由上柱塞 1 通过连接推杆 3 和 5、活动模板 7 传递；顶件块 11 的

反压力由下柱塞17通过顶块15和顶杆13传递。这种结构的精冲模刚性好，受力平稳，适用于生产大型、窄长、外形复杂、内孔较多、板料厚或需级进精冲的零件。

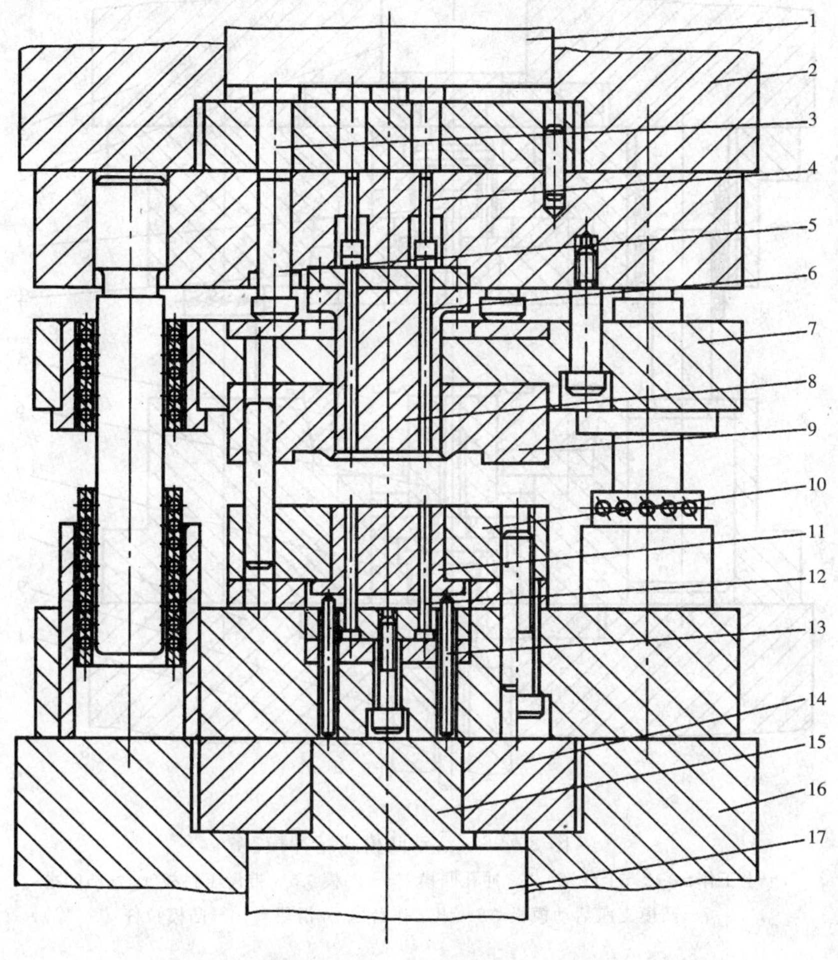

图2-95　固定凸模式精冲模

1—上柱塞　2—上工作台　3、4、5—连接推杆　6—推杆螺钉　7—活动模板　8—凸凹模　9—带齿压料板　10—凹模　11—顶件块　12—冲孔凸模　13—顶杆　14—下垫板液压缸　15—顶块　16—下工作台　17—下柱塞

图2-96所示为活动凸模式精冲模。该模具的凹模固定于上模座，带齿压料板固定在下模座，凸模6是活动的，由滑块9通过凸模支座7和凸模拉杆10驱动凸模作上、下运动，凸模的上、下运动靠下模座内孔和带齿压料板的型孔导向。这种结构的精冲模适用于生产冲裁力不大的中、小冲型精冲件。冲件外形尺寸较大时，活动凸模的对中精度很难保证。

7. 精冲模工作部分的设计

(1)凸、凹模间隙　精冲模凸、凹模间隙很小，一般双面间隙仅为板料厚度的0.5%～1.0%。确定精冲凸、凹模间隙值的主要依据是板料厚度、材料性能和冲裁形状等。板料薄、塑性差、冲外形时取小值，反之取大值。表2-46为精冲凸、凹模刃口间隙的参考值。

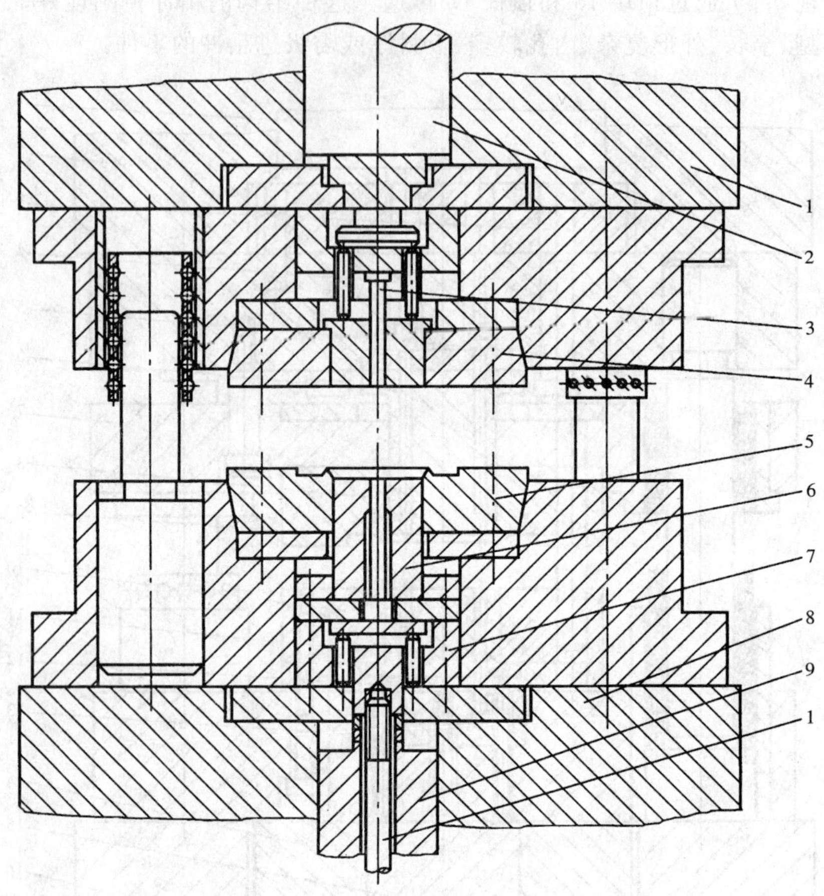

图 2-96　活动凸模式精冲模

1—上工作台　2—上柱塞　3—冲孔凸模　4—凹模　5—带齿压料板　6—凸凹模　7—凸模支座活动模板　8—下工作台　9—滑块　10—凸模拉杆

表 2-46　精冲凸、凹模刃口间隙　(mm)

材料厚度 t/mm	材料抗拉强度 σ_b/MPa					
	≤450		450～600		>600	
	外形	内形	外形	内形	外形	内形
	Z/mm					
1.0	0.015	0.020	0.010	0.015	0.010	0.015
2.0	0.030	0.040	0.020	0.030	0.016	0.026
3.0	0.045	0.060	0.030	0.045	0.024	0.040
4.0	0.060	0.080	0.040	0.060	0.032	0.052
6.0	0.090	0.120	0.060	0.090	0.048	0.078
8.0	0.120	0.160	0.080	0.120	0.064	0.104
10.0	0.150	0.200	0.100	0.150	0.080	0.130
12.0	0.180	0.240	0.120	0.180	0.100	0.160

(2)凸、凹模刃口圆角半径　精密冲裁时，一般上下模刃口要有一定的圆角，这样有利于提高加工零件的质量。落料凹模圆角一般在 0.01～0.03 mm，凸模一般取 0.01 mm 以下。半径小了，产品断面出现撕裂现象，半径太大，断面的塌角会增大。在生产中，满足要求的前提下优先选最小值。

(3)凸、凹模刃口尺寸　精冲凸、凹模刃口尺寸和普通冲裁模确定的方法基本相同，但精冲还与上下模间隙、带齿压料板的压力和推件块的反压力、刃口的圆角、板料的厚度及材料性能有关。刃口尺寸用经验公式(查冲压工艺手册)计算。

(4)带齿压料板设计　确定齿圈的形状、齿形尺寸及齿圈在压力板上的布置方式。(当 $t \leqslant 3.5$ mm 只需在带齿的压料板上设齿圈，当 $t \geqslant 3.5$ mm 则凹模上也要设齿圈。)

8. 精冲压力计算

(1)冲裁力

与普通冲裁时冲裁力计算方法相同。

(2)带齿压料板的压料力

$$F_Y = (0.3 \sim 0.6)F \tag{2-55}$$

式中：F_Y——压料力(N)；

F——冲裁力(N)。

(3)顶(推)件块反压力

$$F_F = Ap \tag{2-56}$$

式中：F_F——顶(推)件块反压力(N)；

A——精冲件的承压面积(mm^2)；

p——单位面积的反压力，一般取 20～70 MPa。

压料力、反压力的计算只是初步的，均需试冲后调整，在满足要求条件下，应选最小值，以提高模具寿命。

(4)精冲的总压力

$$F_{\sum} = F + F_Y + F_F \tag{2-57}$$

(5)卸料、顶(推)件力

卸料力：　$$F_X = (0.1 \sim 0.15)F \tag{2-58}$$

顶(推)件力：　$$F_D = (0.1 \sim 0.15)F \tag{2-59}$$

9. 精冲压力机的选择

精冲压力机是主要专用于完成带齿压料板精密冲裁工艺的设备。

(1)精冲工艺对压机的要求

由于精冲间隙很小，又需要很大的冲裁力、压料力、反压力，所以精冲压力机应满足如下要求：

① 要有很高的导向精度和足够刚度的床身结构。

② 具有冲裁、带齿压料板施压、顶(推)件块反顶(推)等三种动作和相应的三种压力以

及顶(推)件力,而且要求这些动作及其施压或卸料的先后次序能按精冲工艺过程的需要进行。压力大小均可按工艺需要在一定范围内调节。

③ 冲裁的工作速度应低于 15 mm/s,并能在 5~15 mm/s 范围内根据材料种类和厚度进行调节。

④ 滑块的限位精度不低于±0.1 mm,以便严格控制凸模进入凹模的深度。

⑤ 压力机电动机功率大,能满足精冲工艺所需的较大做功能力。

⑥ 有可靠的模具保护装置及辅助装置。

(2)精冲压力机类型

精冲压力机按主传动的结构不同分为机械式压力机和液压式压力机。

机械式精冲压力机行程次数高,行程固定,封闭高度的重复精度高,维修方便,但变形量较大,抗偏载能力差,一般小型精冲压力机多采用机械式。液压式精冲压力机的床身受力均衡,抗偏载能力强,床身弹性变形小,精冲时运行平稳,压力恒定,长期使用后仍能保持机床的精度,滑块行程可任意调节,但是封闭高度的重复精度不如机械式精冲压力机,液压系统维修较麻烦。目前,大型精冲压力机(总压力大于 3200kN)多采用液压式。无论是机械式或液压式精冲压力机,其压边系统都采用液压结构,以利于实现压料力和反压力的可调且稳定的要求。

此外,精冲压力机按主传动和滑块的位置可分为上传式精冲压力机和下传式精冲压力机;按滑块的运动方向可分为立式精冲压力机和卧式精冲压力机。

第十节　其他冲裁模

除本章前述冲裁模外,生产中应用较多的还有聚氨酯橡胶冲裁模、锌基合金冲裁模、热塑性塑料板的冲裁模和硬质合金冲模。

一、聚氨酯橡胶冲裁模

1. 聚氨酯橡胶冲裁模的特点与应用

聚氨酯橡胶冲裁模是利用聚氨酯橡胶材料作为冲裁模的工作零件,替代钢制冲裁模中的凸模或凹模或凹凸模进行冲压的一种简易冲裁模。这种冲裁模在薄板冲裁($t<0.3$ mm)时有极好的优势,因为薄板冲裁时要求模具间隙很小。钢制模具在极小间隙冲裁时,制造困难、模具寿命难保证。

聚氨酯橡胶是人工合成的弹性材料。冲裁模上使用的聚氨酯橡胶是具有较高强度的浇注型聚氨酯橡胶,其特点是:能生产较高的压力与剪切力,强度高(为丁腈橡胶的 1~4 倍),弹性好,耐磨(为天然橡胶的 5~10 倍)、耐油、耐老化,抗撕裂性能好,切削性能好,可利用常规的方法进行加工,并能达到一定的精度要求。当聚氨酯橡胶表面磨损后,可磨去损坏的部分继续使用。聚氨酯橡胶除可用于冲裁工艺,也可用于弯曲、拉伸、成形等冲压工艺。它除作为模具的工作零件使用外,还可作为模具的卸料、顶出、压边等弹性元件。

2. 聚氨酯橡胶冲裁模的设计

(1)冲裁变形过程　用聚氨酯橡胶冲裁模冲裁,落料时用聚氨酯作为凹模,凸模仍用模具钢。冲孔时用聚氨酯作凸模,凹模仍用模具钢。聚氨酯橡胶冲裁模的冲裁过程如图 2-

97 所示。其过程与钢制冲裁模冲裁过程不同。聚氨酯橡胶冲裁时，板料在聚氨酯橡胶作用下，在刃口处产生拉伸、弯曲等复杂应力和应变，直到材料断裂。由于材料始终被聚氨酯橡胶压在钢质凸模(或凹模)端面，因此冲件平整。此外，因为橡胶紧贴钢模刃口流动，成为无间隙冲裁，所以冲件基本无毛刺。

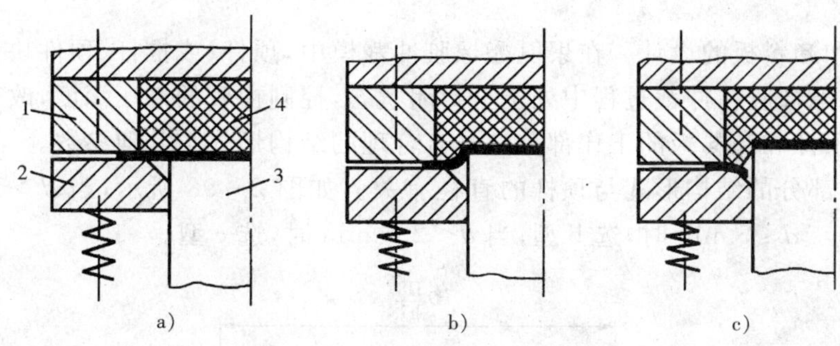

图 2-97 聚氨酯橡胶冲裁过程

1—容框 2—卸料板 3—凸模 4—聚氨酯橡胶

根据聚氨酯橡胶冲裁特点，冲裁搭边值应比钢模冲裁时大，一般以 3～5 mm 为宜。冲裁时孔径也不能太小，否则所需橡胶的单位面积压力大，冲裁很困难。

(2)钢制凸、凹模刃口尺寸计算 聚氨酯橡胶冲裁模中钢制凸、凹模刃口尺寸的计算与普通冲裁模的计算略有不同。其落料件外形尺寸决定于钢凸模的刃口尺寸，冲孔件孔径决定于钢凹模的刃口尺寸。冲裁后落料件外形尺寸比钢凸模稍大，而冲孔孔径比相应的钢凹孔径稍小。设计时可按下式计算：

落料 $$D_p=(D_{max}-x\Delta)-\delta_p \tag{2-60}$$

冲孔 $$d_d=(d_{min}+x\Delta)+\delta_d \tag{2-61}$$

式中：D_p——钢凸模的刃口尺寸；

d_d——钢凹模的刃口尺寸；

Δ——冲裁件公差；

δ_p——钢凸模制造公差；

δ_d——钢凹模制造公差；

x——系数，$x=0.5\sim0.7$。

(3)容框及聚氨酯橡胶的设计 容框是聚氨酯橡胶冲裁模的主要零件之一，它可以直接在模座内加工成，也可以独立地固定在模板上。由于在冲裁过程中，容框要承受很大的张力，所以容框必须具有足够的强度。容框一般采用 45 号钢，淬火硬度为 40～50HRC，或采用高强度结构钢，如 30CrMnSiA 等。容框口部圆角可取 $R0.5\sim0.8$ mm。

容框内形与钢凸模刃口轮廓相似，但每边比凸模约大 0.5～1.5 mm，即容框尺寸 D_r 为

$$D_r=D_p+2\times(0.5\sim1.5) \tag{2-62}$$

当料厚 $t=0.05$ mm 时，单边间隙取 0.5 mm；$t=0.1\sim1.5$ mm 时，单边间隙取 1～1.5 mm。

聚氨酯橡胶的几何形状应与容框一致，其厚度一般以取 12～20 mm 为宜，在冲裁过程中其压缩量应不大于 30%。聚氨酯橡胶在压入容框前处于自由状态下的尺寸 D 应比容框尺寸略大(过盈配合)，其值按下式计算：

$$D=D_r+0.5 \qquad (2-63)$$

(4)顶杆和卸料板的设计　在聚氨酯橡胶冲裁模中，顶杆(或推杆、顶件块)、卸料板与容框一起使聚氨酯橡胶在冲裁过程中处于全封闭状态，控制橡胶的冲压深度，改变冲裁时的应力分布，因而顶杆和卸料板的工作部分应具有合理的结构形式与几何参数。

顶杆工作部分的结构形式与顶杆的直径有关。如图 2－98 所示，当 $d>5$ mm 时，选 a 型；当 2.5 mm$\leqslant d\leqslant$5 mm 时，选 b 型；当 $d<2.5$ mm 时，选 c 型。

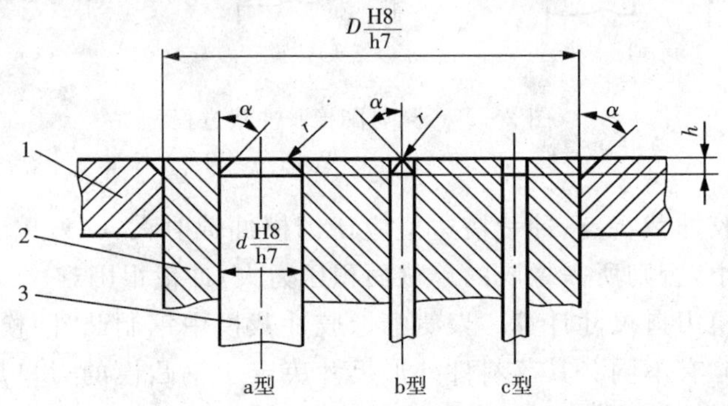

图 2－98　顶杆和卸料板的形式与几何参数

1－卸料板　2－凸凹模　3－顶杆

顶杆和卸料板的主要参数是端头处的橡胶冲压深度 h 和倒角 α，其值可根据板料厚度参考表 2－47 选取。在同一副模具中，为保证橡胶的变形程度一致，以保证各刃口剪切力相近，各顶杆和卸料板的橡胶冲压深度 h 应相等。

表 2－47　顶杆和卸料板的几何参数

料厚 t/mm	h/mm	α/(°)	r/mm
<0.1	0.4～0.6	45～55	0.5
0.1～0.3	0.6～1.0	55～65	0.5
0.3～0.5	1.2	65～70	0.5

(5)聚氨酯橡胶冲裁模的典型结构　聚氨酯橡胶冲裁模可以单工序模，也可以设计成复合模。图 2－99 所示为一副聚氨酯橡胶单工序落料模，模具为倒装结构，聚氨酯橡胶 3 与容框 2 装在上模，钢制凸模 1 装在下模。图 2－100 所示为聚氨酯橡胶冲孔落料复合模，凸凹模 4 是钢制的，用聚氨酯橡胶 2 作为落料凹模与冲孔凹模。该复合模还具有通用性，当更换凸凹模 4、顶杆 5、容框 3、橡胶 2 和卸料板 1 时，便可冲制一定尺寸范围内厚度不同的冲件。

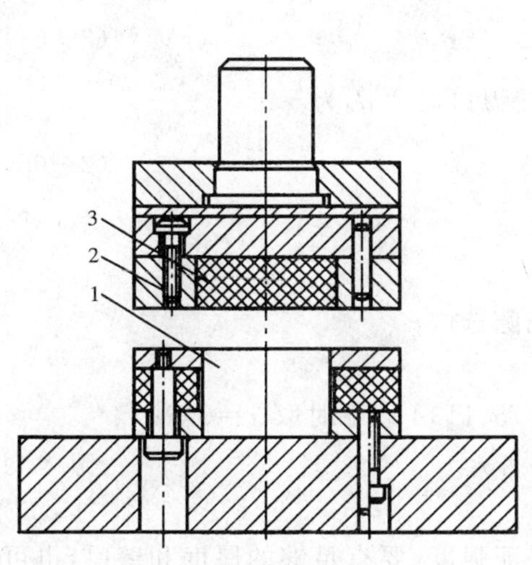

图 2-99 聚氨酯橡胶落料模

1—钢制凸模 2—容框 3—聚氨酯橡胶

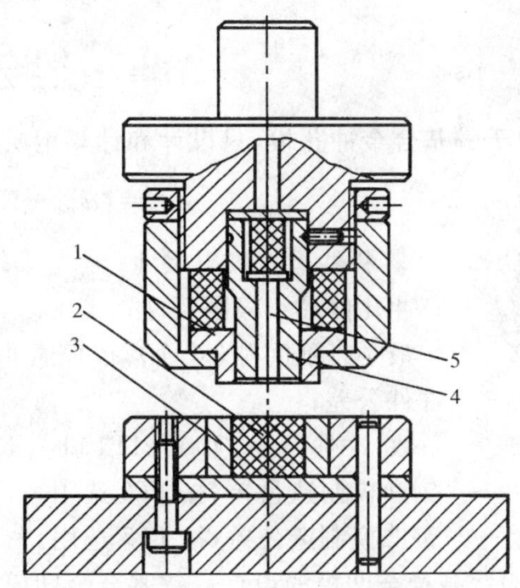

图 2-100 聚氨酯橡胶冲孔落料复合模

1—卸料板 2—聚氨酯橡胶 3—容框 4—凸凹模 5—顶杆

二、锌基合金冲裁模

1. 锌基合金冲裁模特点与应用

锌基合金冲裁模是利用锌基合金材料，通过铸造的方法制作冲模的凸模或凹模等零件的一种简易模具。锌基合金材料是以锌为主要成分，加入少量的铝、铜及微量的镁所组成的合金，锌基合金综合性能较好，价格低，熔点低，重熔性好，特别是具有良好的铸造性和切削加工性。因此，锌基合金冲裁模设计与制造简单，不需要使用高精度加工设备和较高的钳工技术，生产周期短，锌合金可重复使用，具有良好的技术经济效果。

锌基合金具有一定强度，不但用于冲裁模，还可用于拉深模、弯曲模、成形模等，适用于薄板零件的中小批量生产和新产品试制。

2. 锌基合金冲裁模的设计

(1)锌基合金冲裁模的冲裁机理　用锌基合金冲裁模冲裁，落料时凹模用锌基合金制造，凸模仍用模具钢制造。冲孔时凸模用锌基合金制造，凹模则用模具钢制造。以落料为例，冲裁时质硬的钢质凸模能保持刃口锋利，而质软的锌基合金凹模不可能维持刃口锋利，这就形成了凸、凹模“一硬一软”和“一利一钝”的冲裁，因此，冲裁过程是裂纹从“硬”、“利”的刃口处产生和扩展，直到断裂分离的过程，即所谓“单向裂纹扩展分离”的过程。所以，它可以用硬度不高的锌基合金凹模冲裁比它硬的材料。

锌基合金冲裁模的间隙一般是自动调整形成的。这是因为锌基合金凹模一般是用钢质凸模浇铸而成的，凸、凹模的初始间隙几乎为零。由于锌基合金凹模与钢制凸模硬度差别较大，初始冲裁时软凹模会受到侧向挤压而径向变形，使凸、凹模之间形成间隙，同时刃口侧壁产生剧烈磨损，使间隙增大，冲裁一定数量的零件后，便达到合理间隙。此后，由于凹模端面在板料压力的作用下产生的变形会补偿凹模侧壁产生的磨损，使间隙在一定时间里始终维持正常的冲裁间隙。这种在磨损与补偿中形成的相对稳定的间隙，称为动态平衡间隙。

(2)凹、凸模刃口尺寸确定　对于锌基合金落料模，只设计和计算钢质凸模，其刃口尺寸

D_p 为

$$D_p=(D_{max}-Z_{min}-x\Delta)-\delta_p \tag{2-64}$$

对于锌基合金冲孔模，只设计和计算钢质凹模，其刃口尺寸 d_d 为

$$d_d=(d_{min}+Z_{min}+x\Delta)+\delta_d \tag{2-65}$$

式中：D_{max}——落料件最大极限尺寸；

d_{min}——冲孔件最小极限尺寸；

Z_{min}——最小合理间隙（双面），按普通冲裁模间隙选取；

Δ——冲件公差；

x——系数，冲件精度 IT11～IT13 时，取 $x=0.75$；IT14 以下时取 $x=0.5$；

δ_p——钢凸模制造公差，按 IT6 选用；

δ_d——钢凹模制造公差，按 IT7 选用。

（3）锌基合金凹模的设计　锌基合金凹模为了保证强度，要有足够的厚度和壁厚，也可在凹模体内加入淬硬的钢板（皮），以增加强度。

锌基合金凹模孔口形状一般为直壁结构，其刃壁高度比普通冲裁模大 2～6 mm。凹模孔口至边缘的距离一般不小于 40 mm，凹模厚度不小于 30 mm。

（4）锌基合金冲裁模的典型结构　锌基合金冲裁模也可以设计成单工序模或复合模。图 2-101 所示为锌基合金复合冲裁模，该模具的落料凹模 7 与冲孔凸模 10 用锌基合金制造，凸凹模 3 用模具钢制造。该模具结构与普通冲裁基本相同，只是由于用锌基合金模冲裁的板料厚度一般不大，冲压力较小，所以推件和顶件均采用弹性推件与顶件装置。

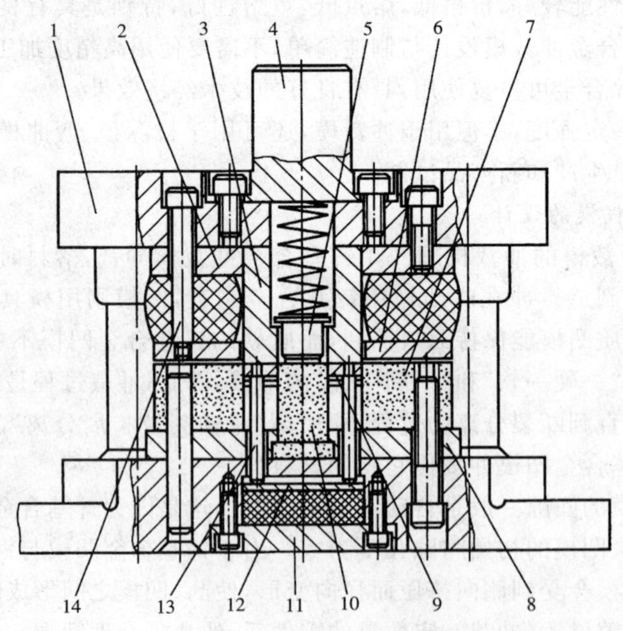

图 2-101　锌基合金冲裁模

1—模架　2—凸凹模固定板　3—凸凹模　4—模柄　5—推件块　6—卸料板　7—落料凹模　8—凸模固定板　9—顶件块　10—冲孔凸模　11—盖板　12—顶件托板　13—顶杆　14—卸料螺钉

三、热塑性塑料板的冲裁模

目前，各种塑料在机械制造所用的材料中，所占的比例在急剧增加。塑料的剪切加工得到相当广泛的应用，因塑料的机械性能和化学成分与金属有很大的差异，所以塑料的剪切与前述金属材料的剪切加工特点有相当大的不同。

1．热塑性塑料的剪切

根据材料种类的不同，热塑性塑料的剪切分离状况也不一样。在常温下，用较低速度的冲床冲裁三种不同的材料，出现三种不同的分离状况。第一类：塌角—裂纹—拉伸断裂，如聚丙烯一类的剪切；第二类：塌角—拉伸—二次断裂，如聚氯乙烯的剪切；第三类：塌角—裂纹—二次剪切，如聚碳酸酯的分离。前两种切断方式都与金属剪切相似。

另外，速度和温度对热塑性塑料的剪切面有很大影响，这是因为塑料熔点低。对于不同的塑料，受温度和速度的影响也有较大的差别。聚碳酸酯对温度和速度不太敏感，剪切面形状几乎没有变化；但聚丙烯和聚氯乙烯却相当敏感，特别是聚氯乙烯更为显著。一般说来，高速冲裁能得到极佳的断面，通常是间隙越小越好。

2．塑料板冲裁模结构

非金属材料冲裁可用普通模具，生产率高，这方面有着很大的优越性。但一般来说，无论怎样选择冲压条件也不能得到光洁的冲压断面。

根据非金属材料组织与力学性能的不同，通常采用的冲裁方法有刀刃剪切法和普通冲裁法两种。这样能获得平滑而光洁的剪切断面。

刀刃的结构形式如图 2－102 所示。图中外斜度的为冲孔用，而内斜度的为落料用。凸模刃尖角 α 见表 2－48。

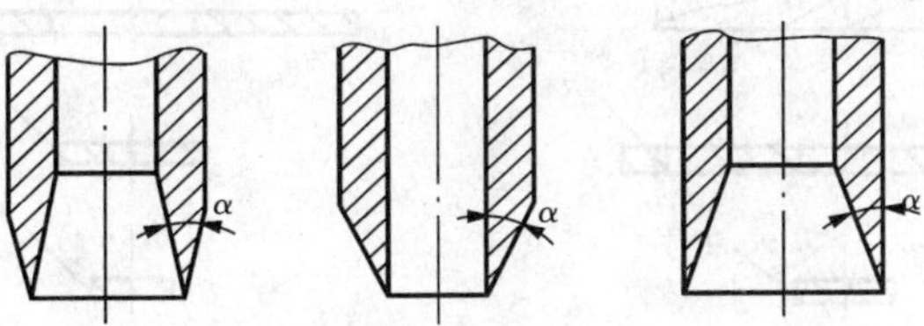

图 2－102　冲孔与落料的凸模刃口形式

表 2－48　凸模刃尖角 α 值

材料名称	α(°)
烘热的硬化橡皮	8～12
皮、毛、毡、棉布纺织品	10～15
纸、纸板、马粪纸	15～20
石棉	20～25
纤维板	25～30
红纸板、纸胶板、布胶板	30～40

刀刃剪切法冲模的典型结构如图 2－103 所示。这种模具适用于非金属，如石棉、橡皮、皮革、硬纸、塑料及纤维布等板材所使用的落料或冲孔。为了防止刀刃变钝和崩裂，在被冲

切材料下面垫以硬木板、有色金属或硬纸板，而不必再使用凹模。可以在小吨位压力机上进行冲裁。

搭边宽度见图 2－104。图中 a 表示边宽，a_1 表示径宽，a_2 表示纵向宽度。

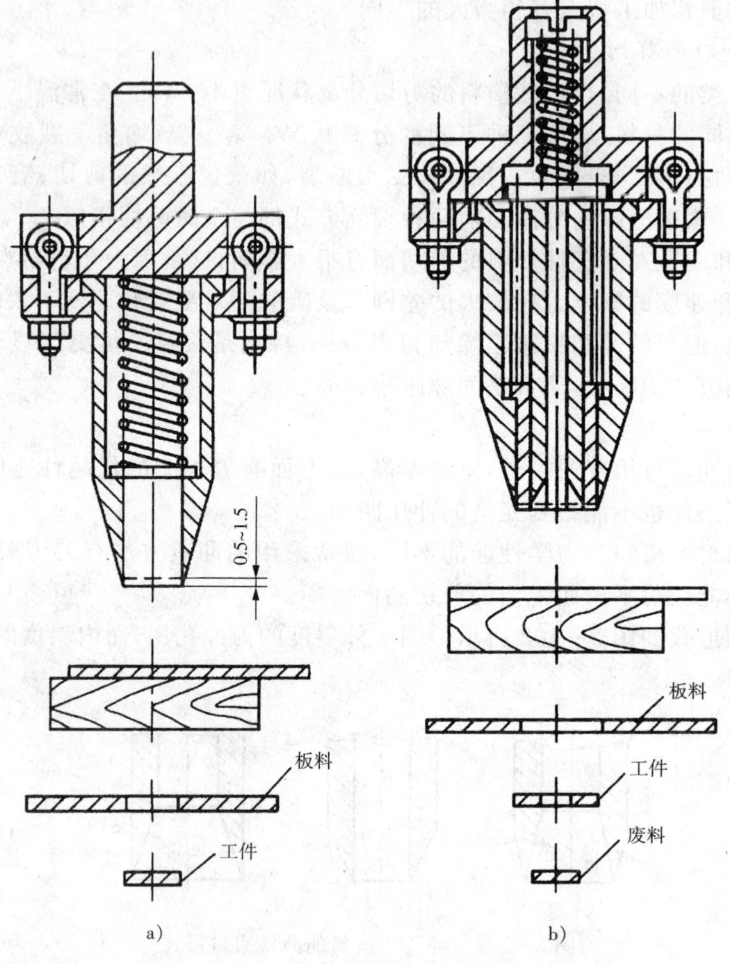

图 2－103　刀刃剪切法的冲模

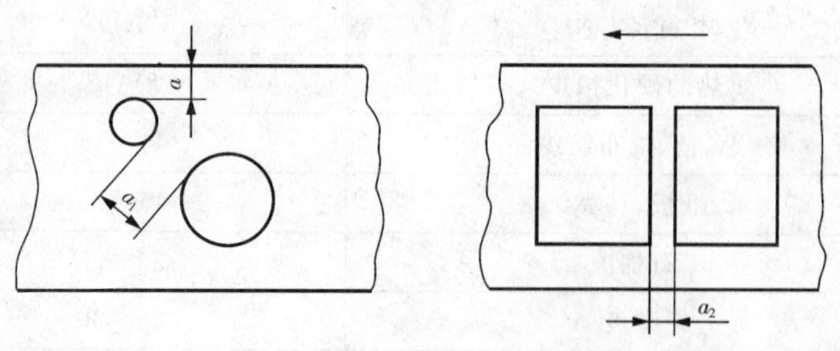

图 2－104　搭边值的图示

表 2－49 为冲孔加工时应注意的四项尺寸的极限值，如果小于表列极限值，就会在这部分产生裂纹。

表 2-49　冲孔时搭边宽度的极限值

项　目	板厚 t 的倍数	项　目	板厚 t 的倍数
最小孔径 d	$2/3t$	纵向宽 a_2	$>(2.5\sim3)t$
径宽 a_1	$>(1\sim1.5)t$	边宽 a	$>3t$

凸、凹模间隙值可查表 2-50。但加热冲裁时要考虑材料的弹性收缩与温度收缩。

表 2-50　非金属材料冲模凸、凹模初始双边间隙值 $2Z$　(mm)

材料厚度 t/mm	$2Z_{min}$	冲孔或落料时的尺寸			
		<10	10～50	50～120	120～260
		$2Z_{max}$			
<0.5	0.005	0.020	0.030	0.040	0.050
0.5～0.6	0.010	0.020	0.030	0.040	0.050
0.6～0.8	0.015	0.030	0.040	0.050	0.060
0.8～1.0	0.020	0.035	0.045	0.055	0.065
1.0～1.2	0.025	0.040	0.050	0.060	0.070
1.2～1.5	0.030	0.045	0.055	0.060	0.075
1.5～1.8	0.035	0.050	0.060	0.070	0.080
1.8～2.1	0.040	0.055	0.065	0.075	0.085
2.1～2.5	0.045	0.060	0.070	0.080	0.090
2.5～3.0	0.050	0.065	0.075	0.085	0.095

非金属材料冲模刃口尺寸计算与金属材料刃口尺寸计算方法相似。

落料时：

$$D_{凹}=\left(D-\frac{\Delta}{2}+\delta_{H}\right)+\delta_{凹} \tag{2-66}$$

冲孔时：

$$D_{凸}=\left(d+\frac{\Delta}{2}+\delta_{B}\right)-\delta_{凸} \tag{2-67}$$

式中：δ_H——加热落料时的平均收缩值；

δ_B——加热冲孔时的平均收缩值。

平均收缩值：

$$\delta_H=AD-\delta_y$$

$$\delta_B=cd-\delta_y$$

式中：A、c——温度的收缩系数；

D、d——工件与孔的尺寸；

δ_y——由于材料弹性引起的尺寸变化。

A、c、δ_y的平均值见表 2-51。

材料加热冲裁时其最大间隙值可以增大 20%～30%。

表 2-51　A、c、δ_y的平均值

材料名称	材料厚度 t/mm	A	c	δ_y/mm
纸胶板	1	0.002	0.0025	0.03
	1.5	0.0022	0.003	0.05
	2.0	0.0025	0.0035	0.07
	2.5	0.0027	0.004	0.10
	3.0	0.003	0.005	0.12
夹布胶木	2.0	0.002	0.0026	0.08
	2.5	0.0025	0.003	0.12
	3.0	0.0028	0.0036	0.15

塑料板冲裁模结构还可以采用普通冲裁模冲裁。对于酚醛树脂层压板、云母、环氧酚醛玻璃布胶板等非金属材料，可以用普通冲裁模结构形式的模具进行加工。由于这些材料都具有一定的硬度和脆性，因此冲裁时应该适当增加压边力和反顶力，减小模具间隙，以改善断面冲裁质量。对于材料厚度大于 1.5 mm 而形状又比较复杂的各种纸胶板和布胶板零件，冲裁时应该将材料加热到一定温度后再进行冲裁剪切。

四、硬质合金冲裁模

由于硬质合金本身很硬，具有很高的硬度和耐磨性，而且它的弹性模量很大，因此硬质合金的寿命比普通模具的寿命提高了 200%～300%，但成本会增加 6～8 倍。

硬质合金冲裁模主要是指冲裁模的凸模和凹模为合金材料，其他部件还是和普通冲裁模一样。

1. 合金牌号的选用

目前常用的硬质合金为钨钴类合金，常用牌号为 YG15、YG20、YG25。

2. 硬质合金模具设计时应该注意的事项

(1)由于硬质合金承受弯曲载荷的能力差，因此在排样时应尽量避免凸模和凹模单边受力。

(2)搭边值较一般冲裁时大，且大于料厚。

(3)间隙可以适当增大，以减小凸模和凹模刃口碰撞而损坏的可能性。

(4)模架应有足够的刚性。模具上各零件应与高寿命的凸模和凹模相适应。

(5)模架的导向必须可靠，而且要有高精度与高寿命，常采用滚珠导向的模架和可换导柱。小零件可用中间和对角导柱模架，大型或复杂工件常用四个导柱。并采用浮动模柄，以克服压力机误差对模具导向的影响。

(6)凸模和凹模的固定要牢固可靠。其固定方法常用机械固定方法(用螺钉或压板固定)、冷压固定方法、热压固定方法或黏结、焊接固定法等。

(7)如果采用弹性卸料装置卸料，则应防止卸料板对硬质合金凹模的冲击。

3. 硬质合金冲裁模结构举例

图 2－105 为冲制垫圈的硬质合金连续冲裁模。该模具采用整体的硬质合金凸模和凹模结构，落料凸模 1 及侧刃 4 压入固定板 2 之后，再用螺钉吊装固定。冲孔凸模 3 具有台肩，直接压入固定板内。凹模压入固定板 6 之后，再以导料板 5 将其压紧在垫板上。

从排样图可以看出，连续模采用交错的双侧刃定距。第一步冲两个孔，第二步落两个料，第三步再冲两个孔，第四步再落两个料，以后每次冲压，可以得到四个工件。采用了平行的排样方法，避免了凸模的单边冲裁。

为了消除送料误差对搭边值的影响，保证条料紧靠左边导料板 5 正确送料，而将板式侧压装置 7 装于送料的进口处，其侧压力较大而且均匀，使用可靠。

模架采用了带浮动模柄的滚珠导柱、导套结构，使上、下模的导向稳定可靠，磨损以后可以更换。

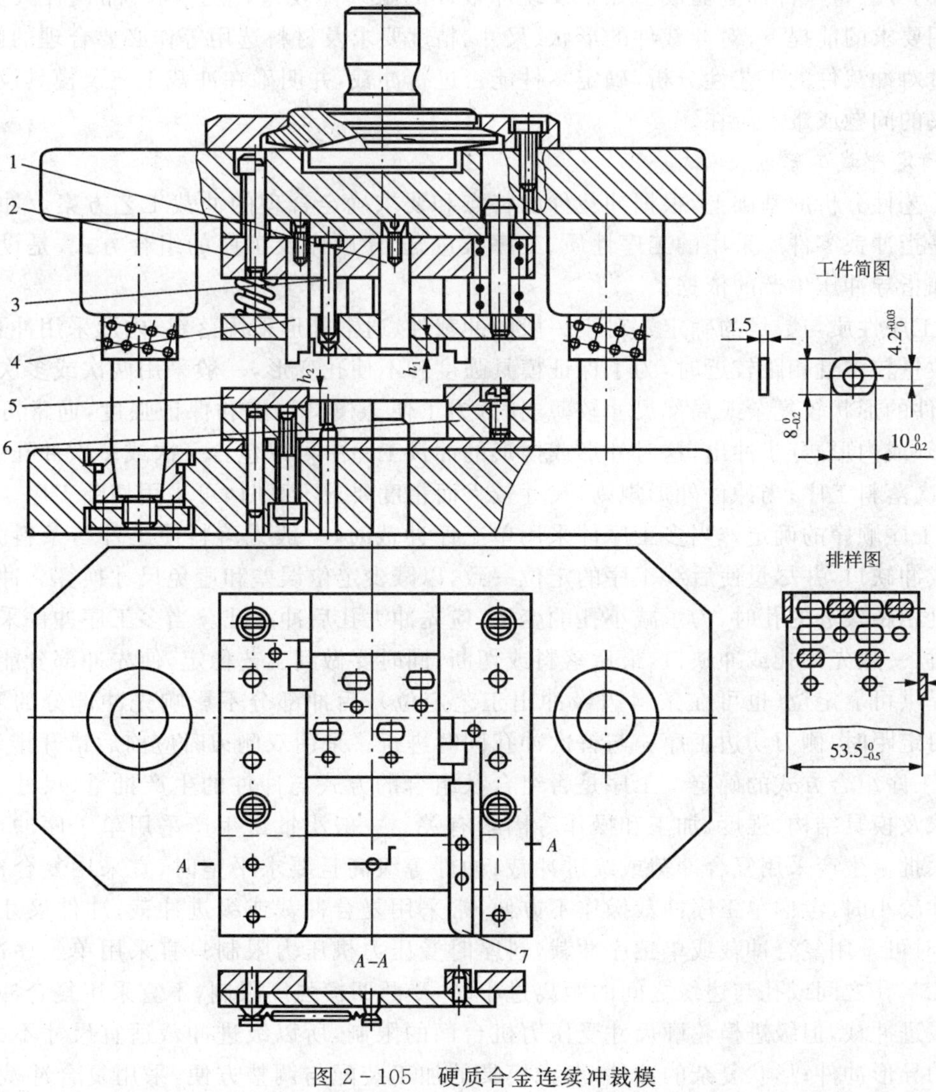

图 2－105　硬质合金连续冲裁模

1－落料凸模　2、6－固定板　3－冲孔凸模　4－侧刃　5－导料板　7－侧压装置

第十一节　冲裁模设计步骤及实例

一、冲裁模设计步骤

冲裁模设计一般分为冲裁工艺设计和冲裁模具设计两个阶段。现分步骤简要概述如下：

1. 分析冲裁件的工艺性

根据冲裁件图样及技术要求，分析其结构形状、尺寸大小、精度高低及所用材料等是否符合冲裁工艺要求(对照第四节内容分析)。良好的工艺性能应体现在材料消耗少、工序数目少、模具结构简单、制造成本低、使用寿命长、操作安全方便、产品质量稳定等，即能以简单、经济的方法将零件冲制而成。如果发现冲裁件的工艺性较差，应会同产品设计人员，在保证使用要求的前提下，对冲裁件的形状、尺寸、精度要求及材料选用等作必要合理的修改。

通过对冲裁件的工艺性分析，确定零件能否进行冲裁，并明确在冲裁工艺及模具设计中主要解决的问题或难点所在。

2. 确定冲裁工艺方案

在工艺性分析的基础上，根据冲裁件的特点和要求确定合理的冲裁工艺方案。冲裁工艺方案是指冲裁零件所采用的工序性质、工序数量、工序顺序及工序的组合方式，是设计制造模具和指导冲压生产的依据。

(1)工序性质与数量的确定　对于一般的冲裁件，通常外形采用落料，内形采用冲孔；冲孔上的数量较多且相距较近时，为了保证模具强度和不使孔变形，一般采用两次或多次冲孔工序；冲件的形状较复杂或局部尺寸较薄弱时，为了便于模具加工和保证强度，通常可将冲件的外形(或内形)分步冲出，这时外形或内形的冲裁工序中可以包含一次或多次冲孔(或冲槽)和一次落料工序；当冲件外形规则、尺寸较大而精度要求不高时，可采用切断工序。

(2)工序顺序的确定　当多工序件采用单工序冲裁时，一般先落料使工件与条料分离，再冲孔或冲缺口，并尽量使后续工序的定位一致，以减少定位误差和避免尺寸换算。冲裁大小不同且相距较近的孔时，为了减小孔的变形，应先冲大孔后冲小孔。当多工序冲件采用级进冲裁时，一般先冲孔或冲缺口，最后落料或切断，同时要做到工艺稳定，使先冲部分能为后冲部分提供可靠定位(也可在条料边缘冲出工艺定位)，后冲部分不影响先冲部分的质量。采用侧刃定距时，侧刃切边工序应与首次冲孔同时进行。采用双侧刃时应前后错开排列。

(3)工序组合方式的确定　工序是否组合及组合的方式与冲件的生产批量、尺寸大小、精度要求及模具结构、强度、加工和操作等因素有关。一般小批量生产采用单工序冲裁，中批量和大批量生产采用复合冲裁或级进冲裁；冲件等级高且要求平整时，宜采用复合冲裁；冲件尺寸较小时，考虑单工序冲裁操作不方便，常采用复合冲裁或级进冲裁；冲件尺寸较大时，料薄时可采用复合冲裁或单工序冲裁，料厚时受压力机压力限制只宜采用单工序冲裁；冲件上孔与孔之间或孔与边缘之间的距离过小时，受凸凹模强度限制，不宜采用复合冲裁而宜采用级进冲裁，但级进模轮廓尺寸受压力机台面的限制，所以级进冲裁适宜尺寸不大、宽度较小的异形冲件；形状复杂的冲件，考虑模具的加工装配与调整方便，采用复合冲裁比级进冲裁较为适宜，但复合冲裁时其出件和废料清除较麻烦，工作安全性和生产率不如级进

冲裁。

实际确定冲裁工艺方案时，通常可以先拟定出几种不同的工艺方案，然后根据冲件的生产批量、尺寸大小、精度高低、复杂程度、材料厚度、模具制造、冲压设备及安全操作等方面进行全面分析和研究，从中确定技术可行、经济合理、满足产量和质量要求的最佳冲裁工艺方案。

3. 确定模具总体结构方案

在冲裁工艺方案确定以后，根据冲件的形状特点、精度要求、生产批量、模具制造条件、操作与安全要求，以及利用现有设备的可能，确定每道冲裁工序所有的冲模的总体结构方案。确定模具总体结构方案，就是对模具作出通盘的考虑和总体结构上的安排，它既是模具零部件设计与选用的基础，又是绘制模具总装图的必要准备，因而也是模具设计的关键，必须十分重视。

模具总体结构方案的确定包括以下内容：

(1)模具类型　模具类型主要是指单工序模、复合模、级进模三种。模具类型应根据生产批量、冲件形状与尺寸、冲件质量要求、材料性质与厚度、冲压设备与制模条件、操作与安全等因素确定，考虑冲裁工艺方案中已根据上述因素确定了冲裁工序性质、数量及组合方式，这些已基本决定了所用模具的类型，所以此处模具类型的确定只需与冲裁工艺方案相适应便可。

(2)操作与定位方式　根据生产批量确定采用手工操作、半自动化操作或自动化操作；根据坯料或工序件的形状、冲件精度要求、材料厚度、模具类型、操作方式等确定采用坯料的送进导向与送料定距方式或工序件的定位方式。

(3)卸料与出件方式　根据材料厚度、冲件尺寸与质量要求、冲裁工序性质与模具类型等，确定采用弹性卸料、固定卸料或废料切刀卸料等卸料方式和弹性顶件、刚性推件(或弹性推件)或凸模直接推件等出件方式。

(4)模架类型及精度　模架类型及精度等级主要根据冲件尺寸与精度、材料厚度、模具类型、送料与操作等因素确定。对于生产批量较小、冲件精度要求较低、材料较厚的单工序冲裁模，也可采用无导向模架。

4. 进行有关工艺与设计计算

在冲裁工艺与模具结构方案确定以后，为了进一步设计模具零件的具体结构，应进行以下有关工艺与设计方面的计算：

(1)排样设计与计算　根据冲件形状特征、质量要求、模具要求、模具类型与结构方案、材料利用率等方面因素进行冲件的排样设计。设计排样时，在保证冲件质量和模具寿命的前提下，主要考虑材料的充分利用，所以，对形状复杂的冲件，应多列几种不同排样方案(特殊形状件可用纸板按冲件比例作出样板进行实物排样)，估算材料利用率，比较各种方案的优缺点，选择出最佳排样方案。

(2)确定条料宽度、进距、长度、规格及材料利用率　排样方案确定以后，查出搭边值，根据模具类型和定位方式画出排样图，计算条料宽度、进距及材料利用率，并选择板料规格，确定裁板方式(纵裁或横裁)，进而确定条料长度，计算一块条料或整块板料的材料利用率。

(3)计算冲压力与压力中心，初选压力机　根据冲件尺寸、排样图和模具结构方案，计算冲裁力、卸料力、推件力、顶件力及冲压总力，并计算模具的压力中心。根据冲压总力、冲件尺寸、模架类型与精度等初步选定压力机的类型与规格。

(4)计算凸、凹模刃口尺寸及公差　根据冲件形状与尺寸精度要求，确定刃口尺寸计算方法，并计算刃口尺寸及其公差。

5. 设计、选用模具零部件，绘制模具总装配图

(1)确定凸、凹模结构形式，计算凹模轮廓尺寸及凸模结构尺寸　根据凸、凹模的刃口形状、尺寸大小及加工条件等确定凸、凹模结构形式，进而计算凹模轮廓尺寸及凸模结构尺寸。凹模轮廓尺寸应保证使模板中心与压力中心重合，并尽量选用标准系列尺寸。对于细长凸模，应进行强度与刚度校核。

(2)选择定位零件　定位零件一般都已标准化，根据定位方式及坯料的形状与尺寸，选用相应的标准规格。选择不到适合的标准时，可参考标准自行设计。

(3)设计、选用卸料与出件零件　根据卸料与出件方式及凸、凹模轮廓与刃口尺寸，设计卸料板、推件板、顶件块结构及尺寸，并从标准中选用合适的卸料螺钉、推杆、顶板及顶杆等。当采用了弹性卸料与出件方式时，还应进行弹簧或橡胶的选用与计算。

(4)选择模架，并确定其他模具零件的结构尺寸或标准规格　根据凹模轮廓尺寸，模架类型和大致的模具闭合高度，从标准中选取模架规格，并相应确定固定板与垫板的轮廓尺寸及其他结构尺寸，选择模柄及紧固件的类型与规格。

(5)绘制模具总装草图，校核压力机　根据模具总体结构方案及设计选用的模具零件部件，绘制模具总装草图，检查核对各模具零件的位置关系、相关尺寸、配合关系及结构工艺性等是否合适或合理，并校核压力机的有关参数，如装模高度、工作台面尺寸、滑块尺寸等。

需要说明的是，模具总装草图的绘制与零部件的设计选用往往是交错进行的，一般要经过设计、计算、绘图、修改的多次反复，这样才能设计出合理可行的模具，并提高设计效率。

6. 绘制模具总装图和零件图

在对模具总装草图检查核对基本无误后，便可绘制模具总装图和拆画模具零件图。总装图和零件图均应严格按照制图标准(GB1157～1160—84 和 GB131—83)绘制。考虑到模具图的特点，允许采用一些常用的习惯画法。

(1)模具总装图的绘制　模具总装图是拆绘模具零件图和装配模具的依据，应清楚表达各零件之间的装配关系以及固定连接方式。模具总装图的一般布置情况如图 2-106 所示，完整的总装图应符合下述要求：

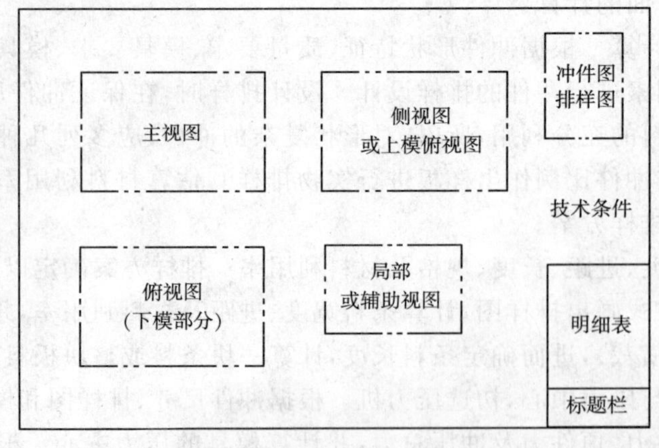

图 2-106　模具总装图的图面布置

① 主视图。主视图是模具总装图的主体部分，一般应画上、下模剖视图，上、下模一般画成闭合状态。因为模具处于闭合状态时，可以直观地反映出模具工作原理，对确定模具零件的相关尺寸及选用压力机的装模高度都极为方便。主视图中应标注闭合高度尺寸。主视图中条料和工件剖切面最好涂红(或涂黑)，以使图面更显清晰。

② 俯视图。俯视图一般是反映模具下模的上平面。对于对称零件也可以一半表示上模的上平面，一半表示下模的上平面。非对称零件如果需要，上、下模俯视图可分别画出，它们均只俯视可见部分。有时为了了解模具零件之间的位置关系，未见部分可用虚线表示。俯视图与主视图的中心线重合，并标注前后、左右平面轮廓尺寸。下模俯视图中的排样图轮廓线要用双点划线表示。

③ 侧视图、局部视图和仰视图。这些视图一般情况下不要求画出，只有当模具结构过于复杂，仅用上述主、俯视图难以表达清楚时，才有必要画出，宜少勿多。

④ 冲裁零件图。零件图是经模具冲裁后所得冲件的形状和尺寸。该图应严格按比例画出，其方向应与冲压方向一致(即与零件在模具总图中的位置一样)。如果不一致，必须用箭头注明冲压方向，同时要注明零件的名称、材料、厚度及有关技术要求。

⑤ 排样图。对于落料模、含有落料的复合模及级进模，必须绘出排样图。

⑥ 标题栏和明细表。标题栏和明细表应放在总装图的右下角，总装图中的所有零件(含标准件)都要详细填写在明细表中。

⑦ 技术要求。技术要求中一般只简要注明对本模具的使用、装配等要求和应注意的事项，例如冲压力大小、所选设备型号、模具标记及相关工具等。当模具有特殊要求时，应详细注明有关内容。

绘制模具总装图时，一般是先按比例勾画出总装草图，经仔细检查认为无误后，再画成正规总装图。模具总装图中的内容并非是一成不变的，在实际设计中可根据具体情况，允许做出相应的增减。

(2)绘制模具零件图　模具零件图是模具加工的重要依据，应符合如下要求：

① 视图要完整，且宜少勿多，以能将零件结构表达清楚为限。

② 尺寸标注要齐全、合理、符合国家标准。设计基准选择应尽可能考虑制造的要求。

③ 制造公差、形位公差、表面粗糙度选用要适当，既要满足模具加工质量要求，又要考虑尽量降低制模成本。

④ 注明所用材料牌号、热处理要求以及其他技术要求。

模具总装图中的非标准零件，均需分别画出零件图，一般的工作顺序也是先画工作零件图，再依次画其他各部分的零件图。有些标准零件需要补充加工(例如上、下标准模座上的螺孔、销孔等)时，也需画出零件图，但在此情况下，通常仅画出加工部位，而非加工部位的形状和尺寸则可省去不画，只需在图中注明标准件代号与规格即可。

二、冲裁模设计实例

冲裁如图 2-107 所示接触环零件，材料为锡青铜 QSn6.5-0.1(M)，厚度 $t=0.3$ mm。已知每年班产量 15 万件，试确定冲裁工艺方案，设计冲裁模。

1. 零件的工艺性分析

(1)结构与尺寸　该零件结构较简单，形状对称，尺寸较小。悬臂宽度(1.5、1.025)大于

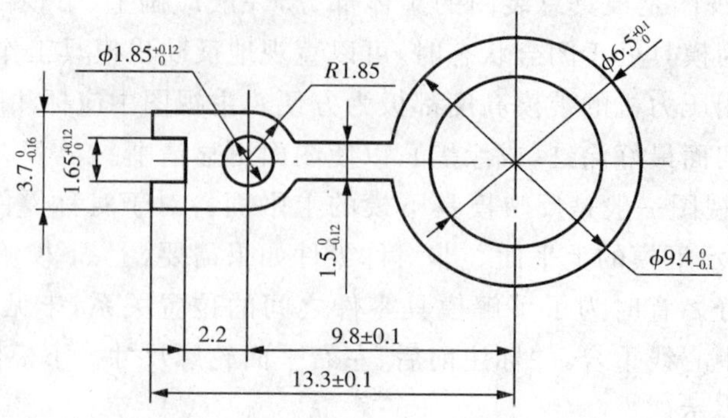

图 2-107 接触环

1.5t，臂长(3.25、1.3)小于 5 倍臂宽；凹槽宽度 $1.65_{0}^{+0.12}$ ＞1.5t，深度也较小；最小孔径 $1.85_{0}^{+0.12}$ ＞0.9t；孔至边缘的最小距离(0.925)＞1.5t。均适宜于冲裁加工。

(2)精度　零件尺寸公差除 $\phi9.4^{0}_{-0.1}$ 接近于 IT11 级以外，其余尺寸均低于 IT12 级，亦无其他特殊要求。利用普通冲裁方式可以达到零件图样要求。

(3)材料　锡青铜 QSn6.5－0.1(M)，软态，带料，抗剪强度 τ_b＝255MPa，断后伸长率 δ_{10}＝38%。此材料具有较高的弹性和良好的塑性，其冲裁加工性较好。

根据以上分析，该零件的工艺性较好，可以冲裁加工。

2. 确定冲裁工艺方案

该零件包括落料和冲孔两个基本工序，可采用的冲裁工艺方案有单工序冲裁、复合冲裁和级进冲裁三种。由于零件属于大批量生产，尺寸又较小，采用单工序冲裁效率太低，且不便于操作。若采用复合冲裁，虽然冲出的零件精度和平直度比较好，生产效率较高，因零件的孔边距太小，模具强度不能保证。采用级进冲裁时生产效率高，操作方便，通过设计合理的模具结构和排样方案可以达到较好的零件质量和避免模具强度不够的问题。

3. 确定模具总体结构方案

(1)模具类型　根据零件的冲裁工艺方案，采用级进冲裁模。

(2)操作与定位方式　虽然零件的生产批量较大，但合理安排生产可用手工送料方式，能够达到批量要求，且能够降低模具成本，因此采用手工送料方式。考虑零件尺寸较小，材料厚度较薄，为了便于操作和保证零件的精度，宜采用导料板导向、侧刃定距的定位方式。为减少料头和料尾的材料消耗和提高定距的可靠性，采用双侧刃前后对角布置。

(3)卸料与出件方式　考虑零件厚度较薄，采用弹性卸料方式。为了便于操作、提高生产率，冲件和废料采用由凹模洞口推下的下出件方式。

(4)模架类型及精度　由于零件厚度薄，冲裁间隙很小，又是级进模，因此采用导向平稳的对角导柱模架。考虑零件精度要求不是很高，但冲裁间隙较小，因此采用Ⅰ级模架精度。

4. 工艺与设计计算

(1)排样设计与计算　该零件材料厚度较薄，尺寸小，近似 T 形，因此可采用 45°的斜对排样，如图 2-108 所示。考虑模具强度的影响，在冲孔和落料工位之间增设了一个空位。

根据排样图的几何关系，可以近似算出两排中心距为 18 mm。

查表，取 a＝1.5 mm，a_1＝1.2 mm，Δ＝0.10 mm，Z＝0.5 mm，b_1＝1.3 mm，y＝

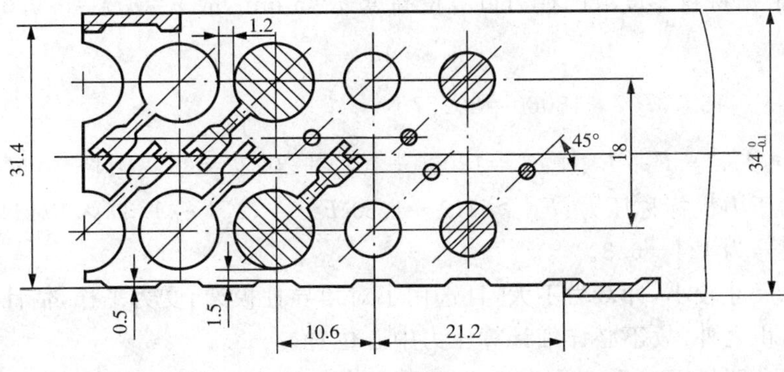

图 2-108　排样图

0.1 mm。另因采用的 I_{C} 型侧刃，故料宽每边需增加燕尾形切入深度 $a'=0.5$ mm。因此，条料宽度为

$$B^{0}_{-\Delta}=(D_{max}+2a+2a'+nb_1)^{0}_{-\Delta}$$

$$=(18+9.4+2\times1.5+2\times0.5+2\times1.3)^{0}_{-0.10}=34^{0}_{-0.10}\ \mathrm{mm}$$

冲裁后废料宽度为

$$B_1=D_{max}+2a+2a'=18+9.4+2\times1.5+2\times0.5=31.4\ \mathrm{mm}$$

进距为

$$s=9.4+1.2=10.6\ \mathrm{mm}$$

导料板间距为

$$B'=B+Z=34+0.5=34.5\ \mathrm{mm}$$

$$B_1'=B_1+y=31.4+0.1=31.5\ \mathrm{mm}$$

由零件图近似算得一个零件的面积为 54 mm^2，一个进距内冲两件，故 $A=54\ \mathrm{mm}^2\times2=108\ \mathrm{mm}^2$。一个进距内得坯料面积 $B\times s=34\times10.6=360.4\ \mathrm{mm}^2$。因此材料利用率为：

$$\eta=A/Bs\times100\%=108/360.4\times100\%\approx30\%$$

(2)计算冲压力与压力中心，初选压力机

冲裁力：根据零件图可算得一个零件内外周边之和 $L_1=77$ mm，侧刃冲切长度 $L_2=13.8$ mm，根据排样图一模冲两件和双侧刃布置，故总冲裁长度 $L=(77+13.8)\times2=181.6$ mm。又 $\tau_b=255\mathrm{MPa}$，$t=0.3$ mm，取 $K=1.3$，则

$$F=KLt\tau_b=1.3\times181.6\times0.3\times255=18060\ \mathrm{N}$$

卸料力：查表取 $K_X=0.06$，则

$$F_X=K_XF=0.06\times18060=1084\ \mathrm{N}$$

推件力：根据材料厚度取凹模刃口直壁高度 $h=5$ mm，故 $n=h/t=5/0.3=16$。查表取 $K_T=0.07$，则

$$F_T=nK_TF=16\times0.07\times18060=20227\ \text{N}$$

总冲压力：$F_{\Sigma}=F+F_X+F_T=18060+1084+20227=39371\ \text{N}\approx40\ \text{kN}$

应选取的压力机标称压力：$F_{标}\geqslant(1.1\sim1.3)F_{\Sigma}=(1.1\sim1.3)\times40\ \text{kN}=44\sim52\ \text{kN}$，因此压力机型号为 J24－6.3。

因冲裁件尺寸较小，冲裁力不大，且选用了对角导柱模架，受力平稳，估计压力中心不会超出模柄端面积之外，故不必详细计算压力中心位置。

(3)计算凸、凹模刃口尺寸及公差　由于材料薄，模具间隙小，故凹、凸模采用配作加工为宜。又根据排样图可知，凹模的加工较凸模困难，且该级进模所有凹模型孔均在同一凹模板上，因此，选用凹模为制造基准件。故不论冲孔、落料，只计算凹模刃口尺寸及公差，并将计算值标注在凹模图样上。各凸模仅按凹模各对应尺寸标注其基本尺寸，并标明按凹模实际刃口尺寸配作双面间隙 0.03 mm，侧刃按侧刃孔配作单面间隙 0.015 mm。

① 落料凹模刃口尺寸。按磨损情况分类计算：

凹模磨损后增大的尺寸，按公式 $A_d=(A_{max}-x\Delta)_0^{+\Delta/4}$ 计算：

$9.4_{-0.1}^{0}$　　$A_{d1}=(9.4-0.75\times0.1)_0^{+0.1/4}=9.33_0^{+0.025}$ mm

$1.5_{-0.12}^{0}$　　$A_{d2}=(1.5-0.75\times0.12)_0^{+0.12/4}=1.41_0^{+0.03}$ mm

$3.7_{-0.16}^{0}$　　$A_{d3}=(3.7-0.75\times0.16)_0^{+0.16/4}=3.58_0^{+0.04}$ mm

13.3 ± 0.1　　$A_{d4}=(13.3+0.1-0.75\times0.2)_0^{+0.2/4}=13.25_0^{+0.05}$ mm

2.2 ± 0.12　　$A_{d5}=(2.2+0.12-0.5\times0.24)_0^{+0.24/4}=2.2_0^{+0.06}$ mm

凹模磨损后减小的尺寸，按公式 $B_d=(B_{min}+x\Delta)_{-\Delta/4}^{0}$ 计算：

$1.65_0^{+0.12}$　　$B_d=(1.65+0.75\times0.12)_{-0.12/4}^{0}=1.74_{-0.03}^{0}$ mm

凹模磨损后不变的尺寸，按公式 $C_d=(C_{min}+0.5\Delta)\pm\Delta/8$ 计算：

9.8 ± 0.1　　$C_d=(9.7+0.5\times0.2)\pm0.2/8=9.8\pm0.025$ mm

② 冲孔凹模刃口尺寸。冲孔凹模均为圆形，故可按公式 $d_d=(d_{max}+x\Delta+Z_{min})_0^{+\Delta/4}$ 计算：

$6.5_0^{+0.1}$　　$d_{d1}=(6.5+0.75\times0.1+0.03)_0^{+0.1/4}=6.61_0^{+0.025}$ mm

$1.85_0^{+0.12}$　　$d_{d2}=(1.85+0.75\times0.12+0.03)_0^{+0.12/4}=1.97_0^{+0.03}$ mm

③ 侧刃孔尺寸可按公式 $A_d=(A+0.5Z_{min})_0^{+\delta_d}$ 计算，取 $\delta_d=0.02$，则

$$A_d=(A+0.5Z_{min})_0^{+\delta_d}=(10.6+0.5\times0.03)_0^{+0.02}=10.61_0^{+0.02}\ \text{mm}$$

当采用线切割机床加工凹模时，各型孔尺寸和孔距尺寸的制造公差均可标注为±0.01(为机床一般可达到的加工精度)，本例即采用此种加工的标注法。

5. 设计选用模具零、部件，绘制模具总装草图

这里只介绍凸、凹零件的设计过程，其他零件的设计或选用过程从略。

(1)凹模设计 凹模采用矩形板状结构和直接通过螺钉、销钉与下模座固定的方式。因冲件的批量较大，考虑凹模的磨损和保证冲件的质量，凹模刃口采用直刃壁结构，刃壁高度取5 mm，漏料部分沿刃口轮廓单边扩大0.8 mm(为便于加工，落料凹模漏料孔可设计成近似刃口轮廓的简化形状)。凹模轮廓尺寸计算如下。

沿送料方向的凹模型孔壁间最大距离为

$l=31.81+21.2+10.61\approx63.6$ mm

垂直于送料方向的凹模型孔壁最大距离为

$b=31.4-2\times0.5+2\times6=42.4$ mm(取侧刃厚度为6 mm)

沿送料方向的凹模长度为

$L=l+2c=63.6+2\times20=103.6$ mm(查表取$c=20$ mm)

垂直于送料方向的凹模宽度为

$B=b+2c=42.4+2\times20=82.4$ mm

凹模厚度为

$$H=K_1K_2\sqrt[3]{0.1F}=1\times1.25\times\sqrt[3]{0.1\times18060}$$

$$=15.2\text{ mm(查表取}K_2=1.25,K_1=1)$$

根据算得的凹模轮廓尺寸，选取与计算值相接近的标准凹模板的轮廓尺寸为$L\times B\times H=100\text{ mm}\times80\text{ mm}\times16\text{ mm}$。

凹模的材料选用CrWMn，工作部分热处理淬硬60～64HRC。

(2)凸模设计 落料凸模刃口部分非圆形，为了便于凸模和固定板的加工，可设计成阶梯形结构，并将安装部分设计成便于加工的长圆形，通过铆接方式与固定板固定。凸模的尺寸根据刃口尺寸、卸料装置和安装固定要求确定。凸模的材料也选用CrWMn，工作部分热处理淬硬58～62HRC。

冲孔凸模的设计与落料凸模基本相同，因刃口部分为圆形，其结构更简单。考虑冲孔凸模直径很小，故需对最小凸模($1.85_{0}^{+0.12}$冲孔凸模)进行强度和刚度校核。

① 凸模最小直径的校核(强度校核)。

因孔径虽小，但远大于材料厚度，估计凸模的强度和刚度是够的。为使弹压卸料板加工方便，取凸模与卸料板的双面间隙为0.2 mm(不起导向作用)。

查表知，凸模的最小直径d应满足：

$d\geqslant5.2t\tau_b/[\sigma_{压}]=5.2\times0.3\times255/1200=0.33$ mm(取$[\sigma_{压}]=1200$ MPa)

而$d_{p2}=d_{d2}-Z_{min}=1.97-0.03=1.94$ mm，因$d_{p2}>0.33$ mm，所以凸模强度足够。

② 凸模最大自由长度的校核(刚度校核)。

凸模最大自由长度L应满足

$$L \leqslant 90d^2/\sqrt{F} = 90\times1.94^2/\sqrt{1.3\times3.14\times1.94\times0.3\times255} = 13.8\ \mathrm{mm}$$

由此可知，小冲孔凸模工作部分长度不能超过 13.8 mm。本例取小冲孔凸模工作部分长度为 12 mm，大冲孔凸模和落料凸模为 15 mm。

其他主要模具零部件的尺寸规格为：模架 100 mm×80 mm×（120～145）mm（GB/T2851.3－1990），凸模固定板 100 mm×80 mm×18 mm，卸料板 100 mm×80 mm×12 mm（台阶高度 4.5 mm），垫板 100 mm×80 mm×4 mm，卸料弹簧 2.5×12×40（GB/T2089－1994），模柄 A30×78（JB/T7646.1－1994）。

根据模具总体结构方案和已设计选用的模具零部件，绘制模具总装草图，并检查核对模具零件的相关尺寸、配合关系及结构工艺性等，校核压力机参数，最后作出合理修改。

6. 绘制正式模具总装图和非标准模具零件图

本例的模具总装图见图 2－109，凹模、落料凸模、冲孔凸模、凸模固定板和卸料板分别见图 2－110 至图 2－115。

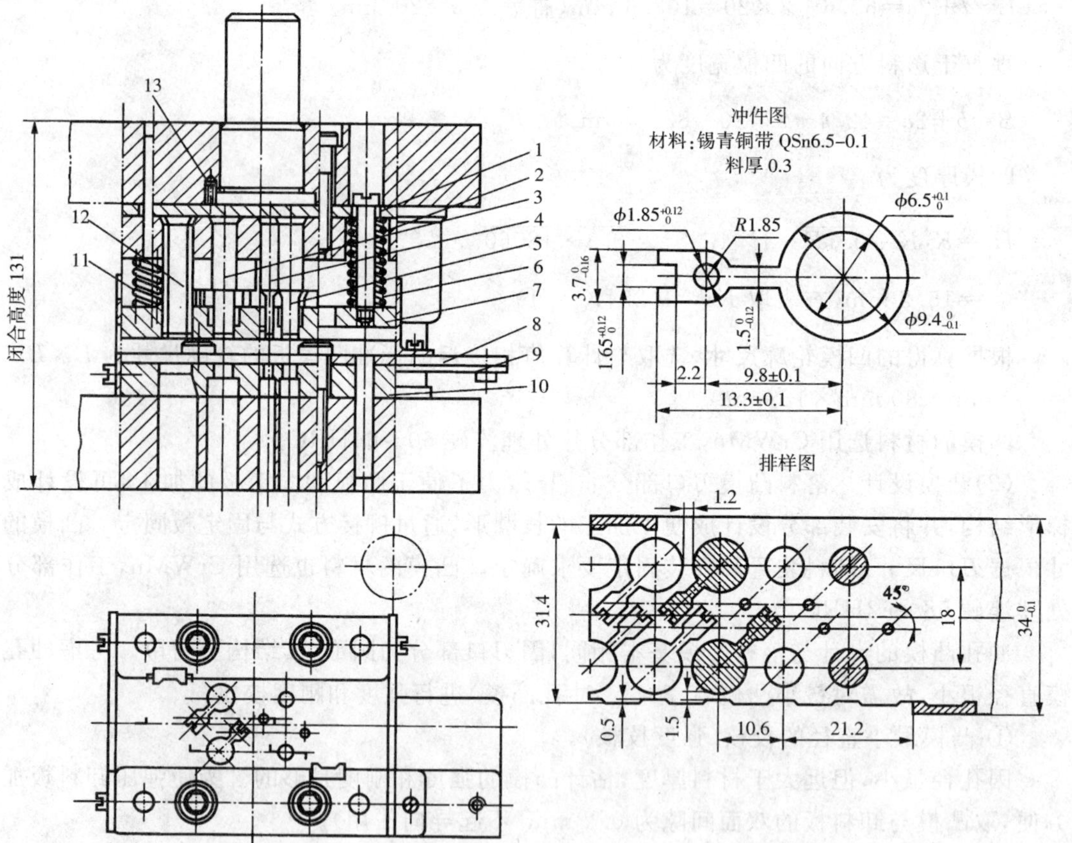

冲件图
材料：锡青铜带 QSn6.5-0.1
料厚 0.3

排样图

图 2－109　模具总装图

1—垫板　2—固定板　3—落料凸模　4、5—冲孔凸模　6—卸料螺钉　7—卸料板
8—导料板　9—承料板　10—凹模　11—弹簧　12—侧刃　13—止转销

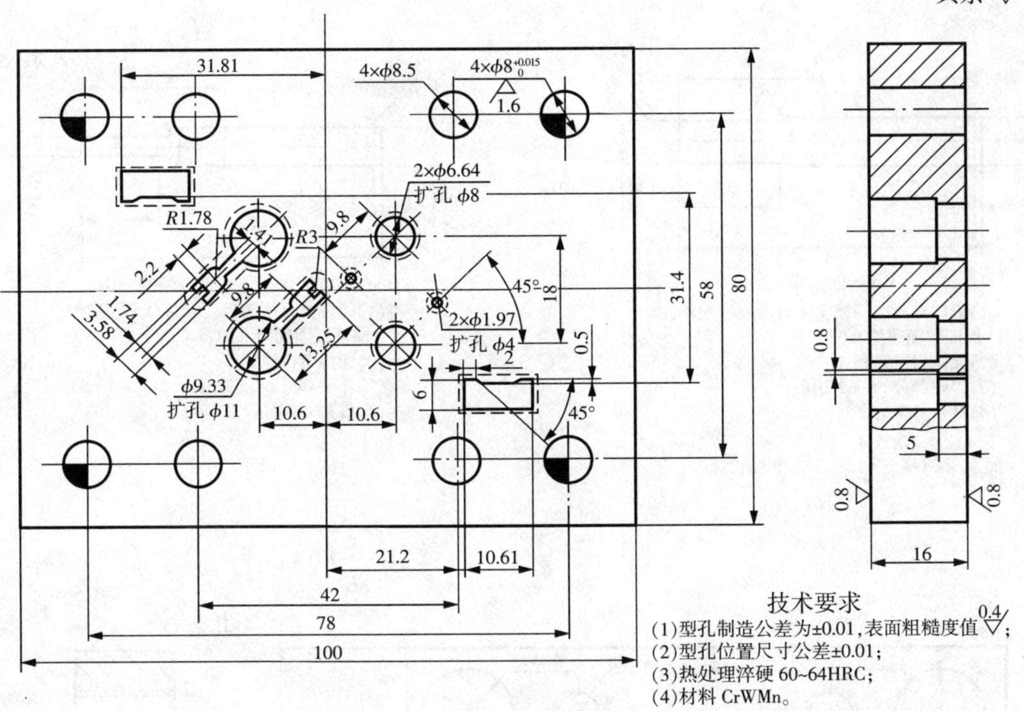

技术要求

(1)型孔制造公差为±0.01,表面粗糙度值 0.4;

(2)型孔位置尺寸公差±0.01;

(3)热处理淬硬 60~64HRC;

(4)材料 CrWMn。

图 2-110　凹模

其余 6.3

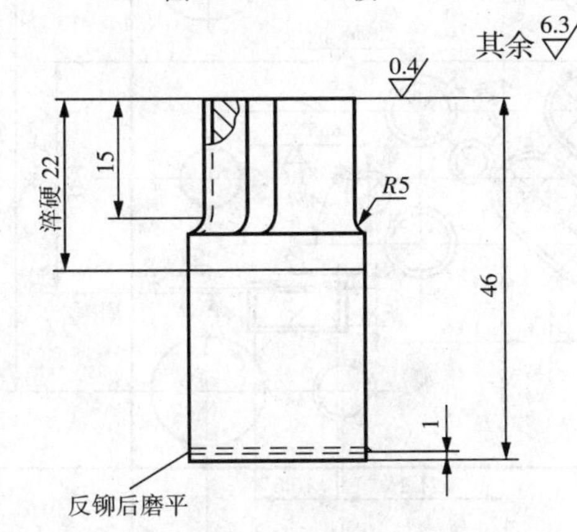

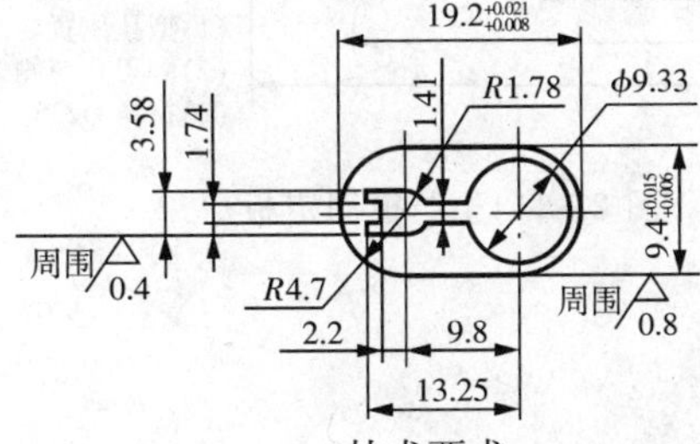

技术要求

(1)刃口部分按凹模实际刃口尺寸配作,保证双面间隙 0.03;

(2)保持刃口锋利;

(3)淬硬部分 58~62HRC;

(4)材料 CrWMn。

图 2-111　落料凸模

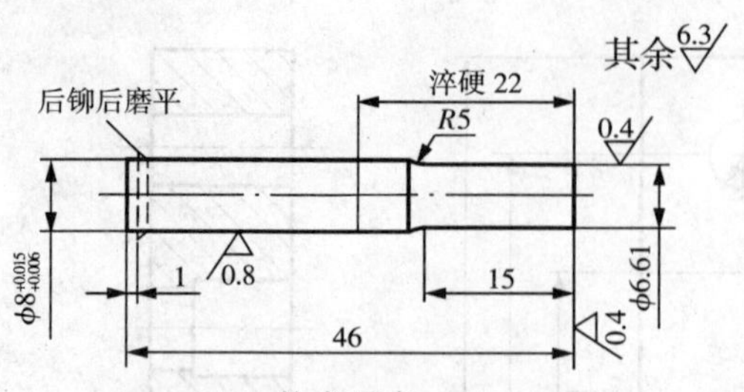

技术要求

(1)刃口部分按凹模实际刃口尺寸配作，保证双面间隙 0.03；

(2)保持刃口锋利；

(3)淬硬部分 58~62HRC；

(4)材料 CrWMn。

图 2-112　大冲孔凸模

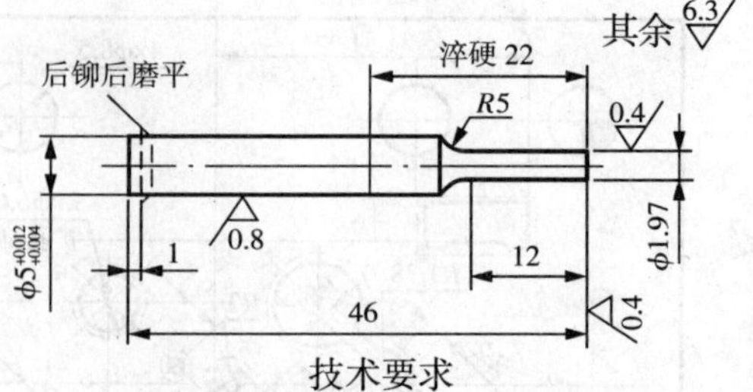

技术要求

(1)刃口部分按凹模实际刃口尺寸配作，保证双面间隙 0.03；

(2)保持刃口锋利；

(3)淬硬部分 58~62HRC；

(4)材料 CrWMn

图 2-113　小冲孔凸模

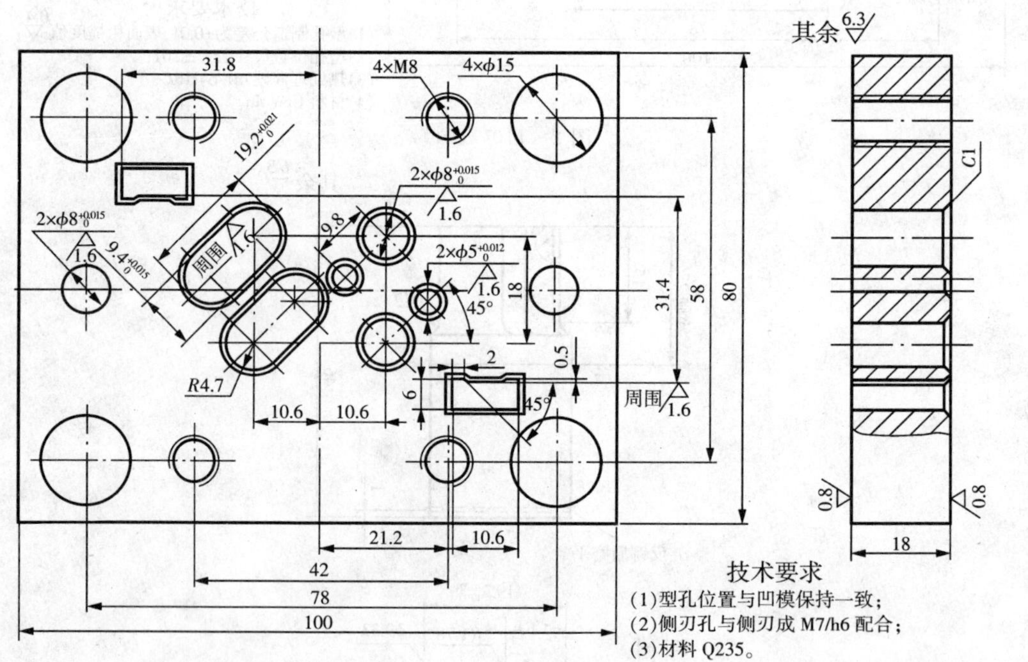

技术要求

(1)型孔位置与凹模保持一致；

(2)侧刃孔与侧刃成 M7/h6 配合；

(3)材料 Q235。

图 2-114　凸模固定板

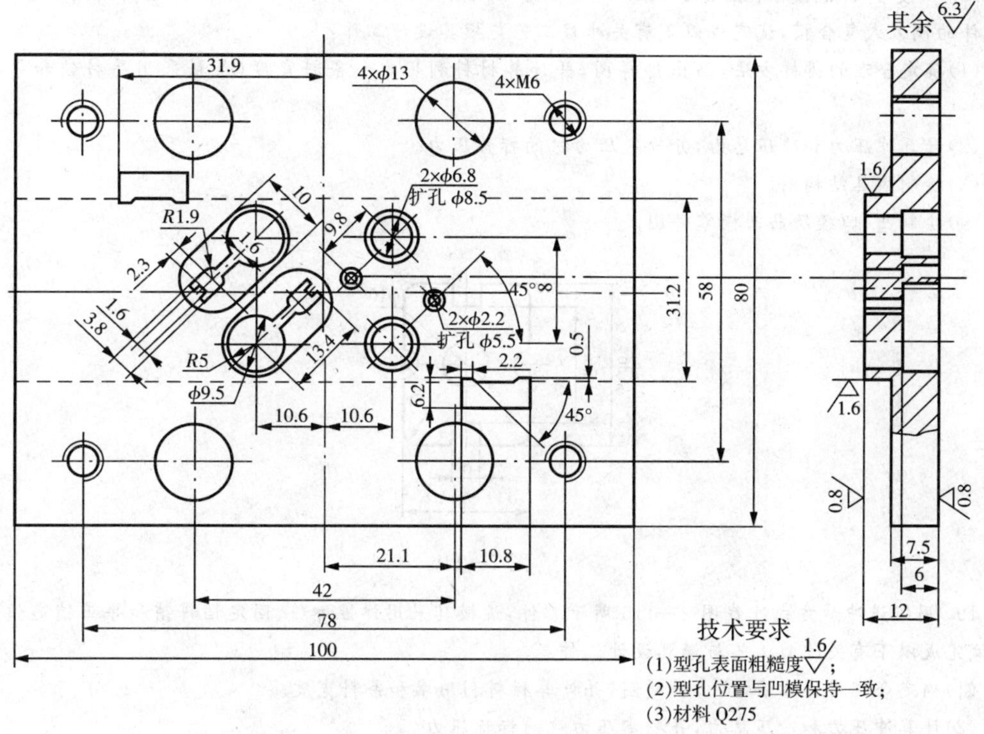

图 2-115　卸料板

思考题与练习题

1. 板料冲裁时，其切断面具有什么特征？这些特征是如何形成的？
2. 影响冲裁间隙件尺寸精度的因素有哪些？如何提高冲裁件的尺寸精度？
3. 什么是冲裁间隙？实际生产中如何选择合理的冲裁间隙？
4. 冲裁凸、凹模刃口尺寸计算方法有哪几种？各有何特点？分别适应于什么场合？
5. 什么是材料的利用率？在冲裁工作中如何提高材料利用率？
6. 什么是压力中心？压力中心在冲模设计时起什么作用？
7. 什么是冲裁力、卸料力、推件力和顶件力？如何根据冲模结构确定冲压工艺总力？
8. 冲裁模一般由哪几类零部件组成？它们在冲裁模中分别起什么作用？
9. 试比较单工序模、级进模和复合模的结构特点和应用。
10. 常用冲裁凸、凹模结构形式与固定方式有哪几种？什么情况下凸、凹模设计成镶拼式结构？
11. 冲裁模的卸料方式有哪几种？分别适合于何种场合？
12. 模架的作用是什么？一般由哪些零件组成？如何选择模架？
13. 什么是精密冲裁？精密冲裁与普通冲裁相比哪些方面不同？
14. 精密冲裁有哪几种方法？它们各有何特点？
15. 精冲工艺对压力机有哪些要求？精冲压力机有哪些结构类型？
16. 什么是简易冲模？在生产中采用简易冲模有何意义？
17. 什么是聚氨酯橡胶冲裁模？它有何优缺点？怎样设计聚氨酯橡胶冲裁模？

18. 用复合冲裁方式冲裁图 2-116 所示零件(材料:10 钢,料厚为 0.6 mm),设模具采用弹性卸料、刚性推件的倒装式复合模,试完成以下有关冲裁工艺与模具设计工作:

(1)确定合理的排样方法,画出排样图,并计算材料利用率和条料宽度(条料采用导料销和导正销定位)。

(2)计算冲压力和冲压总力,并确定压力机的标称压力。

(3)绘制模具结构图。

(4)绘制凸、凹模及凸凹模零件图。

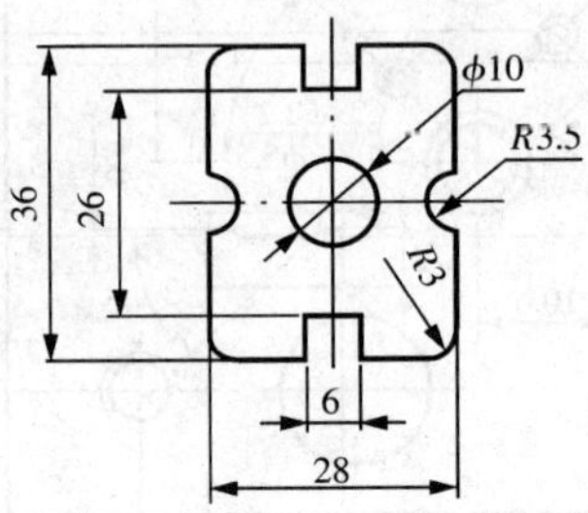

图 2-116

19. 用级进冲裁方式冲裁图 2-116 所示零件,设模具采用弹性卸料、固定挡料销和导正销定位的级进模,试完成以下有关冲裁工艺与模具设计工作:

(1)确定合理排样方法,画出排样图,并计算材料利用率和条料宽度。

(2)计算冲压力和冲压总力,并确定压力机的标称压力。

(3)选用与计算卸料弹性元件。

(4)绘制模具结构图。

(5)绘制凸、凹模零件图。

20. 试分析图 2-117 所示零件(材料:10 钢,料厚为 1.5 mm)的冲裁工艺性,并确定其冲裁工艺方案(零件按中批量生产)。

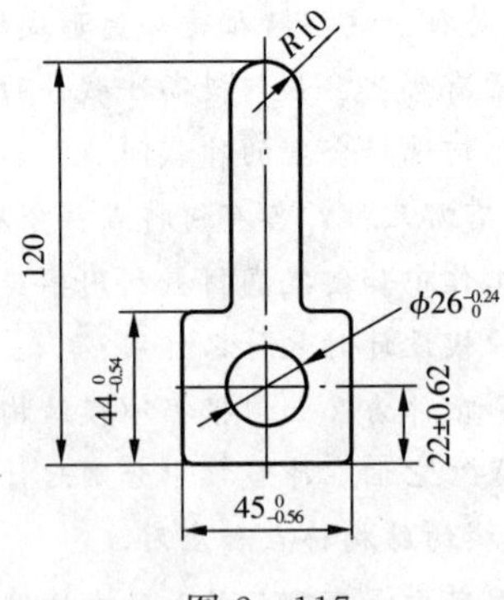

图 2-117

第三章　弯曲工艺及模具设计

【内容提要】 本章在分析弯曲变形过程及弯曲件质量影响因素的基础上，介绍弯曲工艺计算、工艺方案制订和弯曲模设计。内容涉及弯曲变形过程分析、弯曲半径及最小弯曲半径影响因素、弯曲卸载后的回弹及影响因素、减少回弹的措施、坯料尺寸计算、工艺性分析与工艺方案确定、弯曲模典型结构、弯曲模工作零件设计等。

【目标要求】 了解弯曲变形规律及弯曲件质量影响因素；掌握弯曲工艺计算方法；掌握弯曲工艺性分析与工艺设计方法；认识弯曲模典型结构及特点；掌握弯曲模工作零件设计方法；掌握弯曲工艺与弯曲模设计的方法和步骤。

将金属板料、型材或管材等弯成一定的曲率和角度，从而得到一定形状和尺寸零件的冲压工序称为弯曲。用弯曲方法加工的零件种类很多，如自行车车把、汽车的纵梁、电器零件的支架、门窗铰链、配电箱外壳等。如图 3 - 1a 所示。弯曲的方法也很多，可以在压力机上利用模具弯曲，也可以在专门弯曲机上进行折弯、滚弯或拉弯等。如图 3 - 1b 所示。各种弯曲方法尽管所用设备与工具不同，但其变形过程及特点却存在着一些共同规律。本章主要介绍在压力机上进行弯曲的弯曲模具设计与制造。

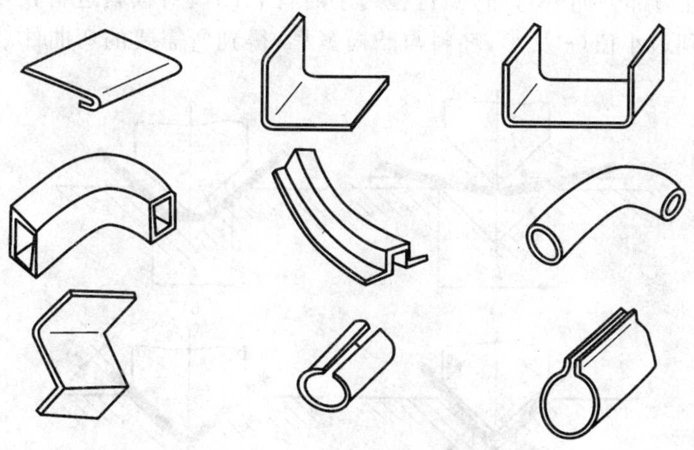

图 3 - 1a　常见的弯曲零件

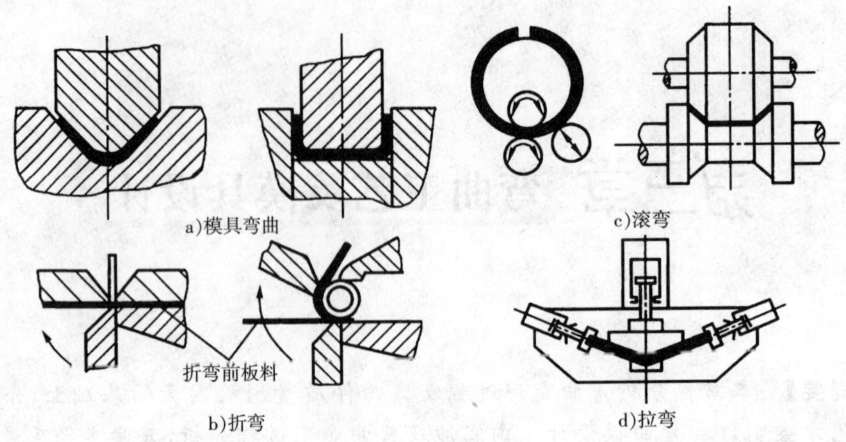

图 3-1b　弯曲加工方法

第一节　弯曲变形过程分析

一、弯曲变形过程及特点

1. 弯曲变形过程

为了说明弯曲变形过程，我们来观察 V 形件在弯曲模中的校正弯曲过程。

如图 3-2 所示，弯曲开始后，首先经过弹性弯曲，然后进入塑性弯曲。随着凸模的下压，塑性弯曲由坯料的表面向内部逐渐增多，坯料的直边与凹模工作表面逐渐靠紧，弯曲半径从 r_0 变为 r_1，弯曲力臂也由 l_0 变为 l_1。凸模继续下压，坯料弯曲区(圆角部分)逐渐减小，在弯曲区的横截面上，塑性弯曲的区域增多，到板料与凸模三点接触时，弯曲半径由 r_1 变为 r_2。此后坯料的直边部分向外弯曲，到行程终了时，凸、凹模对板料进行校正，板料的弯曲半径及弯曲力臂达到最小值(r 及 l)，坯料与凸模紧靠，得到所需要的弯曲件。

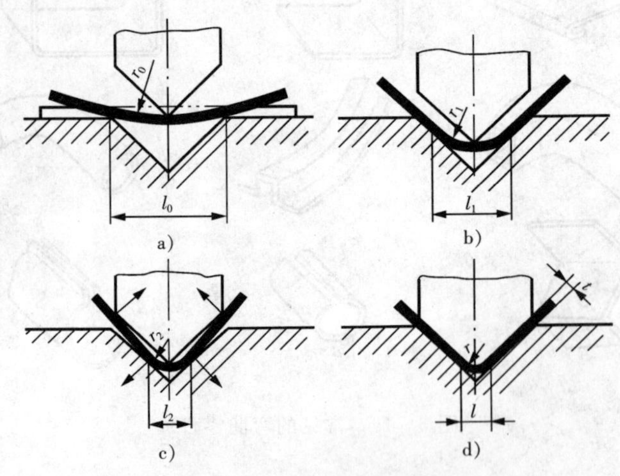

图 3-2　V 形件弯曲过程

由V形件的弯曲过程可以看出，弯曲成型的过程是从弹性弯曲到塑性弯曲的过程，弯曲成型的效果表现为弯曲变形半径和角度的变化。

2. 弯曲变形特点

为了分析弯曲变形特点，可采用网格法，如图3-3所示。通过观察板料弯曲变形后位于弯曲件侧壁的坐标网格的变化情况，可以看出：

(1)弯曲变形区主要集中在圆角部分，此处的正方形网格变成了扇形。圆角以外除靠近圆角的直边处有少量形变外，其余部分不发生变形。

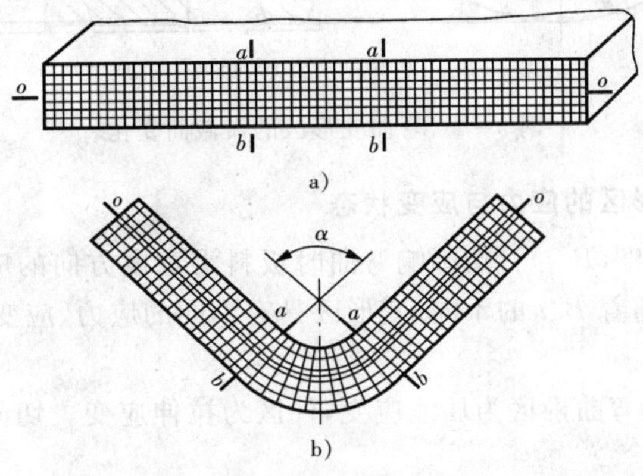

图3-3　板料弯曲前后坐标网格的变化

(2)在变形区内，板料的外区(靠凹模一侧)切向受拉而伸长($\overset{\frown}{bb}>bb$)，内区(靠凸模一侧)切向受压而缩短($\overset{\frown}{aa}<aa$)。有内、外表面至板料中心，其缩短的程度逐渐减少。从外层的伸长到内层的缩短，其间必有一层金属的长度在变形前后保持不变($\overset{\frown}{oo}=oo$)，称为中性层。

(3)由试验知，当弯曲半径与板厚之比r/t(称为相对弯曲半径)较小时，中性层位置将从板料中心向内移动。内移的结果，外层拉伸变薄的区域范围增大，内层受压增厚的区域范围减小，从而使弯曲变形区板料厚度变薄，变薄后的厚度为

$$t_1=\eta t \tag{3-1}$$

式中：t_1——变形后的料厚(mm)；

t——变形前的料厚(mm)；

η——变薄系数，可查表3-1。

根据塑性变形体积不变定律，变形区减薄的结果使板料长度有所增加。

表3-1　90°弯曲时的变薄系数η

r/t	0.1	0.25	0.5	1.0	2.0	3.0	4.0	>4
η	0.82	0.87	0.92	0.96	0.99	0.992	0.995	1

(4)弯曲变形区板料横截面的变化分为两种情况：窄板(板宽B与料厚t之比$B/t<3$)弯曲时，内区因厚度受压而使宽度增加，外区因厚度受拉而使宽度减小，因而原矩形截面变

成了扇形（见图 3－4a）；宽板（$B/t>3$）弯曲时，因板料在宽度方向的变形受到相邻材料彼此间的制约作用，不能自由变形，所以横截面几乎不变，仍为矩形（见图 3－4b）。

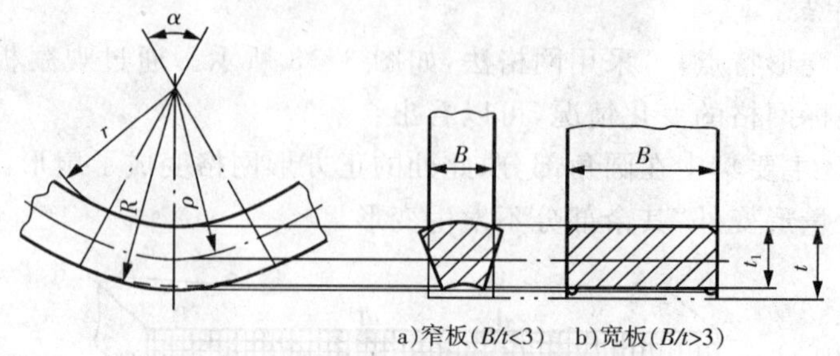

图 3－4　弯曲变形区的横截面变化

二、塑性弯曲时变形区的应力与应变状态

由于板料的相对宽度（B/t）直接影响弯曲时板料沿宽度方向的应变，进而影响应力，因此板料在塑性弯曲时，随着 B/t 的不同，变形区具有不同的应力、应变状态。

1. 应变状态

长度方向（切向）ε_θ：弯曲内区为压缩应变，外区为拉伸应变。切向应变是绝对值最大的主应变。

厚度方向（径向）ε_t：因为 ε_θ 是绝对值最大的主应变，根据塑性变形体积不变定律可知，沿板料厚度和宽度两个方向必然产生与 ε_θ 符号相反的应变。所以在弯曲的内区 ε_t 为拉应变，在弯曲的外区 ε_t 为压应变。

宽度方向 ε_ϕ：窄板弯曲时，因材料在宽度方向上可以自由变形，故在内区宽度方向应变 ε_ϕ 与切向应变 ε_θ 符号相反而为拉应变，在外区 ε_ϕ 则为压应变；宽板弯曲时，由于沿宽度方向受到材料彼此之间的制约作用，不能自由变形，故可以近似认为，无论外区还是内区，其宽度方向的应变 $\varepsilon_\phi=0$。

由此可见，窄板弯曲时的应变状态是立体的，而宽板弯曲的应变状态则是平面的。

2. 应力状态

长度方向（切向）σ_θ：内区受压，σ_θ 为压应力；外区受拉，σ_θ 为拉应力。切向应力是绝对值最大的主应力。

厚度方向（径向）σ_t：塑性弯曲时，由于变形区弯曲度增大，以及金属各层之间的相互挤压的作用，从而在变形区引起径向压应力 σ_t。通常在板料表面 $\sigma_t=0$，由表及里 σ_t 逐渐递增，至应力中性层处达到最大值。

宽度方向 σ_ϕ：对于窄板，由于宽度方向可以自由变形，因而无论是内区还是外区，$\sigma_\phi=0$；对于宽板，因为宽板方向受到材料的制约作用，$\sigma_\phi\neq0$。内区由于宽度方向的伸长受阻，所以 σ_ϕ 为压应力；外区由于宽度方向的压缩受到材料的制约受阻，所以 σ_ϕ 为拉应力。

因此，从应力状态来看，窄板弯曲时的应力状态是平面的，宽板弯曲时的应力状态则是立体的。

根据以上分析，可将板料弯曲时的应力应变状态归纳如表 3－2。

表 3-2　板料弯曲时的应力应变状态

<table>
<tr><th rowspan="2">相对宽度</th><th rowspan="2">变形区域</th><th colspan="3">应力应变状态分析</th></tr>
<tr><th>应力状态</th><th>应变状态</th><th>特　点</th></tr>
<tr><td rowspan="2">窄板 $B/t<3$</td><td>内区(压区)</td><td>σ_t　σ_θ</td><td>ε_t　ε_θ　ε_ϕ</td><td rowspan="2">平面应力状态,
立体应变状态</td></tr>
<tr><td>外区(拉区)</td><td>σ_t　σ_θ</td><td>ε_t　ε_θ　ε_ϕ</td></tr>
<tr><td rowspan="2">宽板 $B/t>3$</td><td>内区(压区)</td><td>σ_t　σ_θ　σ_ϕ</td><td>ε_t　ε_θ</td><td rowspan="2">立体应力状态,
平面应变状态</td></tr>
<tr><td>外区(拉区)</td><td>σ_t　σ_θ　σ_ϕ</td><td>ε_t　ε_θ</td></tr>
</table>

第二节　弯曲件的质量问题及控制

弯曲是一种变形工艺。由于弯曲变形过程中变形区应力应变分布的性质、大小和表现形态不尽相同,加上板料在弯曲过程中要受到凹模摩擦阻力的作用,所以在实际生产中弯曲件容易产生许多质量问题,其中常见的是弯裂、回弹、偏移、翘曲与剖面畸变。

一、弯裂及其控制

弯曲时板料的外侧受拉伸,当外侧的拉伸应力超过材料的抗拉强度以后,在板料的外侧将产生裂纹,此种现象称为弯裂。实践证明,板料是否会产生弯裂,在材料性质一定的情况下,主要与弯曲半径 r 与板料厚度 t 的比值 r/t(称为相对弯曲半径)有关,r/t 越小,其变形程度就越大，越容易产生裂纹。

1. 最小相对弯曲半径

如图 3－5 所示，设中性层半径为 ρ，弯曲中心角为 α，则最外层金属（半径为 R）的伸长率 $\delta_{外}$ 为

$$\delta_{外}=\frac{\widehat{aa}-\widehat{oo}}{\widehat{oo}}=\frac{(R-\rho)\alpha}{\rho\alpha}=\frac{R-\rho}{\rho}$$

设中心层位置在半径为 $\rho=r+t/2$ 处，且弯曲后厚度保持不变，则 $R=r+t$，且有

$$\delta_{外}=\frac{(r+t)-(r+t/2)}{r+t/2}=\frac{t/2}{r+t/2}=\frac{1}{2r/t+1} \tag{3-2}$$

如将 $\delta_{外}$ 以材料断后伸长率 代入，则 r/t 转化为 $r_{\min}/t$，且有

$$r_{\min}/t=\frac{1-\delta}{2\delta} \tag{3-3}$$

从式（3－2）可以看出，相对弯曲半径 r/t 越小，外层材料的伸长率就越大，即板料切向变形程度越大，因此，生产中常用 r/t 来表示板料的弯曲变形程度。当外层材料的伸长率达到材料断后伸长率后，就会导致弯裂，故称 $r_{\min}/t$ 为板料不产生弯裂时的最小相对弯曲半径。

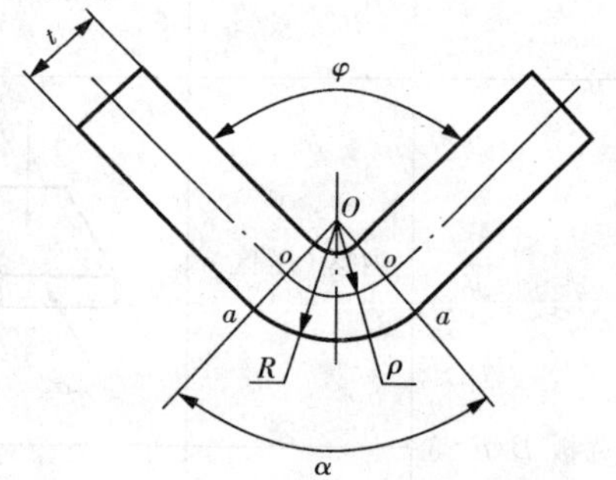

图 3－5　弯曲时的变形情况

影响最小相对弯曲半径的因素很多，主要有：

（1）材料的塑性及热处理状态　材料的塑性越好，其断后伸长率越大，由式（3－3）可以看出，$r_{\min}/t$ 就越小。

经退火处理后的坯料塑性较好，$r_{\min}/t$ 小些。经冷作硬化的坯料塑性降低，$r_{\min}/t$ 就大些。

（2）板料的表面和侧面质量　板料的表面及侧面（剪切断面）的质量差时，容易造成应力集中并降低塑性变形的稳定性，使材料过早的破坏。对于冲裁或剪裁的坯料，若未经退火，由于切断面存在冷变形硬化层，也会使材料塑性降低。在这些情况下，均应选用较大的相对弯曲半径。

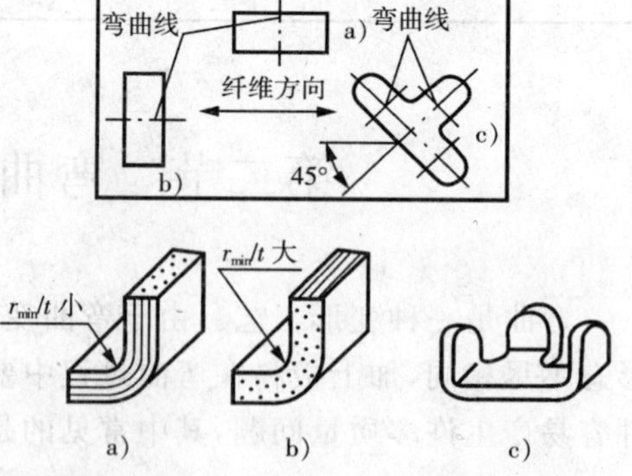

图 3－6　板料纤维对 $r_{\min}/t$ 的影响

（3）弯曲方向　板料经轧制以后产生纤维组织，使板料性能呈现明显的方向性。一般顺着纤维方向的力学性能较好，不易拉裂。因此，当弯曲线与纤维方向垂直时（图 3－6a），$r_{\min}/t$ 可取较小值；当弯曲线与纤维方向平行时（图 3－6b），$r_{\min}/t$ 应取较大值。当弯曲件有两个相互垂直的弯曲线时，排样时应使两个弯曲线与板料的纤维方向成 45°夹角，见图 3－6c。

（4）弯曲中心角　理论上弯曲变形区外表面的变形程度只与 r/t 有关，而与弯曲中心角

无关，但实际上由于接近圆角的直边部分也产生一定的变形，这就相当于扩大了弯曲变形区的范围，分散了集中在圆角部分的弯曲应变，从而可以减缓弯曲时弯裂的危险。弯曲中心角 α 愈小，减缓作用愈明显，因而 r_{min}/t 可以越小。

由于上述各种因素对 r_{min}/t 的综合影响十分复杂，所以 r_{min}/t 的数值一般用试验方法确定。各种金属材料在不同状态下的最小相对弯曲半径的数值参见表 3-3。

表 3-3　最小相对弯曲半径 r_{min}/t

材　料	退火状态		冷作硬化状态	
	弯曲线的位置			
	垂直纤维方向	平行纤维方向	垂直纤维方向	平行纤维方向
08、10、Q195、Q215	0.1	0.4	0.4	0.8
15、20、Q235	0.1	0.5	0.5	1.0
25、30、Q255	0.2	0.6	0.6	1.2
35、40、Q275	0.3	0.8	0.8	1.5
45、50	0.5	1.0	1.0	1.7
55、60	0.7	1.3	1.3	2.0
铝	0.1	0.35	0.5	1.0
纯铜	0.1	0.35	1.0	2.0
软黄铜	0.1	0.35	0.35	0.8
半硬黄铜	0.1	0.35	0.5	1.2
磷铜	—	—	1.0	3.0
Cr18Ni9	1.0	2.0	3.0	4.0

注：(1)当弯曲线与纤维方向不垂直也不平行时，可取垂直和平行方向二者的中间值。

(2)冲裁或剪裁后的板料若未作退火处理，则应作为硬化的金属选用。

(3)弯曲时应使板料有毛刺的一边处于弯角的内侧。

2. 控制弯裂的措施

为了控制和防止弯裂，一般情况下应采用大于最小相对弯曲半径的数值。当零件的相对弯曲半径小于表 3-3 所列数值时，可采用以下措施：

(1)经冷变形硬化的材料，可采用热处理的方法恢复其塑性。对于剪切断面的硬化层，还可以采取先除去硬化层然后再进行弯曲的方法。

(2)去除坯料剪切面的毛刺，采用整修、挤光、滚光等方法降低剪切面的表面粗糙度值。

(3)弯曲时将切断面上的毛面一侧处于弯曲受压的内缘(即朝向弯曲凸模)。

(4)对于低塑性材料或厚料，可采用加热弯曲。

(5)采取两次弯曲的工艺方法，即第一次弯曲采用较大的相对弯曲半径，中间退火后再按零件要求的相对弯曲半径进行弯曲。这样就使变形区域扩大，每次弯曲的变形程度减小，从而减小了外层材料的伸长率。

(6)对于较厚板料的弯曲，如果结构允许，可采用先在弯曲内侧开出工艺槽后再进行弯曲的工艺，如图 3－7a、b 所示。对于薄料，可以在弯曲处压出工艺凸肩，如图 3－7c 所示。

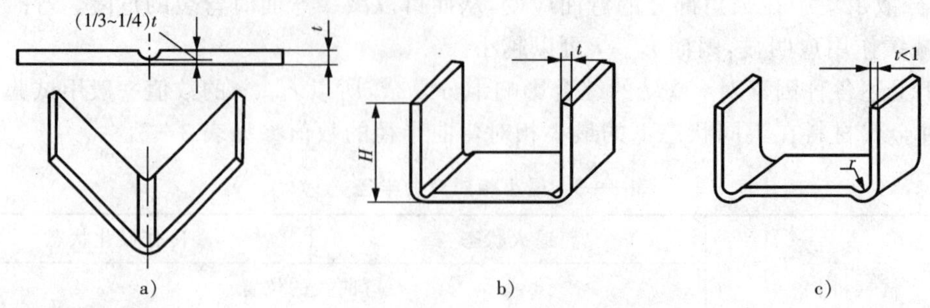

图 3－7　在弯角处开工艺槽或压出工艺凸肩

二、回弹及其控制

弯曲是一种塑性变形工序，塑性变形时总包含弹性变形，当弯曲载荷卸除以后，塑性变形保留下来，而弹性变形将完全消失，使得弯曲件在模具中所形成的弯曲半径和弯曲角度在出模后发生改变，这种现象称为回弹。由于弯曲时内、外区切向应力方向不一致，因而弹性回复方向也相反，即外区弹性缩短而内区弹性伸长，这种反向的回弹就大大加剧了弯曲件圆角半径和角度的改变。所以，与其他变形工序相比，弯曲过程的回弹现象是一个不能忽视的重要问题，它直接影响弯曲件的精度。

回弹的大小通常用弯曲件的弯曲半径或弯曲角与凸模相应半径或角度的差值来表示，如图 3－8a、b 所示，即

$$\Delta r = r - r_p \tag{3-4}$$

$$\Delta\varphi = \varphi - \varphi_p \tag{3-5}$$

式中：Δr、$\Delta\varphi$——弯曲半径与弯曲角的回弹值；

r、φ——弯曲件的弯曲半径与弯曲角；

r_p、φ_p——凸模的半径和角度。

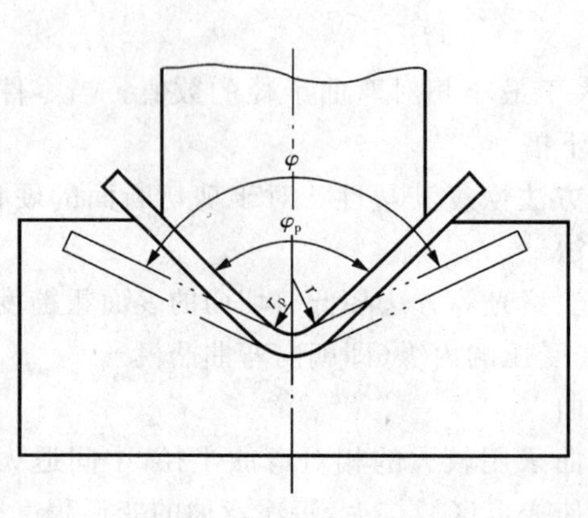

图 3－8a　弯曲时的回弹

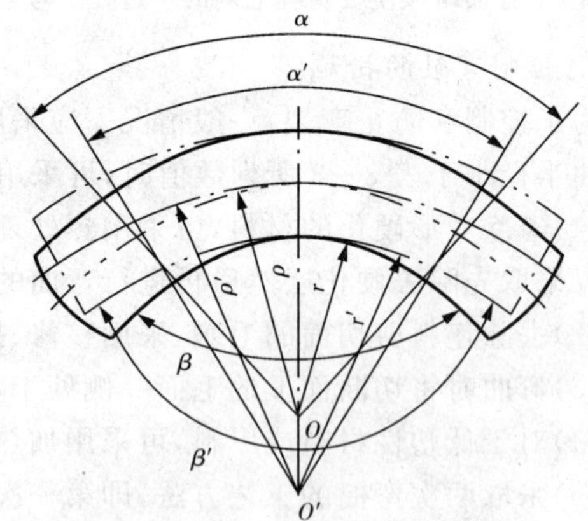

图 3－8b　弯曲件的弹性回跳

一般情况下，Δr、$\Delta\varphi$ 为正值，称为正回弹，但在有些校正弯曲时，也出现负回弹。

1. 影响回弹的因素

(1)材料的力学性能　由第一章知识可知，卸载时弹性恢复的应变量与材料的屈服点 σ_s 成正比，与弹性模量 E 成反比，即 σ_s/E 的比值愈大，回弹也就愈大。例如，图 3-9 所示为退火状态的软钢拉伸时的应力应变曲线，当拉伸到 P 点后卸除载荷时，产生 $\Delta\varepsilon_1$ 的回弹，其值 $\Delta\varepsilon_1=\sigma_p/\tan\alpha=\sigma_p/E$ 即材料的弹性模量 E 愈大，回弹值愈小。图中的虚线为同一材料经冷作硬化后的拉伸曲线，屈服点提高了，当应变均为 ε_p 时，冷作硬化后材料的回弹 $\Delta\varepsilon_2$ 比退火状态的回弹 $\Delta\varepsilon_1$ 大。

(2)相对弯曲半径 r/t　r/t 越大，弯曲变形程度越小，中性层附近的弹性变形区域增加，同时在总的变形量中，弹性变形量所占比例也相应增大(由图 3-10 中的几何关系可以看出 $\Delta\varepsilon_1/\varepsilon_p>\Delta\varepsilon_2/\varepsilon_Q$)。因此，相对弯曲半径 r/t 越大，回弹也越大，这也是 r/t 很大的零件不易弯曲成形的道理。

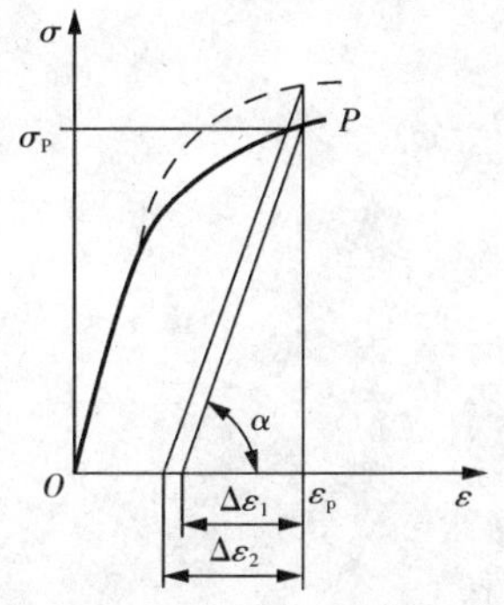

图 3-9　材料力学性能对回弹的影响

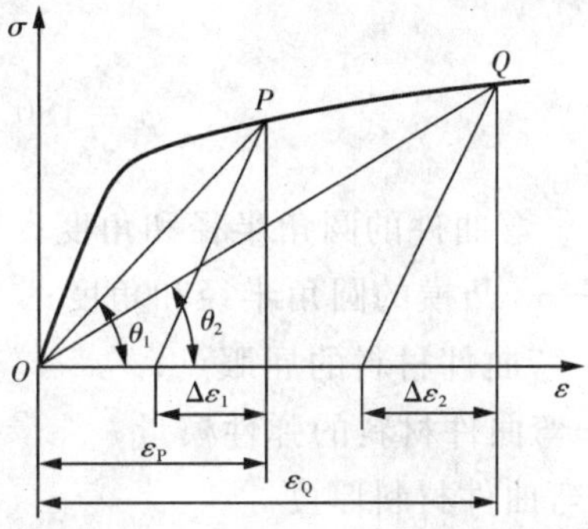

图 3-10　相对弯曲半径对回弹的影响

(3)弯曲角度(或弯曲中心角 α)　φ 越小(或 α 越大)，弯曲变形区域就越大，回弹积累也越大，回弹也就越大。

(4)弯曲方式　在无底凹模内作自由弯曲时(图 3-11)的回弹比在有底凹模内作校正弯曲时（图 3-2)的回弹大。校正弯曲时回弹较小的原因之一是由于凹模 V 形面对坯料的限制作用。当坯料与凸模三点接触后，随着凸模的继续下压，坯料的直边部分则向与以前相反的方向变形，弯曲终了时可以使产生了一定曲度的直边重新压平并与凸模完全贴合。卸载后直边部分的回弹是朝 V 形闭合方向，而圆角部分的回弹是朝 V 形张开方向，两者回弹方向相反，可以相互抵消一部分；原因之二是由于板料圆角变形区受凸、凹模压缩的作用，不仅使弯曲变形外区的拉应力有所减小，而且在外区中性层附近还出现和内区同向的压缩应力，随着校正力的增加，压应力区向板料外表面逐步扩展，致使板料的全部或大部分断面均出现压应力，于是圆角部分的内、外区回弹方向一致，故校正弯曲时的回弹比自由弯曲时大为减小。

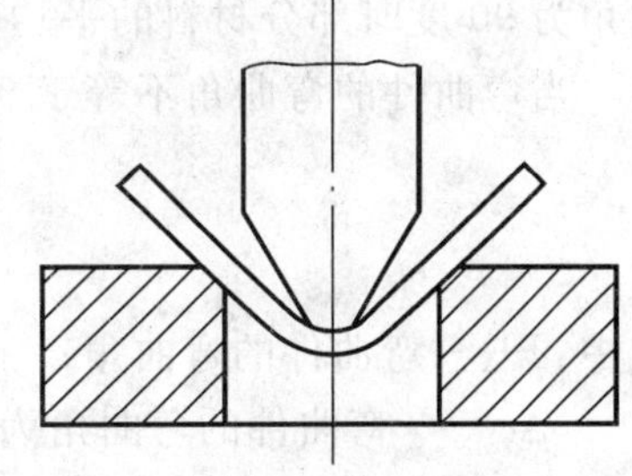

图 3-11　无底凹模内的自由弯曲

(5)凸、凹模间隙　在弯曲 U 形件时，凸、凹模之间的间隙对回弹有较大的影响。间隙较大时材料处于松弛状态，回弹就大；间隙小时材料被挤紧，回弹就小。

(6)弯曲件的形状　弯曲件形状复杂时，一次弯曲成形角的数量越多，则弯曲时各部分互相牵制的作用越大，弯曲中拉伸变形的成分也越大，故回弹值就小。如弯⊔⊓形件比弯 U 形件的回弹小，弯 U 形件比弯 V 形件的回弹小。

2. 回弹值的确定

为了得到形状与尺寸精确的弯曲件，需要事先确定回弹值。由于影响回弹的因素很多，用理论方法计算回弹值很复杂，而且也不准确。因此，在设计与制造模具时，往往先根据经验数值和简单的计算来初步确定模具工作部分尺寸，然后在试模时修正。

(1)小变形程度($r/t \geqslant 10$)自由弯曲时的回弹值　当 $r/t \geqslant 10$ 时，弯曲件的角度和圆角半径的回弹都较大。这时在考虑回弹后，凸模工作部分的圆角半径和角度可按以下公式进行计算

$$r_p = \frac{r}{1+\frac{3\sigma_s r}{Et}} \tag{3-6}$$

$$\varphi_p = 180° - \frac{r}{r_p}(180° - \varphi) \tag{3-7}$$

式中：r、φ——弯曲件的圆角半径和角度；

r_p、φ_p——凸模的圆角半径和角度；

σ_s——弯曲件材料的屈服点；

E——弯曲件材料的弹性模量；

t——弯曲件材料厚度。

(2)大变形程度($r/t < 5 \sim 8$)自由弯曲时的回弹值　$r/t < 5 \sim 8$ 时，弯曲件的圆角半径回弹量很小，可以不予考虑，因此只需要确定角度的回弹值。表 3-4 为自由弯曲 V 形件、弯曲角为 90 度时部分材料的平均回弹角。

当弯曲件的弯曲角不等于 90 度时，其回弹角可按下式计算：

$$\Delta\varphi = \frac{\varphi}{90}\Delta\varphi_{90} \tag{3-8}$$

式中：φ——弯曲件的弯曲角；

$\Delta\varphi$——弯曲件的弯曲角为 φ($\varphi \neq 90$ 度)时的回弹角；

$\Delta\varphi_{90}$——弯曲件的弯曲角为 90 度时的回弹角，见表 3-4。

表 3-4　单角自由弯曲 90°时的平均回弹角 $\Delta\varphi_{90}$

材料	r/t	材料厚度 t/mm		
		<0.8	0.8～2	>2
软钢 $\sigma_b = 350$MPa	<1	4°	2°	0°
黄铜 $\sigma_b = 350$MPa	1～5	5°	3°	1°
铝和锌	>5	6°	4°	2°
中硬钢 $\sigma_b = 400 \sim 500$MPa	<1	5°	2°	0°
硬黄铜 $\sigma_b = 350 \sim 400$MPa	1～5	6°	3°	1°
硬青铜	>5	8°	5°	3°

（续表）

材　料	r/t	材料厚度 t/mm		
		<0.8	0.8～2	>2
硬钢 σ_b>550MPa	<1 1～5 >5	7° 9° 12°	4° 5° 7°	2° 3° 6°
硬铝 2A12	<2 2～5 >5	2° 4° 6°30′	3° 6° 10°	4°30′ 8°30′ 14°

(3)校正弯曲时的回弹值　校正弯曲时也不需要考虑弯曲半径的回弹，只考虑弯曲角的回弹值。弯曲角的回弹值可按表 3-5 中的经验公式计算。

表 3-5　V 形件校正弯曲时的回弹角 $\Delta\varphi$

材　料	弯曲角 φ			
	30°	60°	90°	120°
08、10、Q195	$\Delta\varphi=0.75r/t-0.39$	$\Delta\varphi=0.58r/t-0.80$	$\Delta\varphi=0.43r/t-0.61$	$\Delta\varphi=0.36r/t-1.26$
15、20、Q215、Q235	$\Delta\varphi=0.69r/t-0.23$	$\Delta\varphi=0.64r/t-0.65$	$\Delta\varphi=0.434r/t-0.36$	$\Delta\varphi=0.37r/t-0.58$
25、30、Q255	$\Delta\varphi=1.59r/t-1.03$	$\Delta\varphi=0.95r/t-0.94$	$\Delta\varphi=0.78r/t-0.79$	$\Delta\varphi=0.46r/t-1.36$
35、Q275	$\Delta\varphi=1.51r/t-1.48$	$\Delta\varphi=0.84r/t-0.76$	$\Delta\varphi=0.79r/t-1.62$	$\Delta\varphi=0.51r/t-1.71$

【例 3-1】　如图 3-12a 所示零件，材料为 2A12，$\sigma_s=361$ MPa，$E=71000$ MPa，求凸模圆角半径 r_p 及角度。

解：(1)零件中间弯曲部分（$r=12$ mm，$\varphi=90°$，$t=1$ mm）

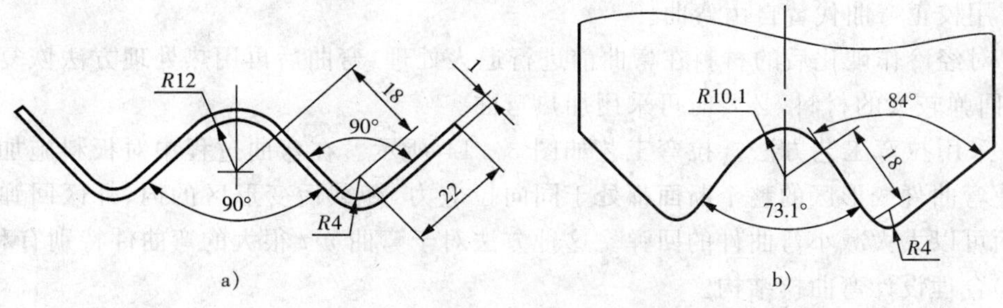

图 3-12　回弹值计算实例

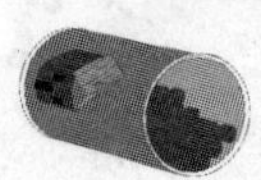

因为 $r/t=12/1>10$，故零件的圆角半径回弹和角度回弹都要考虑。由式(3-6)和式(3-7)得

$$r_{\mathrm{p}}=\frac{r}{1+\dfrac{3\sigma_{\mathrm{s}}r}{Et}}=\frac{12}{1+\dfrac{3\times361\times12}{71\times10^{3}\times1}}=10.1\ \mathrm{mm}$$

$$\varphi_{\mathrm{p}}=180°-\frac{r}{r_{\mathrm{p}}}(180°-\varphi)=180°-\frac{12}{10.1}\times(180°-90°)=73.1°$$

(2)零件两侧弯曲部分($r=4$ mm，$t=1$ mm)

因为 $r/t=4/1=4<5$，故只需考虑弯曲角度的回弹，查表 3-4，得 $\Delta\varphi_{90}=6°$，故 $\varphi_{\mathrm{p}}-\varphi-\Delta\varphi=90°-6°=84°$，$r_{\mathrm{p}}=r=4$ mm。

计算后的凸模尺寸见图 3-12b。

3. 控制回弹的措施

在实际生产中，由于材料的力学性能和厚度的变动等，要完全消除弯曲件的回弹是不可能的，但可以采取一些措施来控制或减小回弹所引起的误差，以提高弯曲件的精度。控制弯曲件回弹的措施有：

(1)改进弯曲件的设计。

① 尽量避免选用过大的相对弯曲半径 r/t。如有可能，在弯曲变形区压出加强肋或成形边翼，以提高弯曲件的刚度，抑制回弹，如图 3-13 所示。

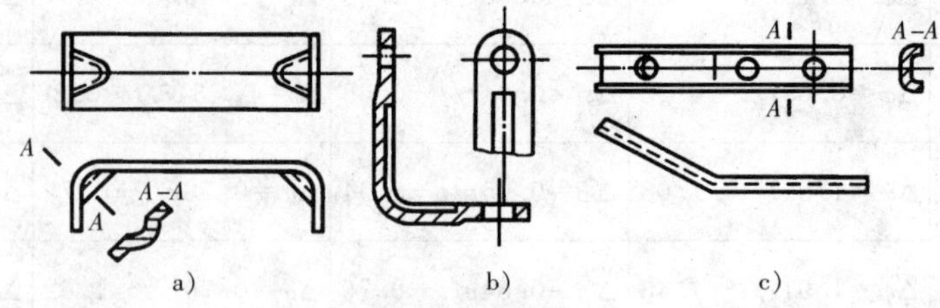

图 3-13 在弯曲件结构上考虑减小回弹

② 采用 σ_{s}/E 小、力学性能稳定和板料厚度波动小的材料。如用软钢来代替硬铝、铜合金等，不仅回弹小，而且成本低，易于弯曲。

(2)采取合适的弯曲工艺。

① 用校正弯曲代替自由弯曲。

② 对经冷作硬化后的材料在弯曲前进行退火处理，弯曲后再用热处理方法恢复材料性能。对回弹较大的材料，必要时可采用加热弯曲。

③ 采用拉弯工艺方法。拉弯工艺如图 3-14 所示。在弯曲过程中对板料施加一定的拉力，使弯曲件变形区的整个断面都处于同向拉应力，卸载后变形区的内、外区回弹方向一致，从而可以大大减小弯曲件的回弹。这种方法对于弯曲 r/t 很大的弯曲件特别有利。

(3)合理设计弯曲模结构。

① 在凸模上减去回弹角(图 3-15a、b)，使弯曲件弯曲后其回弹得到补偿。对 U 形件，还可将凸、凹模底部设计成弧形(图 3-15c)，弯曲后利用底部向上的回弹来补偿两直边向

外的回弹。

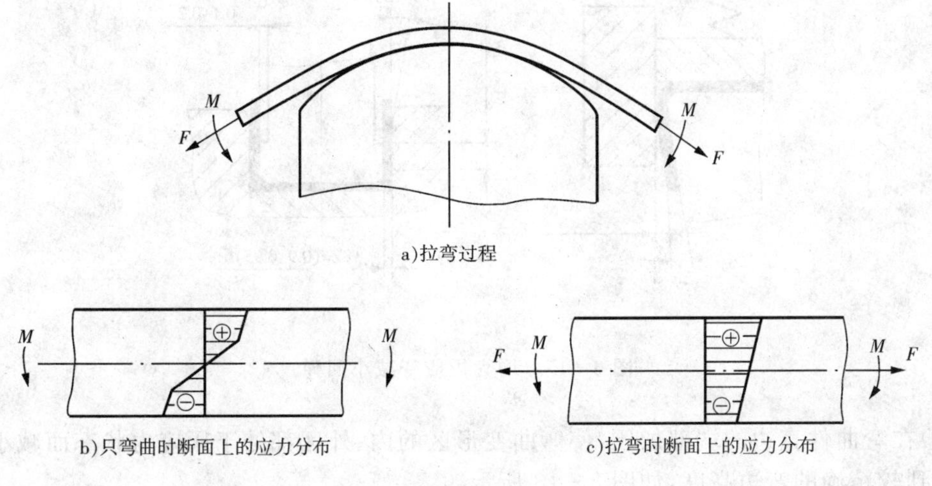

图 3-14　拉弯工艺

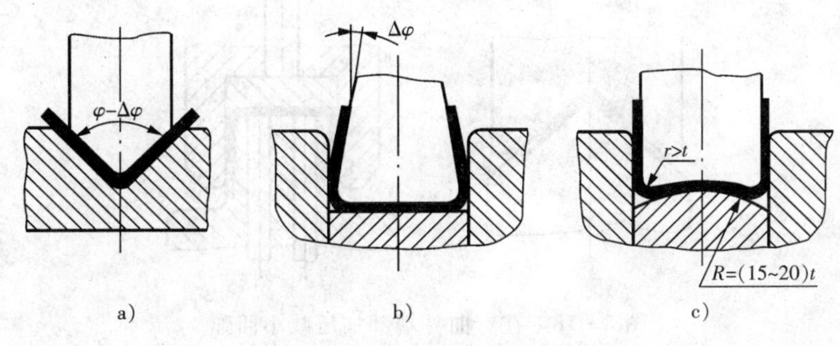

图 3-15　补偿回弹

② 当弯曲件材料厚度大于 0.8 mm，且塑性较好时，可将凸模设计成图 3-16 所示的局部突起形状，使凸模作用力集中在弯曲变形区，以加大变形区的变形程度，从而减小回弹。

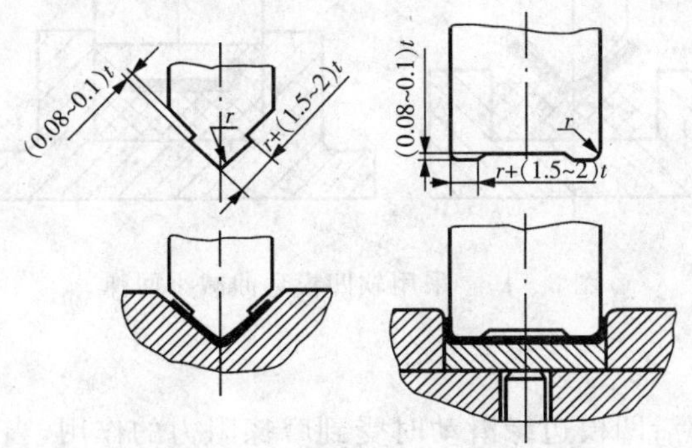

图 3-16　增大角部变形程度减小回弹

③ 对于一般较软的材料（如 Q215、Q235、10、20、H62（M）等），可增加压料力（图 3-17a）或减小凸、凹模之间的间隙（图 3-17b）以增加拉应变，减小回弹。

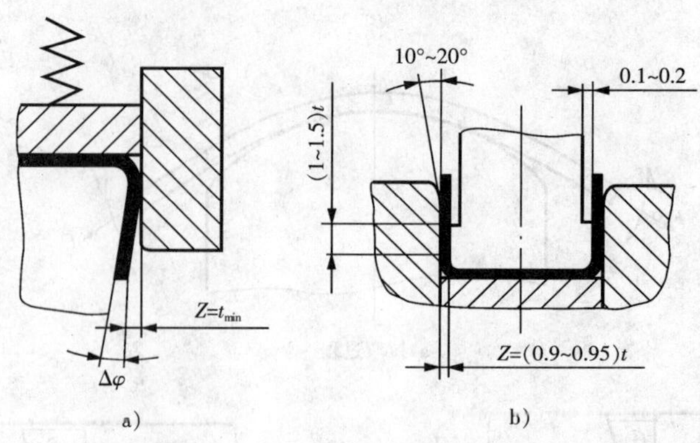

图 3-17　增大拉应变减小回弹

(4)在弯曲件直边的端部加压，使弯曲变形区的内、外区都处于压应力状态而减小回弹，并能得到较精确的弯边高度，如图 3-18 所示。

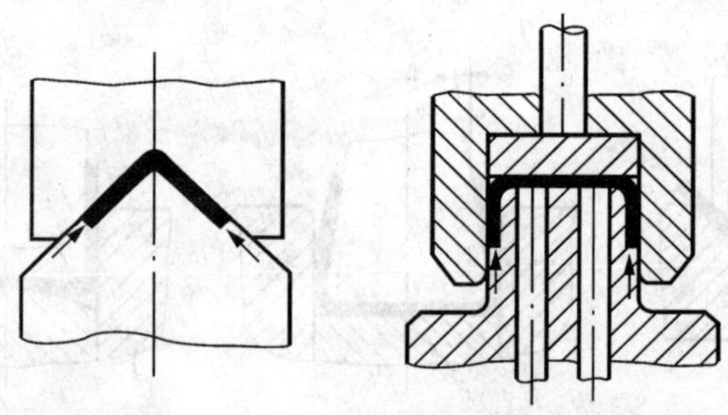

图 3-18　在弯曲件端部加压减小回弹

(5)采用橡胶或聚氨酯代替刚性凹模进行软凹模弯曲，可以使坯料紧贴凸模，同时使坯料产生拉伸变形，获得类似拉弯的效果，能显著减小回弹，如图 3-19 所示。

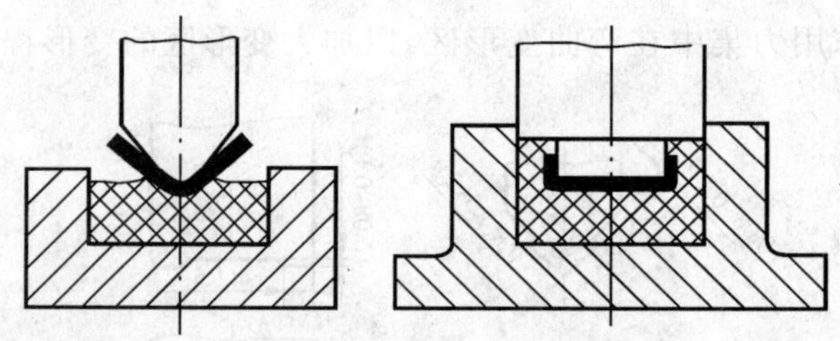

图 3-19　采用软凹模弯曲减小回弹

三、偏移及其控制

在弯曲过程中，坯料沿凹模边缘滑动时受到摩擦阻力的作用，当坯料各边所受到的摩擦阻力不等时，坯料会沿其长度方向产生滑移，从而使弯曲后的零件两直边长度不符合图样要求，这种现象成为偏移，如图 3-20 所示。

1. 产生偏移的原因

(1)弯曲件坯料形状不对称　如图 3-20a、b 所示，由于弯曲件坯料形状不对称，弯曲时

坯料的两边与凹模接触的宽度不相等，使坯料向宽度大的一边偏移。

(2)弯曲件两边折弯的个数不相等　如图 3－20c、d 所示，由于两边折弯的个数不相等，折弯个数多的一边摩擦力大，因此坯料会向折弯个数多的一边偏移。

(3)弯曲凸、凹模结构不对称　如图 3－20e 所示，在 V 形件弯曲中，如果凸、凹模两边与对称线的夹角不相等，角度大的一边坯料所受凸、凹模的压力大，因而摩擦力也大，所以坯料会向角度大的一边偏移。

此外，坯料定位不稳定、压料不牢、凸模与凹模的圆角不对称和润滑情况不一致时，也会导致弯曲时产生偏移现象。

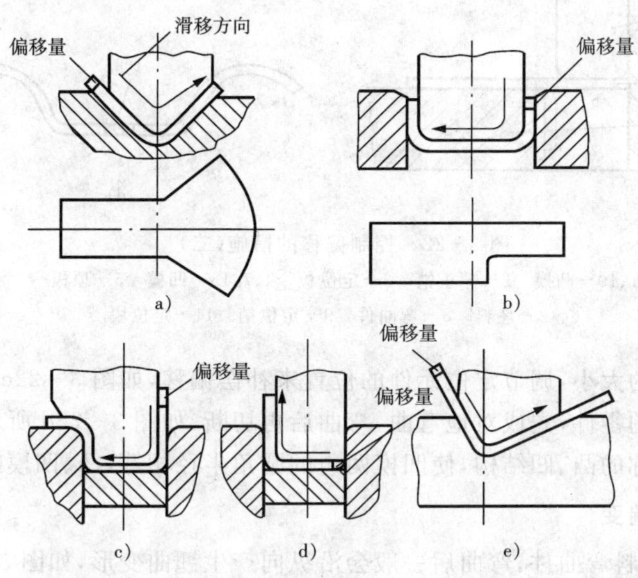

图 3－20　弯曲时的偏移现象

2. 控制偏移的措施

(1)采用压料装置，使坯料在压紧状态下逐渐弯曲成形，从而防止坯料的滑动，而且还可得到平整的弯曲件，如图 3－21 所示。

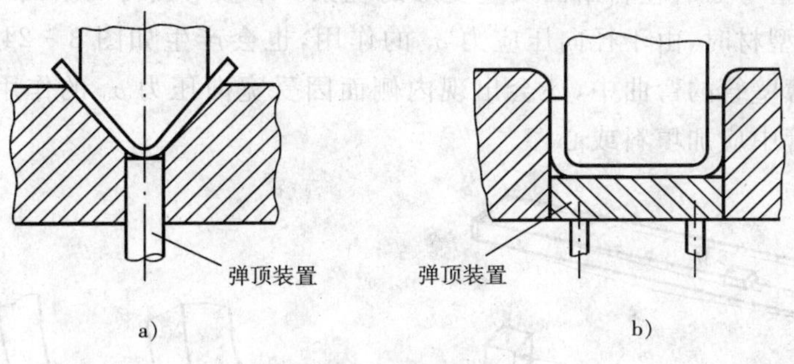

图 3－21　控制偏移的措施(一)

(2)利用毛坯上的孔或弯曲前冲出工艺孔，用定位销插入孔中定位，使坯料无法移动，如图 3－22a、b 所示。

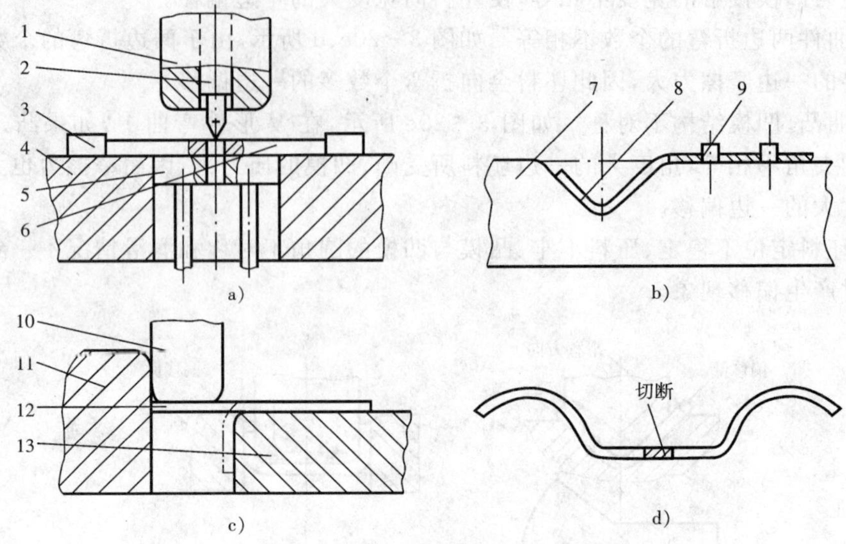

图 3-22　控制偏移的措施(二)

1、10—凸模　2—导正销　3—定位板　4、7、13—凹模　5—顶板
6、12—坯料　8—弯曲件　9—定位销　11—定位块

(3)根据偏移量的大小,调节定位元件的位置来补偿偏移,如图 3-22c 所示。

(4)对于不对称的零件,先成对地弯曲,弯曲后再切断,如图 3-22d 所示。

(5)尽量采用对称的凸、凹结构,使凹模两边的圆角半径相等,凸、凹模间隙调整对称。

四、翘曲与断面畸变

对于细而长的板料弯曲件,弯曲后一般会沿纵向产生翘曲变形,如图 3-23 所示。这是因为沿板料宽度方向(折弯线方向)零件的刚度小,塑性弯曲后,外区(a 区)宽度方向的压应变 ε_ϕ 和内区(b 区)宽度方向的拉应变 ε_ϕ 得以实现,结果使折弯线凹曲,造成零件的纵向翘曲。当板弯件短而粗时,因为零件纵向的刚度大,宽度方向的应变被控制,弯曲后翘曲则不明显。翘曲现象一般可通过采用校正弯曲的方法进行控制。

断面畸变是指弯曲后坯料断面发生变形的现象。窄板弯曲时的断面畸变如图 3-4a 所示。弯曲管材和型材时,由于径向压应力 σ_t 的作用,也会产生如图 3-24 所示的断面畸变现象。另外,在薄壁管的弯曲中,还会出现内侧面因受宽向压力 σ_0 的作用而失稳起皱的现象,因此弯曲时管中应加填料或心棒。

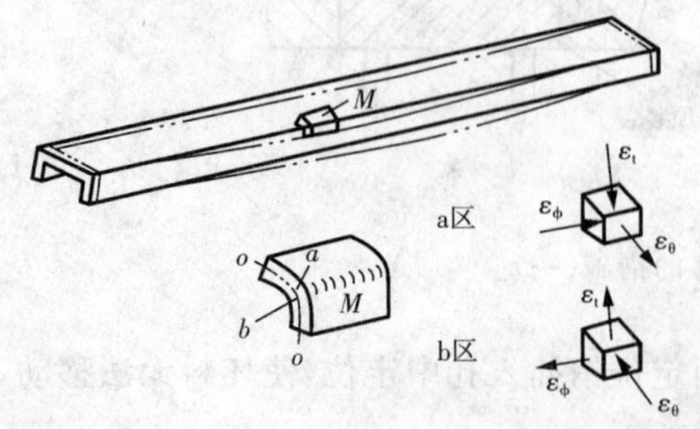

图 3-23　弯曲后翘曲现象

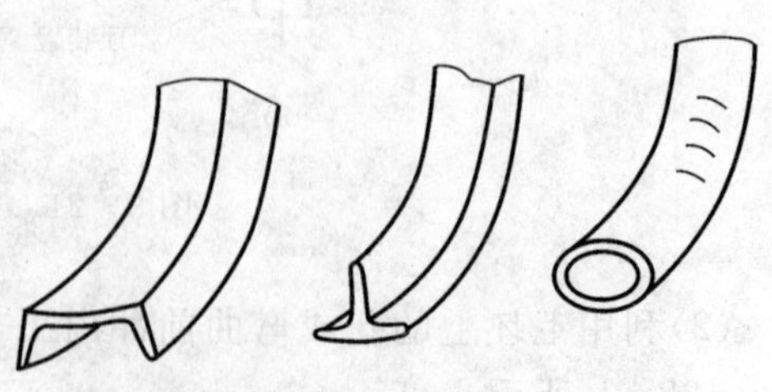

图 3-24　型材、管材弯曲后的断面畸变

第三节　弯曲件的坯料尺寸计算

为了确定弯曲前坯料的形状和大小，需要计算弯曲件的展开尺寸。弯曲件展开尺寸计算的基础是应变中性层在弯曲前后长度保持不变。

一、弯曲中性层位置的确定

根据中性层的定义，弯曲件的坯料长度应等于弯曲件中性层的展开长度。由于在塑性弯曲时，中性层的位置发生位移，所以，计算中性层展开的长度，首先应确定中性层的位置。中性层位置以曲率半径 ρ 表示(见图 3－25)，常用下面经验公式确定：

$$\rho=r+xt \tag{3-9}$$

式中：r——弯曲件的内弯曲半径；

t——材料厚度；

x——中性层位移系数，见表 3－8。

表 3－8　中性层位移系数 x 值

r/t	0.1	0.2	0.3	0.4	0.5	0.6	0.7	0.8	1.0	1.2
x	0.21	0.22	0.23	0.24	0.25	0.26	0.28	0.30	0.32	0.33
r/t	1.3	1.5	2	2.5	3	4	5	6	7	≥8
x	0.34	0.36	0.38	0.39	0.40	0.42	0.44	0.46	0.48	0.50

二、弯曲件展开尺寸计算

弯曲件的展开长度等于各直边部分长度与各圆弧部分长度之和。直边部分的长度是不变的，而圆弧部分的长度则需考虑材料的变形和中性层的位移。

1. $r/t>0.5$ 的弯曲件

$r/t>0.5$ 的弯曲件由于变薄不严重，按中性层展开的原理，坯料总长度应等于弯曲件直线部分和圆弧部分长度之和(见图 3－26)，即

$$L_0=l_1+l_2+\frac{\pi\alpha}{180}\rho=l_1+l_2+\frac{\pi\alpha}{180}(r+xt) \tag{3-10}$$

式中：L_0——坯料展开总长度(mm)；

α——弯曲中心角(°)。

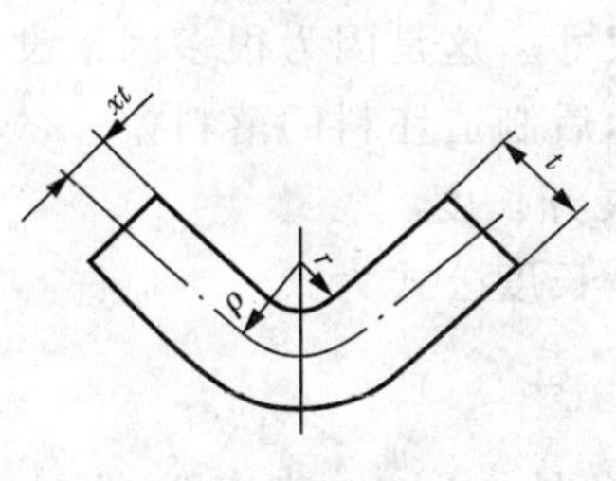

图 3－25　中性层位置

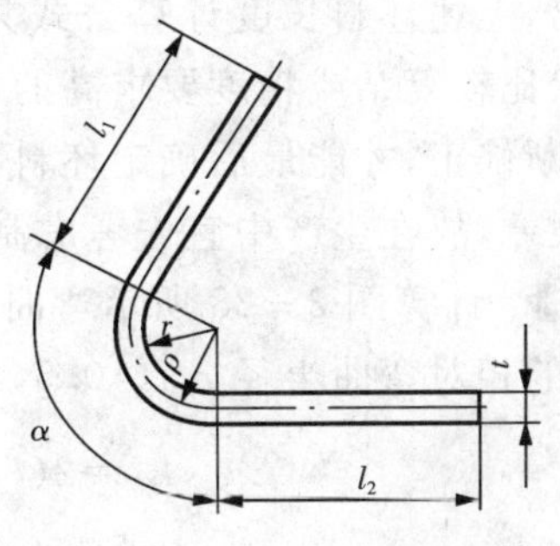

图 3－26　$r/t>0.5$ 的弯曲

2. $r/t<0.5$ 的弯曲件

对于 $r/t<0.5$ 的弯曲件，由于弯曲变形时不仅零件的圆角变形区产生严重变薄，而且与其相邻的直角部分也产生变薄，故应按变形前后体积不变条件来确定坯料长度。通常可采用表 3-9 所列经验公式。

表 3-9　$r/t<0.5$ 的弯曲件坯料长度计算公式

简　图	计算公式	简　图	计算公式
	$L_0=l_1+l_2+0.4t$		$L_0=l_1+l_2+l_3+0.6t$（一次同时弯曲两个角）
	$L_0=l_1+l_2-0.43t$		$L_0=l_1+2l_2+2l_3+t$（一次同时弯曲四个角）
			$L_0=l_1+2l_2+2l_3+1.2t$（分为两次弯曲四个角）

3. 铰链式弯曲件

4. 对于 $r/t=0.6\sim3.5$ 的铰链件（图 3-27），通常采用推圆的方法（见图 3-55）成形。在卷圆过程中板料有所增厚，中性层发生位移，故其坯料长度 L_0 可按下式近似计算：

$$L_0=l+1.5\pi(r+x_1t)+r\approx l+5.7r+4.7x_1t \tag{3-11}$$

式中：l——直线段长度；

r——铰链内半径；

x_1——中性层位移系数，查表 3-10。

表 3-10　卷圆时中性层位移系数 x_1 值

r/t	0.5～0.6	0.6～0.8	0.8～1.0	1.0～1.2	1.2～1.5	1.5～1.8	1.8～2.0	2.0～2.2	>2.2
x_1	0.76	0.73	0.70	0.67	0.64	0.61	0.58	0.54	0.5

需要指出，上述坯料长度计算公式只能用于形状比较简单、尺寸精度要求不高的弯曲件。对于形状比较复杂或精度要求高的弯曲件，在利用上述公式初步计算坯料长度后，还需反复试弯，不断修正，才能最后确定坯料的形状和尺寸。这是因为很多因素没有考虑。可能产生较大的误差，故在生产中宜先考虑制造弯曲模，后制造坯料的落料模。

【例 3-2】 计算图 3-28 所示弯曲件的坯料展开长度。

解：零件的相对弯曲半径 $r/t>0.5$，故坯料展开长度公式为

$$L_0=2(l_{直1}+l_{直2}+l_{弯1}+l_{弯2})$$

$R4$ 圆角处，$r/t=2$，查表 3-8，$x=0.38$；$R6$ 圆角处，$r/t=3$，查表 3-8，$x=0.40$。

故

$$l_{直1}=EF=32.5-(30\times\tan30^\circ+4\times\tan30^\circ)=12.87\ \text{mm}$$

$$l_{直2}=BC=\frac{30}{\cos30^\circ}-(8\times\tan60^\circ+4\times\tan30^\circ)=18.47\ \text{mm}$$

$$l_{弯1}=\frac{\pi\alpha}{180}(r+xt)=\frac{\pi\times60}{180}(4+0.38\times2)=4.98\ \text{mm}$$

$$l_{弯2}=\frac{\pi\alpha}{180}(r+xt)=\frac{\pi\times60}{180}(6+0.40\times2)=7.12\ \text{mm}$$

所以 $L_0=2(12.87+18.47+4.98+7.12)=86.88\ \text{mm}$。

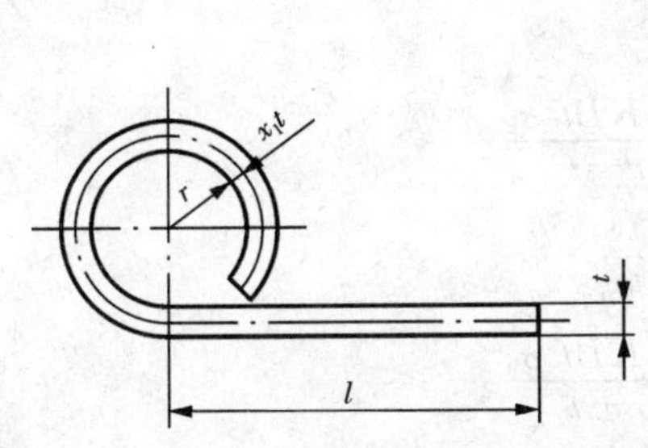

图 3-27a　铰链式弯曲件

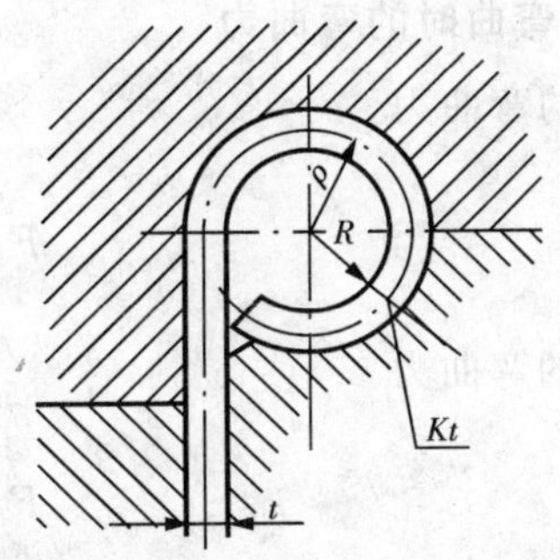

图 3-27b　铰链中性层位置

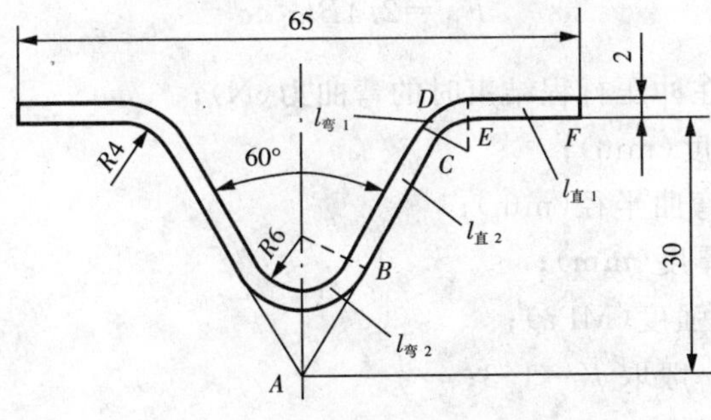

图 3-28　V 形支架

第四节　弯曲力的计算

弯曲力是设计弯曲模和选择压力机的重要依据之一，特别是设计弯曲坯料较厚、弯曲线较长、相对弯曲半径较小、材料强度较大的弯曲件时，必须对弯曲力进行计算。

图 3-29 所示为各弯曲阶段弯曲力 F 随凸模行程 s 的变化关系。由图可知，各弯曲阶段的弯曲力是不同的。弹性阶段弯曲力较小，可以略去不计；自由弯曲阶段的弯曲力基本不随凸模行程的变化而变化；校正弯曲力随行程急剧增加。弯曲力不仅与弯曲变形的过程有关，还与坯料尺寸、材料性能、零件形状、弯曲方式、模具结构等多种因素有关，因此用理论公

式计算弯曲力不但计算复杂，而且精确度不高。实际生产中常用经验公式来概略计算。

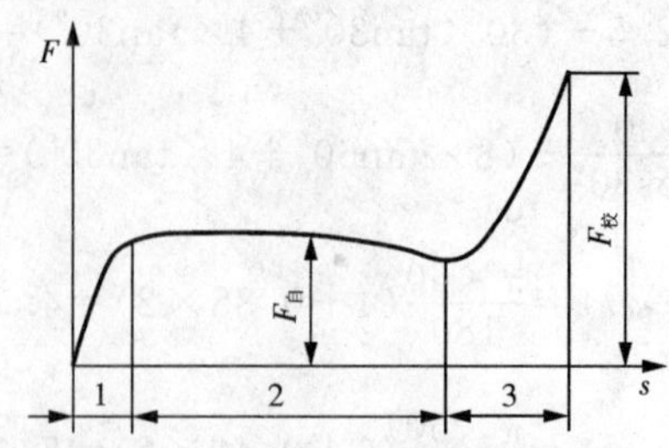

图 3-29　弯曲力的变化曲线

1—弹性弯曲阶段　2　自由弯曲阶段　3—校正弯曲阶段

一、自由弯曲时的弯曲力

V 形件的弯曲力

$$F_{自}=\frac{0.6KBt^{2}\sigma_{b}}{r+t} \tag{3-12}$$

U 形件的弯曲力

$$F_{自}=\frac{0.7KBt^{2}\sigma_{b}}{r+t} \tag{3-13}$$

⎿⎾ 形件的弯曲力

$$F_{自}=2.4Bt\sigma_{b}ac \tag{3-14}$$

式中：$F_自$——自由弯曲在冲压行程结束时的弯曲力(N)；

B——弯曲件的宽度(mm)；

r——弯曲件的内弯曲半径(mm)；

t——弯曲件材料厚度(mm)；

σ_b——材料的抗拉强度(MPa)；

K——安全系数，一般取 $K=1.3$；

a——系数，其值见表 3-11；

c——系数，其值见表 3-12。

表 3-11　系数 a 值

r/t \ 断后伸长率 δ	20	25	30	35	40	45
10	0.416	0.379	0.337	0.302	0.265	0.233
8	0.434	0.398	0.361	0.326	0.288	0.257
6	0.459	0.426	0.392	0.358	0.321	0.290
4	0.502	0.467	0.437	0.407	0.371	0.341
2	0.555	0.552	0.527	0.507	0.470	0.445

（续表）

r/t ＼ 断后伸长率 δ	20	25	30	35	40	45
1	0.619	0.615	0.607	0.680	0.576	0.560
0.5	0.690	0.688	0.684	0.680	0.678	0.673
0.25	0.704	0.732	0.746	0.760	0.769	0.764

表 3－12　系数 c 值

Z/t ＼ r/t	10	8	6	4	2	1	0.5
1.20	0.130	0.151	0.181	0.245	0.388	0.570	0.765
1.15	0.145	0.161	0.185	0.262	0.420	0.605	0.822
1.10	0.162	0.184	0.214	0.290	0.460	0.675	0.830
1.08	0.170	0.200	0.230	0.300	0.490	0.710	0.960
1.06	0.180	0.204	0.250	0.322	0.520	0.755	1.120
1.04	0.190	0.222	0.277	0.360	0.560	0.835	1.130
1.05	0.208	0.250	0.355	0.410	0.760	0.900	1.380

二、校正弯曲时的弯曲力

校正弯曲时的弯曲力比自由弯曲力大得多，一般按下式计算：

$$F_{校}=Aq \tag{3-15}$$

式中：$F_{校}$——校正弯曲力（N）；

A——校正部分在垂直于凸模运动方向上的投影面积（mm^2）；

q——单位面积校正力（MPa），其值见表 3－13。

表 3－13　单位面积校正力 q　（MPa）

材　料	材料厚度 t/mm			
	≤1	1～3	3～6	6～10
铝	10～20	20～30	30～40	40～50
黄铜	20～30	30～40	40～60	60～80
10、15、20 钢	30～40	40～60	60～80	80～100
20、30、35 钢	40～50	50～70	70～100	100～120

三、顶件力或压料力

若弯曲模有顶件装置或压料装置，其顶件力 F_D（或压料力 F_Y）可以近似取自由弯曲力

的 30%～80%，即

$$F_D(F_Y)=(0.3\sim0.8)F_{自} \tag{3-16}$$

四、压力机标称压力的确定

对于有压料的自由弯曲，压力机标称压力应为

$$F_{标}=(1.6\sim1.8)(F_{自}+F_Y)$$

对于校正弯曲，由于校正弯曲力是发生在接近压力机下止点的位置，且校正弯曲力比压料力或推件力大得多，故 F_Y 值可忽略不计，压力机标称压力可取

$$F_{标}=(1.1\sim1.3)F_{校}$$

第五节　弯曲件工艺性及工序安排

弯曲件的工艺性是指弯曲件的结构形状、尺寸、精度、材料及技术要求等是否符合弯曲加工的工艺要求。具有良好工艺性的弯曲件，能简化弯曲工艺过程及模具结构，提高弯曲件的质量。

一、弯曲件的工艺性分析

1. 弯曲件的结构与尺寸

(1)弯曲件的形状　弯曲件的形状应尽可能对称，弯曲半径左右一致，以防止弯曲变形时坯料受力不均匀而产生偏移。

有些虽然形状对称，但变形区附近有缺口的弯曲件，若在坯料上先将缺口冲出，弯曲时会出现叉口现象，严重时难以成形，这时应在缺口处留连接带，弯曲后再将连接带切除，如图 3-30a、b 所示。

为了保证坯料在弯曲模内准确定位，或防止在弯曲过程中坯料的偏移，最好能在坯料上预先添加定位工艺孔，如图 3-30b、c 所示。

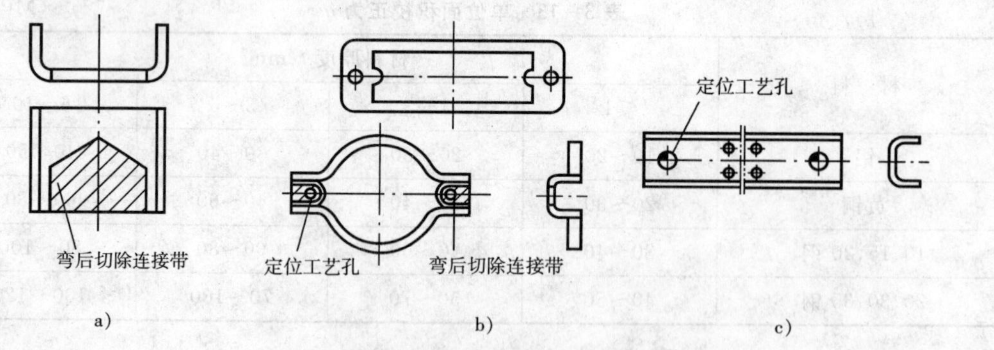

图 3-30　增添连接带和定位工艺孔的弯曲件

(2)弯曲件的相对弯曲半径　弯曲件的相对弯曲半径 r/t 应大于最小相对弯曲半径(表 3-3),但也不宜过大。因为相对弯曲半径过大时,受到回弹的影响,弯曲件的精度不易保证。

(3)弯曲件的弯边高度　弯曲件的弯边高度不宜过小,其值应为 $h>r+2t$,如图 3-31a 所示。当 h 较小时弯曲边在模具上支持的长度过小,不容易形成足够的弯矩,很难得到形状准确的零件。当零件要求 $h<r+2t$ 时,则须预先在圆弧内侧压槽,或增加弯边高度,弯曲后再切除,如图 3-31b 所示。如果所弯直边带有斜角,则在斜边高度小于 $r+2t$ 的区段不可能弯曲到要求的角度,而且此处也容易开裂(见图 3-31c),因此必须改变零件的形状,加高弯边尺寸,如图 3-31d 所示。

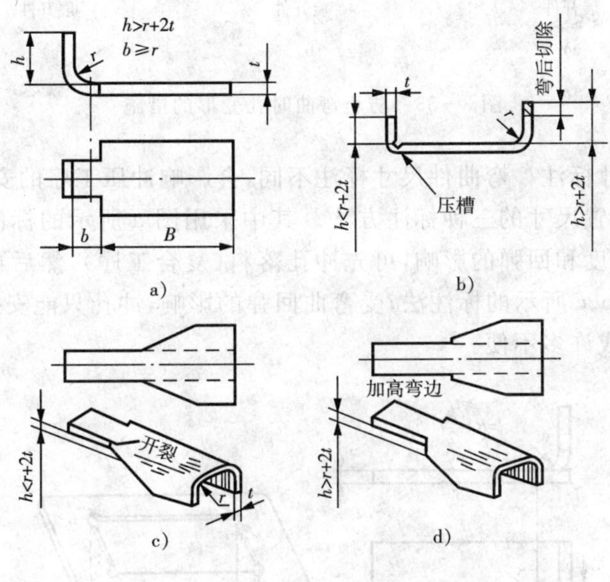

图 3-31　弯曲件的弯边高度

(4)弯曲件的孔边距离　带孔的板料弯曲时,如果孔位于弯曲变形区内,则弯曲时孔的形状会发生变形,因此必须使孔位于变形区之外,如图 3-32 所示。一般孔边和弯曲中心的距离要满足以下关系:当 $t<2$ mm 时,$L\geqslant t$;当 $t\geqslant 2$ mm 时,$L\geqslant 2t$。

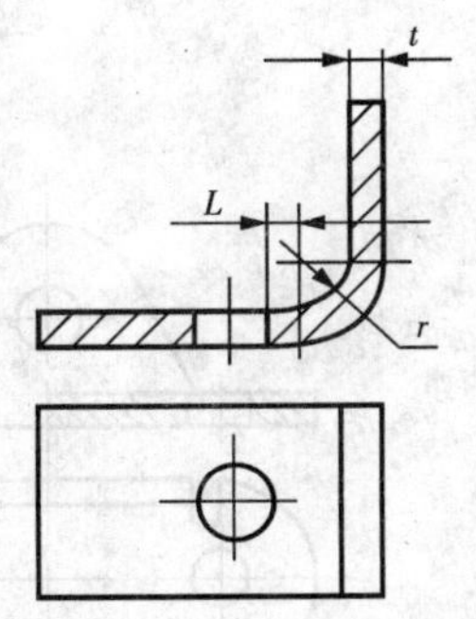

图 3-32　弯曲件的孔边距离

如果上述关系不能满足,在结构许可的情况下,可在靠变形区一侧预先冲出凸缘形缺口或月牙形槽(见图 3-33a、b),也可在弯曲线上冲出工艺孔(见图 3-33c),以改变变形范围,利用工艺变形来保证所需孔不产生变形。

(5)避免弯边根部开裂　如果局部弯曲坯料上的某一部分时,为避免弯边根部撕裂,应使不弯部分退出弯曲线之外,即保证 $b\geqslant r$(见图 3-31a)。如果条件 $b\geqslant r$ 不能满足,可在弯曲部分和不弯部分之间切槽(见图 3-34a,槽深 l 应大于弯曲半径 R),或在弯曲前冲出工艺孔(见图 3-34b)。

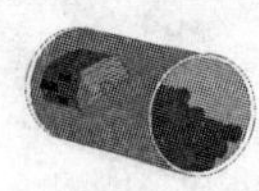

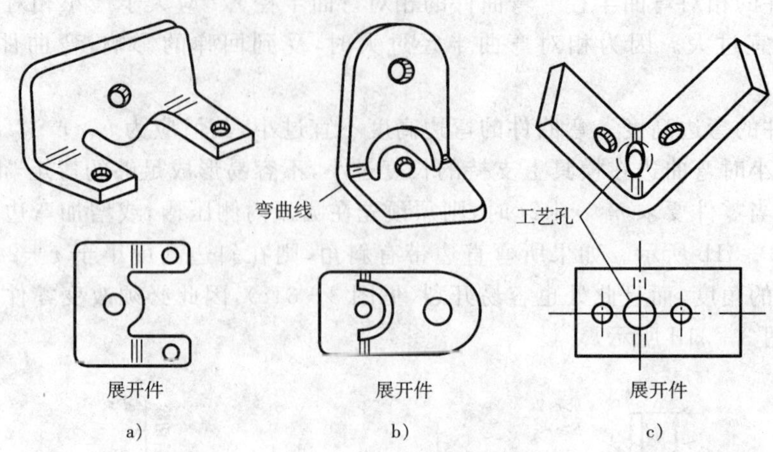

图 3-33　防止弯曲时孔变形的措施

(6)弯曲件的尺寸标注　弯曲件尺寸标注不同,会影响冲压工序的安排。例如,图3-35所示是弯曲件孔的位置尺寸的三种标注方法。其中采用图 a 所示的标注方法时,孔的位置精度不受坯料展开长度和回弹的影响,可先冲孔落料(复合工序),然后再弯曲成形,工艺和模具设计较简单;图 b、c 所示的标注法,受弯曲回弹的影响,冲孔只能安排在弯曲之后进行,增加了工序,还会造成许多不便。

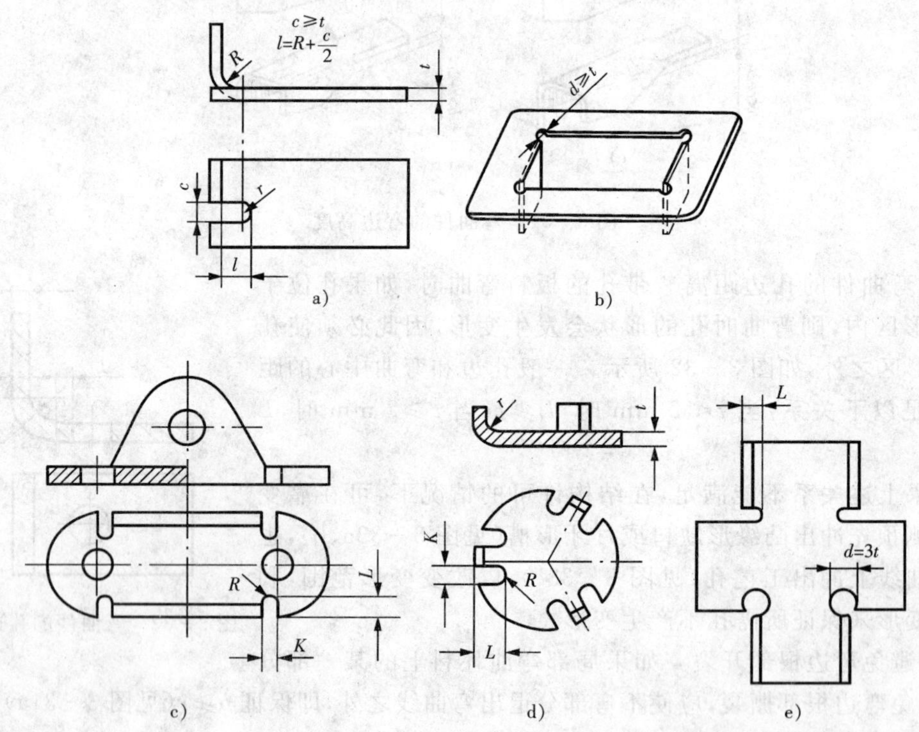

图 3-34　避免弯边根部开裂的措施

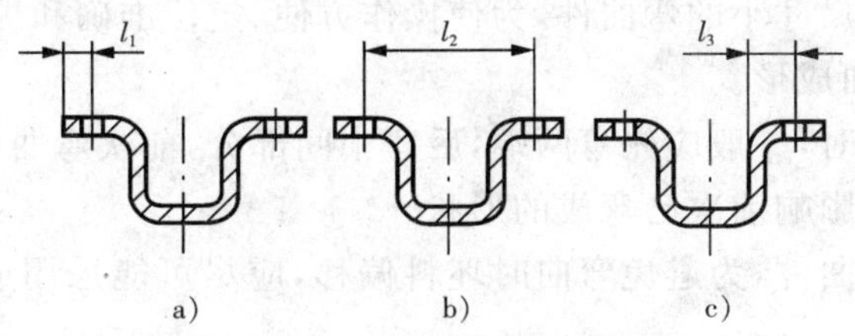

图 3-35　弯曲件的尺寸标注

2. 弯曲件的精度

弯曲件的精度受坯料定位、偏移、回弹、翘起等因素的影响，弯曲的工序数目越多，精度也越低。对弯曲件的精度要求应合理，一般弯曲件长度的尺寸公差等级在 IT13 级以上，角度公差大于 15′。弯曲件长度未注公差的极限偏差见表 3-6；弯曲件角度的自由公差见表 3-7。

表 3-6　弯曲件长度未注公差尺寸的极限偏差　(mm)

长度尺寸 l		3～6	6～18	18～50	50～120	120～260	260～500
材料厚度 t	≤2	±0.3	±0.4	±0.6	±0.8	±1.0	±1.5
	>2～4	±0.4	±0.6	±0.8	±1.2	±1.5	±2.0
	>4	—	±0.8	±1.0	±1.5	±2.0	±2.5

表 3-7　弯曲件角度的自由公差值

弯边长度 l/mm	～6	6～10	10～18	18～30	30～50
角度公差 β	±3°	±2°30′	±2°	±1°30′	±1°15′
弯边长度 l/mm	50～80	80～120	120～180	180～260	260～360
角度公差 β	±1°	±50′	±40′	±30′	±25′

3. 弯曲件的材料

弯曲件的材料，要求具有足够的塑性，屈弹比 σ_s/E 和屈强比 σ_s/σ_b 小。材料具有足够的塑性和较小的屈强比(屈服比)能保证弯曲时不开裂，较小的屈弹比能使弯曲件的形状和尺寸准确。最适宜弯曲的材料有软钢、黄铜和铝等。

脆性较大的材料，如磷黄铜、铍青铜、弹簧钢等，要求弯曲时有较大的相对弯曲半径 r/t，否则容易发生裂纹。

对于非金属材料，只有塑性较大的纸板、有机玻璃才能进行弯曲，而且在弯曲前坯料要进行预热，相对弯曲半径也应较大，一般要求 $r/t>3\sim5$。

二、弯曲件的工序安排

弯曲件的工序安排是在工艺分析和计算后进行的一项工艺设计工作。安排弯曲件的工序时应根据零件的形状、尺寸、精度等级、生产批量以及材料的性能等因素进行考虑。弯曲工序安排合理，则可以简化模具结构，提高零件质量和劳动生产率。

1. 弯曲件工序安排的原则

(1)对于形状简单的弯曲件，如 V 形件、U 形件、Z 形件等，可以一次弯曲成形。而对于形状复杂的弯曲件，一般要多次弯曲才能成形。

(2)对于批量大而尺寸小的弯曲件，为使操作方便、定位准确和提高生产率，应尽可能采用级进模或复合模弯曲成形。

(3)需要多次弯曲时，一般应先弯两端，后弯中间部分，前次弯曲应考虑后次弯曲有可靠的定位，后次弯曲不能影响前次已弯成的形状。

(4)对于非对称弯曲件，为避免弯曲时坯料偏移，应尽可能采用成对弯曲后再切成两件的工艺(见图 3-22d)。

2. 典型弯曲件的工序安排

图 3-36 至 3-39 分别为一次弯曲、二次弯曲、三次弯曲以及多次弯曲成形的实例，可供制订零件弯曲工序过程时参考。

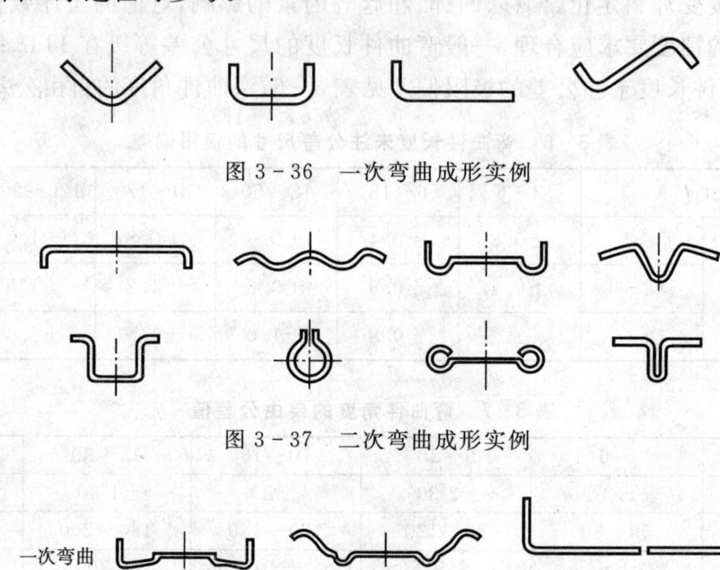

图 3-36　一次弯曲成形实例

图 3-37　二次弯曲成形实例

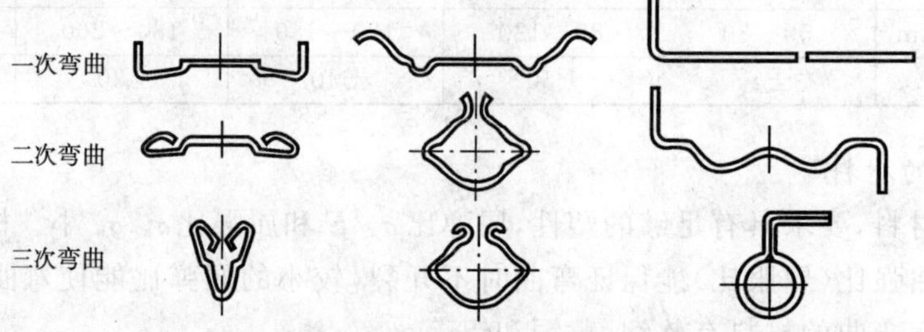

图 3-38　三次弯曲成形实例

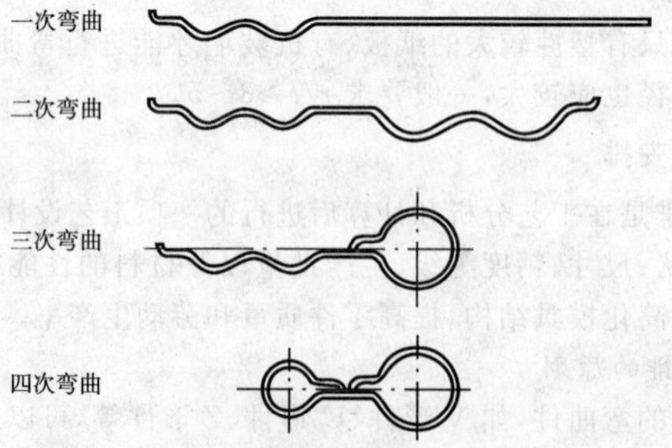

图 3-39　四次弯曲成形实例

第六节　弯曲模设计

一、弯曲模的分类与设计要点

由于弯曲件的种类很多,形状繁简不一,因此弯曲模的结构类型也是多种多样的。常见的弯曲模结构类型有单工序弯曲模、级进弯曲模、复合弯曲模和通用弯曲模等。简单的弯曲模工作时只有一个垂直运动,复杂的弯曲模除垂直运动外,还有一个或多个水平运动。因此,弯曲模设计难以做到标准化,通常参照冲裁模的一般设计要求和方法,并针对弯曲变形特点进行设计。设计时应考虑以下要点:

(1)坯料的定位要准确、可靠,尽可能采用坯料的孔定位,防止坯料在变形过程中发生偏移。

(2)模具结构不应妨碍坯料在弯曲过程中应有的转动和移动,避免弯曲过程中坯料产生过度的变薄和断面发生畸变。

(3)模具结构应能保证弯曲时上、下模之间水平方向的错移力得到平衡。

(4)为了减小回弹,弯曲行程结束时应使弯曲件的变形部位在模具中得到校正。

(5)坯料的安放和弯曲件的取出要方便、迅速,生产率高,操作安全。

(6)弯曲回弹量较大的材料,模具结构上必须考虑凸、凹模加工及试模时便于修正的可能性。

二、弯曲模的典型结构

1. 单工序弯曲模

(1)V形件弯曲模　图3-40所示为V形件弯曲模的基本结构。凸模3装在标准槽形模柄1上,并用两个销钉2固定。凹模5通过螺钉和销钉直接固定在下模座上。顶杆6和弹簧7组成的顶件装置,工作行程起压料作用,可防止坯料偏移,回程时又可将弯曲件从凹模内顶出。弯曲时,坯料由定位板4定位,在凸、凹模作用下,一次便可将平板坯料弯曲成V形件。

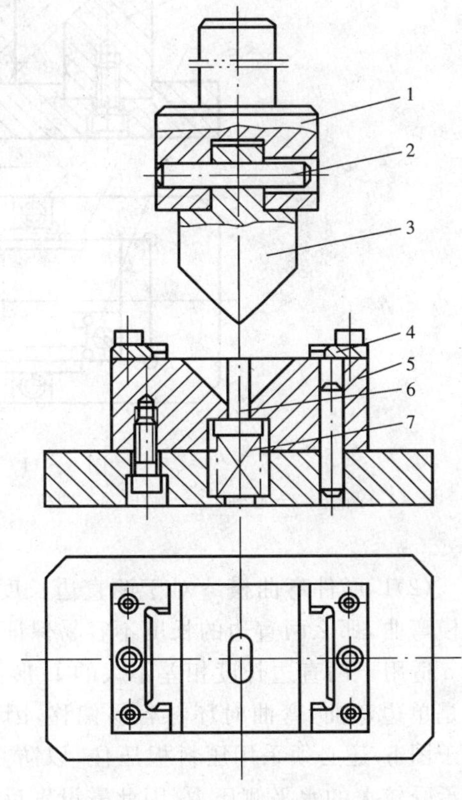

图3-40　V形件弯曲模

1—模柄　2—销钉　3—凸模　4—定位板　5—凹模　6—顶杆　7—弹簧

图3-41所示为V形件折板式弯曲模,两块活动凹模4和铰链8连接,铰链的心轴2可沿支架7的长槽作上下滑动,定位板9固定在活动凹模上。弯曲前,顶杆3将心轴顶到最高位置,使两块活动凹模成一平面,平板坯料放在定位板上定位。工作时,在凸模1作用下两块凹模将绕铰链心轴转动,而铰链心轴沿支架槽下滑,从而使

坯料随活动凹模下行折弯成形。当凸模回程时，活动凹模借助顶杆 3 的作用复位并顶出弯曲件。在弯曲过程中，由于坯料始终与活动凹模和定位板接触，即使坯料形状不对称也不会产生相对滑动和偏移，因此弯曲件的精度和表面质量都较高。图中铰链心轴至凹模的距离 s 影响凹模成 V 形时底部开口宽度 b 的大小，b 过大时弯边接触凹模的面积减小，将失去折板凹模的优越性。为了使全部直边都能与凹模接触，一般 s 值不能大于弯曲件的外弯曲半径，即 $s \leqslant r_p + t$。这种弯曲模特别适用于有精确孔位的小零件、坯料不易放平稳的带窄条的零件以及没有足够压料面的零件。

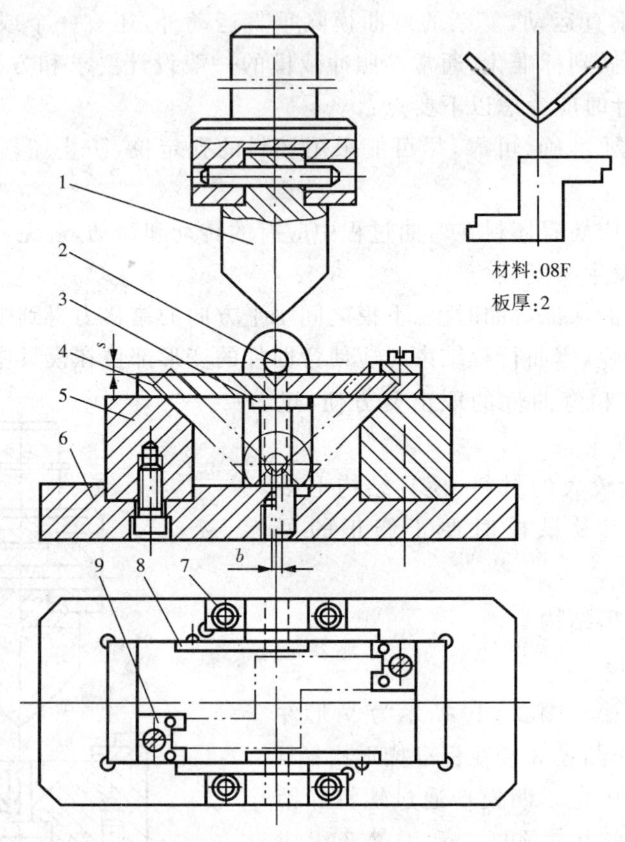

图 3－41　V 形件折板式弯曲模

1—凸模　2—心轴　3—顶杆　4—凹模　5—侧压块　6—下模座　7—支架　8—铰链　9—定位板

(2)L 形件弯曲模　对于两直边长度不相等的 L 形弯曲件，如果采用一般的 V 形件弯曲模弯曲，那么两直边的长度不容易保证。这时可采用图 3－42 所示的 L 形弯曲模。其中图 a 适用于两直边长度相差不大的 L 形件，图 b 适用于两直边长度相差较大的 L 形件。由于是单边弯曲，弯曲时坯料容易偏移，因此必须在坯料上冲出工艺孔，利用定位销 4 定位。对于图 b，还必须采用压料板压住，以防止弯曲时坯料上翘。另外，由于单边弯曲时凸模 1 将承受较大的水平侧压力，因此需设置反侧压块 2，以平衡侧压力。反侧压块的高度要保证在凸模接触坯料以前先挡住凸模，为此，反侧压块应高出凹模 3 的上平面，其高度差 h 可按下式确定：

$$h \leqslant 2t + r_1 + r_2$$

式中：t 为料厚，r_1 为反侧压块导向面入口圆角半径，r_2 为凸模导向面端部圆角半径，可取 $r_1 = r_2 = (2 \sim 5)t$。

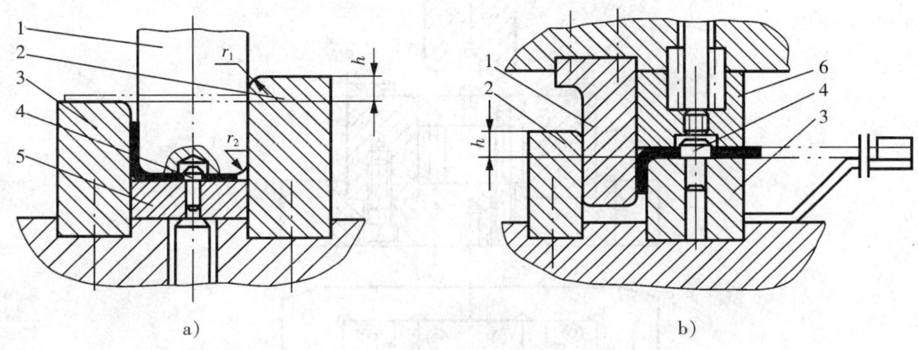

图 3-42　L 形件弯曲模

1—凸模　2—反侧压块　3—凹模　4—定位销　5—顶板　6—压料板

(3)U 形件弯曲模　图 3-43 所示为下出件 U 形弯曲模，弯曲后零件由凸模直接从凹模推下，不需手工取出弯曲件，模具结构很简单，且对提高生产率和安全生产有一定的意义。但这种模具不能进行校正弯曲，弯曲件回弹较大，底部也不平整，适用于高度较小、底部平整度要求不高的小型 U 形件。为减小回弹，弯曲半径和凹、凹模间隙应取较小值。

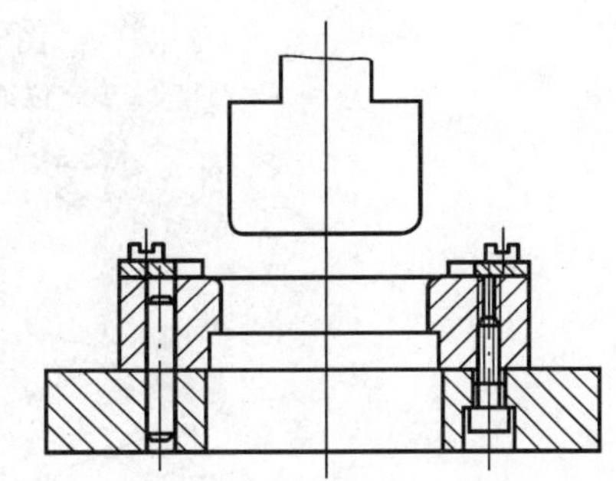

图 3-43　下出件 U 形弯曲模

图 3-44 所示为上出件 U 形弯曲模，坯料用定位板 4 和定位销 2 定位，凸模 1 下压时将坯料及顶板 3 同时压下，待坯料在凹模 5 内成形后，凸模回升，弯曲后的零件就在弹顶器的作用下，通过顶杆和顶板顶出，完成弯曲工作。该模具的主要特点是在凹模内设置了顶件装置，弯曲时顶板能始终压紧坯料，因此弯曲件底部平整。同时顶板上还装有定位销 2，可利用坯料上的孔(或工艺孔)定位，即使 U 形件两直边高度不同，也能保证弯边高度尺寸。因有定位销定位，定位板可不作精确定位。如果要进行校正弯曲，顶板可接触下模座作为凹模底来用。

图 3-45 所示为弯曲角小于 90 度的闭角 U 形件弯曲模。在凹模 4 内安装有一对可转动的凹模镶件 5，其缺口与弯曲件外形相适应。凹模镶件受拉簧 6 和止动销的作用，非工作状态下总是处于图示位置。模具工作时，坯料在凹模 4 和定位销 2 上定位，随着凸模的下压，坯料先在凹模 4 内弯曲成夹角为 90 度的 U 形过渡件。当工件底部接触到凹模镶件后，凹模镶件就会转动而使工件最后成形。凸模回程时，带动凹模镶件反转，并在拉簧作用下保持复位状态。同时，顶杆 3 配合凸模一起将弯曲件顶出凹模，最后将弯曲件由垂直于图面方向从凸模上取下。

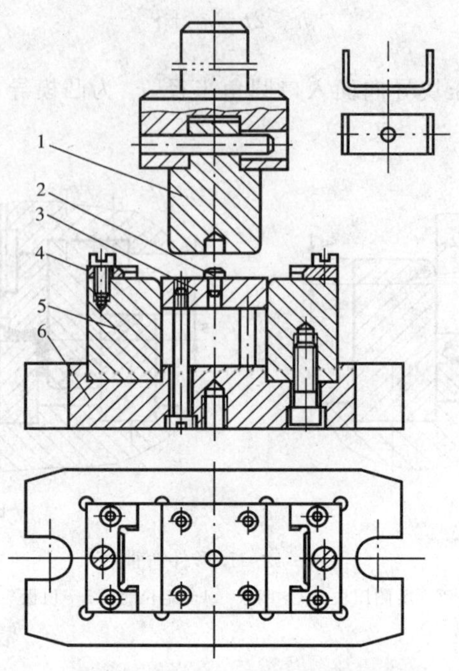

图 3-44　上出件 U 形弯曲模

1—凸模　2—定位销　3—顶板　4—定位板　5—凹模　6—下模座

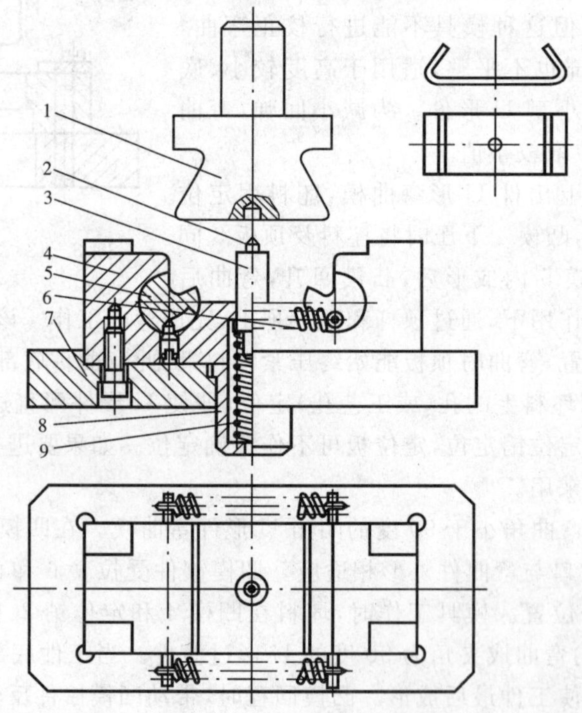

图 3-45　闭角 U 形弯曲模

1—凸模　2—定位销　3—顶杆　4—凹模　5—凹模镶件　6—拉簧　7—下模座　8—弹簧座　9—弹簧

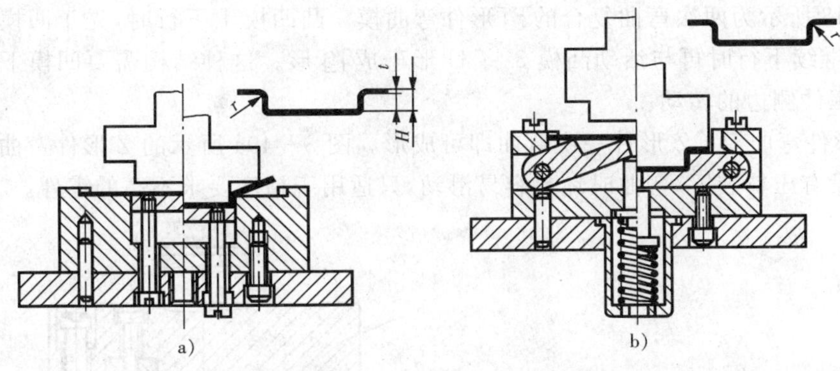

图 3-46　⎣⎡形件一次成形弯曲模

(4)⎣⎡形件弯曲模　根据⎣⎡形件的高度、弯曲半径及尺寸精度要求不同，有一次成形弯曲模和二次成形弯曲模。

图 3-46 所示为⎣⎡形件的一次成形弯曲模，图面为阶梯形。从图 a 可以看出，弯曲过程中由于凸模肩部妨碍了坯料的转动，外角弯曲线不断上移，并且随着凸模的下压，坯料通过凹模圆角的摩擦力逐步增加，使得弯曲件侧壁容易擦伤和变薄，同时弯曲后容易产生较大的回弹，使得弯曲件两肩与底部不易平行。但当弯曲件高度较小时，上述影响不太大。图 b 采用了摆块式凹模，弯曲件的质量比图 a 好，可用于弯曲 r 较小的⎣⎡形件，但模具结构复杂些。

图 3-47 所示为⎣⎡形件的二次成形弯曲模。第一次采用图 a 的模具先弯外角，弯成 U 形工序件，第二次采用图 b 的模具再弯内角，弯成⎣⎡形。由于第二次弯曲内角时工序件需倒扣在凹模上定位，如果⎣⎡形件高度较小，凹模壁厚就会很薄。因此为了保证凹模的强度，⎣⎡形件的高度 H 应大于$(12\sim15)t$。

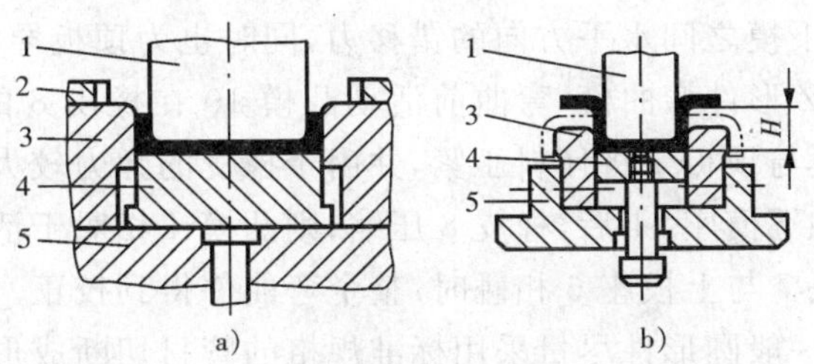

图 3-47　⎣⎡形件的二次成形弯曲模

1—凸模　2—定位板　3—凹模　4—顶板　5—下模座

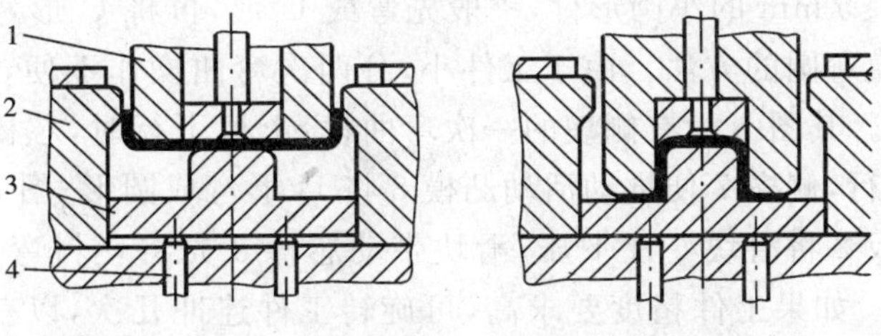

图 3-48　两次弯曲复合的⎣⎡形件弯曲模

1—凸凹模　2—凹模　3—活动凸模　4—顶杆

图 3－48 所示为两次弯曲复合的⎣⎡形件弯曲模。凸凹模 1 下行时，先于凹模 2 将坯料弯成 U 形，继续下行时再与活动凸模 3 将 U 形弯成⎣⎡形。这种结构需要凹模下腔空间较大，以方便工件侧边的转动。

(5)Z 形件弯曲模　Z 形件一次弯曲即可成形。图 3－49a 所示的 Z 形件弯曲模结构简单，但由于没有压料装置，弯曲时坯料容易滑动，只适用于精度要求不高的零件。

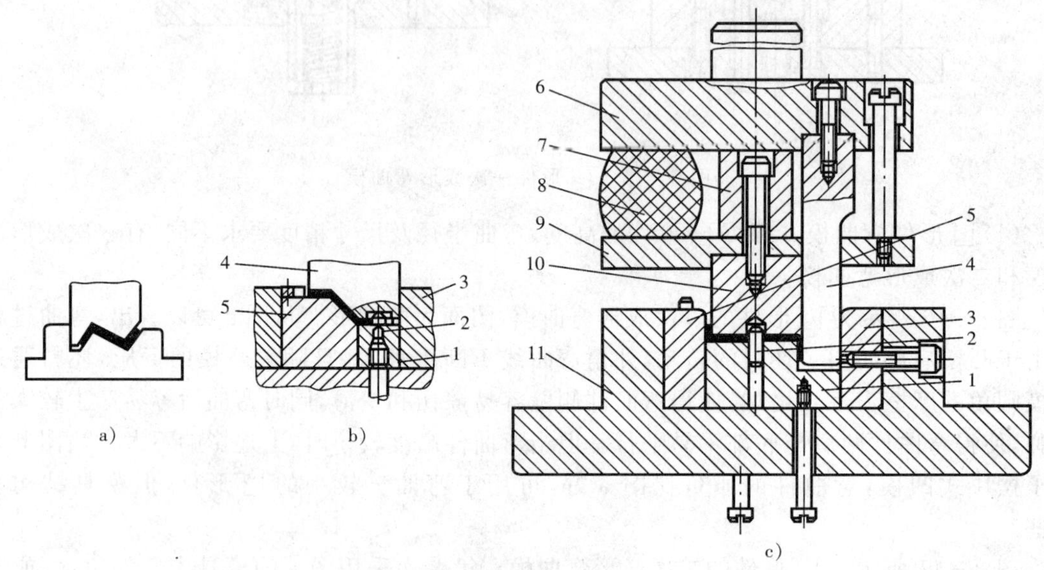

图 3－49　Z 形件弯曲模

1—顶板　2—定位销　3—反侧压块　4—凸模　5—凹模　6—上模座
7—压块　8—橡皮　9—凸模托板　10—活动凸模　11—下模座

图 3－49b 的 Z 形件弯曲模设置了顶板 1 和定位销 2，能有效防止坯料的偏移。反侧压块 3 的作用是平衡上、下模之间水平方向的错移力，同时也为顶板导向，防止其窜动。

图 3－49c 所示的 Z 形件弯曲模，弯曲前活动凸模 10 在橡皮 8 的作用下与凸模 4 端面平齐。弯曲时活动凸模与顶板 1 将坯料压紧，并由于橡皮的弹力较大，推动顶板下移使坯料左端弯曲。当顶板接触下模座 11 后，橡皮 8 压缩，则凸模 4 相对于活动凸模 10 下移将坯料右端弯曲成形。当压块 7 与上模座 6 相碰时，整个弯曲件得到校正。

(6)圆形弯曲模　一般圆形件尽量采用标准规格的管材切断成形，只有当标准管材的尺寸规格或材质不能满足要求时，才采用板料弯曲成形。用模具弯曲圆形件通常限于中小型件，大直径圆形件可采用滚弯成形。

① 对于直径 $d \leqslant 5$ mm 的小圆形件，一般先弯成 U 形，再将 U 形弯成圆形。图 3－50a 所示为用两套简单模弯圆的方法。由于工件小，分两次弯曲操作不便，可将两道工序合并，如图 3－50b、c 所示。其图 b 为有侧楔的一次弯曲模，上模下行时，芯棒 3 先将坯料弯成 U 形，随着上模继续下行，侧楔 7 便推动活动凸模 8 将 U 形弯成圆形；图 c 是另一种一次弯圆模，上模下行时，压板 2 将滑块 6 往下压，滑块带动芯棒 3 先将坯料弯成 U 形，然后凸模 1 再将 U 形弯成圆形。如果工件精度要求高，可旋转工件连冲几次，以获得较好的圆度。弯曲后工件由垂直于图面方向从芯棒上取下。

② 对于直径 $d \geqslant 20$ mm 的大圆形件，根据圆形件的精度和料厚等要求不同，可以采用

一次成形、二次成形和三次成形方法。图 3－51 所示是用三道工序弯曲大圆的方法，这种方法生产率低，适用于料厚较大的工件。图 3－52 是用两道工序弯曲大圆的方法，先预弯成三个 120°的波浪形，然后再用第二套模具弯成圆形，工件顺凸模轴线方向取下。

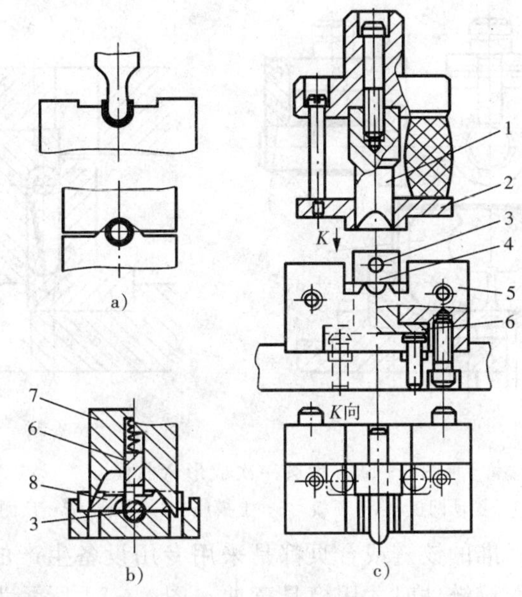

图 3－50　小圆弯曲模

1—凸模　2—压板　3—芯棒　4—坯料　5—凹模　6—滑块　7—侧楔　8—活动凹模

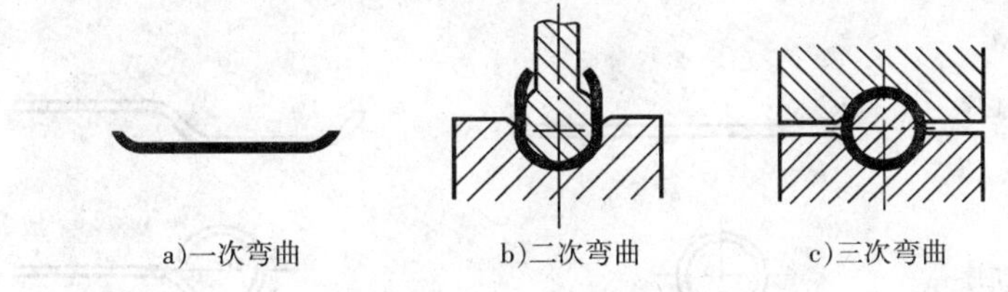

图 3－51　大圆三次弯曲模

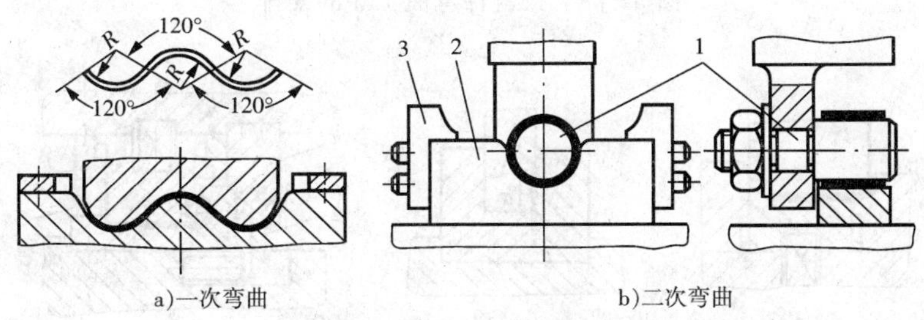

图 3－52　大圆二次弯曲模

1—凸模　2—凹模　3—定位块

图 3－53a 是带摆动凹模的大圆一次成形弯曲模。上模下行时，凸模 2 先将坯料压成 U 形，上模继续下行，摆动凹模 3 将 U 形弯成圆形，工件顺凸模轴线方向推开支撑 1 取下。这种模具生产率较高，但由于回弹，在工件接缝处留有缝隙和少量直边，工件精度差，模具结构

也较复杂。图 3－53b 是坯料绕芯棒卷制圆形件的方法，反侧压块 7 的作用是为凸模导向，并平衡上、下模直接水平方向的错移力。这种模具结构简单，工件的圆度较好，但需要行程较大的压力机。

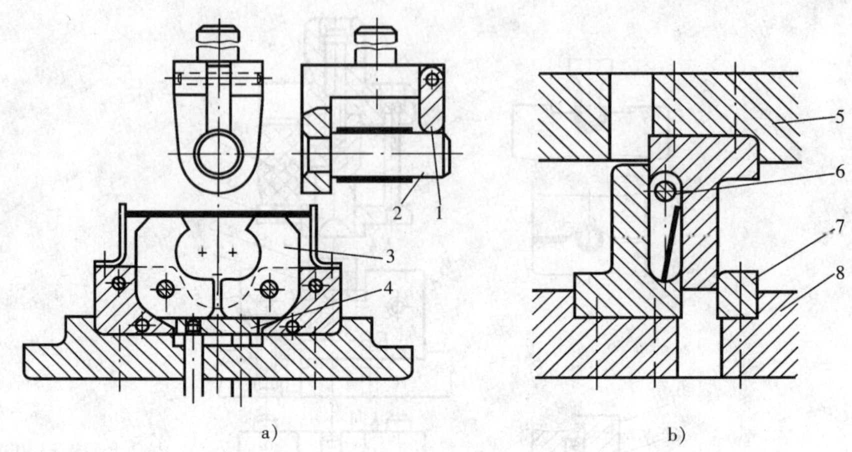

图 3－53　大圆一次成形弯曲模

1－支架　2－凸模　3－摆动凹模　4－顶板　5－上模座　6－芯棒　7－反侧压块　8－下模座

(7)铰链件弯曲模　标准的铰链或合页都是采用专用设备生产的，生产率很高，价格便宜，只有当选不到合适标准铰链件时才用模具弯曲。图 3－54 所示为常见的铰链件形式和弯曲工序的安排。图 3－55a 所示为第一道工序的预弯模。铰链卷圆的原理通常是采用推圆法。图 3－55b 是立式卷圆模，结构简单。图 3－55c 是卧式卷圆模，有压料装置，操作方便，零件质量也较好。

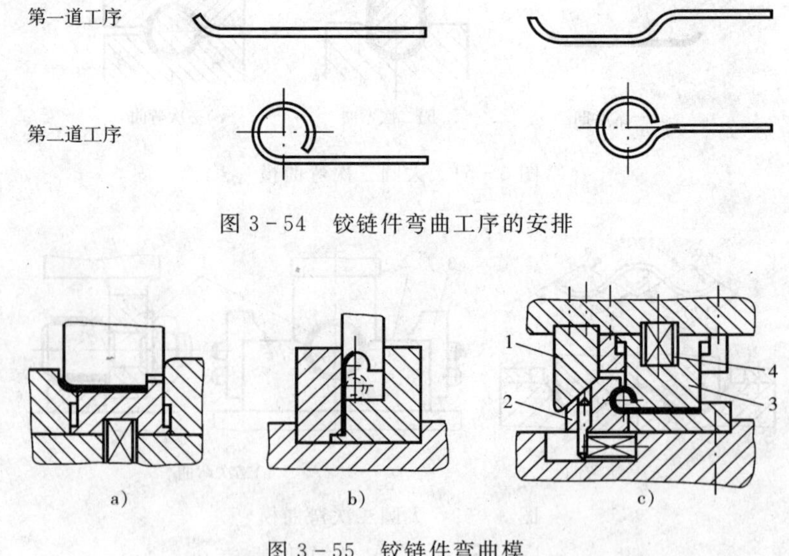

图 3－54　铰链件弯曲工序的安排

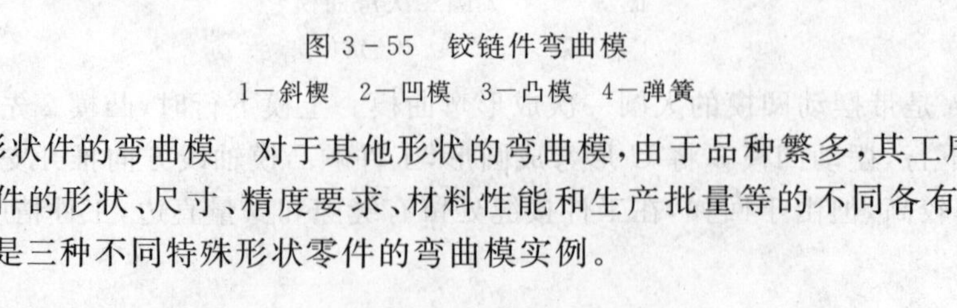

图 3－55　铰链件弯曲模

1－斜楔　2－凹模　3－凸模　4－弹簧

(8)其他形状件的弯曲模　对于其他形状的弯曲模，由于品种繁多，其工序安排和模具设计根据弯曲件的形状、尺寸、精度要求、材料性能和生产批量等的不同各有差异。图 3－56～图 3－58 是三种不同特殊形状零件的弯曲模实例。

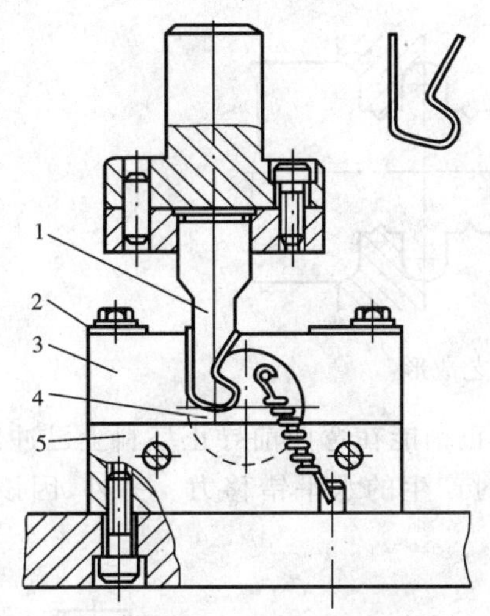

图 3-56　滚轴式弯曲模

1—凸模　2—定位板　3—凹模　4—滚轴　5—挡板

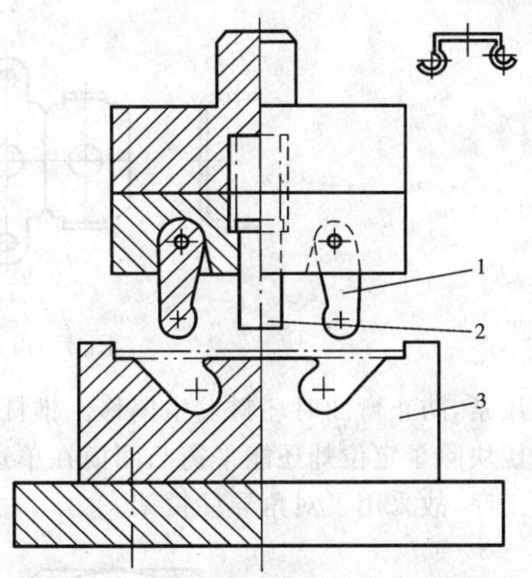

图 3-57　带摆动凸模的弯曲模

1—摆动凸模　2—压料装置定位板　3—凹模

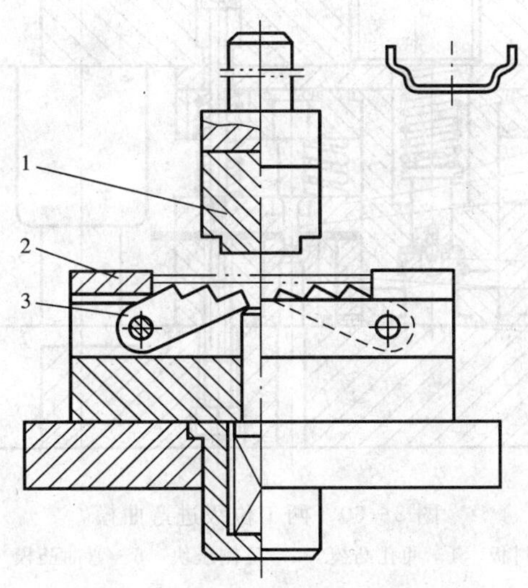

图 3-58　带摆动凸模的弯曲模

1—凸模　2—定位板　3—摆动凹模

2. 级进模

对于批量大、尺寸小的弯曲件，为了提高生产率和安全性，保证零件质量，可以采用级进弯曲模进行多工位的冲裁、弯曲、切断等工艺成形，如图 3-59 所示。

图 3-60 所示为冲孔、切断和弯曲两工位级进模。条料以导料板导向并送至反侧压块 5 的右侧定距。上模下行时，在第一工位有冲孔凸模 4 与凹模 8 完成冲孔，同时由兼作上剪刃的凸凹模 1 与下剪刃 7 将条料切断，紧接着在第二工位由弯曲模 6 与凸凹模 1 将所切断的坯料压弯成形。上模回程时，卸料板 3 卸下条料，推杆 2 则在弹簧的作用下推出工件，从而获得底部带孔的 U 形弯曲件。在该模具中，弹性卸料 3 除了起卸料作用以外，冲压时还能压紧条料，防止单边切断时条料上翘。同样，弹性推杆 2 除了推件外还可以在坯料切断后

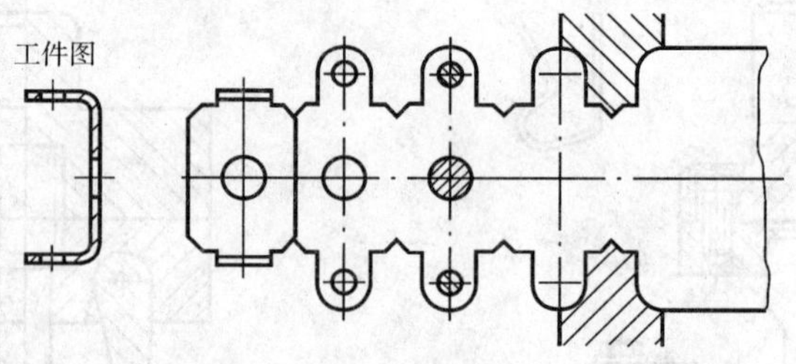

图 3－59　级进工艺成形

将其压紧，防止弯曲时坯料发生偏移。推杆上的导正销能在弯曲前导正坯料上已冲出的孔，反侧压块除了定位外还能平衡凸凹模在单边切断时产生的水平错移力。另外，因该模具有冲裁工序，故采用了对角导柱模架。

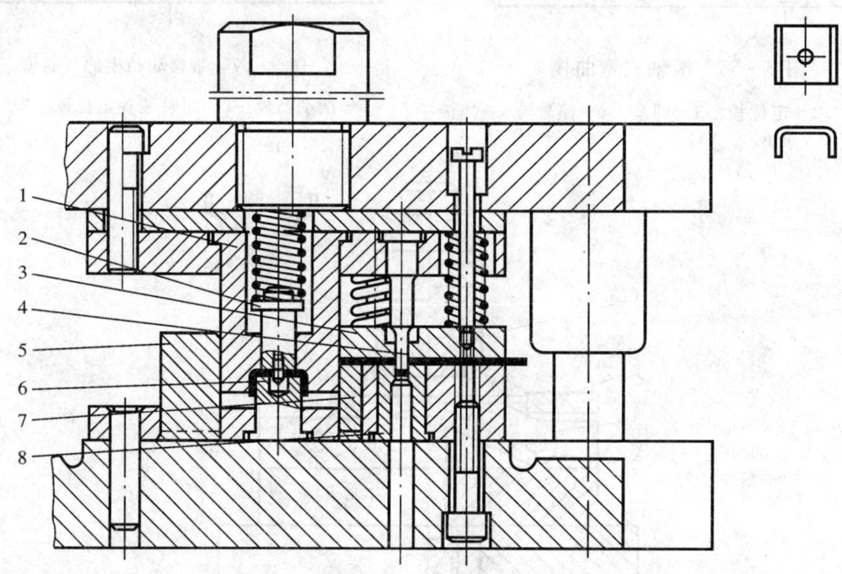

图 3－60　两工位级进弯曲模

1－凸凹模　2－推杆　3－卸料板　4－冲孔凸模　5－反侧压块　6－弯曲凸模　7－切断凹模　8－冲孔凹模

3. 复合模

对于尺寸不大的弯曲件，还可以采用复合模，即在压力机一次行程内，在模具同一位置上完成落料、弯曲、冲孔等几种不同的工序。图 3－61a、b 是切断、弯曲复合模结构简图。图 3－61c 是落料、弯曲、冲孔复合模，模具结构紧凑，工件精度高，但凸凹模修模困难。

4. 通用弯曲模

对于小批量生产或试制生产的弯曲件，因为生产量少、品种多、尺寸经常改变，采用专用的弯曲模时成本高、周期长，采用手工加工时劳动强度大、精度不易保证，所以生产中常采用通用弯曲模。

采用通用弯曲模不仅可以成形一般的 V 形件、U 形件、乚厂形件，还可以成形精度要求不高的复杂形状件。图 3－62 是经过多次 V 形弯曲成形复杂零件的实例。

图 3－63 所示是折弯机上使用的通用弯曲模。凹模的四面分别制出适应于弯曲不同形状或尺寸零件的几种槽口(见图 a)，凸模有直臂式和曲臂式两种，工作部分的圆角半径也作

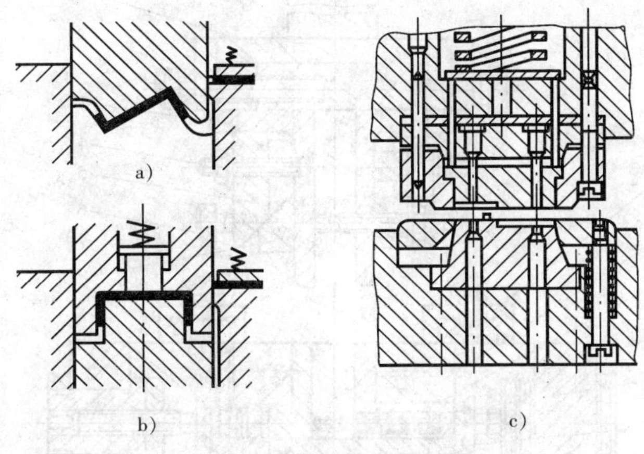

图 3-61 复合弯曲模

成几种不同尺寸，以便按工作需要更换（见图 b、图 c）。

图 3-64 为通用 U 形件、⎣⎦形件弯曲模。一对活动凹模 14 安装在框套 12 内，两凹模工作部分的宽度可以根据不同的弯曲件宽度由螺栓 8 调节。一对顶件块 13 在弹簧 11 的作用下始终紧贴凹模，并通过垫板 10 和顶杆 9 起压料和顶件作用。一对主凸模 3 装在特制模柄 1 内，凸模的工作宽度可由螺栓 2 调节。弯曲⎣⎦形件时，还需副凸模 7，副凸模的高低位置可通过螺栓 4、6 和斜顶块 5 调节。弯曲 U 形件时，则把副凸模调节至最高位置。

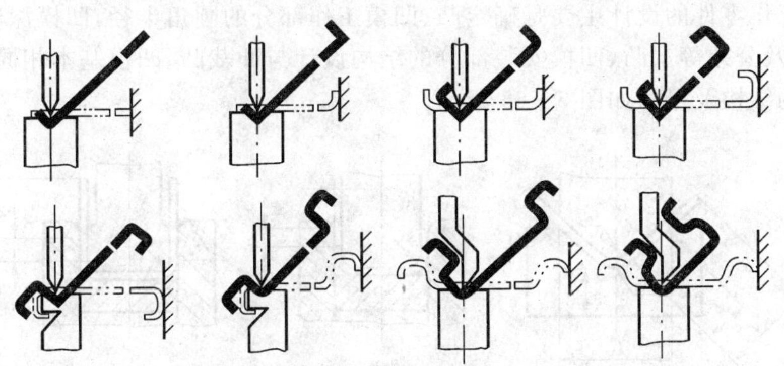

图 3-62 多次 V 形弯曲成形复杂零件

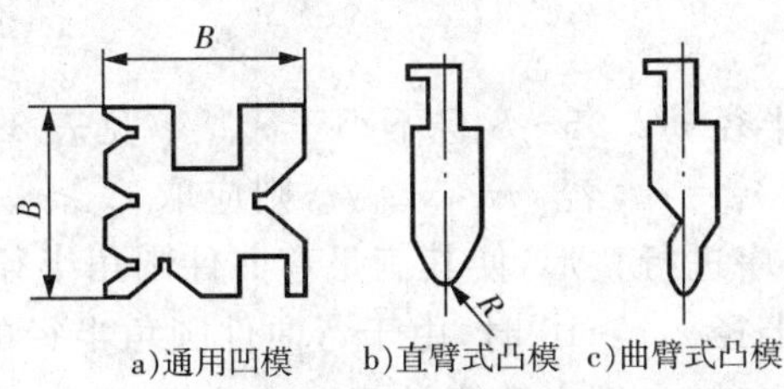

图 3-63 折弯机用弯曲模的端面形状

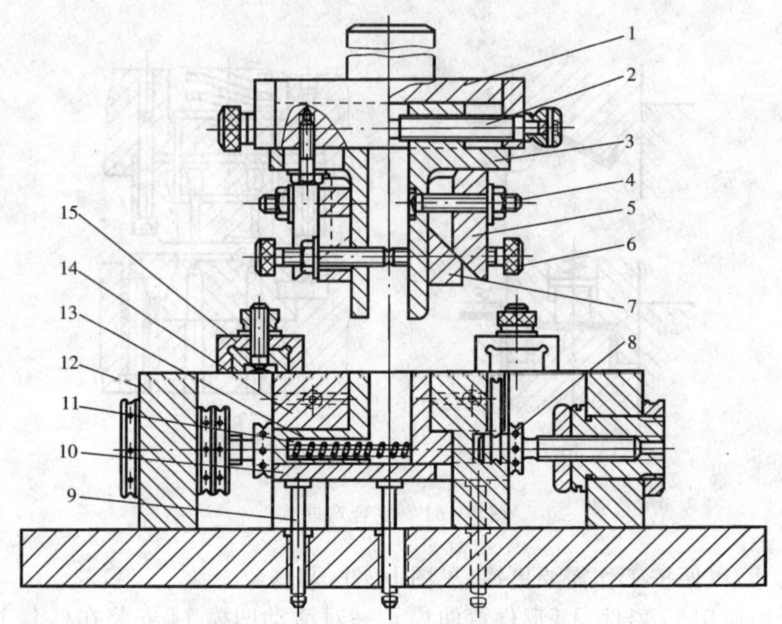

图 3-64　通用U形件、⎿⏌形件弯曲模

1—模柄　2、6、8—特制螺栓　3—主凸模　4—螺栓　5—斜顶块　7—副凸模　9—顶杆　10—垫板　11—弹簧　12—框套　13—顶件块　14—凹模　15—定位装置

三、弯曲模工作零件的设计

弯曲模工作零件的设计主要是确定凸、凹模工作部分的圆角半径，凹模深度，凸、凹模间隙，横向尺寸及公差等。凸、凹模安装部分的结构设计与冲裁凸、凹模基本相同。弯曲凸、凹模工作部分的结构及尺寸如图 3-65 所示。

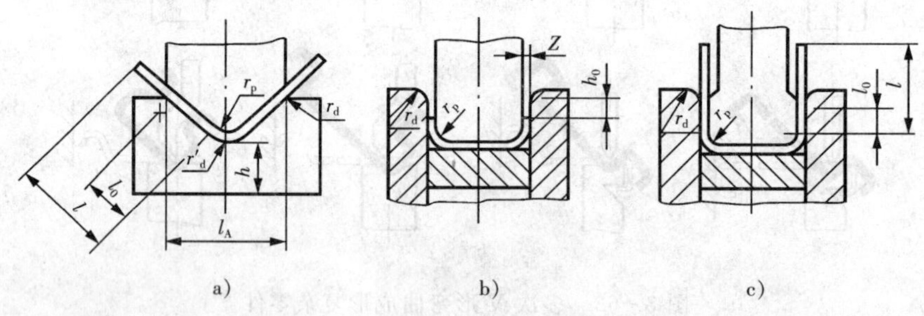

图 3-65　弯曲凸、凹模工作部分的结构及尺寸

1. 凸模圆角半径 r_p

当弯曲件的相对弯曲半径 $r/t<5\sim8$ 且不小于 r_{min}/t（见表 3-3）时，凸模的圆角半径取等于弯曲件的圆角半径，即 $r_p=r$。若 $r/t<r_{min}/t$，则应取 $r_p\geqslant r_{min}$，将弯曲件先弯成较大的圆角半径，然后采用整形工序进行整形，使其满足弯曲件圆角半径的要求。

当弯曲件的相对弯曲半径 $r/t\geqslant10$ 时，由于弯曲件圆角半径的回弹较大，凸模的圆角半径应根据回弹值作相应的修正（参见本章第二节）。

2. 凹模圆角半径 r_d

凹模圆角半径的大小对弯曲变形力、模具寿命、弯曲件质量等均有影响。r_d 过小时，坯

料拉入凹模的滑动阻力增大，易使弯曲件表面擦伤或出现压痕，并增大弯曲变形力和影响模具寿命；r_d 过大时，又会影响坯料定位的准确性。生产中，凹模圆角半径 r_d 通常根据材料厚度选取：$t \leqslant 2$ mm 时，$r_d=(3\sim6)t$；$t=2\sim4$ mm 时，$r_d=(2\sim3)t$；$t>4$ mm 时，$r_d=2t$。

另外凹模两边的圆角半径应一致，否则在弯曲时坯料会发生偏移。

V 形弯曲凹模的底部可开设退刀槽或取圆角半径 $r_d'=(0.6\sim0.8)(r_p+t)$。

3. 凹模深度 l_0

凹模深度过小，则坯料两端未受压部分太多，弯曲件回弹大且不平直，影响其质量；凹模深度若过大，则浪费模具钢材，且需压力机有较大的工作行程。

V 形件弯曲模：凹模深度 l_0 及底部最小厚度 h 可查表 3-14。但应保证凹模开口宽度 l_A 之值不能大于弯曲坯料展开长度的 0.8 倍。

表 3-14 V 形件弯曲模的凹模深度 l_0 及底部最小厚度 h (mm)

弯曲件边长 l	材料厚度 t					
	≤2		2~4		>4	
	h	l_0	h	l_0	h	l_0
10~25	20	10~15	22	15	—	—
25~50	22	15~20	27	25	32	30
50~75	27	20~25	32	30	37	35
75~100	32	25~30	37	35	42	40
100~150	37	30~35	42	40	47	50

U 形件弯曲模：对于弯边高度不大或要求两边平直的 U 形件，则凹模深度应大于弯曲件的高度，如图 3-65b 所示，其中 h_0 值见表 3-15；对于弯边高度较大，而平直度要求不高的 U 形件，可采用图 3-65c 所示的凹模形式，凹模深度 l_0 值见表 3-16。

表 3-15 U 形件弯曲凹模的 h_0 值 (mm)

材料厚度 t	≤1	1~2	2~3	3~4	4~5	5~6	6~7	7~8	8~10
h_0	3	4	5	6	8	10	15	20	25

表 3-16 U 形件弯曲模的凹模深度 l_0 (mm)

弯曲件边长 t	材料厚度 t				
	<1	1~2	2~4	4~6	6~10
<50	15	20	25	30	35
50~75	20	25	30	35	40
75~100	25	30	35	40	40
100~150	30	35	40	50	50
150~200	40	45	55	65	65

4. 凸、凹模间隙

弯曲V形件时，凸、凹模间隙是由调整压力机的装模高度来控制的，模具设计时可以不考虑。对U形类弯曲件，设计模具时应确定合适的间隙值。间隙过小，会使弯曲件直边料厚减薄或出现划痕，同时还会降低凹模的寿命，增大弯曲力；间隙过大，则回弹增大，从而降低弯曲件精度。生产中，U形件弯曲模的凸、凹模单边间隙一般可按如下公式确定：

弯曲有色金属时

$$Z=t_{\min}+ct \tag{3-17}$$

弯曲黑色金属时

$$Z=t_{\max}+ct \tag{3-18}$$

式中：Z——弯曲凸、凹模单边间隙；

t——弯曲件的材料厚度(基本尺寸)；

$t_{\min}$、$t_{\max}$——弯曲件材料的最小厚度和最大厚度；

c——间隙系数可查表3-17。

表3-17　U形件弯曲模凸、凹模的间隙系数 c 值

弯曲件高度 H/mm	材料厚度 t/mm								
	≤0.5	0.6～2	2.1～4	4.1～5	≤0.5	0.6～2	2.1～4	4.1～7.5	7.6～12
	弯曲件宽度 $B\leqslant 2H$				弯曲件宽度 $B>2H$				
10	0.05	0.05	0.04	—	0.10	0.10	0.08	—	—
20	0.05	0.05	0.04	0.03	0.10	0.10	0.08	0.06	0.06
35	0.07	0.05	0.04	0.03	0.15	0.10	0.08	0.06	0.06
50	0.10	0.07	0.05	0.04	0.20	0.15	0.10	0.06	0.06
75	0.10	0.07	0.05	0.05	0.20	0.15	0.10	0.10	0.08
100	—	0.07	0.05	0.05	—	0.15	0.10	0.10	0.08
150	—	0.10	0.07	0.05	—	0.20	0.15	0.10	0.10
200	—	0.10	0.07	0.07	—	0.20	0.15	0.15	0.10

5. U形件凸、凹模横向尺寸及公差

确定U形件弯曲凸、凹模横向尺寸及公差的原则是：弯曲件标注外形件尺寸时(图3-66a)，应以凹模为基准件，间隙取在凸模上；弯曲件标注内形件尺寸时(图3-66b)应以凸模为基准件，间隙取在凹模上；基准U形件凸、凹模横向尺寸及公差则应根据弯曲件的尺寸、公差、回弹情况及模具磨损规律等因素确定。

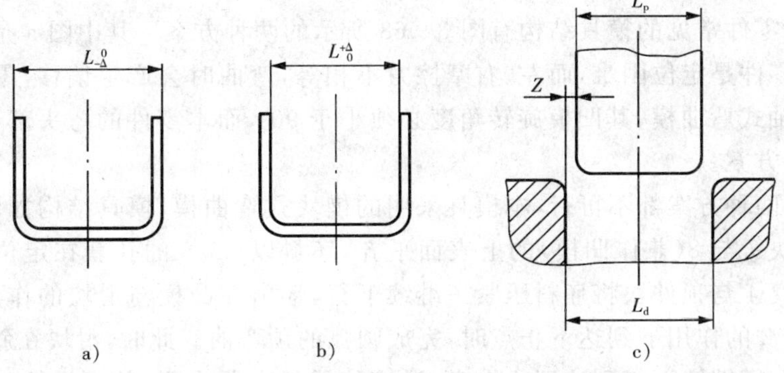

图 3-66 标注外形和内形尺寸的弯曲件及模具

(1)弯曲件标注外形尺寸时(3-66a)

$$L_d=(L_{max}-0.75\Delta)_{0}^{+\delta_d} \tag{3-19}$$

$$L_p=(L_d-2Z)_{-\delta_p}^{0} \tag{3-20}$$

(2)弯曲件标注内形尺寸时(3-66b)

$$L_p=(L_{min}+0.75\Delta)_{-\delta_p}^{0} \tag{3-21}$$

$$L_d=(L_p+2Z)_{0}^{+\delta_d} \tag{3-22}$$

式中:L_d、L_p——弯曲凸、凹模横向尺寸;

L_{min}、L_{max}——弯曲件的横向最小、最大极限尺寸;

Δ——弯曲件横向的尺寸公差;

δ_d、δ_p——弯曲件凸、凹模的制造公差,可采用 IT7~IT9 级精度。一般取凸模的精度比凹模精度高一级,但要 $\delta_d/2+\delta_p/2+t_{max}$ 保证的值在最大允许间隙范围以内;

Z——凸、凹模单边间隙。

当弯曲件的精度要求高时,其凸、凹模可以采用配作法加工。

第七节 弯曲模设计步骤及实例

弯曲成形如图 3-67 所示压板零件,材料为 10 钢,厚度为 1 mm,中批量生产,试设计弯曲模。

1. 零件的工艺性分析

根据零件的结构现状和批量要求,可采用落料、冲孔-弯曲两道工序冲压成形,这里只考虑弯曲工序。

该零件的结构、尺寸、精度和材料均符合弯曲工艺性要求,相对弯曲半径 $r/t=3.5<5$,回弹量不大。但零件形状不对称,弯曲时主要解决好坯料的偏移问题。

零件的弯曲部位是 $R3.5$ mm 的圆弧,按图中标注的尺寸 8 ± 0.2 mm,可算出圆心角为 135°~147°,故应按中间值 141°设计模具。

2. 模具结构方案的确定

弯曲该类零件常见的模具结构有图 3－68 所示的两种方案。其中图 a 是最常用的弯曲模，但用于本零件是定位困难，而左、右摩擦力不相等，弯曲时会产生偏移，零件尺寸难以保证；图 b 是滚轴式弯曲模，其凹模旋转角度必须小于 90°，而本零件的弯头部位接近半圆，也不宜采用这种方案。

考虑上述两种方案都不可行，本模具采用的楔块式弯曲模，模具结构如图 3－69 所示。弯曲前，顶件块 7 与 8（兼作凹模）的上表面平齐，坯料以 $\phi 8.5$ 的孔套在定位销上定位。上模下行时，凸模 4 与顶件块将坯料压紧。继续下行，坯料在凸模与滑块的作用下开始弯曲，当凸模在弹簧 2 的作用下到达下止点时，完成圆弧的预弯曲。此时，滑块在斜楔 5 的作用下向左运动，当上模继续下行到达下止点时，滑块使零件弯曲成形，并产生校正力。上模回程时，凸模受弹簧 2 的作用先不动，滑块在弹簧 9 的作用下随斜楔 5 的上升向右移动复位，继而凸模上升，顶件块将零件顶出。该模具中，坯料受定位销的限制和顶件块的压紧作用，避免了弯曲时的偏移。同时，将凸模作成活动式，实现了用同一滑块进行预弯和弯曲的先后动作，并避免了凸模回程时与滑块产生的干涉。

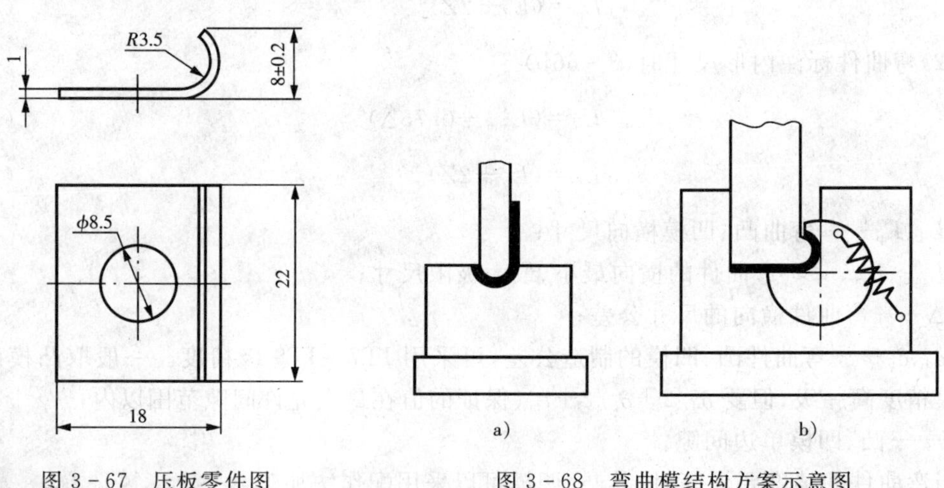

图 3－67　压板零件图　　　图 3－68　弯曲模结构方案示意图

3. 有关工艺与设计计算

(1)坯料的展开长度　弯曲件由直边和圆弧两部分组成，圆弧部分中性层位移系数由 $r/t=3.5$，查表 3－8 得 $x=0.41$。经计算，圆弧中心角 $\alpha=141°$，直线部分长度 $l=18-4.5=13.5$ mm，故坯料的展开长度为

$$L_0=l+\frac{\pi\alpha}{180}(r+xt)=13.5+\frac{3.14\times141}{180}\times(3.5+0.41\times1)=23.1\ \text{mm}$$

(2)弯曲力　弯曲过程有两步，第一步是凸模向下运动的弯曲，第二步是通过滑块向左压圆弧的弯曲，并施加校正力。

第一步弯曲的弯曲力按自由弯曲计算，由式(3－12)，取 $\sigma_b=400\text{MPa}$，得

$$F_1=\frac{0.6KBt^2\sigma_b}{r+t}=\frac{0.6\times1.3\times22\times1^2\times400}{3.5+1}=1525\ \text{N}$$

第二步弯曲的弯曲力按校正弯曲计算，由式(3－15)，取 $q=30\text{MPa}$，得

$$F_2=A\times q=22\times 8\times 30=5280\ \text{N}$$

校正力是通过斜楔传递给滑块的，取斜楔的角度为 45°，故总弯曲力为

$$F=F_1+F_2=1525+5280=6850\ \text{N}$$

(3)弹簧　本模具中采用的弹簧有凸模背压弹簧、弹顶器弹簧和滑块复位弹簧。

① 凸模背压弹簧。对凸模背压弹簧的基本要求是：a. 弹簧的预压力必须大于初始弯曲力 1525 N，以便实现由弹簧的弹力完成对坯料的预弯曲；b. 凸模达到下止点时才开始与凸模固定板有相对运动，这时斜楔才开始推动滑块向左运动 2.5 mm(由凸、凹模间隙及工作部位尺寸关系确定，见图 3－70)，因斜楔的角度为 45°，故凸模在固定板中的行程也是 2.5 mm，也即弹簧进一步的压缩量为 2.5 mm。

由于需要弹簧产生的弹力较大，而弹簧尺寸又受安装空间的限制，因此只宜采用弹力较大的碟形弹簧。通过初步计算并对照有关蝶形弹簧标准规格，选用 8 片外径 ϕ50 mm、料厚 2 mm 的蝶形弹簧组成弹簧组，每片弹簧的允许变形量为 1.05mm，允许载荷为 4770 N。设定每片弹簧的预压量为 4770×0.35/1.05＝1590 N，8 片弹簧的预压高度为 0.35×8＝2.8 mm，总压缩量为 2.8＋2.5＝5.3 mm，没有超过弹簧的允许变形量 1.05×8＝8.4 mm。

② 弹顶器弹簧。弹顶器弹簧的预压力同样要大于 1525 N。同时，根据弯曲件尺寸要求并考虑凹模强度，凸模从接触坯料到弯曲成形需下行 14 mm，也即弹顶器的工作行程为 14 mm。

弹顶器弹簧也采用与凸模背压弹簧相同的规格，考虑行程大的特征，用 40 片组成弹簧组，则其最大允许变形量为 1.05×40＝42 mm。弹簧的预压力也取 1590 N，则总预压量为 0.35×40＝14 mm。加上弹顶器的工作行程为 14 mm，因此弹簧的总压缩量为 14＋14＝28 mm，也没有超过弹簧的允许变形量 42 mm。

由于凸模背压弹簧每片的压缩量与弹顶器相同，受力也相同，因弹顶器弹簧每片弹簧的压缩量为 28/40＝0.7，故凸模背压弹簧的总压缩量为 0.7×8＝5.6 mm，减去预压的 2.8 mm，则凸模在固定板中的相对移动量为 5.6－2.8＝2.8 mm。因此上述选用的两组弹簧都能符合模具设计要求。

③ 滑块复位弹簧。滑块复位弹簧只要求在上模回程时能使滑块可靠复位，可采用一般圆柱螺旋压缩弹簧。查有关标准，选用弹簧 1.6×15×22GB/T 22089－1994，弹簧的极限压缩量 $h_j=15.2$ mm，极限工作压力 $F_j=79.6$ N。

④ 回弹。因圆弧部分的相对弯曲半径 $r/t=3.5<5$，故半径的回弹值可以忽略。凸模工作部分设计成半圆形，补偿角度的回弹量也足够，因此也不必计算。为了保证其形状，施加校正力以保证弯曲件的质量。

⑤ 凸模与滑块(凹模)工作部位尺寸确定。滑块(凹模)在初始位置要配合凸模完成第一次弯曲，然后在斜楔的作用下向左移动，完成圆弧部位的弯曲成形。凸模与凹模的间隙用式(3－18)计算，由表 3－17 查出系数 $c=0.10$，则 $Z=t_{max}+ct=1.1+0.1\times 1=1.2$ mm。

因弯曲半径的回弹值可以忽略，故凸模圆角半径 $r_p=r=3.5$ mm，凹模的圆角取 $r_d=3t$

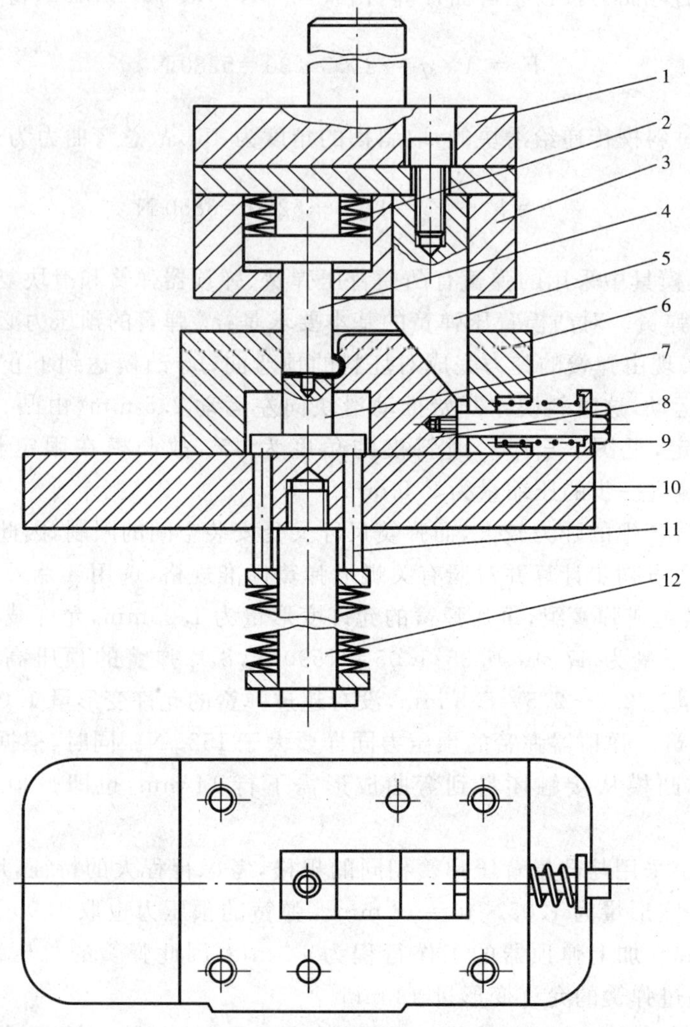

图 3-69　压板弯曲模结构总图

=3 mm。凸模与滑块(凹模)工作部位尺寸关系如图 3-70 所示。由图可看出,当滑块移动行程为 2.5 mm时,就可使滑块的 $R4.5$ mm 的圆心与凸模圆心重合,因此滑块的行程即为 2.5 mm。

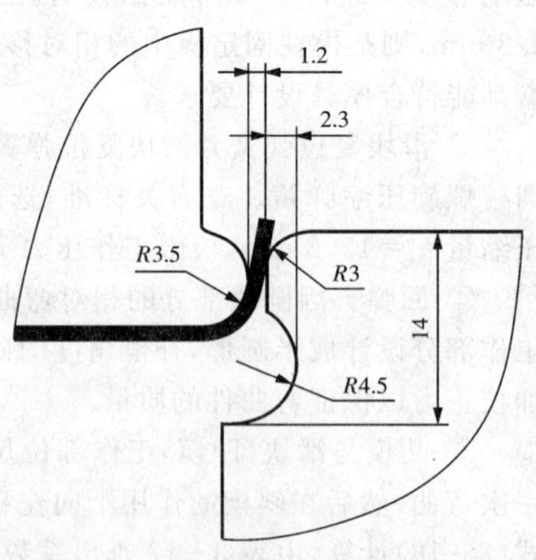

图 3-70　凸模与滑块工作部位尺寸关系

由前述可知,当凸模到达下止点后,上模还可能下降的距离为 8.4-5.6=2.8 mm(其中 8.4 是弹簧的允许变形量),而滑块的行程为2.5 mm,斜楔角度为 45°,因此可以满足设计要求。

4. 主要模具零件的设计

(1)凸模　凸模上部的圆柱是蝶形弹簧的导向杆,至下止点时,凸模的上顶面与垫板接触,对工件施加压力。凸模上部圆柱的直径稍小于弹簧内径

(ϕ25.4 mm)，取 ϕ24 mm。圆柱的高度是弹簧压缩变形后的高度，每片弹簧高度是 3.4 mm，工作时的总压缩量是0.7 mm，故圆柱的高度为(3.4－0.7)×8＝21.6 mm。凸模的中间部位是圆柱形台肩，直径取 ϕ50 mm，下部为工作部分，具体尺寸见图 3－71。

(2)滑块　滑块的斜面、底面和台阶面是滑动工作面，表面要求光滑。滑块的上面是坯料定位面，侧面圆弧部分是弯曲凹模的工作部位，具体结构和尺寸如图 3－72 所示。滑块的右侧装有螺栓和弹簧，用于滑块的复位。

(3)斜楔　斜楔的横截面为矩形，其宽度可比滑块的宽度量略小，取 21 mm，长度取 24 mm。斜楔的斜面及斜面相对的侧面是滑动工作面，斜楔与凸模固定板采用 H7/k6 配合，并用 M10 的螺栓将斜楔固定在垫板上。为了便于调整圆弧部位的间隙，并控制校正力的大小，斜楔与固定板之间可设置调整垫片。

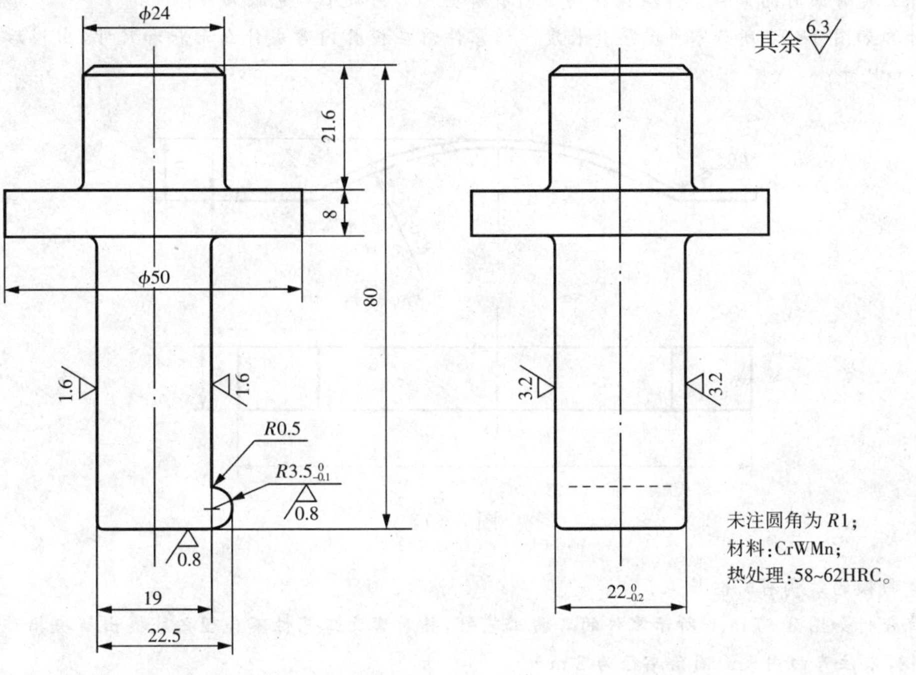

其余 6.3

未注圆角为 $R1$；
材料：CrWMn；
热处理：58~62HRC。

图 3－71　凸模

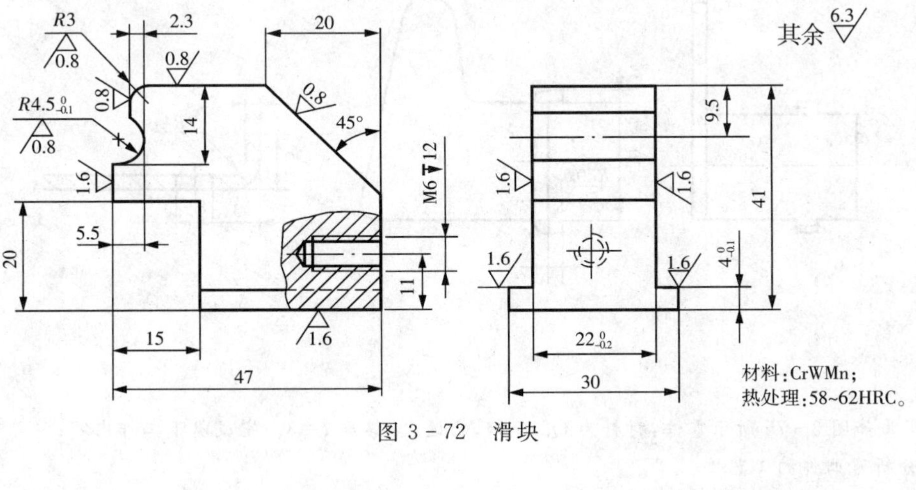

其余 6.3

材料：CrWMn；
热处理：58~62HRC。

图 3－72　滑块

(4)顶件块　顶件块在弹顶器的作用下，与凸模形成足够的压紧力而完成第一次弯曲，并对坯料起定位作用。顶件块上部为矩形，其宽度与坯料相等，上面使用定位销，弯曲前坯料的 $\phi8.5$ 孔套在定位销上定位。顶件块下部为圆柱形，外径可与碟形弹簧外径相等，底面通过 4 个顶杆与弹顶器相接触。当模具处于开启状态时，顶件块在弹顶器的作用下，其上表面与滑块等高，以便于坯料的定位。

思考题与练习题

1. 弯曲变形有哪些特点？宽板与窄板弯曲时为什么得到的截面形状不同？

2. 弯曲时的变形程度用什么来表示？弯曲时极限变形程度受到哪些因素的影响？

3. 为什么说弯曲时的回弹是弯曲工艺不能忽视的问题？试述减小弯曲件回弹的常用措施。

4. 什么是弯曲时的偏移？产生偏移的原因有哪些？如何减小和克服偏移？

5. 计算如图 3-73 所示零件的展开长度。该零件需在模具内弯成什么形状和尺寸，出模后才能得到图示形状和尺寸？

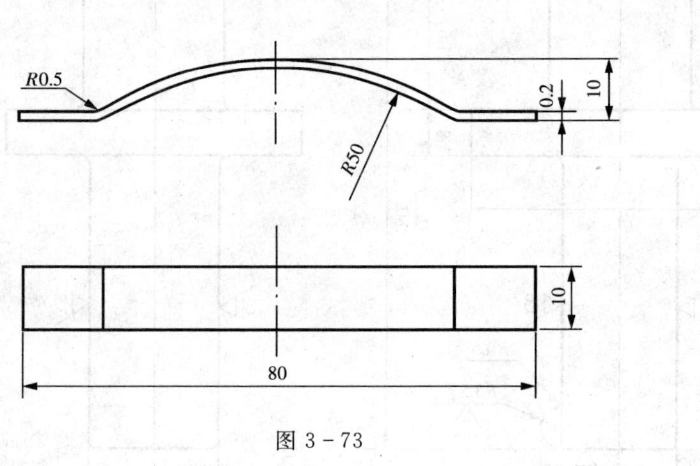

图 3-73

6. 弯曲模的结构有哪些特点？

7. 试分析如图 3-74a、b 所示零件的弯曲工艺性，并对弯曲工艺性不合理之处提出解决措施。零件材料为 08 钢，未注弯曲内表面圆角半径为 2 mm。

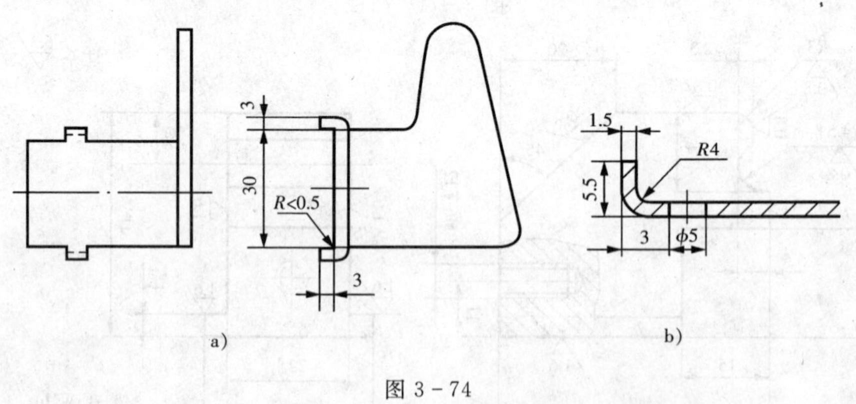

图 3-74

8. 弯曲如图 3-75 所示零件，材料为 Q235 钢，已退火，厚度 $t=3$。完成以下工作内容：

(1)分析弯曲件的工艺性。

(2)计算弯曲件的展开长度和弯曲力(采用校正弯曲)。

(3)绘制弯曲模结构草图。

(4)确定弯曲凸、凹模工作部位尺寸,绘制凸、凹模零件图。

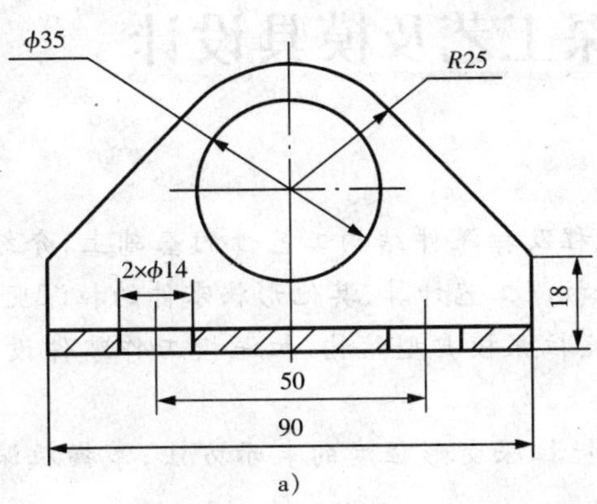

a)

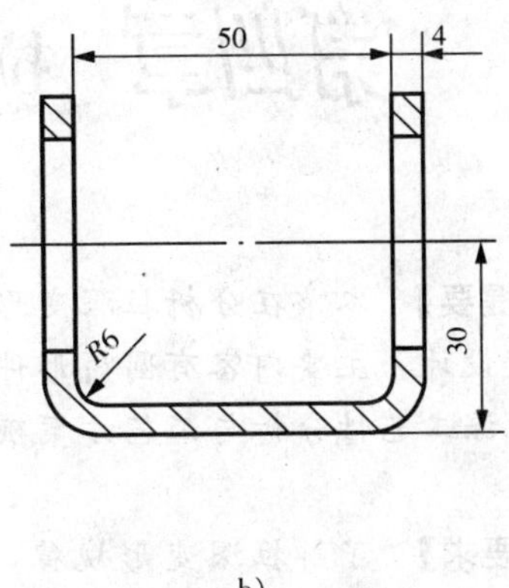

b)

图 3-75

9. 弯曲如图 3-76 所示零件,材料为 08F 钢,厚度 $t=1.5$。完成以下工作内容:

(1)分析弯曲件在冲压时会产生什么问题,试述如何解决。

(2)计算弯曲件的展开尺寸和弯曲力(采用校正弯曲)。

(3)绘制弯曲模结构草图。

(4)确定弯曲凸、凹模工作部位尺寸,绘制凸、凹模零件图。

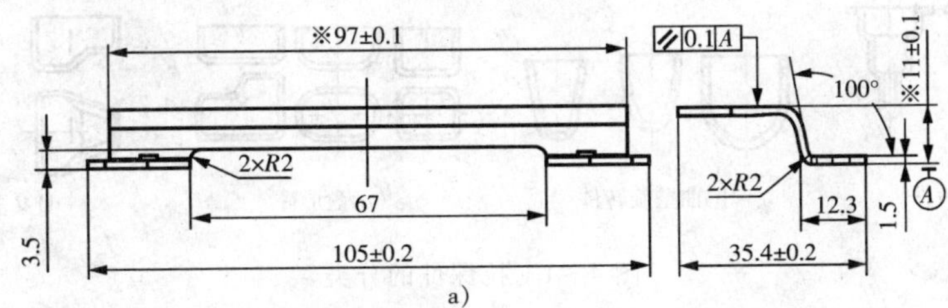

a)

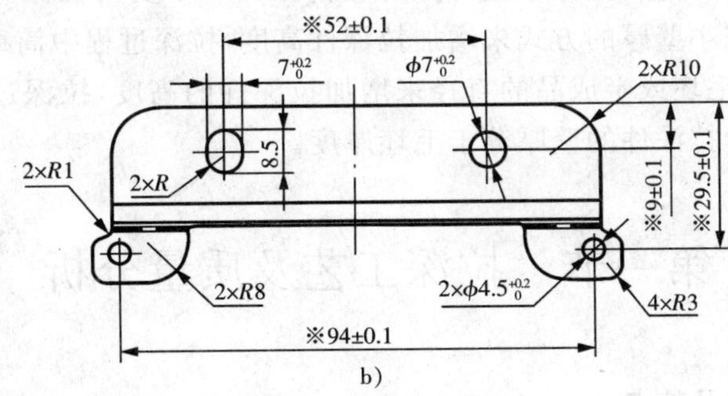

b)

图 3-76

第四章 拉深工艺及模具设计

【内容提要】 本章在分析拉深变形过程及拉深件结构工艺性的基础上，介绍了拉深工艺和拉深模设计。主要内容有圆筒形件的拉深工艺计算、其他形状零件的拉深变形特点（有凸缘件）、拉深工艺性分析与工艺方案确定、拉深模典型结构、拉深模工作零件设计、拉深辅助工序等。

【目标要求】 了解拉深变形规律，掌握拉深变形程度的表示方法；掌握拉深工艺性分析；掌握典型拉深模具结构及工作原理。

在压力机上使用模具将平坯料或开口空心工序件制成开口空心零件的成形方法称为拉深，又称拉延。用拉深工艺可以制成的零件大体可分为以下三类：

旋转体零件（如图 4－1a、b 所示）；

盒形零件（如图 4－1c 所示）；

复杂曲面零件（如图 4－1d 所示）。

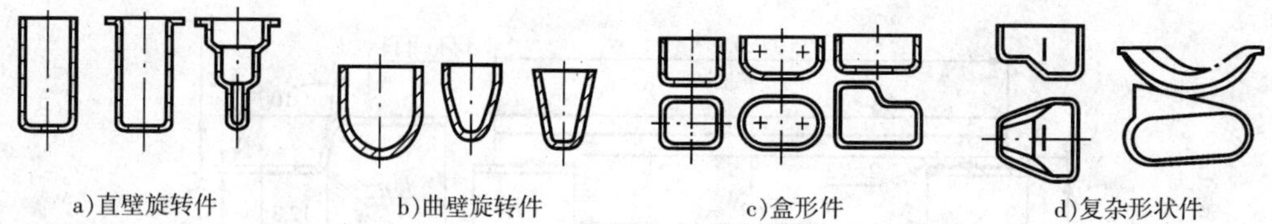

a)直壁旋转件　　b)曲壁旋转件　　c)盒形件　　d)复杂形状件

图 4－1　拉深件的分类

按照拉深件的变形方法，拉深工艺可分为变薄拉深和不变薄拉深。变薄拉深是以开口空心件为毛坯，通过减小壁厚的方式来增加拉深件高度，拉深过程中筒壁厚度显著变薄。不变薄拉深是通过减小毛坯或半成品的直径来增加拉深件的高度，拉深过程中材料厚度的变化很小，可以近似认为拉深件的壁厚等于毛坯厚度。

第一节　拉深工艺及质量分析

一、拉深变形过程及特点

图 4－2 所示为圆筒形件的拉深过程。将直径为 D、厚度为 t 的圆形毛坯置于拉深凹模上，上模下行，压边圈压住坯料。随着拉深凸模的下行，凹模口以外的毛坯逐渐被拉入凹模内，得到具有外径为 d、高度为 h 的开口圆筒形工件。

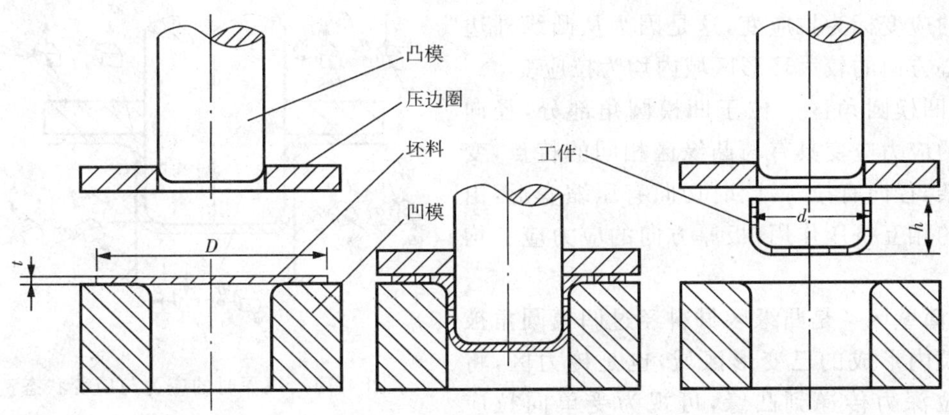

图 4－2　圆筒形件的拉深

用网格法能比较直观地了解拉深时金属材料的变形过程，在圆形毛坯上画出图 4－3 所示的等间距的同心圆和等角度的半径线，形成一些扇形网格。拉深成圆筒后，筒底 d 以内部分网格基本上没有变化，而 D 与 d 之间的环形区域，即凸缘部分，发生了较大变化：

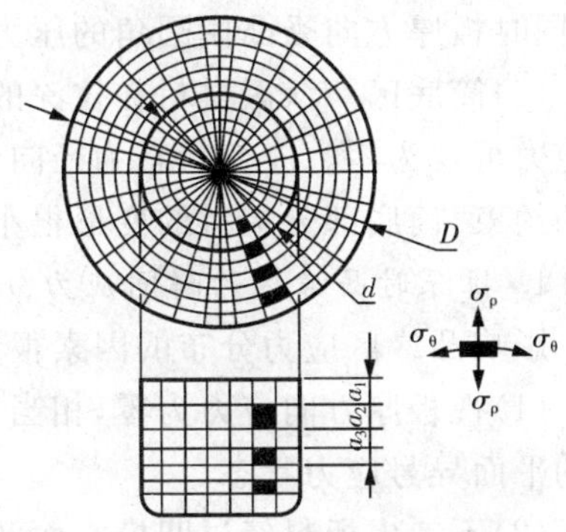

图 4－3　拉深件网格变化

(1)原间隔相等的同心圆成了直径相等、间距增大的筒壁圆，越接近筒口，间距增大的越多；

(2)原分度相等的半径线变成垂直的平行线，而且间距相等，且比原扇形弧长缩小，越接近筒口缩小越多；

(3)如果观察一个网格区域，在拉深前是扇形，拉深后成为矩形。

为什么拉深前后的网格区域会产生上述变化呢？

拉深过程中，由于模具的作用，坯料金属内部产生了内应力。在坯料的凸缘(即 $D-d$ 的环形部分)区域内任意取一微小单元，凸缘部分材料由于拉深力的作用，径向产生拉应力 σ_ρ，切向产生压应力 σ_θ，凸缘部分材料在 σ_ρ 作用下被不断拉入凹模。与此同时，在 σ_θ 的作用下又不断压缩，凸缘部分金属材料产生塑性变形，径向伸长，切向压缩，且不断被拉入凹模中变为筒壁，成为圆筒形开口空心零件。

二、拉深件质量分析及控制

为了进一步了解拉深过程中的主要工艺问题，以便采取相应控制措施，有必要分析一下材料的应力应变状态。在这里，采用圆柱坐标系，下角标 ρ 表示径向，θ 表示切向，t 表示板厚方向。图 4－4 是拉深过程中某一瞬时坯料的应力应变的分布情况，根据应力与应变的分布，把处于某一瞬时的坯料分为五个区域：

(1)凸缘区　这是拉深的主要变形区，坯料受径向拉应力 σ_ρ 和切向压应力 σ_θ 的共同作用，在厚度方向，由于压边圈的作用，产生压应力 σ_t，但是 σ_t 相对于 σ_ρ 和 σ_θ 来说要小得多，一般可视为零。由应力与应变的对应关系可知径向应变为拉应变，切向应变为压应变，即 $\varepsilon_\rho>0$，$\varepsilon_\theta<0$。板厚方向应变较为复杂，且沿径向分布不均匀，其变形决定于径向拉应力和切

向压应力之间的比例关系。图 4-4 中凸缘区板厚方向的应变标为拉应变，这是因为从凸缘外边缘向中心方向的较大环形区域内均为拉应变。

(2)凹模圆角区　位于凹模圆角部分，径向与切向的应力应变具有与凸缘区相同的特点，变形很复杂，径向有拉弯，同时切向有压缩变形，由于材料的相互挤压作用，板厚方向的应力应变均为负值。

(3)筒壁区　是凸缘区材料经过凹模圆角被拉入凹模内形成的已变形区域，也是传力区，将凸模的拉深力传递到凸缘，可视为受单向拉应力，沿轴线方向产生拉伸变形，切向与板厚方向受压，实际上筒壁的变形是很小的。

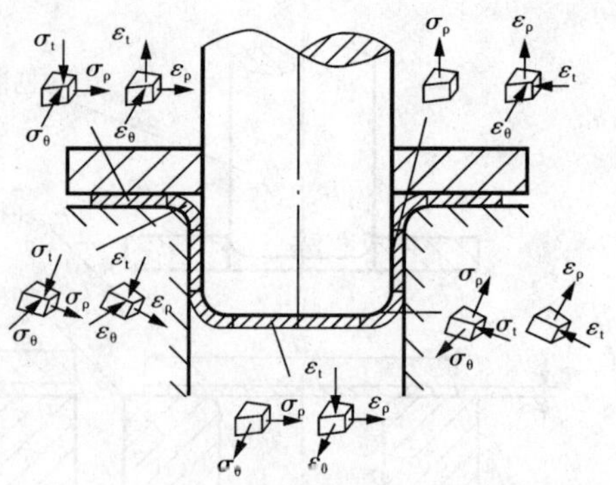

图 4-4　拉深时的应力与应变状态

(4)凸模圆角区　从拉深开始，该区板料一直受径向拉应力和切向拉应力的拉伸强烈作用，同时板厚方向受凸模圆角的压力和弯曲作用而变薄。

(5)筒底区　该区材料在拉深的整个过程中保持平面形状，受双向拉应力作用，板厚方向应力可视为零。应变状态为径向与切向受拉，板厚将变薄，由于材料受凸模圆角区摩擦阻力的约束，筒底部分板料的变形很小。

1. 拉深时凸缘区的瞬间应力分布

影响凸缘区应力分布的因素很多，为了容易得出结果，先做如下假定：

(1)视板厚方向应力为零，相当于无压边圈拉深，则应力状态为径向拉应力和切向压应力的平面异号应力状态。

(2)不考虑板料经过凹模端面及凹模圆角区时受的摩擦阻力影响，也不考虑板料经过凹模圆角区所受弯曲的影响。

(3)不考虑材料硬化的影响，认为材料的屈服强度 σ_s 不变。

根据力学的平衡条件以及 Von. Mises 屈服准则，可以求出拉深的某一瞬间，凸缘变形区内径向拉应力 σ_ρ 和切向压应力 σ_θ 的大小，其值可按下式计算：

$$\sigma_\rho=\sigma_s\ln\frac{R_t}{\rho} \tag{4-1}$$

$$\sigma_\theta=-\sigma_s\left(1-\ln\frac{R_t}{\rho}\right) \tag{4-2}$$

上式表明 σ_ρ 和 σ_θ 随 ρ 按对数关系变化，R_t 为拉深瞬时凸缘外径，以不同的 R_t 数值代入上式，可得 σ_ρ 和 σ_θ 沿径向的分布曲线，见图 4-5。可以看出：

(1)径向拉应力 σ_ρ 在凸缘外边缘总是零值，而在筒壁处，即 $\rho=r_0$ 时达到最大值为

$$\sigma_{\rho\max}=\sigma_s\ln\frac{R_t}{r_0} \tag{4-3}$$

(2)切向压应力 σ_θ 在筒壁处为最小值，而在凸缘外边缘处达到最大值为

$$\sigma_{\theta\max}=-\sigma_s \qquad (4-4)$$

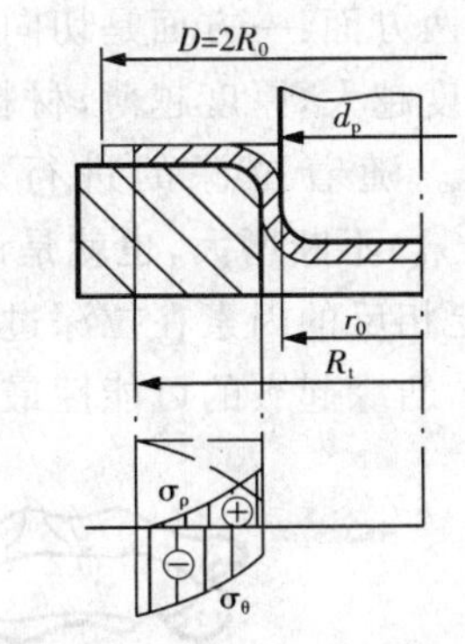

图 4-5　拉深圆筒件的应力分布

如果令 $\sigma_\rho=\sigma_\theta$，可得到 $\rho=0.61R_t$，这表明由半径为 $\rho=0.61R_t$ 的圆可以将整个凸缘区分为两部分。该圆到外边缘部分，这部分的凸缘区压应力占优势，压应变为最大主应变，板料增厚；该圆向内到凹模口，这一部分的凸缘区拉应力占优势，拉应变为最大主应变，板料变薄。由此可见，拉深时在凸缘变形区的大部分区域，就绝对值而言，切向压应力总是大于径向拉应力，因而前面进行板厚方向应变分析时，主要变形以切向压缩变形作为凸缘的主要变形，凸缘区板料经拉深成形变为侧壁后，板料略有增厚。

2. 整个拉深过程中凸缘区 $\sigma_{\rho\max}$ 和 $\sigma_{\theta\max}$ 的变化

以不同的 R_t 代入式(4-3)可以计算出不同拉深瞬间的 $\sigma_{\rho\max}$ 值。当 $R_t=R_0$ 时，即在开始拉深瞬间，筒壁处的拉应力 $\sigma_{\rho\max}$ 达到其最大值：

$$\sigma_{\rho\max}=\sigma_s\ln\frac{R_0}{r_0}$$

根据式(4-4)，$\sigma_{\theta\max}$ 似乎与拉深过程无关。事实上，由于受材料加工硬化的影响，σ_s 并不是常数，随着拉深的进行，变形程度的增加，$\sigma_{\theta\max}$ 也跟着增加，其变化与材料硬化规律相似。

3. 拉深的主要工艺问题

(1)板料厚度的变化　在拉深过程中，坯料各部分的应力与应变是很不均匀的，即使在凸缘变形区，也是越靠近外缘处，变形程度越大，板料增厚也越多。当凸缘部分全部转变为侧壁时，拉深件的壁厚就不均匀。从图 4-6 可以看出，拉深件下部壁厚略有变薄，确切地说，在凸模圆角区靠上部与筒壁切线位置，板厚变薄最严重。因为拉深时板料是逐渐包住凸模圆角的，先与凸模圆角贴模的板料因受凸模的摩擦力作用变薄受到阻止，到凸模圆角区靠上部分也被包住的时候，贴在该处的板料一直处于变薄状态，使该处传递拉深力的截面积变小，σ_ρ 有增大的趋势。另外，从整个拉深过程看，凸缘部分板料成为圆筒件的凸模圆角，需要转移的材料少，加工硬化程度低，材料强度增加的不多，因此，凸模圆角区靠上部分成为危险断面，拉破往往从这里首先开始。

图 4-6 的横坐标表示实际板厚，纵坐标表示拉深件高度，$+\Delta t$ 为板厚最大增加量，$-\Delta t$ 为板厚最大减小量。对常见材料，拉深件板厚的增厚率 $\Delta t/t$ 可达 20%左右，板厚的减薄率 $-\Delta t/t$ 可达 10%左右。拉深很软的材料时，板厚的变化率要更大些。

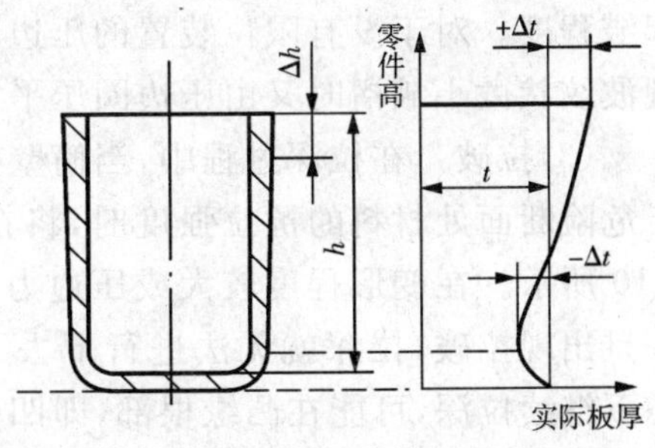

图 4-6　板厚的变化

(2)起皱　拉深时凸缘区板料出现波纹状皱褶成为起皱，如图 4-7 所示。起皱是一种受压失稳现象，凸缘区板料在拉深过程中切向承受较大的压应力，很容易发生失稳起皱，凸缘区会不会起皱，主要

决定于两方面：一方面是切向压应力的大小，另一方面是凸缘区板料本身抵抗失稳的能力。凸缘宽度越大，厚度越薄，材料弹性模量和硬化程度越小，抵抗失稳能力就越小。在拉深过程中，$\sigma_{\theta\max}$随着拉深的进行不断增大，但凸缘区却不断缩小，相对厚度不断增大，即$t/(R_t-r_0)$不断增大，也就是说，引起失稳起皱的因素在增加，而抗失稳起皱的能力也在增加，以上相反的因素在拉深过程中共同作用，结果在凸缘宽度减少到$R_t-r_0\approx0.5(R_0-r_0)$的时刻，凸缘起皱的可能性最大。图 4-8 所示为一拉深件起皱的实例。

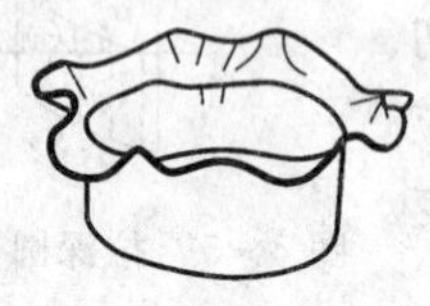
a)起皱现象

b)轻微起皱影响拉深件质量

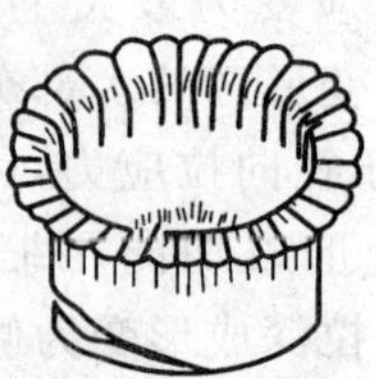
c)严重起皱导致破裂

图 4-7 起皱

出现轻微起皱时，凸缘区板料仍有可能全部拉入凹模内，但起皱部位的波峰受到凸、凹模的强烈挤压作用，在拉深件侧壁靠上部将出现条状挤压痕和明显的波纹，影响工件的外观质量。起皱严重时，拉深便无法顺利进行，板料起皱相当于板厚增加了很多，进入凸、凹模间就变得非常困难，使得径向拉应力急剧增大，这时，如果继续拉深，危险断面处板料将会被拉破。

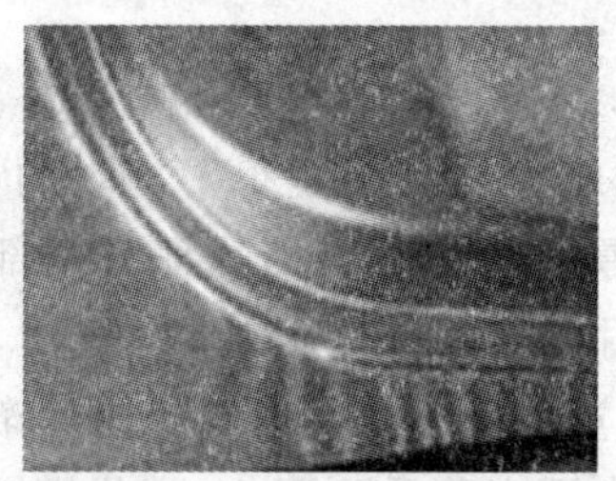
图 4-8 起皱实例

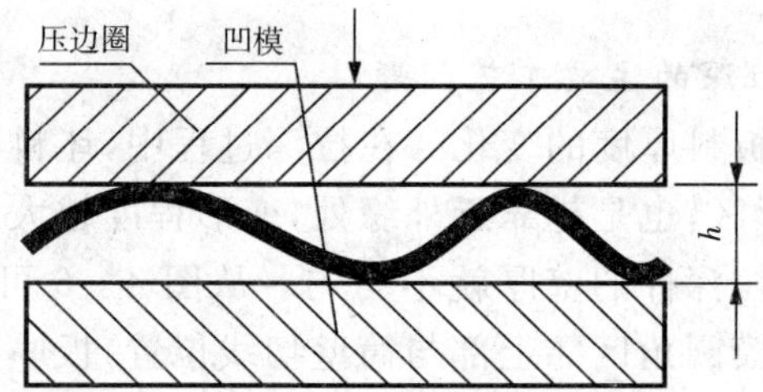

图 4-9 压边圈的作用

起皱是可以避免的。采用带压边装置的模具进行拉深可以防止起皱，如图 4-9 所示。当凸缘区板料受切向压应力作用出现失稳时，由于压边圈将板料限制在尺寸为 h 的区间内，也就是说，一旦板料产生起皱，其当量厚度也不会超过限定的 h 值，因此实际上也就限制了起皱程度。对于没有限位装置的压边圈来说，也可以认为其防止起皱的过程是在板料刚出现波纹状微小皱褶时又由压边圈压平了。

(3)拉破　在拉深过程中，当筒壁处最大拉应力 $\sigma_{\rho\max}$ 超过了危险断面处材料的抗拉强度时，将在危险断面拉破，如图 4-10 所示。在变形程度较大或压边力过大时，容易出现拉破。一旦出现拉破，拉深就无法进行下去了。有时在严重起皱状态下继续拉深，可能在凸缘根部，即凹模圆角区拉破。在凹模圆角半径值过小时进行拉深，更容易出现这种拉破现象。

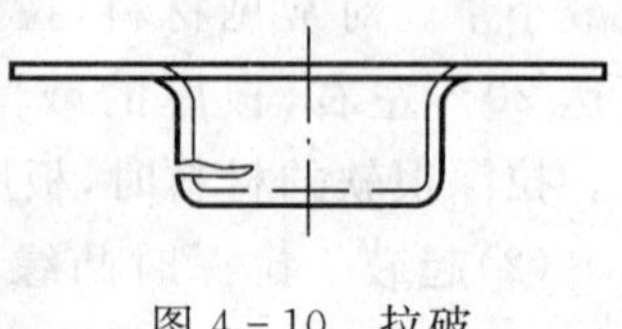
图 4-10 拉破

第二节　拉深件的工艺性

一、拉深件的结构工艺性

(1)拉深件的形状应尽量简单对称，以利于拉深成形，避免急剧的外形变化。深度不大的圆形件易于拉深，其次是阶梯形件、矩形件。对某些半敞开及不对称的拉深件，可以将两个或几个合并组成对称形状一起拉深，然后剖切开，这样可以有效改善单个成形时受力不对称的状况。

如图 4-11 所示的半球形拉深件，在根部增加 20 mm 直壁，即增大表面积，也即增大贴模所需的径向拉应力，可以有效解决起皱问题。

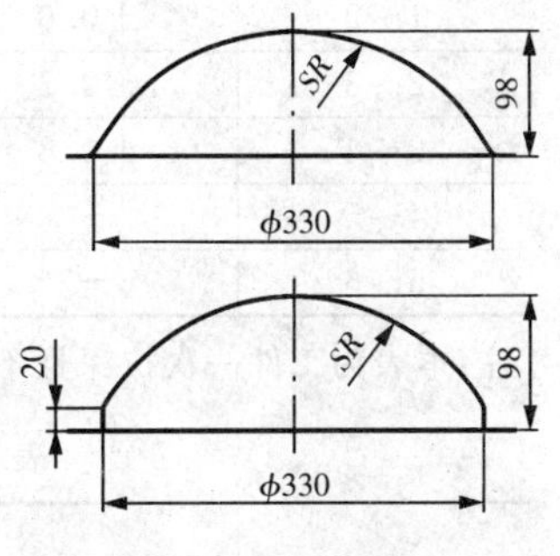

图 4-11　拉深件

(2)拉深件各部分尺寸比例要恰当，尽量避免出现宽凸缘或大深度的拉深件，否则要增加拉深次数。

(3)拉深件壁厚公差或变薄量要求一般不超出拉深工艺规律限定的壁厚变化范围。

(4)需多次拉深的零件，在保证必要的表面质量前提下，应允许内、外表面存在拉深过程中可能产生的痕迹。

(5)在保证装配要求的前提下，应允许拉深件侧壁有一定的斜度。

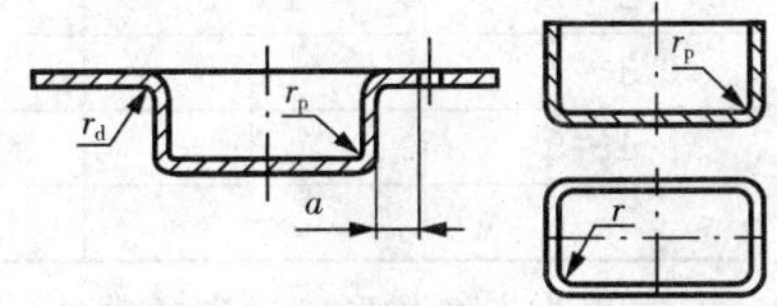

图 4-12　拉深件的圆角半径

(6)拉深件的底部或凸缘上的孔到侧壁的距离应满足：$a \geqslant r_p + 0.5t$(或 $r_d + 0.5t$)，圆筒件、矩形件各处的圆角半径应满足：$r_d \geqslant 2t$，$r_p \geqslant t$，$r \geqslant 6.3t$，如图 4-12 所示。

二、拉深件的精度

拉深件的精度包括直径方向和高度方向，一般情况下，拉深件的尺寸精度应在 IT13 级以下，不宜高于 IT11 级。对于精度要求高的拉深件，应在拉深后增加整形工序。拉深件的口部一般是不整齐的，需要经过切边。拉深件直径方向和高度方向的公差如表 4-1～表 4-3。

表 4-1　拉深件直径公差(极限偏差)　(mm)

材料厚度	拉深件直径		
	50 以下	50～100	100～300
1 以下	±0.2	±0.3	±0.4
1～1.5	±0.3	±0.4	±0.5
1.5～2	±0.4	±0.5	±0.6
2～3	±0.5	±0.6	±0.7
3～4	±0.6	±0.7	±0.8
4～5	±0.7	±0.8	±1.0
5～6	±0.8	±1.0	±1.2

表 4-2　无凸缘拉深件高度公差(极限偏差)　　(mm)

材料厚度	拉深件高度				
	18 以下	18～30	30～50	50～80	80～120
1 以下	±0.5	±0.6	±0.7	±0.9	±1.1
1～2	±0.6	±0.7	±0.8	±1.0	±1.3
2～3	±0.7	±0.8	±0.9	±1.1	±1.5
3～4	±0.8	±0.9	±1.0	±1.2	±1.8
4～5	—	—	±1.2	±1.5	±2.0
5～6	—	—	—	±1.8	±2.2

注:本表为工件一次拉深且不修边情况所达到的数值。

表 4-3　有凸缘拉深件高度公差(极限偏差)　　(mm)

材料厚度	拉深件高度				
	18 以下	18～30	30～50	50～80	80～120
1 以下	±0.3	±0.4	±0.5	±0.6	±0.7
1～2	±0.4	±0.5	±0.6	±0.7	±0.8
2～3	±0.5	±0.6	±0.7	±0.8	±0.9
3～4	±0.6	±0.7	±0.8	±0.9	±1.0
4～5	—	—	±0.9	±1.0	±1.1
5～6	—	—	—	±1.1	±1.2

注:本表为未经整形所达到的数值。

三、拉深件的材料

用于拉深件的材料,要求具有较好的塑性,屈强比 σ_s/σ_b 小,板厚方向性系数 γ 大,板平面方向性系数 $\Delta\gamma$ 小。

屈强比 σ_s/σ_b 值越小,一次拉深允许的极限变形程度就越大,拉深的性能越好。例如,低碳钢的屈强比 $\sigma_s/\sigma_b\approx0.57$,其一次拉深的最小拉深系数为 $m=0.48\sim0.50$;65Mn 钢的 $\sigma_s/\sigma_b\approx0.63$,其一次拉深的最小拉深系数为 $m=0.68\sim0.70$。所以有关材料标准规定,作为拉深用的钢板,其屈强比不大于 0.66。

板厚方向性系数 γ 和板平面方向性系数 $\Delta\gamma$ 反映了材料的各向异性性能。当 γ 较大时,材料宽度的变形比厚度方向的变形容易,拉深过程中材料不易变薄或拉裂,因而有利于拉深成形。$\Delta\gamma$ 较小时,板平面方向性能差异较小,拉深时“突耳”的高度就较小。

第三节　旋转体拉深件坯料尺寸的确定

一、坯料形状和尺寸确定的原则

1. *形状相似性原则*

旋转体拉深件的坯料形状一般与拉深件的截面轮廓形状具有相似性,即都是圆形。因为旋转体拉深件在拉深时凸缘区同一半径处的切向应变和径向应变是相同的。但非圆截面

的拉深件不具有这种相似性。

2. 表面积相等原则

对于不变薄拉深，虽然在拉深过程中板料的厚度有增厚也有变薄，但实践证明，拉深件的平均厚度与坯料厚度相差不大。由于塑性变形前后体积不变，因此，可以按坯料面积等于拉深件表面积的原则确定坯料尺寸。

3. 由于金属板料具有板平面方向性和受模具几何形状等因素的影响，制成的拉深件口部一般不整齐。对于带凸缘的拉深件，将出现凸缘不圆的现象，尤其是深拉深件。因此在多数情况下还需采取加大工序件高度或凸缘宽度的办法，拉深后再经过切边工序以保证零件质量。但当零件的相对高度 h/d 很小并且高度尺寸要求不高时，也可以不用切边工序。见表 4－4～表 4－5。

应该指出，用理论计算方法确定坯料尺寸不是绝对准确的，而是近似的，尤其是对变形复杂的拉深件。实际生产中，对于形状复杂的拉深件，通常是先做好拉深模，并以理论计算方法初步确定的坯料进行反复试模修正，直至得到的工件符合要求时，再将符合实际要求的坯料形状和尺寸作为制造落料模的依据。

表 4－4　无凸缘拉深件的修边余量　(mm)

拉深件高度	拉深件相对高度 h/d 或 h/B				图　例
	0.5～0.8	0.8～1.6	1.6～2.5	2.5～4.0	
≤10	1	1.2	1.5	2	
10～20	1.2	1.6	2	2.5	
20～50	2	2.5	3.3	4	
50～100	3	3.8	5	6	
100～150	4	5	6.5	8	
150～200	5	6.3	8	10	
200～250	6	7.5	9	11	
＞250	7	8.5	10	12	

表 4－5　有凸缘拉深件的修边余量　(mm)

凸缘直径	相对凸缘直径 d_t/d				图　例
	＜1.5	1.5～2.0	2.0～2.5	＞2.5	
≤25	1.6	1.4	1.2	1	
25～50	2.5	2	1.8	1.6	
50～100	3.5	3	2.5	2.2	
100～150	4.3	3.6	3	2.5	
150～200	5	4.2	3.5	2.7	
200～250	5.5	4.6	3.8	2.8	
＞250	6	5	4	3	

二、简单旋转体拉深件坯料尺寸的确定

简单旋转体均可分解为若干基本几何体，如图 4-13 所示的圆筒件可分解为无底圆筒、1/4 圆环和圆形板三部分，每一部分的表面积分别为

$$A_1=\pi d(h-r)$$

$$A_2=\frac{\pi}{4}[2\pi(d-2r)r+8r^2]$$

$$A_3=\frac{\pi}{4}(d-2r)^2$$

设毛坯直径为 D，按照上述原则，有

$$\frac{\pi}{4}D^2=A_1+A_2+A_3$$

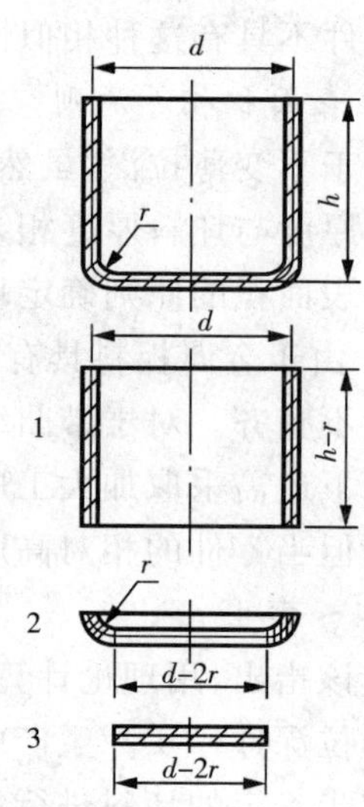

图 4-13 圆筒件毛坯尺寸计算

经整理并简化后，可得出毛坯直径：

$$D=\sqrt{d^2+4dh-1.72rd-0.56r^2}$$

常见圆筒形件、带凸缘圆筒形件及球冠毛坯直径计算公式见表 4-6。

表 4-6 圆筒形件及带凸缘圆筒形件毛坯直径计算公式

序号	工件简图	毛坯直径
1	（图：d、h、r）	$D=\sqrt{d^2+4dh-1.72rd-0.56r^2}$
2	（图：d_1、d、r_2、r_1、h）	$D=\sqrt{d_1^2+4dh-1.72d(r_1+r_2)-0.56(r_1^2-r_2^2)}$
3	（图：ϕs、sr、h）	$D=\sqrt{8rh}$ 或 $D=\sqrt{s^2+4h^2}$

注：表中公式为有关尺寸标注在板厚中线上获得，当板厚小于 1 mm 时，以零件图标注尺寸代入上述公式，不会引起较大误差。

三、复杂旋转体拉深件坯料尺寸的确定

复杂旋转体拉深件是指母线较复杂的旋转体零件。其母线可能由一段曲线组成，也可

能由若干直线段与圆弧段相接组成。复杂旋转体拉深件的表面积可根据久里金法则求出，即任何形状的母线绕轴旋转一周所得到的旋转体表面积，等于该母线的长度与其形心绕该轴线旋转所得周长的乘积。如图 4-14 所示，旋转体表面积为

$$A=2\pi R_x L$$

根据拉深前后表面积相等的原则，坯料直径可按下式求出：

$$\pi D^2/4=2\pi R_x L$$

$$D=\sqrt{8R_x L} \tag{4-5}$$

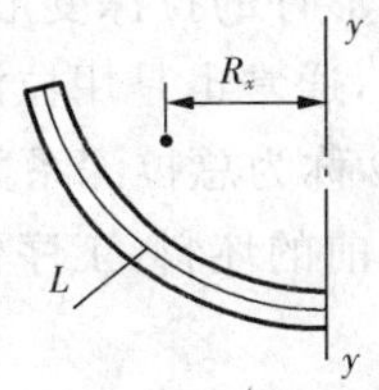

图 4-14　旋转体表面积计算

式中：A——旋转体表面积（mm^2）；

R_x——旋转体母线形心到旋转轴线的距离（称旋转半径，mm）；

L——旋转体母线长度（mm）；

D——坯料直径（mm）。

由式(4-5)知，只要知道旋转体母线长度及其形心的旋转半径，就可以求出坯料的直径。当母线较复杂时，可先将其分成简单的直线和圆弧，分别求出各直线和圆弧的长度 L_1、L_2、…、L_n和其形心到旋转轴的距离 R_{x_1}、R_{x_2}、…、R_{x_n}（直线的形心在其中点，圆弧的长度及形心位置可按有关公式计算），再根据下式进行计算：

$$D=\sqrt{8\sum_{i=1}^{n}L_i R_{x_i}} \tag{4-6}$$

需要说明的是，利用 AutoCAD 以及 Pro/ENGINEER Wildfire 等软件都可以进行展开计算，图 4-15 为用 Pro/ENGINEER Wildfire 软件进行面积计算的实例，这里不再赘述。

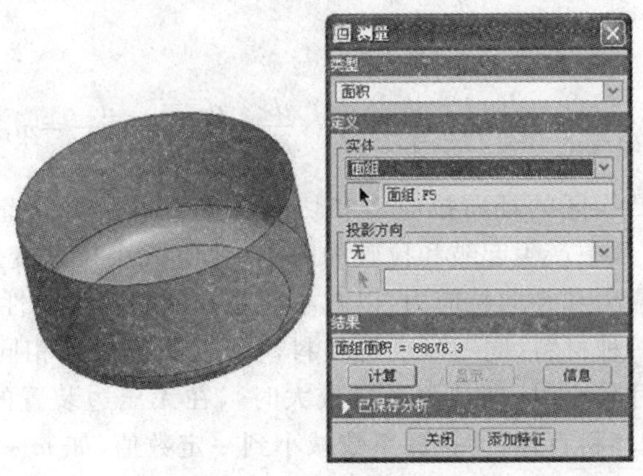

图 4-15　利用软件计算表面积

第四节　圆筒形拉深件的拉深工艺计算

一、拉深系数与极限拉深系数

圆筒形件的拉深变形程度一般用拉深系数表示。在设计冲压工艺过程与确定拉深工序的数目时，通常也是用拉深系数作为计算的依据。设圆筒件直径为 d，其毛坯直径为 D，则比值 d/D 称为总拉深系数 m_0。从广义上说，圆筒形件的拉深系数 m 是以每次拉深后的直径与拉深前的坯料（工序件）直径之比表示（图 4-16），即：

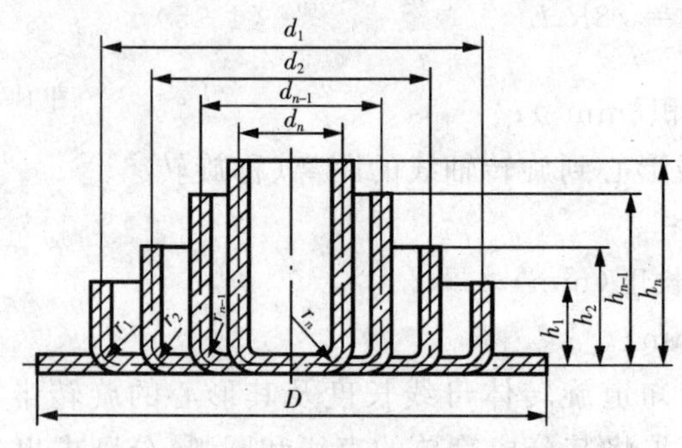

图 4-16　圆筒形件的多次拉深

第一次拉深系数　　$m_1=\dfrac{d_1}{D}$

第二次拉深系数　　$m_2=\dfrac{d_2}{d_1}$

⋮

第 n 次拉深系数　　$m_n=\dfrac{d_n}{d_{n-1}}$

总拉深系数　　$m_0=\dfrac{d}{D}=\dfrac{d_1}{D}\times\dfrac{d_2}{d_1}\times\dfrac{d_3}{d_2}\cdots\dfrac{d_{n-1}}{d_{n-2}}\times\dfrac{d_n}{d_{n-1}}=m_1m_2m_3\cdots m_{n-1}m_n$

拉深变形程度对凸缘区的径向拉应力和切向压应力以及对筒壁传力区拉应力影响极大，为了防止在拉深过程中产生起皱和拉破的缺陷，就应减小拉深变形程度（即增大拉深系数），从而减小切向压应力和径向拉应力，以减小起皱和破裂的可能性。

图 4-17 为用同一种材料、同一厚度的坯料，在凸、凹模尺寸相同的模具上进行拉深试验的情况。当坯料尺寸较小时（即拉深系数较大时），在无压边装置的情况下（图 a）拉深能够顺利进行；逐渐加大坯料直径，使拉深系数减小到一定数值（如 $m=0.75$）时，会出现起皱。如果增加压料装置（图 b），则能防止起皱。进一步加大坯料直径、减小拉深系数，拉深还可以顺利进行。但当坯料直径加大到一定数值、拉深系数减小到一定数值（如 $m=0.50$）后，筒壁出现拉破现象，拉深过程终止。

因此，为了保证拉深工艺的顺利进行，就必须使拉深系数大于一定数值，该数值就是在不出现起皱或拉破的前提下允许的最小拉深系数。称为极限拉深系数，小于这个数值，就会使拉深件起皱、拉破或严重变薄而超差。另外，在多次拉深过程中，由于材料的加工硬化，使得变形抗力不断增大，所以以后各次极限拉深系数必须逐次递增，即 $m_1 < m_2 < m_3 < \cdots < m_n$。

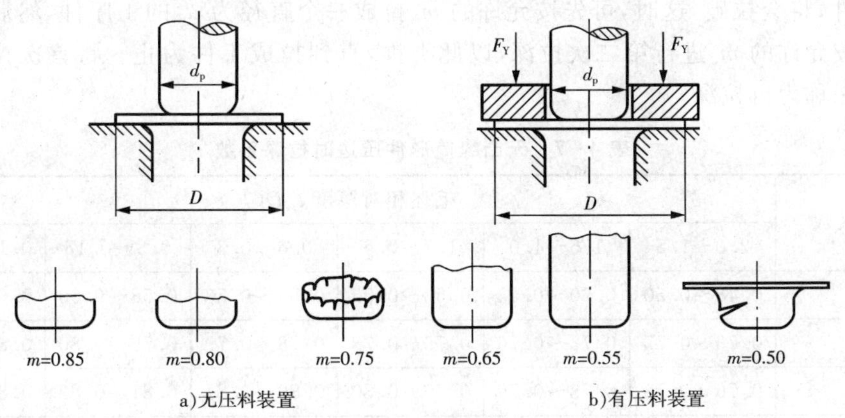

图 4－17　拉深系数试验

影响极限拉深系数的因素较多，主要有：

(1)材料的组织与力学性能　一般来说，材料组织均匀、晶粒大小适当、屈强比 σ_s/σ_b 小、塑性好、板平面方向性系数 $\Delta\gamma$ 小、板厚方向系数 γ 大、硬化指数 n 大的板料，变形抗力小，筒壁传力区不容易产生局部严重变薄和拉破，因而拉深性能好，极限拉深系数较小。

(2)板料的相对厚度 t/D　当板料的相对厚度大时，抗失稳能力较强，不易起皱，可以不采用压料或减少压料力，从而减少了摩擦损耗，有利于拉深，故极限拉深系数较小。

(3)摩擦与润滑条件　凹模与压料圈的工作表面光滑、润滑条件较好，可以减小拉深系数。但为避免在拉深过程中凸模与板料或工序件之间产生相对滑移造成危险断面的过度变薄或拉裂，在不影响拉深件内表面质量和脱模的前提下，凸模工作表面可以比凹模粗糙一些，并避免涂润滑剂。

(4)模具的几何参数　模具几何参数中，影响极限拉深系数的主要是凸、凹模圆角半径及间隙。凸模圆角半径过小，板料绕凸模弯曲的拉应力增加，易造成局部变薄严重，降低危险断面的强度，因而会降低极限变形程度；凹模圆角半径过小，板料在拉深过程中通过凹模圆角半径时弯曲阻力增加，增加了筒壁传力区的拉应力，也会降低极限变形程度；凸、凹模间隙过小，板料会受到太大的挤压作用和摩擦阻力，增大了拉深力，使极限变形程度减小。因此，为了减小极限拉深系数，凸、凹模圆角半径及间隙应适当取较大值。但是，凸、凹模圆角半径和间隙也不宜取得过大，过大的圆角半径会减小板料与凸模和凹模端面的接触面积及压料圈的压料面积，板料悬空面积增大，容易产生失稳起皱；过大的凸、凹模间隙会影响拉深件的精度，拉深件的锥度和回弹较大。

除此以外，影响极限拉深系数的因素还有拉深方法、拉深次数、拉深速度、拉深件形状等。由于影响因素很多，实际生产中，极限拉深系数的数值一般是在一定的拉深条件下用试验方法得出的，可查表确定。

需要指出的是，在实际生产中，并不是所有情况下都采用极限拉深系数。为了提高工艺稳定性，提高零件质量，必须采用稍大于极限值的拉深系数。

二、极限拉深系数的确定

在工艺计算中一般采用经过生产验证的实用拉深系数，见表 4-7～表 4-8。如果总拉深系数 m_0 小于首次允许的极限拉深系数 m_1，那么直接由直径为 D 的平板毛坯拉深成直径为 d 的工件，将会拉破，这时，可先按允许的 m_1 拉成一个直径为 d_1 的工序件，然后以该工序件为毛坯按允许的 m_2 进行第二次拉深，以此类推，直到拉成工件为止。将首次拉深以后再进行的拉深称为再拉深。

表 4-7　无凸缘筒形件压边时拉深系数

拉深系数	毛坯相对厚度 t/D(%)					
	2.0～1.5	1.5～1.0	1.0～0.6	0.6～0.3	0.3～0.15	0.15～0.08
m_1	0.48～0.50	0.50～0.53	0.53～0.55	0.55～0.58	0.58～0.60	0.60～0.63
m_2	0.73～0.75	0.75～0.76	0.76～0.78	0.78～0.79	0.79～0.80	0.80～0.82
m_3	0.76～0.78	0.78～0.79	0.79～0.80	0.80～0.81	0.81～0.82	0.82～0.84
m_4	0.78～0.80	0.80～0.81	0.81～0.82	0.82～0.83	0.83～0.85	0.85～0.86
m_5	0.80～0.82	0.82～0.84	0.84～0.85	0.85～0.86	0.86～0.87	0.87～0.88

注：(1)本表适用于 08、10、15Mn 等低碳钢及 H62、H68 等软钢，对拉深性能更好的 05 钢、软铝等，可将表中值减小 1.5%～2%，对拉深性能较差的 20、Q235、硬铝、硬黄铜等材料，应将表中值增大 1.5%～2%。

(2)如果安排中间退火工序，退火后再拉深时的拉深系数可比表中值减小 2%～3%。

(3)凹模圆角半径取大($r_d=8～15\,t$)时，可取表中较小值；取小时($r_d=4～8\,t$)，可取表中较大值。

表 4-8　无凸缘筒形件不压边时拉深系数

拉深系数	毛坯相对厚度 t/D(%)				
	1.5	2.0	2.5	3.0	>3.0
m_1	0.65	0.60	0.55	0.53	0.50
m_2	0.80	0.75	0.75	0.75	0.70
m_3	0.84	0.80	0.80	0.80	0.75
m_4	0.87	0.84	0.84	0.84	0.78
m_5	0.90	0.87	0.87	0.87	0.82
m_6	—	0.90	0.90	0.90	0.85

注：本表适用于 08、10、15Mn 等材料，其余同表 4-7。

三、圆筒形件拉深次数的确定

当毛坯直径确定后，拉深件的总拉深系数为 $m=d/D$，D 为包括修边余量在内的毛坯直径，d 为工件的中径。如果 $m\geqslant m_1$，则该工件可以一次拉成；如果 $m<m_1$，则需要多次拉深。各工序件直径为：$d_1=m_1D$，$d_2=m_2d_1$，…，$d_n=m_nd_{n-1}$。当计算至 n 次，第一次出现 d_n

$\leqslant d$,则表示 n 次可拉成。

由于圆筒件的相对高度 h/d 也可以表示变形程度,因此依据实际拉深件的相对高度 h/d 和毛坯的相对厚度 $t/D(\%)$,可从表 4-9 中直接查出所需拉深次数,当实际拉深件的 h/d 值处在 n 次与 $n+1$ 次 h/d 值之间时,应确定为拉深 $n+1$ 次。

表 4-9　无凸缘筒形件拉深的最大相对高度 h/d

拉深次数	毛坯相对厚度 $t/D(\%)$					
	2.0～1.5	<1.5～1.0	<1.0～0.6	<0.6～0.3	<0.3～0.15	<0.15～0.08
1	0.94～0.77	0.84～0.65	0.70～0.57	0.61～0.50	0.52～0.45	0.46～0.38
2	1.88～1.54	1.60～1.32	1.36～1.1	1.13～0.94	0.96～0.83	0.9～0.7
3	3.5～2.7	2.8～2.2	2.3～1.8	1.9～1.5	1.6～1.3	1.3～1.1
4	5.6～4.3	4.3～3.5	3.6～2.9	2.9～2.4	2.4～2.0	2.0～1.5
5	8.9～6.6	6.6～5.1	5.2～4.1	4.1～3.3	3.3～2.7	2.7～2.0

注:(1)较大的 h/d 值适用于首次拉深取较大的凹模圆角半径(从 $t/D=2\%\sim1.5\%$ 时的 $r_d=8t$ 到 $t/D=0.15\%\sim0.08\%$ 时的 $r_d=15t$);较小的 h/d 值适用于较小的凹模圆角半径($r_d=4\sim8t$)。

(2)本表适用于 08、10 号钢材料的拉深件,其他材料的拉深件可视材料的拉深性能优劣确定拉深次数。

四、圆筒形件多次拉深时各工序件的尺寸计算

1. 工序件直径的确定

拉深工艺计算的目的就是要使得 $d_n=d$,如果计算的第 n 次拉深直径 d_n 正好等于拉深件直径 d,则计算的各次拉深直径不需要调整;如果 $d_n \ll d$,则不能简单地取 $d_n=d$,因为这将使相邻两次拉深板料的危险断面位置有可能离得太近,增加拉破的危险性,正确的做法是应将前几次拉深系数调大些。具体做法如下:

调整各次极限拉深系数 m_1、m_2、m_3、…、m_n 为 m'_1、m'_2、m'_3、…、m'_n,且满足:

(1)$m'_1 m'_2 m'_3 \cdots m'_n = m = \dfrac{d}{D}$,即总拉深系数不变;

(2)$m'_1 < m'_2 < m'_3 < \cdots < m'_n$;

(3)$m'_1 - m_1 \approx m'_2 - m_2 \approx \cdots \approx m'_n - m_n$。

按照上述条件调整,m'_1、m'_2、m'_3、…、m'_n 需要多次试取值,比较繁琐,工作中也有采取放大倍数的方法,令 $i=\sqrt[n]{d/d_n}$,则

$m'_1 = i\,m_1$;

$m'_2 = i\,m_2$;

$\vdots$

$m'_n = i\,m_n$

最后按调整后的拉深系数计算各次工序件直径:

$d_1 = m_1 D$;

$d_2 = m_2 d_1$；

⋮

$d_n = m_n d_{n-1}$

2. 工序件高度的计算

根据表 4-6 中序号 1 公式，经整理得

$$h_1 = 0.25\left(\frac{D^2}{d_1} - d_1\right) + 0.43\,\frac{r_1}{d_1}(d_1 + 0.32r_1)；$$

$$h_2 = 0.25\left(\frac{D^2}{d_2} - d_2\right) + 0.43\,\frac{r_2}{d_2}(d_2 + 0.32r_2)；$$

⋮

$$h_n = 0.25\left(\frac{D^2}{d_n} - d_n\right) + 0.43\,\frac{r_n}{d_n}(d_n + 0.32r_n)$$

式中：h_1、h_2、…、h_n——各次拉深工序件高度；

d_1、d_2、…、d_n——各次拉深工序件直径；

r_1、r_2、…、r_n——各次拉深工序件底部圆角半径，计算前先定出；

D——坯料直径。

第五节　其他形状零件的拉深

一、有凸缘圆筒形件的拉深

图 4-18 所示为凸缘筒形件及毛坯图。$d_t/d = 1.1 \sim 1.4$ 称为窄凸缘件，$d_t/d > 1.4$ 则称为宽凸缘件。图 4-19 为拉成的凸缘筒形件。

有凸缘筒形件的拉深过程，看起来像是拉深无凸缘筒形件的中间状态，其变形区的应力状态与变形特点也与无凸缘筒形件相同。但是，有凸缘筒形件拉深中要解决的问题不同于无凸缘筒形件，拉深方法也不相同，主要差别在于首次拉深。

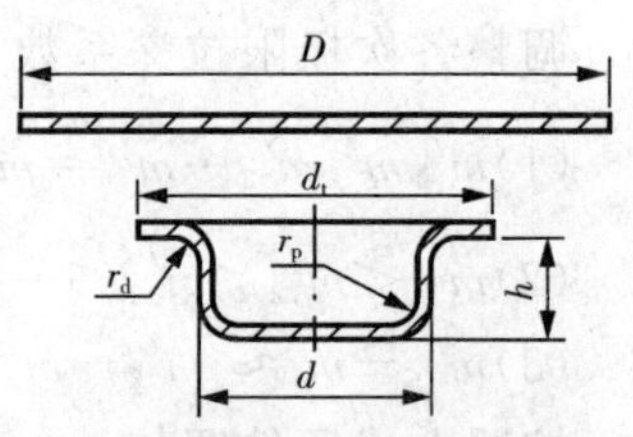

图 4-18　凸缘筒形件及毛坯

1. 有凸缘圆筒形件的拉深系数

有凸缘圆筒形件的拉深系数以 m_t 表示，分别用 d 和 D 表示圆筒和毛坯的直径，则

$$m_t = \frac{d}{D} \tag{4-7}$$

有凸缘筒形件与无凸缘筒形件的拉深系数具有同样的表达形式，但对于首次拉深，两者在变形程度的控制上有很大不同。在相同的条件下，无凸缘筒形件的极限拉深系数 m_1 允许的波动范围很小，而有凸缘筒形件的极限拉深系数 m_t 却有较大的变化范围，其值主要受相

对凸缘直径 d_t/d_1 的影响。有凸缘筒形件首次拉深的极限拉深系数 m_t 见表 4-10。

表 4-10 有凸缘筒形件首次极限拉深系数 m_t

凸缘相对直径 d_t/d_1	毛坯相对厚度 t/D(%)				
	0.06～0.2	0.2～0.5	0.5～1.0	1.0～1.5	>1.5
≤1.1	0.59	0.57	0.55	0.53	0.50
1.1～1.3	0.55	0.54	0.53	0.51	0.49
1.3～1.5	0.52	0.51	0.50	0.49	0.47
1.5～1.8	0.48	0.48	0.47	0.46	0.45
1.8～2.0	0.45	0.45	0.44	0.43	0.42
2.0～2.2	0.42	0.42	0.42	0.41	0.40
2.2～2.5	0.38	0.38	0.38	0.38	0.37
2.5～2.8	0.35	0.35	0.34	0.34	0.33
2.8～3.0	0.33	0.33	0.32	0.32	0.31

注:本表适用于 08、10 号钢材料的拉深件,其他材料的拉深件可视材料的拉深性能优劣确定。

图 4-19 凸缘圆筒件

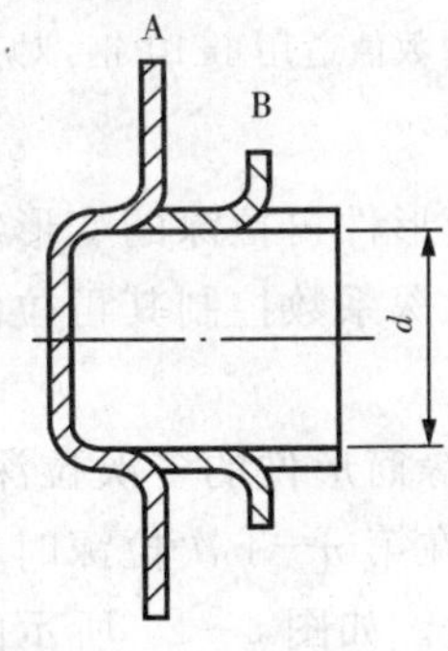

图 4-20 拉深变形程度

有凸缘筒形件的拉深系数受相对凸缘直径 d_t/d_1 的影响。表中 m_t 值随 d_t/d_1 的增大而减小,这并不表示变形也相应增大。如图 4-20 所示,用同样规格的毛坯分别拉深成直径都为 d 的 A、B 两凸缘圆筒件,根据定义有 $m_{tA}=m_{tB}$,显然,B 凸缘圆筒件的变形程度大于 A 件。在一定坯料直径 D 和圆筒直径 d 的情况下,有凸缘圆筒形件相对直径大,意味着只要将坯料直径稍加收缩即可达到零件凸缘外径,筒壁传力区的拉应力远没有达到许可值,因而可以减小其拉深系数。但 m_t 也不能无限地减小,以表 4-10 为例,假定 $d_t/d_1=3$ 时,$m_t=0.33$,即 $m_t=\dfrac{d}{D}=0.33$,可以得出 $D\approx 3d$,也就是说此时 $D=d_t$,说明在拉深过程中,凸缘部分坯料已经无法流入凹模,此时的成形也不再是拉深成形了。

2. 有凸缘筒形件的拉深方法

如果一个有凸缘筒形件按式(4-7)计算的总拉深系数小于表 4-10 中的值,则该件一次拉不成,需要多次拉深。拉深次数有多种方法来计算。还有一种是计算零件相对高度

h/d，如果小于表列值则凸缘圆筒形件可以一次拉深成形，否则，需要两次以上拉深成形。

表 4-11　有凸缘筒形件首次拉深的极限高度 h_1/d_1

凸缘相对直径 d_t/d_1	毛坯相对厚度 t/D(%)				
	2～1.5	1.5～1.0	1.0～0.6	0.6～0.3	0.3～0.10
≤1.1	0.90～0.75	0.82～0.65	0.70～0.57	0.62～0.50	0.52～0.45
1.1～1.3	0.80～0.65	0.72～0.56	0.60～0.50	0.53～0.45	0.47～0.40
1.3～1.5	0.70～0.58	0.63～0.50	0.53～0.45	0.48～0.40	0.42～0.35
1.5～1.8	0.58～0.48	0.53～0.42	0.44～0.37	0.39～0.34	0.35～0.29
1.8～2.0	0.51～0.42	0.46～0.36	0.38～0.32	0.34～0.29	0.30～0.25
2.0～2.2	0.45～0.35	0.40～0.31	0.33～0.27	0.29～0.25	0.26～0.22
2.2～2.5	0.35～0.28	0.32～0.25	0.27～0.22	0.23～0.20	0.21～0.17
2.5～2.8	0.27～0.22	0.24～0.19	0.21～0.17	0.18～0.15	0.16～0.13
2.8～3.0	0.22～0.18	0.20～0.16	0.17～0.14	0.15～0.12	0.13～0.10

注：(1) 表中大值适合于大的圆角半径[由 $t/D=2\%\sim1.5\%$ 时的 $R=(10\sim12)t$ 到 $t/D=0.3\%\sim0.15\%$ 时的 $R=(20\sim25)t$]，小值则适用于底部及凸缘小的圆角半径，随着凸缘直径的增加及相对拉深深度的减小，其值也跟着减小。

(2) 表中数值适用于 10 钢，对于比 10 钢塑性好的材料取表中的大值；塑性差的材料，取表中小数值。

有凸缘筒形件再拉深的变形特点与无凸缘筒形件是基本相同的，因此可以选用无凸缘筒形件的再拉深系数控制其再拉深变形程度，即从表 4-7～表 4-8 中选取 m_2、m_3、…、m_n 值进行计算。

(1) 窄凸缘筒形件的多次拉深　这类件多次拉深时，由于凸缘很窄，可先按无凸缘筒形件进行拉深，在第 $n-1$ 次拉深时将工序件拉成具有锥形的凸缘，最后用整形的方法压成凸缘要求的形状。如图 4-21 所示的窄凸缘筒形件，共安排三次拉深工序，前两次均拉成无凸缘圆筒形工序件，在第三次拉深时才留出锥形凸缘，最后进行整形。

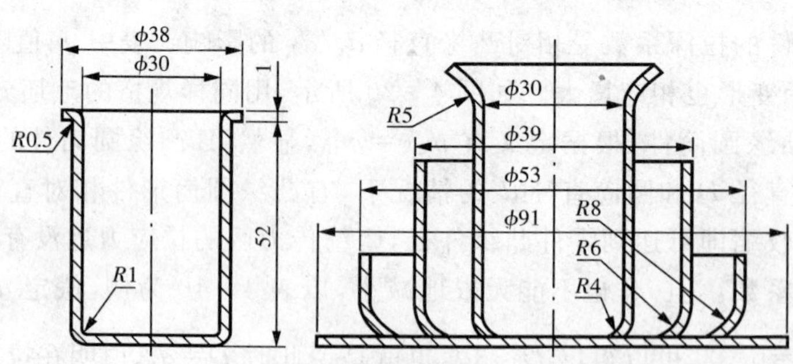

图 4-21　窄凸缘筒形件及拉深工序件图

(2) 宽凸缘筒形件的多次拉深　对于宽凸缘件，不可能在第 $n-1$ 次拉深时留出足够的凸缘部分料，必须在首次拉深时就将凸缘拉到要求的尺寸，而且在后续拉深时不允许凸缘直径再缩小，即凸缘区材料不再流入凹模。要做到这一点，需准确计算工序件的高度并严格控

制压力机的下止点位置，因为下止点位置哪怕偏低一点点，凸模进入凹模的深度加大了，工序件就有拉破的危险，刚好到位又不好控制。因此，实际操作时凸模进入凹模的深度常常是稍小一些。这样，多次拉深后所得到的拉深件的高度将比要求的工件高度小。为了解决这个问题，可在首次拉深时按表面积计算多拉入凹模 3%～5%的材料，在后续的拉深中逐步减小多拉入凹模的这部分额外的材料。最后，这部分多拉入凹模的的材料转移到零件口部附近的凸缘上，使这里的板料增厚，但不影响零件质量。用这种办法来补偿上述各种误差，以免在以后各次拉深时凸缘受力变形，这对于料厚小于 0.5 mm 的拉深件，效果显著。

上述工艺安排可以通过图 4－22 加以说明。假定该凸缘件需要经过三次拉深，以切点圆为计算边界，首次拉入到凹模的材料面积为 S_1，第二次拉入到凹模的材料面积为 S_2，最后拉入凹模的材料面积为 S_0（这也是按照工件的尺寸计算的面积），那么有：

$S_1=1.03S_0$——首次多拉入凹模 3%的材料；

$S_2=1.015S_0$——和首次拉深相比，转移了 1.5%额外材料到凸缘上。

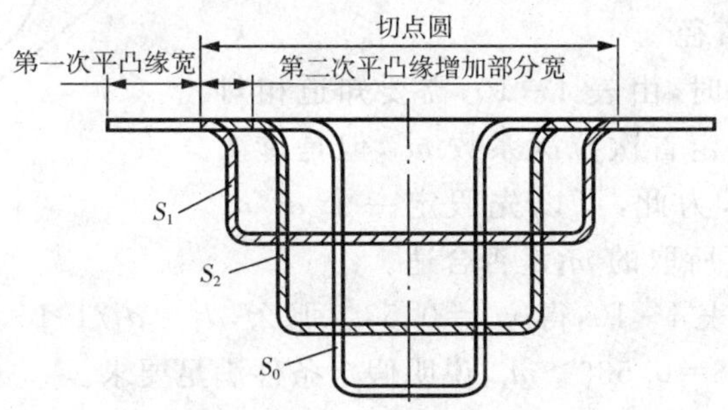

图 4－22　凸缘件拉深工艺

3. 有凸缘圆筒形拉深工序件高度的计算

计算公式为

$$h_1=\frac{0.25}{d_1}(D^2-d_t^2)+0.43(r_1+R_1)+\frac{0.14}{d_1}(r_1^2-R_1^2)$$

$$h_n=\frac{0.25}{d_n}(D^2-d_t^2)+0.43(r_n+R_n)+\frac{0.14}{d_n}(r_n^2-R_n^2)$$

式中：h_1、…、h_n——各次拉深后工序件的高度；

d_1、…、d_n——各次拉深后工序件的直径；

D——坯料直径；

r_1、…、r_n——各次拉深后工序件的底部圆角半径；

R_1、…、R_n——各次拉深后工序件的凸缘处圆角半径。

下面通过一个例题进行说明。

【例 4－1】　试对图 4－23 所示有凸缘圆筒件进行拉深工艺设计。

解：该件具有双耳凸缘，可以通过对拉出的宽凸缘进行切边获得；

该件圆角半径较小，稍大于板厚，拉深时需取合理的圆角半径值，最后用整形工序使圆角半径达到要求；

由于板厚小于 1 mm，进行工序计算时可直接用工件简图上尺寸，不必用中线尺寸。

(1)计算毛坯直径

考虑修边余量,单边留出 3 mm,计算出毛坯直径 $D=136$ mm,为了防止后续拉深出现拉破现象,决定首次拉深按表面积计算多拉入 3%的材料,则实际采用的毛坯直径为

$$D_1=\sqrt{1.03}D\approx 138 \text{ mm}$$

(2)判断能否一次拉成

凸缘直径取 $d_t=68+2\times 6+3\times 2=86$,$d_t/d=1.8$,$t/D=0.8/136\approx 0.6\%$。查表 4-10,得首次极限拉深系数 $m_t=0.47$,而总拉深系数为 $46/136=0.34$,所以一次拉不成。

(3)计算首次拉深直径

宽凸缘件首次拉深时,由表 4-10,需要知道相对凸缘直径 d_t/d_1 才能确定首次拉深系数 m_t,但是首次拉深直径 d_1 尚未拉出,为此,可以先假定一个 d_t/d_1 值,计算出 d_1后,再验算所取的 m_t是否合适。

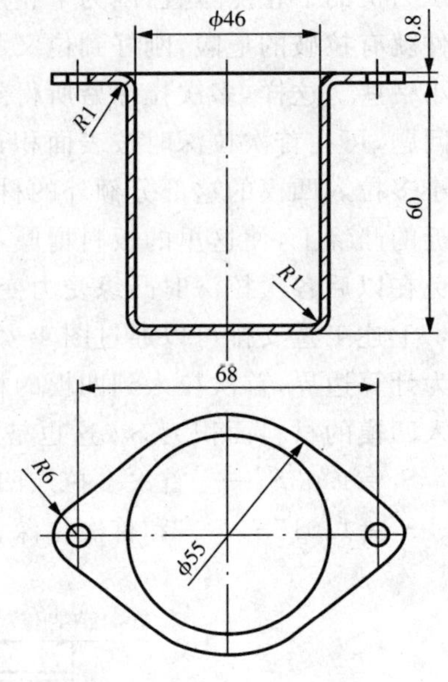

图 4-23　工件简图

设$d_t/d_1=1.15$,查表 4-10,得 $m_t=0.53$。那么,$d_1=d_t/1.15=86/1.15\approx 74$,此时的首次拉深系数为:$74/138=0.536>m_t$,说明假定条件满足要求。

(4)计算再拉深工序件直径

查表 4-7,得:$m_2=0.78$,$m_3=0.8$,$m_4=0.82$,$m_5=0.85$,于是

$d_2=m_2d_1=0.78\times 74\approx 57$

$d_3=m_3d_2=0.8\times 57\approx 46$

各次拉深的工序件简图如图 4-24 所示。

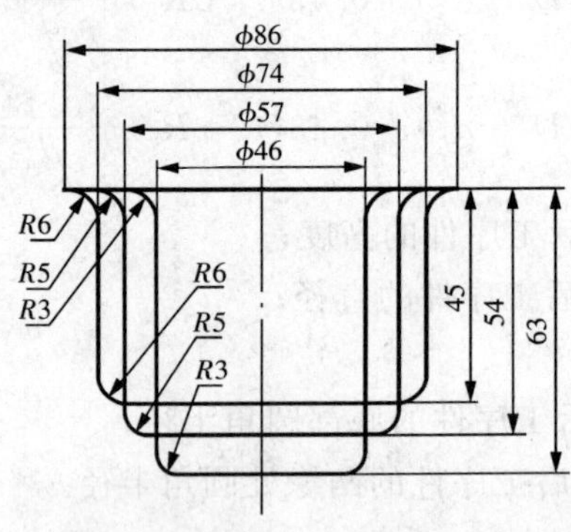

图 4-24　例 4.1 工序件图

在实际生产中,宽凸缘圆筒件多次拉深的工艺方法通常有两种,如图 4-25 所示。

(1)逐次增加拉深深度法　通过多次拉深,逐步缩小筒形部分直径以增加其深度,各次拉深的 r_p与 r_d值可保持不变或逐次减小。这种方法适用于高度大于直径的中小型圆筒件,制成的零件,表面质量较差,其直壁和凸缘上保留着弯曲和局部变薄的痕迹,需要在最后增

加整形工序。

(2)深度基本不变法　首次拉深尽可能取较大的 r_p 与 r_d 值，深度基本拉到工件要求的尺寸，再拉深时仅减小工序件的 r_p 与 r_d 值，以减小工序件的直径，但深度基本不变。由于拉深过程中变形区材料所受到的折弯较轻，所以拉成的工件表面较光滑，没有折痕，该方法适用于高度接近直径的较大型件的多次拉深。

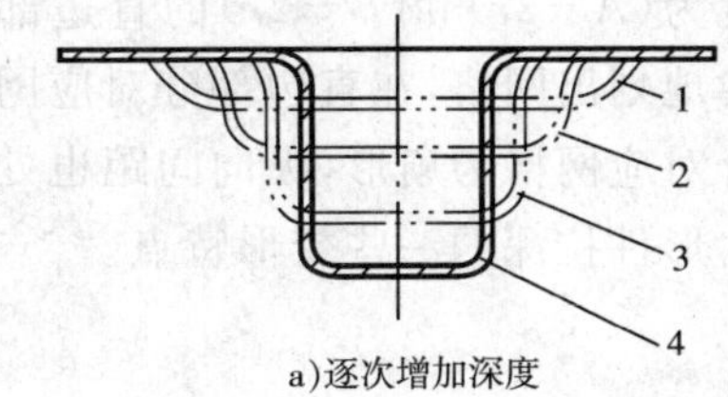

a)逐次增加深度

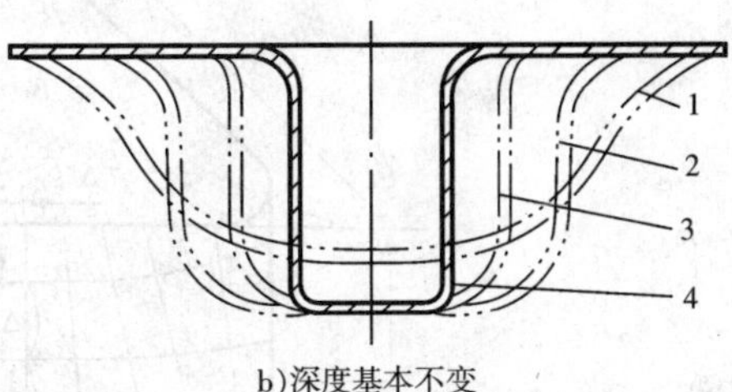

b)深度基本不变

图 4-25　宽凸缘件多次拉深方法

二、阶梯圆筒形件的拉深

阶梯圆筒形件的变形特点与圆筒形件是相同的，变形程度的控制也可借用圆筒形件的拉深系数，但它们间还是有区别的。

1. 判断能否一次拉成

对于如图 4-26 所示的阶梯形件，可先计算其总高度与小端直径的比值 h/d_n，再计算高度为 h、直径为 d_n 的假想圆筒的毛坯直径 D，依据 t/D 值，从表 4-9 中查出无凸缘筒形件拉深的最大相对高度 h/d。如果 $h/d_n \leqslant h/d$，则该阶梯形件可以一次拉成；如果 $h/d_n > h/d$，则需多次拉成。

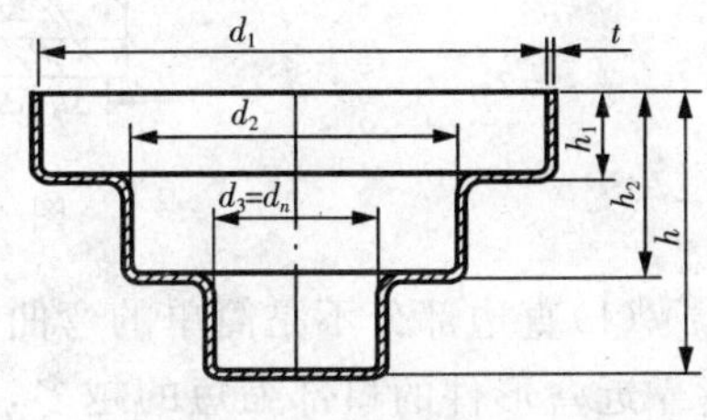

图 4-26　阶梯筒形件

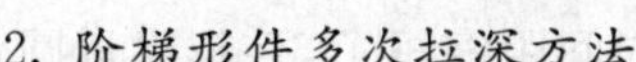
2. 阶梯形件多次拉深方法

(1)最先拉出大端直径　首先拉出大端直径，再依次拉出小端直径，工艺计算方法与多次拉深圆筒形件基本相同，有两种情形：

① 如果任意两个相邻阶梯直径之比 d_n/d_{n-1} 均大于相应圆筒形件的极限拉深系数 m_n，则每拉深一次便可形成一个阶梯，拉深次数就等于阶梯数。

② 如果任意两个相邻阶梯直径之比 d_n/d_{n-1} 小于相应圆筒形件的极限拉深系数 m_n，则在阶梯直径 d_{n-1} 与 d_n 之间需要增加拉深次数，仍按相应圆筒形件的拉深系数控制变形程度。总拉深次数为阶梯数与阶梯之间增加的拉深次数之和。

(2)最后拉出大端直径　当大端直径 d_1 段的高度 h_1 较小时，可以先拉成带有凸缘的工序件，再逐次将 d_2、d_3、…、d_n 拉出，最后再由凸缘拉成大端直径 d_1。这里的凸缘直径 d_t 为一假想圆筒的毛坯直径，该假想圆筒就是直径为 d_1，高度为 h_1 的圆筒。显然，最后拉出大端的条件是：$d_1/d_t \geqslant m_1$（m_1 为圆筒形件的首次拉深系数）。

两种方法的区别在于：采用方法 2 时，中间工序件的高度要比方法 1 低得多，则拉深凸模与压边圈的高度可随之降低，模具总体尺寸减小。因此在进行阶梯形件工艺设计时，优先考虑采用方法 2。

三、盒形件的拉深

1. 盒形件拉深的变形特点

通过网格实验能直观地反映拉深盒形件的变形特点（图 4-27）。盒形件可以划分为四

个长度为$(A-2r)$和$(B-2r)$的直边部分以及四个半径均为r的圆角部分。在平板毛坯上有规律地划出网格，在直边部分对应网格为矩形，横向间距Δl和纵向间距Δh处处相等，圆角部分对应网格为扇形，纵向间距也处处相等。拉深后两种网格均产生了不均匀变形，可以得出盒形件拉深的一些变形特点。

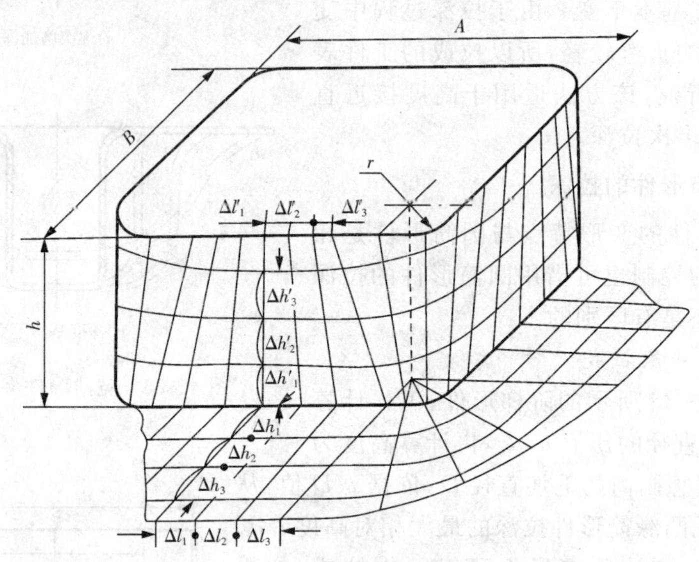

图 4－27　盒形件拉深的变形特点

(1)直边部分不是简单的弯曲变形。事实上，拉深后横向间距缩短了，且越靠近圆角区，越靠近盒形件的口部缩短的越多，即$\Delta l'_3<\Delta l'_2<\Delta l'_1$，而纵向间距拉长了，越靠近圆角区伸长的越多，即$\Delta h'_1<\Delta h'_2<\Delta h'_3$，只有在直边区的中间基本没什么变化，表明直边区横向受到压缩，纵向受到拉伸，越靠近圆角区变形越大。

(2)圆角部分变形得到减轻。可以将圆角区视为半径为r，高度为h的圆筒形件的1/4，由于直边区参与变形，圆角区的纵向拉伸变形与横向压缩变形要比相应圆筒形件轻。圆角区的径向线拉深后不再像圆筒件拉深时成为平行线，横向间距仍保持上大下小，表明横向的压缩变形要比相应圆筒形件减轻，同样，纵向的拉伸变形也比相应圆筒形件轻。

(3)直边与圆角变形相互影响的程度取决于相对圆角半径(r/B)和相对高度(h/B)，这里的B表示盒形件宽度值。r/B越小，直边部分对圆角部分的变形影响越显著。如果$r/B=0.5$，则盒形件成为圆筒形件，也就不存在直边与圆角变形的相互影响了；h/B越大，直边与圆角变形相互影响也越显著。

图 4－28　拉深过程应力分布

(4)应力分布是不均的。盒形件拉深的变形区主要在圆角区，其应力与应变状态与圆筒形件是相同的，即切向(横向)受压，径向(纵向)受拉。由于圆角区材料流入凹模要比直边区困难的多，所以变形力也大，拉深时，直边区材料就带动圆角区材料一起向凹模内流动。在这过程中，圆角区金属向直边

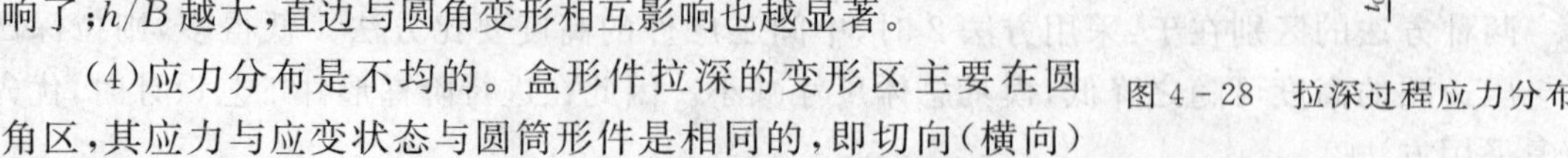

转移，减轻了圆角部分材料的变形程度，拉应力在圆角中间处最大，而向两侧直边区逐步减

小，变形所需要的拉应力平均值比相应圆筒形件小的多，这就减小了危险断面拉破的可能性。压应力从圆角中间的最大值也向两侧直边区逐步减小，因此，圆角部分与圆筒形件相比，起皱的趋向减小。图4-29所示为一拉破的盒形件。

图4-29　拉破的盒形件

2. 盒形件拉深变形程度的表示方法

盒形件的拉深变形程度可以用拉深系数 m_r 表示。对于具有较小圆角半径的盒形件，其可以用圆角区的拉深系数描述整个盒形件的变形程度，即

$$m_r = \frac{r}{R_0} \tag{4-8}$$

式中：r 为盒形件相邻两直边的圆角半径；R_0 为假想圆筒的展开毛坯直径，该假想圆筒的直径为 $2r$，高度为 h，可参考表4-6计算 R_0 值。

当圆角半径和底部底角半径相等时，有

$$m_r = \frac{r}{\sqrt{2rh}} = \frac{1}{\sqrt{2h/r}}$$

式(4-8)计算的拉深系数可认为是盒形件的总拉深系数，表4-12给出由平板毛坯一次拉成盒形件的极限拉深系数。如果根据零件尺寸求得的拉深系数大于表4-12中的值，则可以一次拉深成形，否则需多次拉深。

表4-12　一次拉成盒形件的极限拉深系数 m_r　　（材料：08、10）

r/B	毛坯相对厚度 t/D 或 2t/(L+K)(%)							
	0.3～0.6		0.6～1.0		1.0～1.5		1.50～2.0	
	矩形	方形	矩形	方形	矩形	方形	矩形	方形
0.025	0.31		0.30		0.29		0.28	
0.05	0.32		0.31		0.30		0.29	
0.10	0.33		0.32		0.31		0.30	
0.15	0.35		0.34		0.33		0.32	
0.20	0.36	0.38	0.35	0.36	0.34	0.35	0.33	0.34
0.30	0.40	0.42	0.38	0.40	0.37	0.39	0.36	0.38
0.40	0.44	0.48	0.42	0.45	0.41	0.43	0.40	0.42

注：对于非圆形坯料的毛坯相对厚度按 $2t/(L+K)$ 计算，这里的 $L+K$ 指的是坯料的总长与总宽尺寸之和。

表4-13给出由平板毛坯一次拉深所能达到的盒形件圆角区最大相对高度 h/r。r/B 越小，直边区对圆角区的缓解作用越明显，则 h/r 值可增大。

表 4-13　一次拉成盒形件的最大相对高度 h/r

r/B	毛坯相对厚度 t/D 或 $2t/(L+K)$(%)		
	0.3～0.6	0.6～1.0	1.0～2.0
0.40	2.2～2.4	2.4～2.8	2.8～3.4
0.30	3.0～3.3	3.3～3.8	3.8～4.7
0.20	4.5～4.8	4.8～5.4	5.4～6.5
0.10	8.5～9.6	9.6～11.0	11.0～13.0
0.05	11.0～12.5	12.5～14.0	14.0～16.0

注：对于非圆形坯料毛坯相对厚度按 $2t/(L+K)$ 计算，这里的 $L+K$ 指的是坯料的总长与总宽尺寸之和。

3. 盒形件再拉深的变形分析

盒形件的再拉深是指对前次拉深的空心工序件，继续拉深成为盒形件。圆筒形件再拉深的工序件之间具有形状相似性，即截面都是圆形的。而盒形件不具有这种相似性，比如，不能通过对一个矩形件进行再拉深而获得一个新的矩形件。以图 4-30 为例，底部和已经进入凹模内高度为 h_2 的直壁为传力区，宽度为 b_n 的环形部分为变形区，高度为 h_1 的直壁部分是待变形区。如果按形状相似确定工序件形状，那么处在两次拉深直壁之间的环形变形区 b_n 将是等宽的。为便于比较，在直壁和圆角处各取 ab 段和 bc 段，假定 $\overline{ab}=\widehat{bc}$，显然经过 $\widehat{bc}$ 位置进入凹模的材料和 $\overline{ab}$ 位置是一样多的，但 $\widehat{bc}$ 位置对应的变形区材料多于 $\overline{ab}$ 位置，也就是说，在拉深过程中，$\widehat{bc}$ 位置将会有材料“淤积”，当“淤积”的量达到一定程度后，拉深也就无法进行下去了。

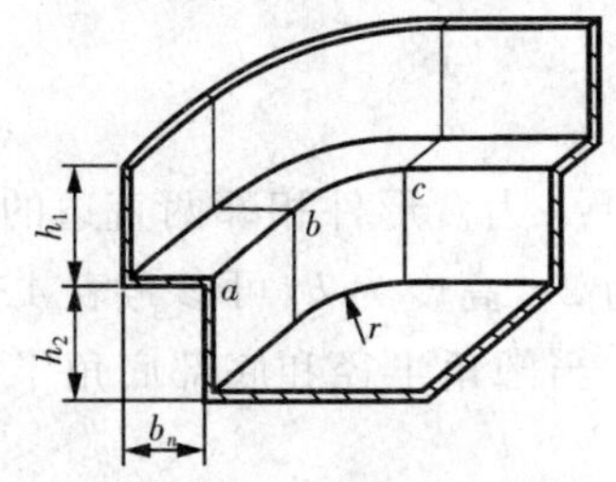

图 4-30　盒形件再拉深变形过程

由此可见，顺利进行盒形件再拉深的关键是如何确定前道工序件合理的形状与尺寸。

4. 盒形件毛坯形状与尺寸

目前很难准确定出盒形件的毛坯形状，一般都是利用一些经验数据，简便地确定由平板毛坯到最终盒形件所需中间工序件的形状和尺寸。为此，要先初步确定拉深次数，盒形件所需拉深次数见表 4-14。

表 4-14　盒形件多次拉深能达到的最大相对高度 h/B　　（B:短边宽度）

拉深次数	毛坯相对厚度 t/D 或 $2t/(L+K)$(%)			
	0.3～0.5	0.5～0.8	0.8～1.3	1.3～2.0
1	0.5	0.58	0.65	0.75
2	0.7	0.80	1.0	1.2
3	1.2	1.30	1.6	2.0
4	2.0	2.2	2.6	3.5
5	3.0	3.4	4.0	5.0
6	4.0	4.5	5.0	6.0

(1)低盒形件毛坯　低盒形件是指可一次拉深成，或虽然需要两次拉深，但第二次拉深变形很小，主要是为了整形的矩形件或方形件。这里主要介绍 $r/(B-h)\leqslant 0.22$ 时的情况。

这种低盒形件的相对圆角半径和相对高度都较小，从圆角区转移到直边的材料较少，可以先求出圆角区和直边区各自的毛坯尺寸，再适当修正毛坯形状，使毛坯外形成光滑曲线。具体步骤如下：

① 求圆角区毛坯的半径。如图 4-31 所示，将圆角区视为以 $2r$ 为直径，高度为 h 的 1/4 圆筒，(h 包括修边尺寸)，其毛坯半径 R 可按圆筒毛坯展开公式计算。

② 求直边区展开长度。将直边区自 r_p 中心按弯曲展开。

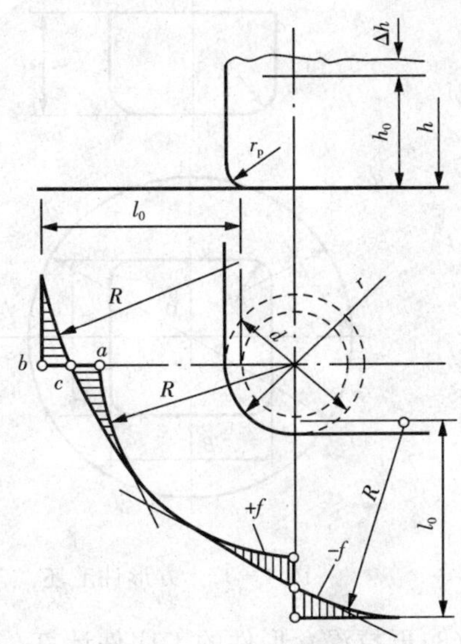

图 4-31　r 较小时低盒形件毛坯

③ 修正毛坯形状。各自计算的圆角区和直边区合在一起，不具有光滑的外形，应按照表面积相等原则修正外形。修正方法如下：过 ab 的中点 c 作圆弧 R 的切线，再以半径 R 的圆弧光滑连接切线与直边。上述做法使圆角区毛坯增加部分 $+f$ 与直边区减少部分 $-f$ 基本相等。

(2)高盒形件毛坯　高盒形件是指必须经过多次拉深才能完成的矩形件或方形件，一般情况下 $h/B\geqslant 0.7\sim 0.8$。这种盒形件常需要多次拉深才能拉成。高盒形件的相对高度 h/B 和相对圆角半径 r/B 较大，拉深时圆角部位有大量材料向直边转移，这时毛坯形状可以做成圆形、长圆形甚至椭圆形。对方形件用圆形毛坯，见图 4-32，其毛坯直径为

$$D=1.13\sqrt{B^2+4B(h-0.43r_p)-1.72(h+0.5r)-4r_p(0.11r_p-0.18r)} \tag{4-9}$$

对于尺寸为 $A\times B$ 的盒形件，毛坯形状可以按长圆形处理。如图 4-33 所示，长圆形毛坯的圆弧半径为

$$R_b=0.5D$$

式中 D 是宽为 B 的方形件的毛坯直径，按式(4-9)计算，R_b 的圆心距短边的距离为 $B/2$。长圆形毛坯的长度为

$$L=2R_b+(A-B)=D+(A-B) \tag{4-10}$$

长圆形毛坯的宽度为

$$K=\frac{D(B-2r)+[B+2(h-0.43r_p)](A-B)}{A-2r} \tag{4-11}$$

修正长圆形毛坯两端的圆弧半径 $R_b=K/2$，而毛坯长度 L 仍按式(4-10)计算。

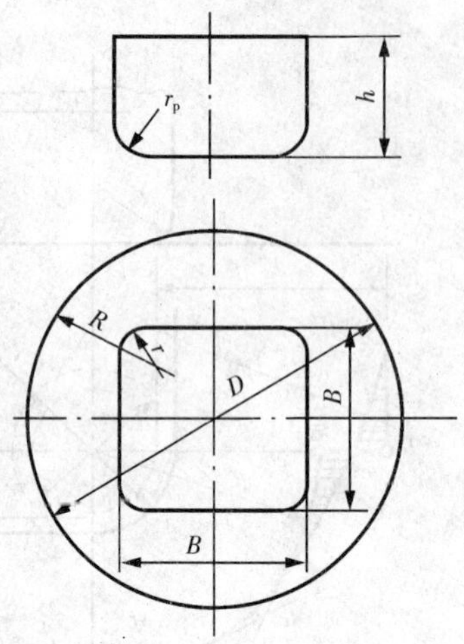

图 4-32　方形件毛坯

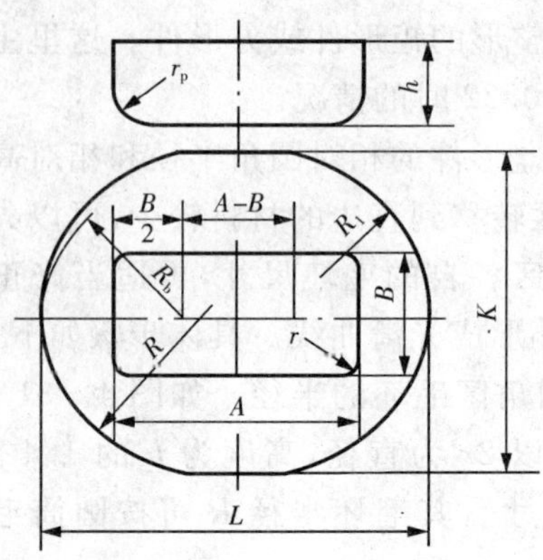

图 4-33　高盒形件毛坯

(3)再拉深盒形件的工序件计算　对于需要多次拉成的盒形件，其工序件的形状与尺寸都不具有唯一性，工艺设计时应使各道工序变形区内圆角部分和直边部分的拉深变形均匀一致，这是确定各道工序件形状和尺寸的出发点。为此，开头几次拉深的工序件一般都采用过渡形状，方形件用圆形过渡，矩形件用椭圆形或长圆形过渡。确定工序件的方法也很多，这里只介绍方形件拉深的情况。如图 4-34 所示，毛坯为直径 D_0 的圆形板料，各中间工序件都拉成圆筒形，最后一道工序拉成要求的方形。工序计算由 $n-1$ 道工序开始往前计算，直到由 D_0 毛坯能一次拉成相应的半成品为止。所需拉深次数在计算后也自然得出。

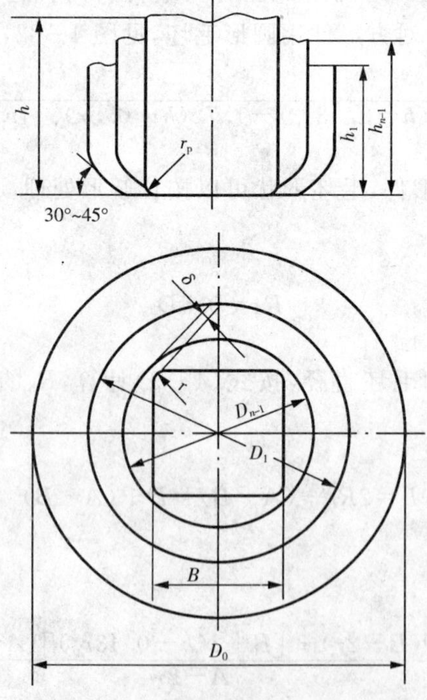

图 4-34　方形件拉深的工序件形状

第 $n-1$ 道工序件取圆形的好处是模具加工容易，其直径计算是工艺设计的关键，特别是角间距 δ 的取值，δ 值对于拉深时毛坯的变形程度大小，以及变形分布的均匀程度有直接影响，工件的 r/B 大，则 δ 小；拉深次数多时，δ 也小。δ 值按下式给出：

$$\delta=(0.2\sim0.25)r$$

一般对于拉深性能较好的板料，在盒形件的多次拉深中，第 $n-1$ 次拉深工序件的变形程度可适当提高，有资料给出如下间距值，见表 4-15。

当第 $n-1$ 次取圆形工序件时，其直径 D_{n-1} 可从图 4-34 中的几何关系中得出：

$$D_{n-1}=1.41B-0.82r+2\delta \tag{4-12}$$

式中：B——盒形件宽度；

r——盒形件圆角半径；

δ——角间距（B、r 及 δ 均按内表面计算）

表 4-15 极限相对角间距

r/B	0.1	0.2	0.3	0.4	0.5
δ/B	0.62	0.52	0.46	0.42	0.37

四、轴对称曲面形状零件的拉深

轴对称曲面形状零件包括球形件、抛物线形件、锥形件等。这类零件在拉深成形时，变形区的位置、受力情况、变形特点等都与直壁拉深件不同，所以在拉深中出现的问题和解决问题的方法与直壁筒形件也有很大的差别。对这类零件不能简单地用拉深系数去衡量和判断成形的难易程度，也不能用它来作为工艺过程设计和模具设计的依据。

1. 轴对称曲面形状零件的拉深特点

以半球形件拉深变形为例，如图 4-35 所示。成形半球形零件时，不仅凹模口外的板料是变形区，凹模口内的板料也是变形区，而凹模口内的板料在受到较大切向压应力作用时，无法通过压边圈来防止出现起皱。由于球面是不可展开曲面，以凸模顶点为中心的一定圆周范围内的板料将产生双向受拉的胀形变形，并从里向外逐步贴紧凸模。胀形的结果，板料表面积增大，板厚减薄。随着凸模下行，胀形区进一步扩大，凹模口内板料起皱的危险性将随之降低。

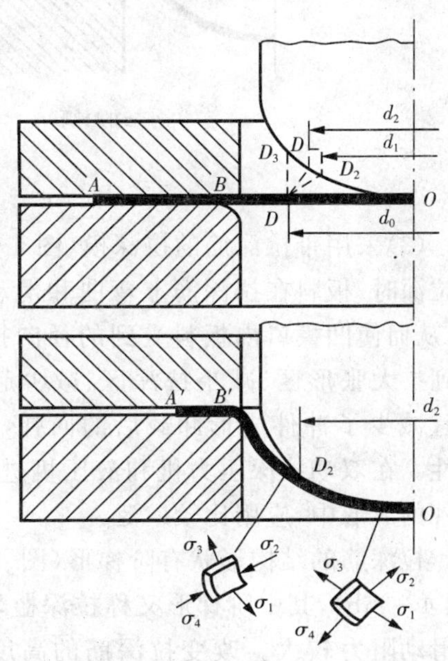

图 4-35 曲面零件拉深成形

从上面的拉深过程可以看出，曲面零件的成形是胀形和拉深的复合变形，在整个变形区内变形性质是不同的，在凸模顶点及其附近的坯料处于双向拉应力状态，胀形区外围直至压边圈下的凸缘区都是在切向压应力、径向拉应力作用下产生切向压缩、

径向伸长的拉深变形。实践证明，胀形变形区和拉深变形区的界限随着压边力等冲压条件的变化而变化。

刚开始拉深时，中间部分坯料几乎都不与模具表面接触，即处于“悬空”状态。随着拉深过程的进行，悬空部分虽然逐步减少，但仍比圆筒形件拉深时大得多。处于这种状态下的坯料，抗失稳能力较差，在切向压应力作用下很容易起皱。这是拉深曲面形状零件必须解决的主要问题。

2. 提高轴对称曲面形状件成形质量的措施

轴对称曲面形状件的起皱倾向比圆筒形件等直壁零件大。如果能适当增大胀形区，相应减小凹模口内的拉深区，也就是说将切向过大的压缩变形转移为纵向的伸长变形，就有可能达到防止起皱的目的。方法如下：

(1)加大坯料直径　这种方法实质上是增大了坯料凸缘部分的变形抗力和摩擦力，从而增大了径向拉应力，降低了中间部分坯料的切向压应力，增大了中间部分胀形区，从而起到了防皱的作用。这种防皱方法简单，但增大了材料的消耗。

(2)适当地调整和增大压边力　这种方法实质上是增大了凸缘部分的摩擦阻力，其防皱原理与方法(1)相同。由于调整压边力比较容易，在生产中经常采用。但在成形非规则曲面零件时，由于切向压缩变形不均匀，压边力很难根据成形周边不同部位进行调整。

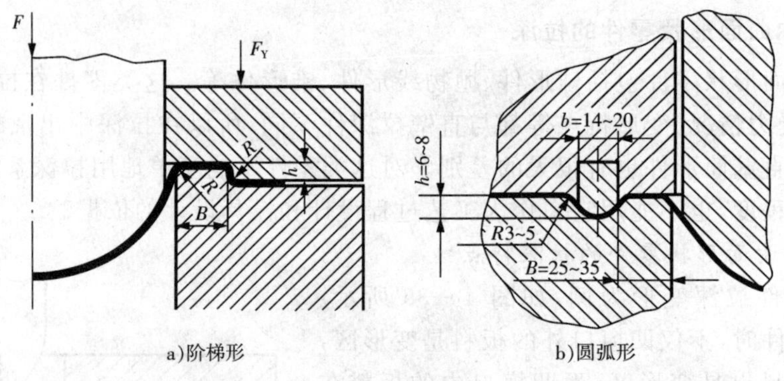

图 4-36　拉深筋

(3)采用带拉深筋的拉深模(图 4-36)　这种模具在拉深时，板料在拉深筋上弯曲和滑动，增大了进料阻力，从而使凹模口内板料受到的径向拉应力明显增大，达到扩大胀形区、减小拉深区、减少起皱倾向的目的，而且减少了冲件成形卸载后的回弹，提高了零件的准确性。在双动拉深压力机和液压机进行复杂曲面形状零件的成形中，应用比较广泛。

拉深筋的结构形状有阶梯形(图 4-36a)和圆弧形(图 4-36b)，其中阶梯形又称拉深槛，它在拉深时对板料滑动阻力较大。改变拉深筋的高度、圆角半径和压料筋的数量及其布置，便可调整径向拉应力和切向压应力的大小。在容易贴模或易拉破的部位可不设或少

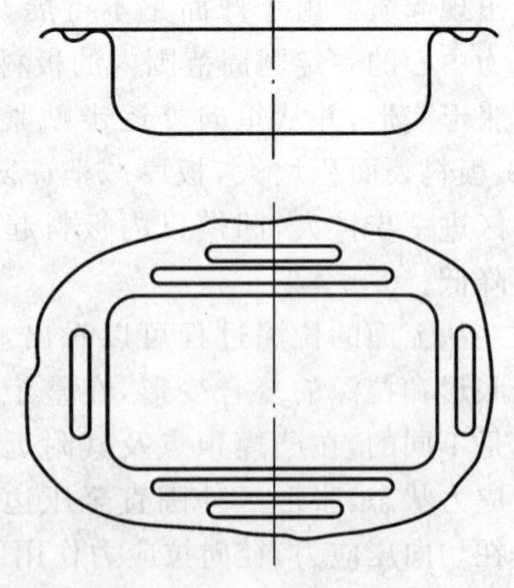

图 4-37　拉深筋示意图

设拉深筋，在需要产生较大胀形才能贴模的部位，可多设几条拉深筋，如图 4－37 所示。

3. 球形件的拉深

球面形状零件有多种类型，见图 4－38。以半球形件（图 4－38a）为例，其拉深系数为

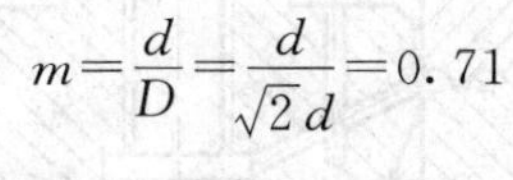

$$m=\frac{d}{D}=\frac{d}{\sqrt{2}\,d}=0.71$$

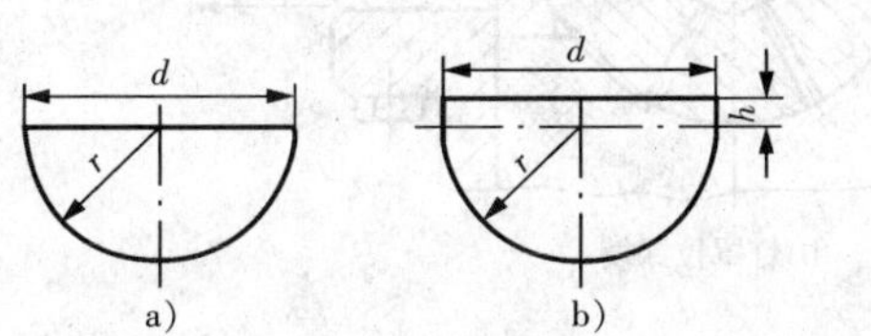

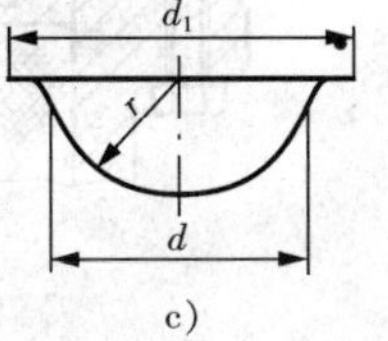

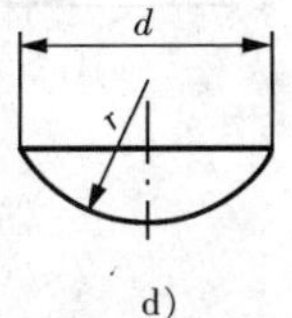

图 4－38　球形件类型

可见半球形件拉深系数与零件直径大小无关，是个常数，因此，不能以拉深系数作为设计工艺过程的依据。球形件拉深的主要问题是凹模口内无法压边的拉深区板料容易产生纵向起皱，而起皱的原因是由于切向受压失稳造成的。通常以坯料的相对厚度 t/D 作为判断成形难易程度和选定拉深方法的依据：t/D 越大，成形越容易，相反，t/D 越小，成形越困难。分别不同情况，半球形件有三种成形方法：

（1）当 $t/D>3\%$时，可用不带压料装置的简单拉深模一次拉深成形，如图 4－39a 所示。以这种方法拉深，坯料贴模不良，需要用球形底凹模在拉深工作行程终了时进行整形。由于半球形件成形后回弹严重，即使整形也不一定能获得尺寸准确的半球面形工件，为此可采取如下两种工艺补加的办法：一种是补加高度 h，如图 4－38b，可取 $h=(0.1\sim0.2)d$，另一种是补加一窄的凸缘边，如图 4－38c，可取 $d_1=(1.2\sim1.3)d$。这两种方法都增大了毛坯面积，也就增大了贴模所需的径向拉应力，使成形后的工件形状比较稳定，修边后可得到尺寸比较准确的工件。

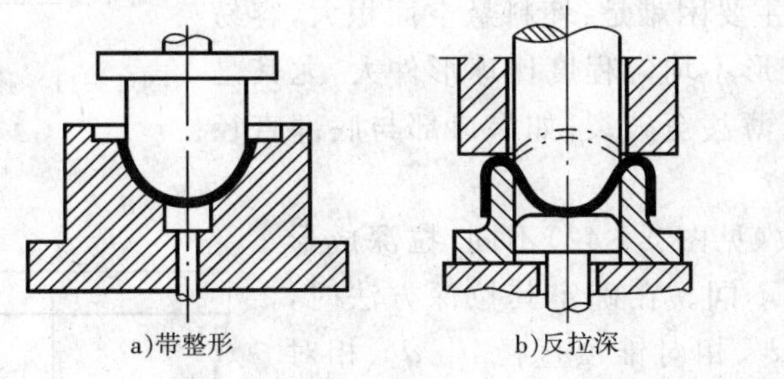

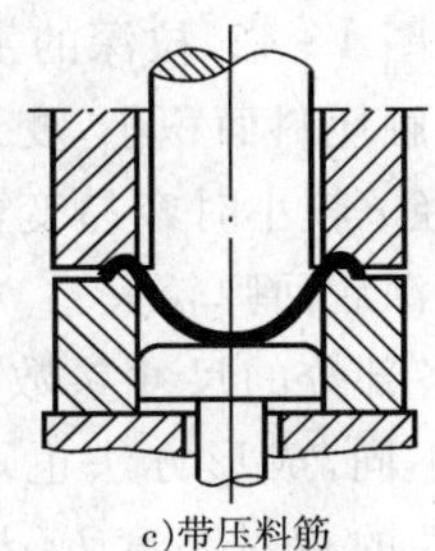

图 4－39　半球形件的拉深

（2）当 $t/D=0.5\%\sim3\%$时，采用带压料装置的拉深模进行拉深。

（3）当 $t/D<0.5\%$时，采用有压料筋的拉深模（图 4－39c）或反拉深方法（参见第九节）（图 4－39b）进行拉深。

4. 抛物面形件的拉深

（1）深度较小的抛物面形件（$h/d<0.5\sim0.6$）　这种抛物面形件的变形特点及拉深方法与半球形件相似。图 4－40 为抛物面形灯罩及其拉深模，灯罩的材料为 08 钢，厚度为 0.8

mm，经计算得坯料直径 $D=\phi280$ mm。根据 $h/d=0.58$，$t/D=0.28\%<0.5\%$，采用上述半球形零件的第三种成形方法，即用有拉深筋的凹模进行拉深。该模具设有两道拉深筋。

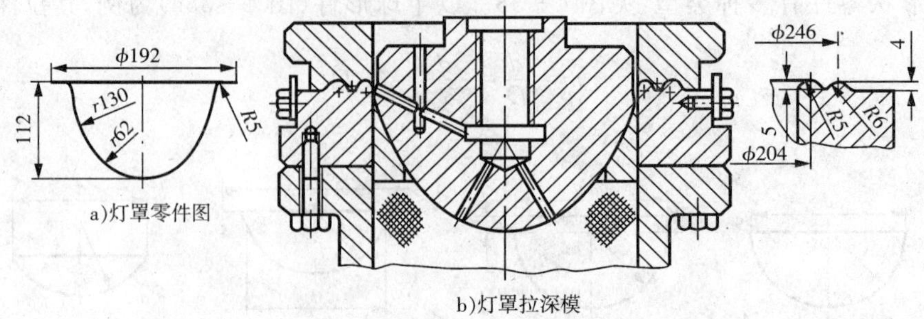

图 4－40　灯罩及其拉深模

(2)深度较大的抛物面形件($h/d\geqslant0.5\sim0.6$)　由于零件高度较大，顶部圆角较小，所以拉深难度较大，一般需进行反拉深或正拉深多工序逐步成形。为了保证零件的尺寸精度和表面质量，最后一道拉深工序应有一定的胀形变形，这样，坯料面积就可以小于零件的表面积。下面介绍用逐次逼近的方法进行这类零件的拉深。

图 4－41 所示的抛物面形件，相对高度不算大，h/d 约为 0.73，但端头圆弧半径较小，为了避免一次拉深可能出现起皱，工序设计时，首先拉成平底状，由于有较大的平底，拉深时处于凹模口内无法压边的部分就减小了很多，可防止起皱，拉深高度由 46 mm降至 32 mm，可保证拉成。第二次拉深的形状进一步向工件逼近，第三次用整形的方法达到工件要求的形状。

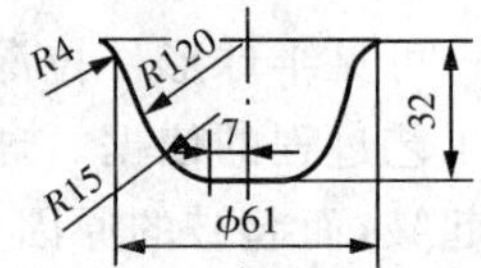

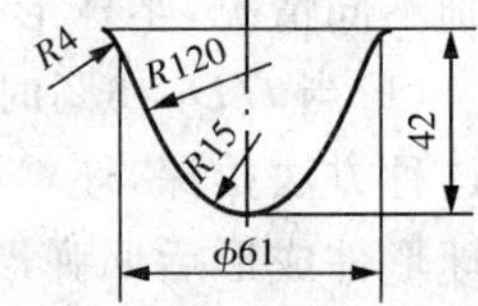

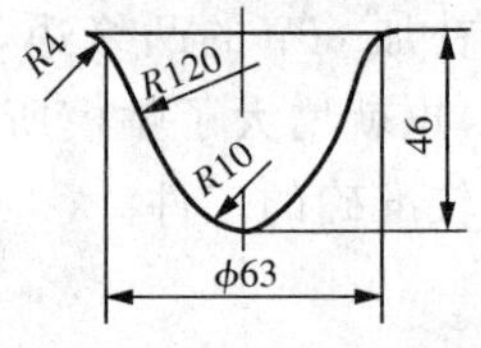

图 4－41　逐次逼近拉深

5. 锥形件的拉深

锥形件(图 4－42)拉深的主要困难是：坯料悬空面积大，容易起皱；凸模接触坯料面积小，变形不均匀程度比球形件大，尤其是锥顶圆角半径 r 较小时容易变薄甚至破裂；如果口部与底部直径相差大时，拉深后回弹较大。

锥形件各部分的尺寸参数(见图 4－42)不同，拉深成形的难易程度不同，成形方法也不同。在确定其拉深方法时，主要由锥形件的相对高度 h/d_2、相对锥顶直径 d_1/d_2、相对厚度 t/d_2 这三个参数所决定。显然，若 h/d_2 愈大、d_1/d_2 愈小、t/d_2 愈小则拉深难度愈大。

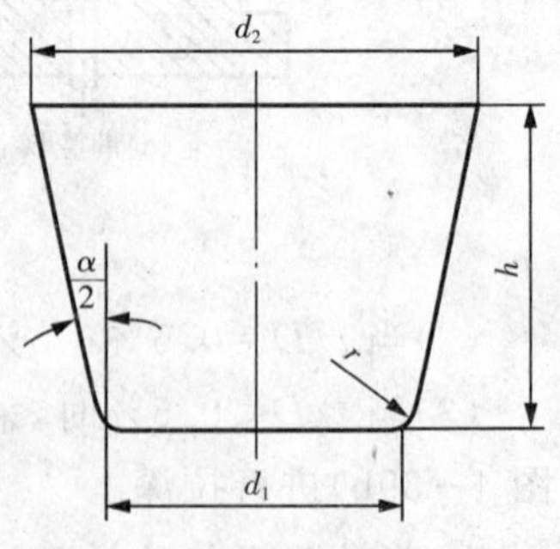

图 4－42　锥形件

根据锥形件拉深成形的难易程度，其成形方法大体分为如下几种：

(1)浅锥形件($h/d_2<0.2$)　浅锥形件一般可以一次拉深成形。这时相对锥顶直径 d_1/d_2 影响不大，可根据相对厚度 t/d_2 值决定拉深模的结构。

当 $t/d_2>0.02$ 时，可不带压边圈，采用带底凹模的模具一次成形，如图 4－43a 所示。这种成形方法回弹比较严重，通常需要试冲，修正模具。当相对厚度 t/d_2 较小，或虽然相对厚度较大，但精度要求较高时，则采用带平面压边圈或带拉深筋的模具一次成形，如图 4－43b 所示。如果零件是无凸缘的，为了成形的需要，可加大坯料直径，成形后再切边。

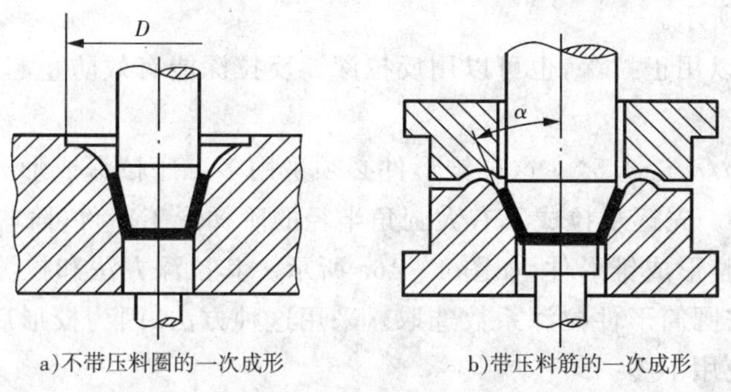

a)不带压料圈的一次成形　　b)带压料筋的一次成形

图 4－43　相对高度小的锥形件拉深方法

(2)中等深度锥形件($0.2<h/d_2<0.43$)　根据 t/d_2 和 d_1/d_2 值不同，有以下拉深方法：

当 $t/d_2>0.02$，$d_1/d_2>0.5$ 时，可以采用锥形带底凹模一次拉深成形，在工作行程终了时进行一定程度的整形。假如 d_1/d_2 值增大，一次拉深可能成功的高度可以相应增大。当 $d_1/d_2=0.6\sim0.7$ 时，h/d_2 可能达到 0.5 左右；当 $d_1/d_2=0.8\sim0.9$ 时，h/d_2 可能达到 0.5～0.6 或更大。当 $t/d_2=0.015\sim0.02$ 时，采用带压料装置的拉深模一次拉深成形。

如果锥形件相对高度超过上述范围，相对厚度较大，可采用两道拉深工序成形(图 4－44)。首先拉深成圆筒形件或带凸缘的筒形件，然后用锥形凸、凹模拉深成锥形件，并在工作行程终了时进行整形。

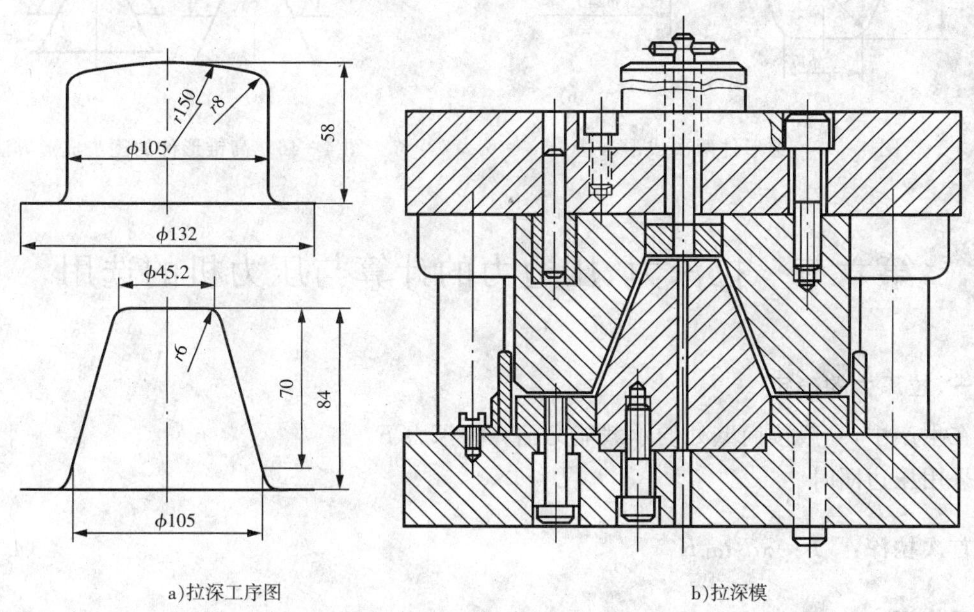

a)拉深工序图　　b)拉深模

图 4－44　锥形件拉深方法及拉深模

当 $t/d_2<(0.015\sim0.02)$、$d_1/d_2\geqslant0.5$、$h/d_2=0.3\sim0.5$ 时，通常用两道拉深工序成形。第一道工序拉深成较大圆角半径的筒形或接近球面形状的工序件，然后用带有一定胀形变形的整形工序压成需要的形状，如图 4-45a 所示。第一道拉深后的工序件尺寸，应保证整形时各部分直径的增大量不超过 8%。当 d_1/d_2 较小时，第一道拉深可采用近似锥形的过渡形状，如图 4-45b 所示。

第二道拉深可以用正拉深，也可以用反拉深。反拉深能有效防止起皱，所得零件表面质量也较好。

(3)深锥形件($h/d_2>0.5$)　这种锥形件必须采用多工序拉深成形。

① 阶梯过渡法。先逐步拉成具有大圆角半径的阶梯形工序件(阶梯形的内形与要求的锥形件相切)，最后整形成锥形件，如图 4-46a 所示。其拉深方法和拉深次数计算与阶梯形件相同，拉深系数按圆筒形件拉深系数选取。采用这种方法，因为校形后零件表面仍留有原阶梯的痕迹，所以应用不多。

② 锥面逐步增大法。采用底部直径逐步缩小、锥面逐步扩大的方法成形，如图 4-46b 所示。其拉深系数可选圆筒形件的拉深系数。采用此法所得工件表面质量较好，因而应用较多。

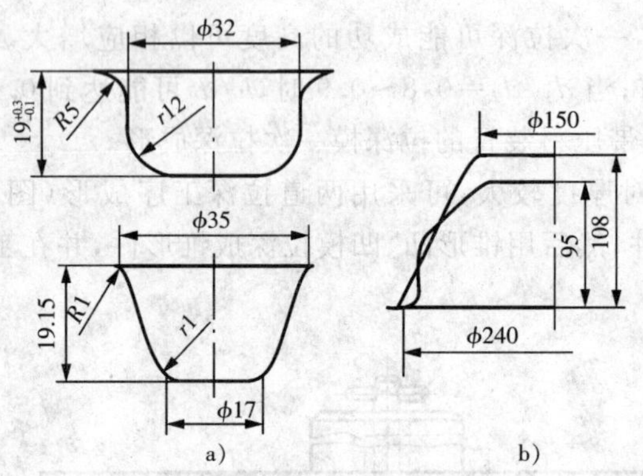

图 4-45　锥形件两次成形方法

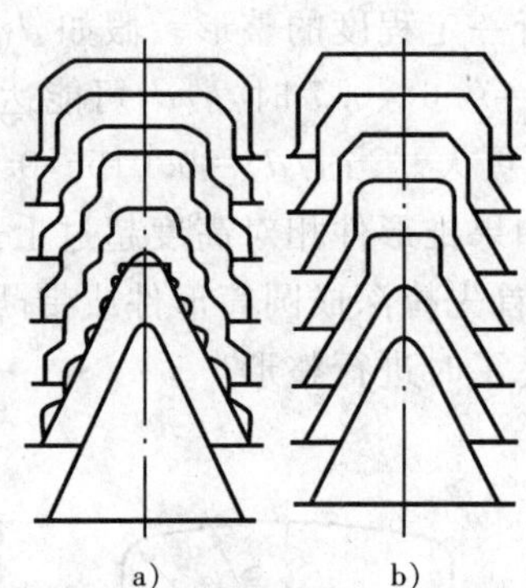

图 4-46　高锥形件的逐步成形方法

第六节　拉深力、压边力的计算与压力机的选用

一、拉深力的确定

在生产中，一般按筒壁处的承载能力估算拉深力 F。

采用压边圈时

首次拉深：　$F=\pi d_1 t\sigma_b K_1$　(4-13)

再拉深：　$F=\pi d_i t\sigma_b K_2\quad(i=2,3,\cdots,n)$

不采用压边圈时

首次拉深：　$F=1.25\pi(D-d_1)t\sigma_b$　　(4-14)

再拉深：　$F=1.3\pi(d_{i-1}-d_i)t\sigma_b$　$(i=2,3,\cdots,n)$

式中：D——坯料直径(mm)；

t——坯料厚度(mm)；

d_1、…、d_n——各次拉深后的工序件直径(mm)；

σ_b——材料的抗拉强度(MPa)；

K_1、K_2——修正系数，见表 4-16。

表 4-16　拉深力修正系数 K_1、K_2

m_1	0.55	0.57	0.60	0.62	0.65	0.67	0.70	0.72	0.75	0.77	0.80
K_1	1.0	0.93	0.86	0.79	0.72	0.66	0.60	0.55	0.50	0.45	0.40
m_2	0.70	0.72	0.75	0.77	0.80	0.85	0.90	0.95			
K_2	1.0	0.95	0.90	0.85	0.80	0.70	0.60	0.50			

二、压边力的确定

压边力 F_Y 值应适当。F_Y 值过小，则防皱效果不好；F_Y 值过大，又会增大危险断面上的拉应力，引起严重变薄甚至拉破。因此，在保证变形区不起皱的前提下尽量使用小的压边力。

模具设计时，压边力可按下式计算：

$$F_Y=Ap \tag{4-15}$$

式中：A——压边圈下面坯料的投影面积(mm^2)；

p——单位面积压边力(MPa)，可查表 4-17。

表 4-17　单位面积压边力

材料种类		单位面积压边力/MPa	材料种类	单位面积压边力/MPa
铝		0.8～1.2	镀锡钢板	2.5～3.0
紫铜、硬铝(已退火)		1.2～1.8	耐热钢(软化)	2.8～3.5
软钢	$t<0.5$ mm	2.5～3.0	不锈钢	3.0～4.5
	$t>0.5$ mm	2.0～2.5	黄铜	1.5～2.0

三、压边装置

采用压边装置的目的是为了防止变形区板料在拉深过程中起皱。表 4-18 给出是否采用压边装置的条件，供设计时参考。

表 4-18　是否用压边装置的条件

是否用压边装置	首次拉深		再拉深（$i=2,3,\cdots n$）	
	$t/D\times100$	m_1	$t/d_i\times100$	m_i
用	<1.5	<0.6	<1.0	<0.8
可用可不用	1.5～2.0	0.6	1.0～1.5	0.8
不用	>2.0	>0.6	>1.5	>0.8

常用的压边装置有以下两类：

1. 刚性压边装置

图 4-47 是在双动拉深机上使用带刚性压边圈的原理图。曲轴 1 转动，通过凸轮 2 带动外滑块 3，使固定于外滑块上的压边圈 6 将材料紧压在凹模 7 上，紧接着内滑块 4 在曲轴驱动下，带动凸模 5 下行，对材料进行拉深，回程时凸模先退出，压边圈随后上升。由于外滑块的压力可以单独控制与调整，且在拉深过程中可保持不变，所以压边效果很好，适用于较大型件的拉深加工。图 4-48 为双动压力机外形图。

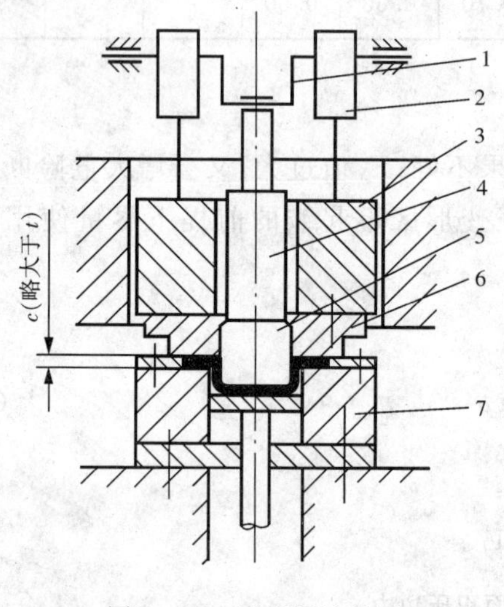

图 4-47　刚性压边装置

图 4-48　双动压力机

2. 弹性压边装置

在单动压力机上进行拉深加工时，必须借助弹性元件提供压边力。弹性元件可以是橡胶块、弹簧或气垫（油垫）装置。

图 4-49～图 4-51 所示分别为橡胶垫压边装置、弹簧垫压边装置和气垫压边装置。弹性压边装置所能提供的压边力随压边行程的变化情况如图 4-52 所示，气垫压力可认为基本不变，而橡胶垫压力随行程的增加将迅速增大，弹簧垫次之。对首次拉深来说，起皱通常发生在拉深初期，这时凸缘区面积较大，压边力也应该较大。随着行程的增加，凸缘区面积不断减小，压边力也应相应减小。结合图 4-52 看出，气垫的压边效果较好，调整压边力也很方便，而橡胶垫和弹簧垫在拉深后期提供的压边力过大，特别在薄板拉深时，很容易拉破，或者在危险断面处严重变薄，因此在单动压力机上采用弹性压边装置进行拉深加工时，如果变形程度较大，应采用气垫，但并不是所有压力机上都配有气垫的，在普通冲床上进行中小

型件拉深时，仍常采用橡胶垫作为压边装置。

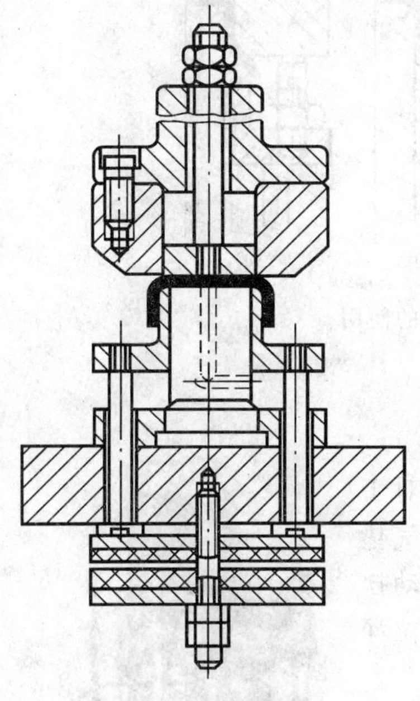

图 4－49　橡胶垫

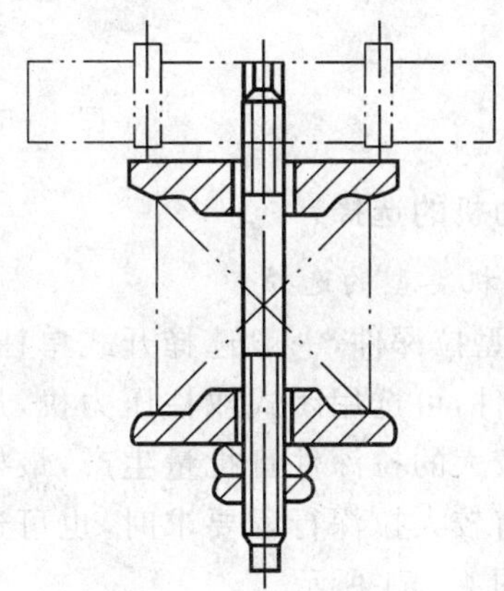

图 4－50　弹簧垫

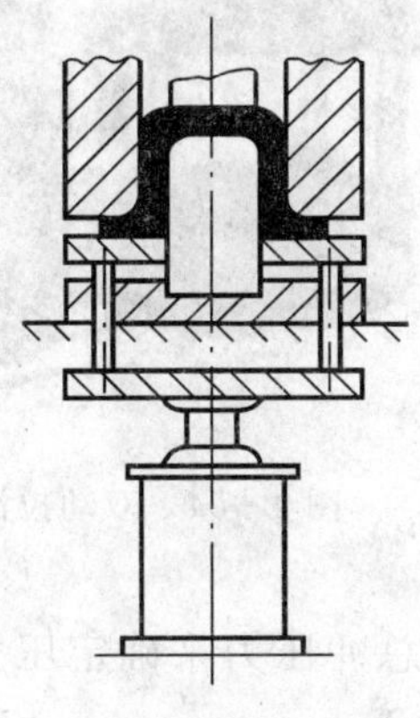

图 4－51　气垫

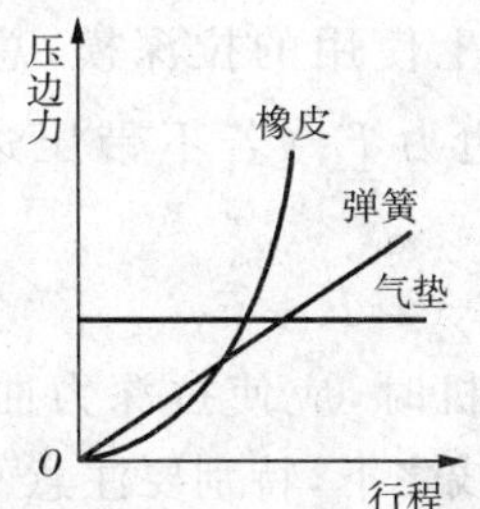

图 4－52　弹性压边装置的压力曲线

为了解决橡胶垫或弹簧垫在拉深后期压边力过大的问题，可以用限位柱控制压边圈和凹模间的间隙，如图 4－53 所示，其中图 a 用于首次拉深，图 b 和图 c 用于再拉深。

加限位柱的的效果取决于压边圈与凹模间的间隙 s，s 值过小将起不到限制压边力作用，s 值过大则压边作用减弱，仍可能起皱。一般 s 值按下式选取：

拉深钢板件　$s=1.2t$；

拉深铝板件　$s=1.1t$；

拉深宽凸缘件　$s=t+(0.05\sim0.1)$。

图 4－53c 所示的限位柱为高度可调式，调整间隙方便，根据拉深情况调整合适后锁紧。

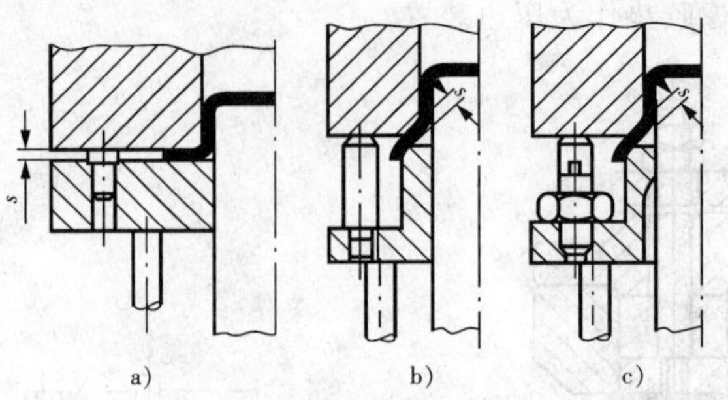

图 4-53　限位柱的使用

四、压力机的选择

1. 压力机类型的选择

加工小型拉深件，一般选择开式单柱压力机；对于大中型拉深件，可选用闭式双柱压力机，最好配有气垫装置；对于较大的拉深件且批量生产，最好选用双动拉深压力机，有较大拉深行程要求时，也可选用双动拉深液压机，如图 4-54 所示。

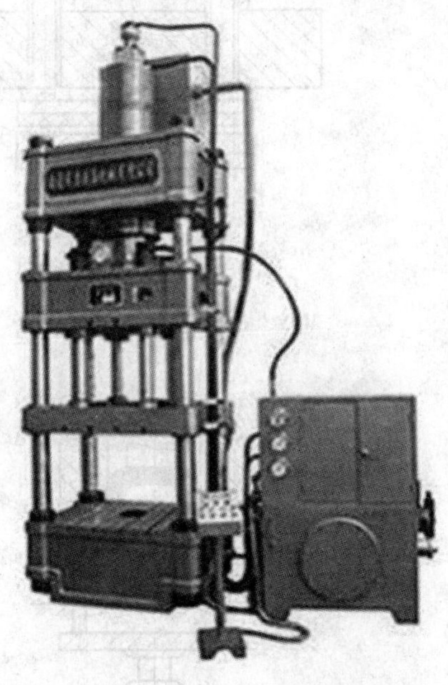

图 4-54　双动拉深液压机

2. 压力机行程的选择

对于采用逆出件的拉深模来说，压力机在开模状态下必须保证拉深的产品或工序件能方便取出，如果小型拉深模采用顺出件方式，则压力机行程只要保证工序件能顺利放入模具内。

3. 压力机额定压力的确定

对于单动压力机上使用的拉深模，总冲压力 $F_{\sum}$ 包括拉深力 F 和压边力 F_Y（若不带压边圈，则无此项），即

$$F_{\sum}=F+F_Y$$

在选择机械压力机时，应使拉深力曲线位于压力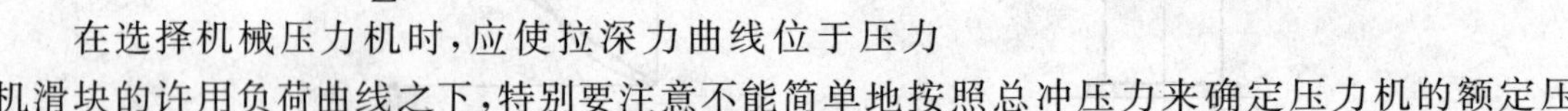机滑块的许用负荷曲线之下，特别要注意不能简单地按照总冲压力来确定压力机的额定压力。以图 4-55 为例，曲线 a、b 分别表示两台压力机的压力曲线，机械压力机只在下止点前一小段，约滑块行程 5%～8%以内，能够提供额定压力。曲线 2 为拉深模的负载曲线，由于拉深行程较大，最大拉深力在滑块到达下止点前早已出现了。此时，虽然 a、b 两台压力机的额定压力都大于最大拉深力，显然 b 压力机无法满足要求；如果是落料—拉深复合模，图中曲线 1 为落料模的负载曲线那么，a、b 两台压力机都无法满足要求。

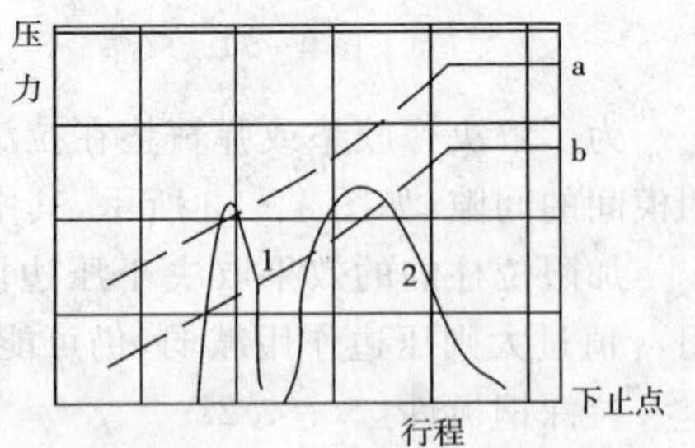

图 4-55　冲压力与压力机压力曲线

选择机械压力机用于拉深时，一般按下式核算。

浅拉深：$F_{\sum} \leqslant (0.7 \sim 0.8)F_0$

深拉深：$F_{\sum} \leqslant (0.5 \sim 0.6)F_0$　　(4-16)

式中：$F_{\sum}$—— 总冲压力；

F_0—— 机械压力机的额定压力。

当采用落料—拉深复合模时，落料阶段的总冲压力不要超过压力机额定压力的30%～40%。

第七节　拉深模设计

一、拉深模的分类

按使用压力机的不同，拉深模可以分为两大类：单动压力机上使用的拉深模与双动压力机上使用的拉深模；按工序的复合程度，可分为单工序拉深模与复合拉深模；按结构形式与使用要求不同，还可以分为首次拉深模与再拉深模、有压边拉深模与无压边拉深模、顺装拉深模与倒装拉深模等。

二、拉深模典型结构分析

1. 单动压力机上用拉深模

(1)首次拉深模　图4-56a所示为筒形件无压边圈的首次拉深模。工作时，平板毛坯由定位圈1定位，凸模2下行将板料拉入凹模4内，并一直将拉深件推至脱料止口处，由于回弹，工件脱离凹模内壁后直径稍有增大，最终与回程的凸模分离，从下模座孔漏下。板料厚度小时工件容易卡在凸、凹模间隙里，为此，可在凹模内设计卸件器，如图b所示。

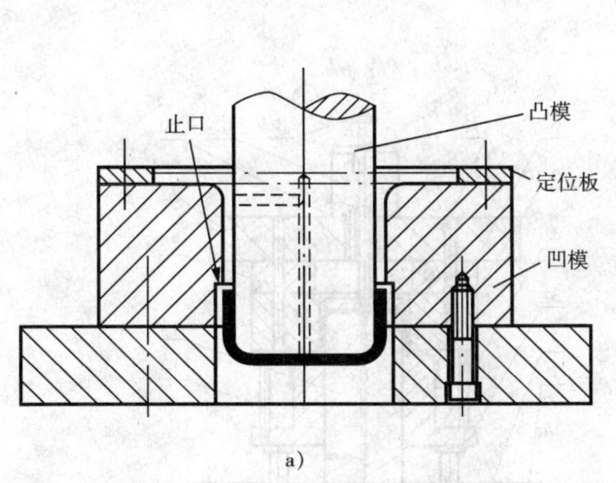

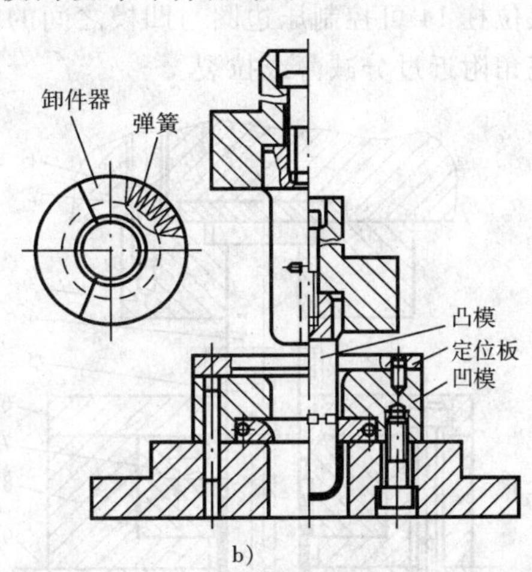

图4-56　无压边圈首次拉深模

图4-57所示为有压边圈首次拉深模，为顺装结构，成形后的工件尺寸精度不高，底部不够平整。受到模具闭合高度的限制，弹性元件的高度不能太高，因而拉深深度不能太大，同时要注意模具在闭合状态下，卸料螺钉的端头不要伸出上模板2的上表面。

图4-58所示为有压边圈首次倒装结构的拉深模，拉深前压边圈3向上浮起，并稍微超过凸模11端面，毛坯由定位圈10定位，拉深终了回程时，压边圈可以确保工件一同上升完

成与凸模的分离，最后在上打料机构(推板 5 和打杆 6)的作用下，从凹模内推出。

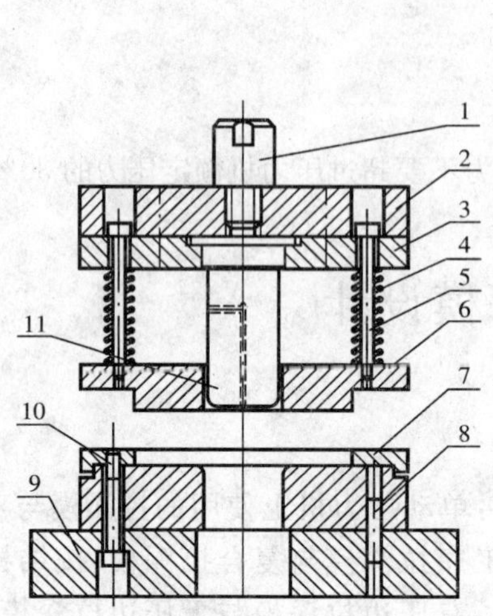

图 4-57　有压边圈首次顺装拉深模

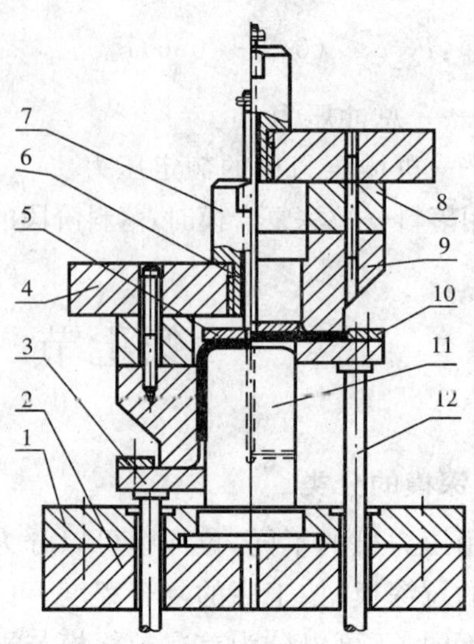

图 4-58　有压边圈首次倒装拉深模

(2)再拉深模具　图 4-59 所示为无压边圈的再拉深模具。前次拉深后的工序件由定位板 6 定位，拉深后工件由凹模孔止口卸下。为了减小工件与凹模间的摩擦，凹模直边高度 h 取 9～13 mm。该模具适用于变形程度不大、直径和壁厚要求均匀的拉深件。

图 4-60 所示为有压边装置的倒装式再拉深模，压边圈 4 兼作定位用，前次拉深后的工序件套在压边料圈上进行定位。压边圈的高度应大于前次工序件的高度，其外径最好按已拉成的前次工序件的内径配作。拉深完的工件在回程时分别由压边圈顶出和打板 12 推出。限位柱 14 可控制压边圈与凹模之间的间距，以防止拉深后期由于压边力过大造成工件侧壁底角附近过分减薄或拉裂。

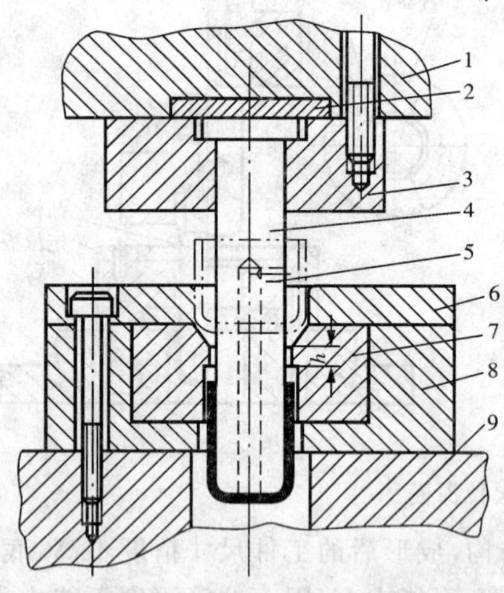

图 4-59　无压边圈的再拉深模

1—上模座　2—垫板　3—凸模固定板　4—凸模　5—通气孔 6—定位板　7—凹模　8—凹模座　9—下模座

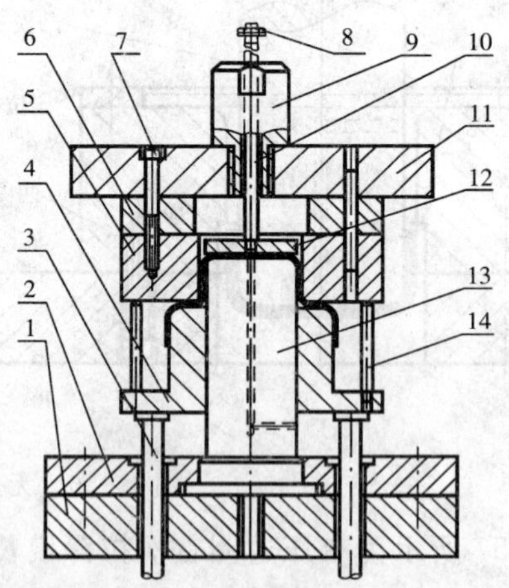

图 4-60　有压料以后各次拉深模

1—下模座　2—凸模固定板　3—顶杆　4—压边圈　5—凹模　6—垫板　7—内六角螺钉　8—螺母　9—模柄　10—打杆　11—上模板　12—打板　13—凸模　14—限位柱

(3)复合模具　图 4-61 所示为半球形件的落料—拉深复合模具，条料沿着导料板 1 送入，通过落料凹模 10、凸凹模 4 完成落料，然后通过凸凹模 4 和凸模 9 完成拉深。仿工件外形的推件块可以对拉深件进一步整形，压边圈 8 既起压料作用又起顶件作用，为了体现先落料后拉深的设计意图，拉深凸模 9 应比落料凹模 10 低 1～1.5 倍料厚，打杆上端要装一横销(图中没有表示)，以避免上打料装置在开模时掉下来。

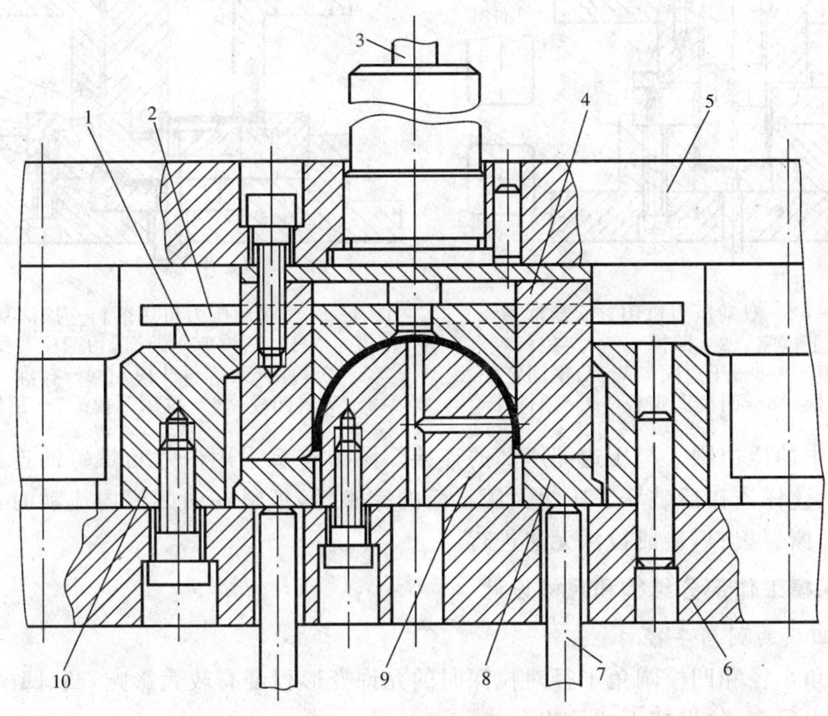

图 4-61　落料—拉深复合模

1—导料板　2—刚性卸料板　3—打杆　4—凸凹模　5—上模座　6—下模座
7—顶杆　8—压边圈　9—凸模　10—落料凹模

2. 双动压力机上用拉深模

(1)双动压力机用首次拉深模　如图 4-62 所示的盒形件拉深模，下模由凹模 2、定位板 3、凹模固定板 8、顶件块 9 和下模座 1 组成，上模的压边圈 5 通过上模座 4 固定在压力机的外滑块上，凸模 7 通过凸模固定块 6 固定在内滑块上。工作时，坯料由定位板定位，外滑块先行下降带动压边圈将坯料压紧，接着内滑块下降带动凸模完成对坯料的拉深。回程时，内滑块先带动凸模上升将工件卸下，接着外滑块带动压边圈上升，同时顶件块在弹顶器作用下将工件从凹模内顶出。

(2)双动压力机用落料—拉深复合模　如图 4-63 所示，该模具可同时完成落料、拉深及底部的浅成形，主要工作零件采用组合式结构，压边圈 3 固定在压料圈座 2 上，并兼作落料凸模，拉深凸模 4 固定在凸模座 1 上。这种组合式结构特别适用于大型模具，不仅可以节省模具钢，而且也便于坯料的制备与热处理。工作时，外滑块首先带动压边圈下行，在达到下止点前与落料凹模 5 共同完成落料，接着进行压料(如左半视图所示)。然后内滑块带动拉深凸模下行，与拉深凹模 6 一起完成拉深。顶件块 7 兼作拉深凹模的底，在内滑块到达下止点时，可完成对工件的浅成形(如右半视图所示)。回程时，内滑块先上升，然后外滑块上升，最后由顶件块 7 将工件顶出。

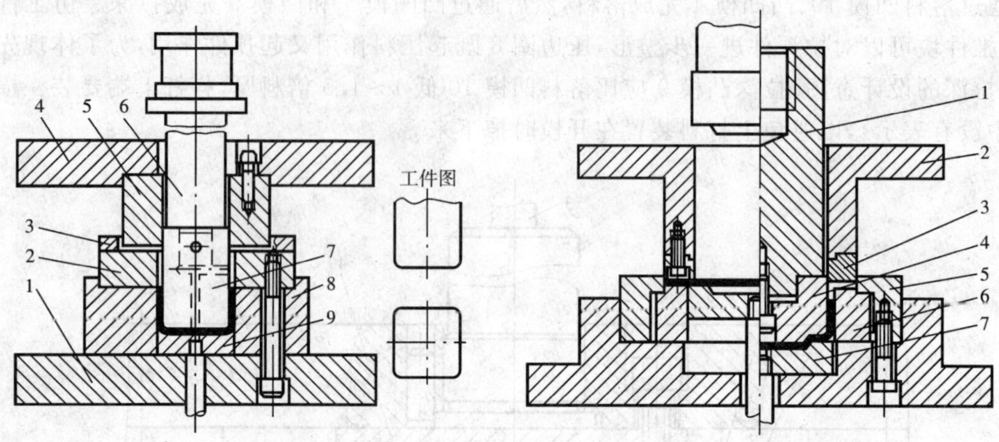

图 4-62 双动压力机用首次拉深模
1—下模座 2—凹模 3—定位板
4—上模座 5—压边圈 6—凸模固定块
7—凸模 8—凹模固定板 9—顶件块

图 4-63 双动压力机用落料—拉深复合模
1—凸模座 2—压边圈座
3—压边圈(兼落料凸模) 4—拉深凸模
5—落料凹模 6—拉深凹模 7—顶件块

注意图中的压边圈 3 与压边圈座 2 的连接。图中有意采用内六角螺钉的连接方式，目的是要说明，这样连接后破坏了压边圈压料面的完整性，板料在向凹模内流动时，会钻入沉头孔内，进而撕裂板料，造成拉深无法进行。

三、拉深模工作部分结构和尺寸设计

1. 凸、凹模的圆角半径

凸模圆角半径和凹模圆角半径对拉深时的允许变形程度有较大影响，凸、凹模圆角半径的确定方法也很多，这里按下式给出。

凹模圆角半径：$r_{dn}=0.8\sqrt{(d_{n-1}-d_n)t}$ (4-17)

凸模圆角半径：$r_{pn}=(0.7\sim1.0)r_{dn}$ (4-18)

式中：r_{dn}——本次拉深凹模圆角半径；

r_{pn}——本次拉深凸模圆角半径；

d_{n-1}——前次工序件直径，当 $n=1$ 时，式中 d_{n-1} 就是毛坯直径 D；

d_n——本次拉深件直径；

最后一次拉深凸模圆角半径 r_{pn} 即等于工件圆角半径 r，但工件圆角半径如果小于工艺要求时，则凸模圆角半径应按工艺要求确定(即 $r_{pn}\geqslant r$)，然后通过整形工序得到工件要求的圆角半径。

2. 拉深模间隙

拉深凸模与凹模之间的单面间隙简称为拉深模间隙。拉深模的间隙对拉深力、零件质量、模具寿命等影响很大，间隙小，拉深力大，模具磨损大，但工件精度高。间隙过大，坯料容易起皱，工件锥度大，精度差。因此，应根据板料厚度及公差、拉深过程板料的增厚情况、拉深次数等确定拉深模间隙。这里提出一些原则意见供设计时参考。

(1)浅拉深时，拉深间隙可取小些，深拉深时取大些。

(2)多次拉深时,前几次可取较大拉深间隙,此时考虑的是拉深顺利进行。最后一次取较小的拉深间隙,此时考虑的是获得较高的尺寸精度。

(3)板料较软时,可取较小的拉深间隙,因为软料容易在模具间隙里被挤薄,可消除拉深过程已出现的微小皱褶,相反,硬料应取较大间隙。

对精度要求较高的工件,在整形拉深时,可取 $Z=(0.9\sim0.95)t$,拉深间隙稍小于料厚;如果仅仅是整圆角半径,拉深间隙可稍大些,取 $Z=(1.05\sim1.1)t$。

一般拉深间隙可按表 4-19 计算:

表 4-19　圆筒形件拉深间隙

材　料	首次拉深	中间各次拉深	末次拉深
软钢	$(1.3\sim1.5)t$	$(1.2\sim1.3)t$	$(1.05\sim1.1)t$
黄铜、铝	$(1.3\sim1.4)t$	$(1.15\sim1.2)t$	

注:不锈钢、耐热钢、及镀锌板取表中上限值。

3. 拉深凸模、凹模的结构

图 4-64 所示直壁凹模结构简单,由凹模圆角直接过渡到直壁,为了减小摩擦,凹模直壁高度 h 不应太大,普通拉深可取 $h=8\sim12$ mm,精密拉深可取 $h=6\sim10$ mm。

图 4-65 所示,在直壁凹模基础上加上一段锥形结构,一方面,可以减小拉深时板料在凹模圆角处受到的折弯和摩擦阻力,从而降低筒壁处所受到的拉应力;另一方面,毛坯首先在锥形凹模口预成形,将预成形了的毛坯再拉入直壁凹模里时,在切向的压缩变形量已经减小很多,因而起皱的危险性也减小了。这种凹模一般用在没有加压边圈的首次拉深,t/D 值不低于 2%,常取锥形凹模单边角度为 30°。

为了便于卸件,凸模工作端要开通气孔,以防止工件脱离凸模时,在凸模端头和工件底部之间形成真空,增加额外的卸件力,严重时内外气压差可能将工件压瘪。其直径可在 $\phi3\sim\phi8$ mm 之间选取。

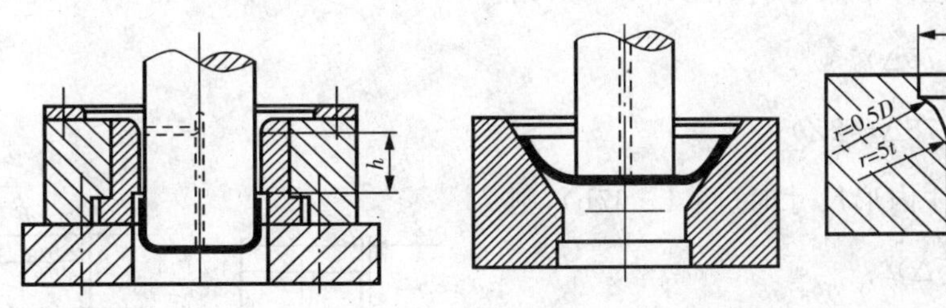

图 4-64　直壁凹模结构　　　　图 4-65　锥形凹模结构

图 4-66 为有压边装置的多次拉深的凸、凹模结构。其中 a 结构用于直径小于 100 mm 的拉深件,b 结构用于直径大于 100 mm 的拉深件。凸、凹模设计有锥角结构,这能减轻坯料的反复弯曲变形,提高工件侧壁质量,大锥角对拉深有利,但坯料相对厚度较小时,容易起皱。板厚为 0.5～1 mm 时锥角取 30°～40°;板厚为 1～2 mm 时锥角取 40°～50°。

设计拉深凸、凹模结构时,要注意前后两道工序的凸、凹模形状和尺寸的关系,做到前道工序件形状和尺寸有利于后一道工序的成形和定位,而后一道工序的压边圈的形状与前道工序件相吻合。

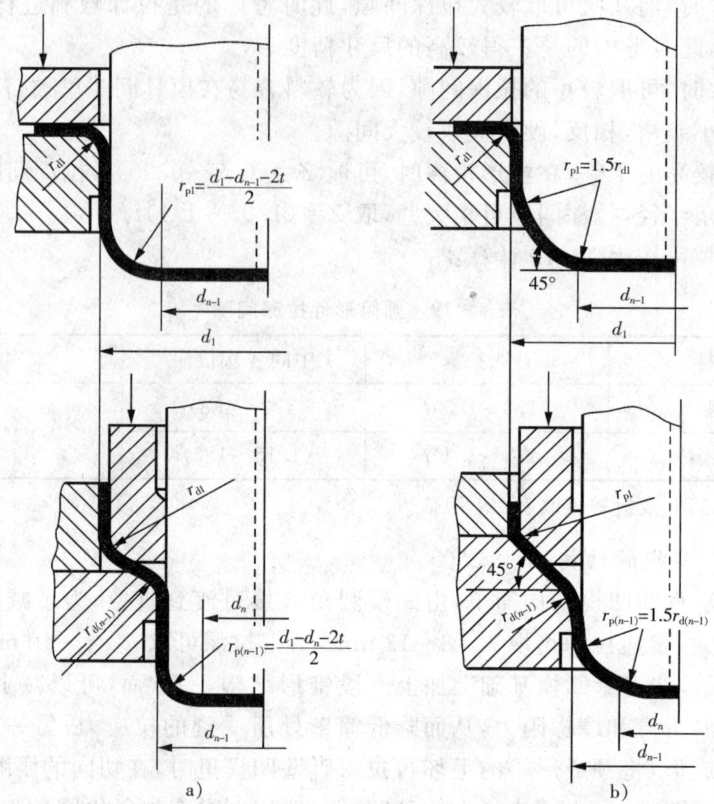

图 4－66　有压边装置的多次拉深的凸、凹模结构

4. 拉深凸模、凹模的工作尺寸

拉深件的尺寸和公差是由最后一次拉深模保证的，考虑拉深模的磨损和拉深件的弹性回复，最后一次拉深模的凸、凹模工作尺寸及公差按如下确定：

当拉深件标注外形尺寸时(图 4－67a)，则

$$D_d=(D-0.75\Delta)_0^{+\delta_d}$$

$$D_p=(D-0.75\Delta-2Z)_{-\delta_p}^{0}$$

当拉深件标注内形尺寸时(图 4－67b)，则

$$d_p=(d+0.5\Delta)_{-\delta_p}^{0}$$

$$d_d=(d+0.5\Delta+2Z)_0^{+\delta_d}$$

考虑到凸模的磨损程度较凹模为轻，在选择磨损系数时，取 0.5。

式中：D_d、d_d——凹模工作尺寸；

D_p、d_p——凸模工作尺寸；

D、d——拉深件的外形尺寸和内形尺寸；

Z——凸、凹模单边间隙；

Δ——拉深件的公差；

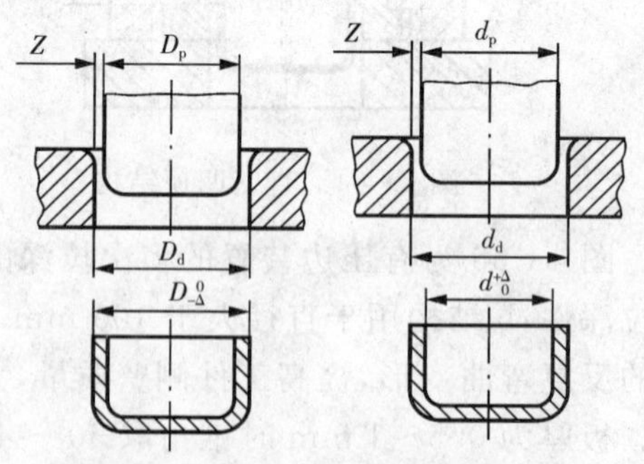

a)拉深件标注外形尺寸　b)拉深件标注内形尺寸

图 4－67　拉深件尺寸与凸、凹模工作尺寸

δ_p、δ_d——凸、凹模的制造公差，可按 IT6～IT8 级确定。

对于首次和中间各次拉深模，因工序件尺寸无需严格要求，所以其凸、凹模工作尺寸取相应工序的工序件尺寸即可。若以凹模为基准，则

$$D_d = D^{+\delta_d}$$

$$D_p = (D-2Z)^{0}_{-\delta_p}$$

式中，D 为各次拉深工序件的基本尺寸。

第八节　拉深的辅助工序

一、润滑

在拉深过程中，不但材料的塑性变形强烈，而且板料与模具的接触面之间要产生相对滑动，因而有摩擦力存在。在拉深时采用润滑剂，不仅可以降低摩擦力，还能保护模具工作表面和冲压件表面不被损伤。润滑剂的涂刷部位，在拉深工序中应特别注意。拉深圆筒件时，在凹模和压边圈工作面上毛坯受到的摩擦力是有害的，而在凸模圆角区摩擦力有阻止危险断面板厚进一步变薄的作用，因而是有利的。所以，应该将润滑剂涂在凹模圆角和压边面处以及与它们相接触的毛坯表面上，不要涂在凸模表面或同它接触的毛坯表面上。

拉深盒形件时，凸缘各部分流入凹模的速度不同，尤其在拉深初期，圆角区比直边区材料的流动要慢，如果能对凸模圆角部分进行润滑，拉深时就会从凸模圆角底部向变形区转移一部分材料，以减小圆角区板料的变薄程度，从而减小拉破的危险性。因此，盒形件拉深时可以对凸模圆角表面进行润滑。

在拉深锥形、抛物面形件时，为了避免纵向起皱，增大胀形区，需要增大材料流入凹模的阻力，因此，不需要对凹模进行润滑。

常用润滑剂见表 4－20、表 4－21。

二、热处理

在拉深过程中，板料因塑性变形而产生较大的加工硬化，如果不经退火软化处理，就有拉破的危险。为了后续拉深或其他成形工序的顺利进行，或消除工件的内应力，必要时应进行工序间的热处理或最后消除应力的热处理。

对于普通硬化的金属（如 08 钢、10 钢、15 钢、黄铜和退过火的铝等），若工艺过程制订得正确，模具设计合理，一般可不需要进行中间退火。而对于高度硬化的金属（如不锈钢、耐热钢、退火紫铜等），一般在 1～2 次拉深工序后就要进行中间热处理。表 4－22 给出了不退火能够连续拉深的次数。

表 4－20　拉深有色金属、不锈钢及耐热合金用润滑剂

材　料	润滑剂
铝	植物油（豆油）、工业凡士林
硬铝	植物油乳化液

（续表）

材　料	润滑剂
黄铜、纯铜及青铜	菜油或肥皂与油的乳化液（将油与浓肥皂液混合）
镍及其合金	肥皂与油的乳化液
铁素体型不锈钢、奥氏体型不锈钢及耐热合金	用氯化乙烯漆（G01－4）喷涂板料表面，拉深时另涂机油

表 4－21　拉深低碳钢用润滑剂

代号	润滑剂成分	含量（%）	附　注	代号	润滑剂成分	含量（%）	附　注
5号	锭子油 鱼肝油 石墨 油酸 硫磺 钾肥皂 水	43 8 15 8 5 6 15	效果好。硫磺以粉末状加入	10号	锭子油 硫化蓖麻油 鱼肝油 白垩粉 油酸 苛性钠 水	33 1.6 1.2 45 5.5 0.1 13	可用于单位压力大的拉深，润滑剂容易去除
6号	锭子油 黄油 滑石粉 硫磺 酒精	40 40 11 8 1	硫磺以粉末状加入	2号	锭子油 黄油 鱼肝油 白垩粉 油酸 水	12 25 12 20.5 5.5 25	效果比上述几种差
9号	锭子油 黄油 石墨 硫磺 酒精 水	20 40 20 7 1 12	将硫磺溶于温度约为160℃的锭子油内。缺点是保存时间太久会分层	8号	钾肥皂 水	20 80	将肥皂溶于60℃～70℃的水里。用于球形及抛物面形工件的拉深
					乳化液 白垩粉 焙烧苏打 水	37 45 1.3 16.7	可溶解的润滑剂。加3%的硫化蓖麻油后，可改善其效用

表 4－22　不退火能够连续拉深的次数

材　料	不用退火的工序次数	材　料	不用退火的工序次数
08、10、15	3～4	不锈钢	1～2
铝	4～5	1Cr18Ni9Ti	1～2
黄铜 H68	2～4	镁合金	1
纯铜	1～2	钛合金	1

当工件的拉深次数超出表中限定次数时，就必须安排退火软化工序，这种工序间退火工序按加热温度不同可分为如下两种：

(1)低温退火　即再结晶退火，把金属加热至再结晶温度，以消除硬化，恢复塑性。这是一般常用的方法。各种材料低温退火的规范见表4－23。

(2)高温退火　把金属加热至高于临界点的温度，以便产生完全的再结晶。高温退火时，可能得到晶粒大的组织，影响零件的力学性能，但软化效果较好。各种材料高温退火的规范见表4－24。

除了在拉深工序间要考虑安排以软化为目的的退火工序外，对拉深完的工件，特别是奥氏体型不锈钢、耐热钢及黄铜件，必须及时进行消除内应力的低温退火，以防工件在内应力作用下产生变形，甚至龟裂。另外对奥氏体型不锈钢进行退火处理，可以将加工硬化生成的马氏体组织恢复成耐蚀性好的奥氏体组织。不锈钢拉深件消除内应力的退火温度一般在600℃左右。

表4－23　不同材料的低温退火规范

材料名称	加热温度 t/℃	冷却	材料名称	加热温度 t/℃	冷却
08、10、15、20	600～650	空气中冷却	镁合金 MB1、MB8	260～350	保温 60min
纯铜 T1、T2	400～450	空气中冷却	钛合金 TA1	550～600	空气中冷却
H62、H68	500～540	空气中冷却	钛合金 TA5	650～700	空气中冷却
铝	220～250	保温 40～45min			

表4－24　各种金属的高温退火规范

材 料 名 称	加热温度/℃	加热时间/min	冷　却
08、10、15	760～780	20～40	箱内空气中冷却
Q195、Q215A	900～920	20～40	箱内空气中冷却
20、25、30、Q235A、Q255A	700～720	60	随炉冷却
30CrMnSiA	650～700	12～18	空气中冷却
1Cr8Ni9Ti 不锈钢	1150～1170	30	气流中或水中冷却
纯铜 T1、T2	600～650	30	空气中冷却
黄铜 H62、H68	650～700	15～30	空气中冷却
镍	750～850	20	空气中冷却
铝	300～350	30	由250℃起在空气中冷却
硬铝	350～400	30	由250℃起在空气中冷却

三、酸洗

经过热处理的工序件，表面有氧化皮，需要清洗后方可继续进行拉深或其他冲压加工。在许多场合，工件表面的油污及其他污物也必须清洗，方可进行喷漆或搪瓷等后续工序。有时在拉深成形前也需要对坯料进行清洗。

在冲压加工中，清洗的方法一般是采用酸洗。酸洗时先用苏打水去油，然后将工件或坯料置于加热的稀酸中浸蚀，接着在冷水中漂洗，后在弱碱溶液中将残留的酸液中和，最后在热水中洗涤并经烘干即可。

四、其他

在拉深不锈钢等黏性材料时，很容易发生擦伤或热黏结瘤现象。本质上讲，擦伤与热黏结都是一种金属熔敷现象。由于黏结瘤形成涉及到摩擦学等问题，影响因素较多，就润滑剂的选择而言，应选择耐高压、油膜不易破坏的润滑剂，如加有粉状填料（白垩、石墨、滑石粉等）的润滑剂。另外，应根据不锈钢板料与模具材料的亲合关系，选择抗黏合性强、耐磨减摩的模具材料。一般来讲，金属晶格类型、晶格间距、电子密度、电化学性能相同的金属，其相互吸引、溶解能力强，易黏附在一起，结果摩擦系数变大。Cr、Ni 与 Fe 的互溶性大，因此用钢模拉深时，更易发生黏结瘤现象。实践证明：选用铸铝青铜、硬铝青铜防黏效果较好；采用碳化钨钢结硬质合金制造凹模比用 Cr12MoV 软氮化制造凹模寿命提高数倍，且不黏模；如果采用代号 3054 合金铸铁，那么只需在模具表面进行火焰淬火，模具表面就不会出现黏结瘤。另外在模具易损部位可采用硬质合金镶块，因它具有优良的抗压性能、超群的耐磨性和持久的表面粗糙度及尺寸精度控制。但由于价格问题，生产中用得较少。需要说明的是，许多不锈钢产品表面质量要求很高，为避免成形过程出现擦伤，采用带保护膜的板料成形（保护膜的材料为聚氯乙烯、丙烯酸、聚乙烯等软质塑料），拉深后再剥离，效果也很好。

第九节　其他拉深方法简介

一、变薄拉深

如图 4－68 所示，由于凸模与凹模的间隙比工序件壁厚小很多，变薄拉深时，变形区是凹模孔内的锥形部分，材料受切向和径向压应力 σ_θ 及 σ_ρ，轴向是拉应力 σ_z，产生的应变是平面应变，壁部板厚明显变薄，底部厚度不变，而工件的高度增加，变薄拉深的毛坯件的内径尺寸变化很小。

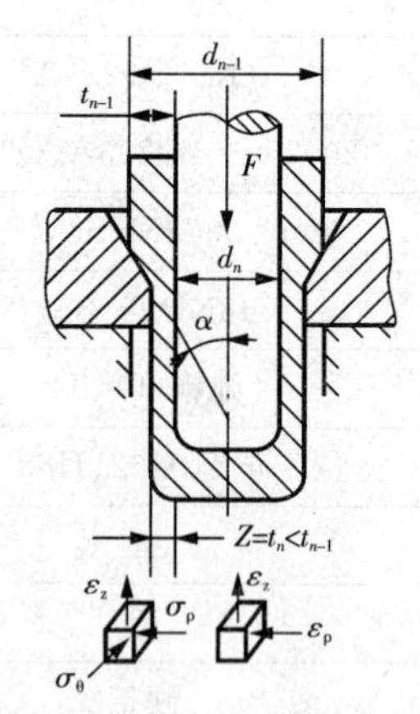

图 4－68　变薄拉深过程

变薄拉深时不存在起皱问题，但材料的变形很大，硬化严重，在多次变薄拉深时几乎每拉深一次就要安排退火工序，由于材料变形充分，晶粒细化，强度明显提高。需要说明的是，变薄拉深后的工件有较大的残余应力，隔夜就可能产生开裂现象，黄铜件尤为严重。因此必须及时进行低温回火处理。

变薄拉深件的质量比普通拉深件高，壁厚偏差在±0.01 mm 以内，表面粗糙度 R_a 值不超过 0.2 μm，且表面无划痕。由于处于凸模下的板料厚度基本不变，因此很适合加工类似于炮弹壳这样厚底薄壁的圆筒件。

变薄拉深的变形程度用变薄系数 η 表示，即

$$\eta_n = t_n / t_{n-1}$$

式中：t_n、t_{n-1}为拉深前后工序的坯料壁厚，变薄系数的极限值见表 4－25。

表 4－25　变薄系数的极限值

材　料	首次 η_1	中间各次 η_m	末次 η_n
铜、黄铜	0.45～0.55	0.58～0.65	0.65～0.73
铝	0.50～0.60	0.62～0.68	0.72～0.77
低碳钢、拉深钢板	0.53～0.63	0.63～0.72	0.75～0.77
中碳钢	0.70～0.75	0.78～0.82	0.85～0.90
不锈钢	0.65～0.70	0.70～0.75	0.75～0.80

注：(1)厚料取表中较小值，薄料取大值；

(2)中等硬度钢的表中值为试用数值。

多次变薄拉深通常采用内径基本不变，仅缩小壁厚的拉深方法，为了便于凸模进入前次工序件内，可将前次工序件内径比后一次内径加大 1%～3%。

二、反拉深

反拉深原理如图 4－69 所示，将前次拉深的圆筒形工序件倒扣在凹模上，凸模从工序件底部进行反向拉深，当凸模进入凹模后，工序件的原内表面翻转为外表面，而外表面转为内表面。

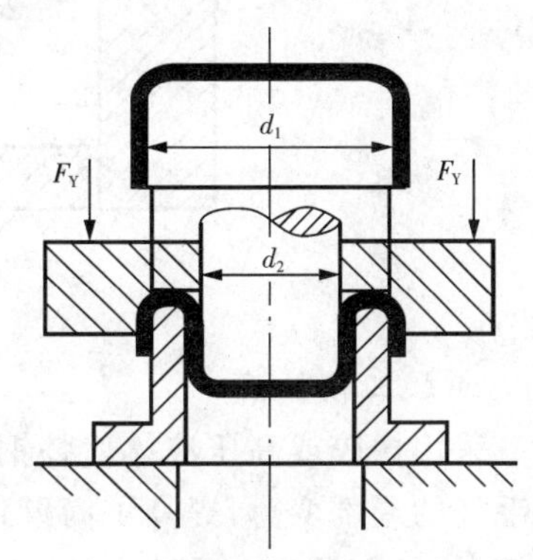

图 4－69　反拉深原理

与正拉深相比，反拉深有以下一些特点：

(1)拉深时变形集中在凹模圆角 r_d 区，变形材料流经 r_d 区所受的摩擦阻力比正拉深时大，径向拉应力也比正拉深时大，相应的切向压应力会小一些，因此反拉深不易起皱，常可不用压边圈。

(2)再拉深采用反拉深工艺时，材料流经 r_d 区时受到两次反复折弯，而反拉深时材料的折弯减少一半，因此，反拉深时材料硬化程度要低一些，相应的变形程度可大一些，如取 $m_f=(0.85～0.9)m_2$。

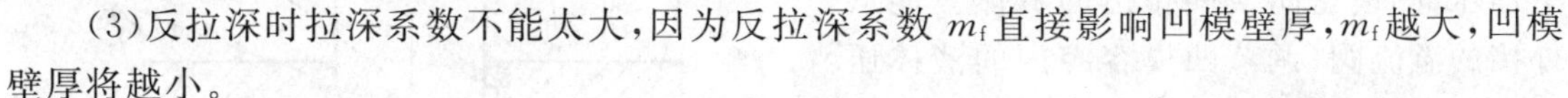

(3)反拉深时拉深系数不能太大，因为反拉深系数 m_f 直接影响凹模壁厚，m_f 越大，凹模壁厚将越小。

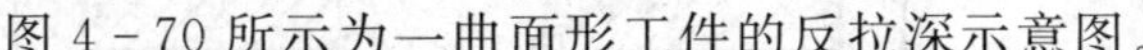

图 4－70 所示为一曲面形工件的反拉深示意图。

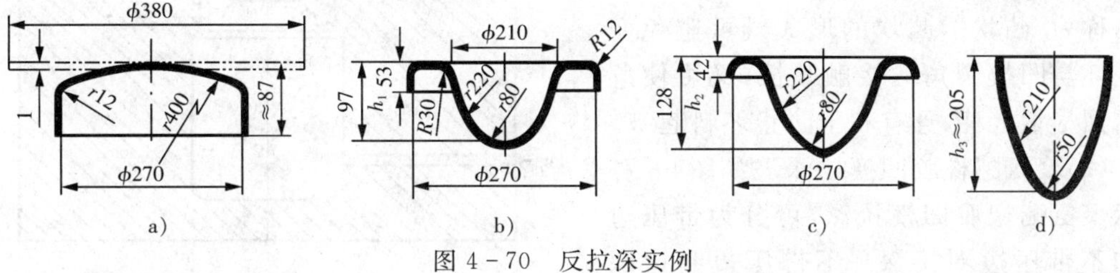

图 4－70　反拉深实例

三、柔性模拉深

利用橡胶、液体、气体等弹性材料的变形压力来代替钢质凸模或凹模，可以大大简化拉深模的结构，缩短生产周期，降低成本。但是，柔性模拉深的生产效率较低，加之所能承受的压力一般小于 40 MPa，且寿命不高，所以一般用于拉深软金属材料、小批生产和新产品开发中。

1. 软凸模拉深

用液体（或黏性介质）代替凸模进行拉深，其变形过程如图 4－71 所示。在液压力作用下，平板毛坯的中部产生胀形，随着压力的继续加大，毛坯凸缘产生拉深变形逐渐进入凹模，形成筒壁。

用液体代替凸模进行拉深时，液体与毛坯之间几乎无摩擦力，零件容易拉偏，且底部会产生胀形变簿，所以该工艺方法的应用受到一定的限制。但这类模具简单，故常用于大型零件及锥形、球面形和抛物面形零件的小批量生产中。

此外，还可以采用橡皮、聚氨酯橡胶和塑料凸模进行浅拉深。

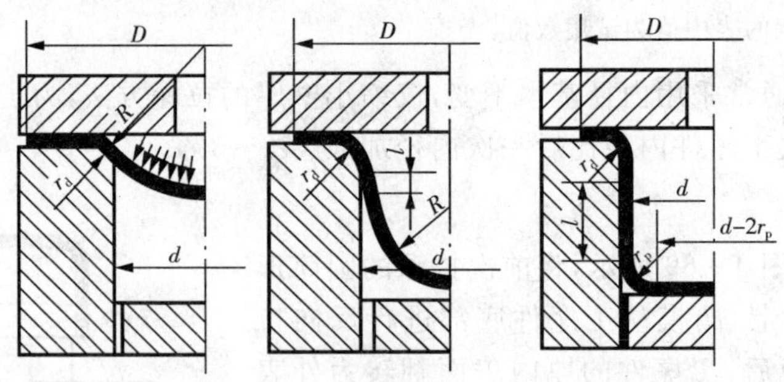

图 4－71　液体凸模拉深的变形过程

2. 软凹模拉深

采用橡胶或高压液体代替钢质凹模。拉深时，软凹模将毛坯压紧在凸模表面，从而防止了毛坯的局部变簿，提高了筒壁传力区的承载能力。同时也减小了毛坯与凹模之间的滑动摩擦，使径向拉应力 σ_ρ 减小，使危险断面破裂的可能性减小，所以极限拉深系数可以降低，一般 m 可达 0.4～0.45，同时，拉深零件的壁厚均匀，尺寸精度等质量也高。

(1) 液压凹模拉深　工作原理如图 4－72所示，凹模口设置有密封圈，凸模向下加压，凹模密闭空间排出的液体只能从外接的溢流阀（调节凹模容腔内的液体压力）向外溢出。在拉深过程中，毛坯在液压力的作用下会形成向上凸起的形状（如图），称为“凸坎”，凸坎的形成既可避免变形毛坯与凹模圆角的接触摩擦，又可使危险断面尽量上移，且有利于防止坯料起皱。

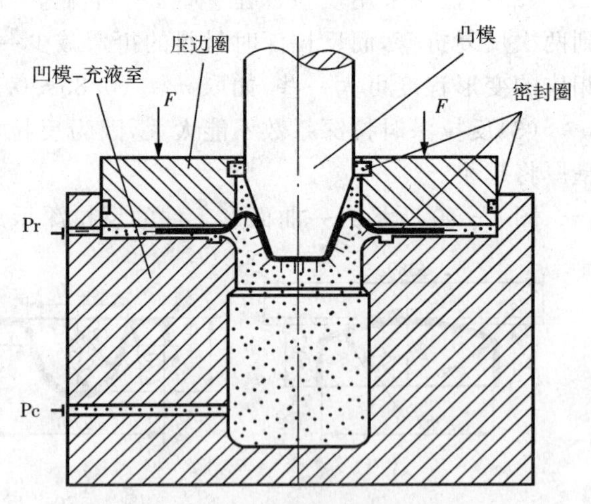

图 4－72　液压凹模拉深工作原理

(2) 聚氨酯橡胶凹模拉深　如图4－73所示聚氨酯橡胶凹模拉深，可分为带压边圈和不带压边圈拉深。不带压边圈拉深（图 a），由于毛坯易起皱，能够拉深的极限高度一般只有板厚的 15 倍。如采用压边圈拉深（图 b），则能够拉深的极限深度为钢模拉深的 1～2 倍。

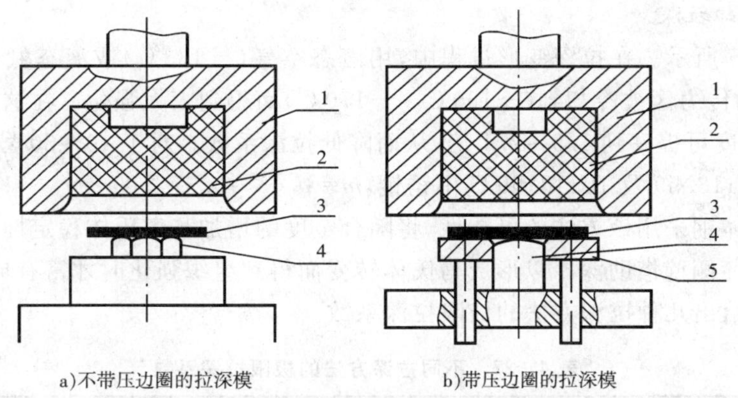

图 4-73　聚氨酯橡胶拉深模

1—容框　2—聚氨酯橡胶　3—毛坯　4—凸模　5—压边圈

四、温差拉深

从拉深变形的分析可知，提高凸缘变形区的塑性，降低变形区的变形抗力，提高侧壁传力区的强度，均是提高拉深变形程度的有效办法。温差拉深的实质是借助变形区(一般指毛坯凸缘区)局部加热和传力区危险断面(侧壁与底部过渡区)局部冷却的办法，一方面减小变形区材料的变形抗力，另方面又不致减少、甚至提高传力区的承载能力，亦即造成两方合理的温差，而获得大的强度差，以最大限度地提高一次拉深变形的变形程度，大大降低材料的极限拉深系数。温差拉深分为局部加热拉深和局部冷却拉深两种。

1. 局部加热拉深

如图 4-74 所示，在拉深过程中，利用凹模及压边圈之间的加热器将毛坯局部加热到一定温度，以提高材料的塑性，降低凸缘的变形抗力；而拉入凸凹模之间的金属，由于在凹模洞口与凸模内通以冷却水，将其热量散逸，不致降低传力区的抗拉强度。故在一道工序中可获得很大的变形程度。

这种方法最适宜于拉深低塑性材料(例如镁合金、钛合金)的零件及形状复杂的拉深件。各种材料加热温度见表 4-26。

表 4-26　局部加热拉深时不同材料的实际合理温度

材料	铝合金	镁合金	铜合金
实际合理温度/℃	320～340	330～350	480～500

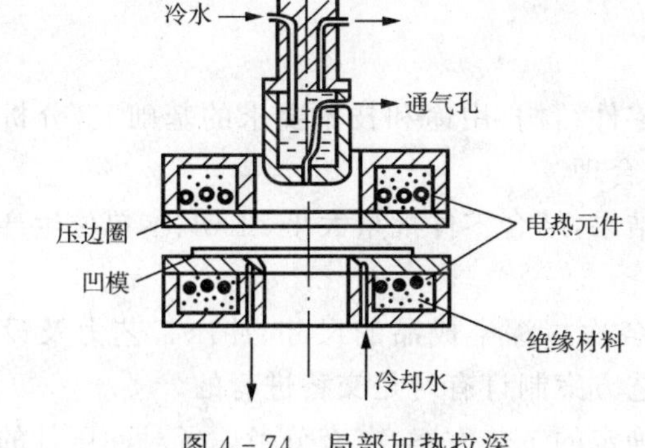

图 4-74　局部加热拉深

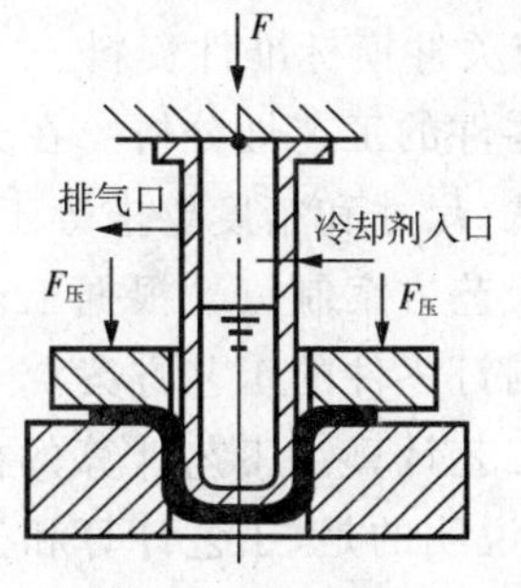

图 4-75　局部冷却拉深

2. 局部冷却拉深

如图 4－75 所示。在拉深变形过程中，用液态空气（－183℃）或液态氮（－195℃）深冷凸模，使毛坯的传力区被冷却到（－160℃～－170℃）而得到大大强化。在这样的低温下，10～20 号钢的强度可提高到 1.9～2.1 倍，从而降低拉深系数。对于 10～20 号钢，$m=0.37\sim0.385$，对于 1Cr18Ni9 及 1Cr18Ni9Ti 不锈钢，$m=0.35\sim0.37$。

各类奥氏体钢采用该方法的可能性，将随合金度的增加与奥氏体稳定性的提高而减小，因为只有当毛坯侧壁借助深冷以形成马氏体转变而得到组织强化时才富有成效。

表 4－27 给出几种拉深方法的极限拉深系数。

表 4－27　不同拉深方法的极限拉深系数

材　料	极限拉深系数 m			
	普通拉深	柔性模拉深	局部加热拉深	局部冷却拉深
2A12	0.54～0.56	0.46	0.37 *（320～340℃）	—
7A04	0.56～0.59	0.47	—	—
5A12	0.50～0.52	0.45	0.42 *（320～340℃）	—
MB1	0.87～0.91	—	0.42～0.46（300～350℃）	—
MB8	0.81～0.83	—	0.40～0.44（280～350℃）	—
TA2	0.57～0.59	—	0.42～0.50（305～400℃）	—
TA3	0.58～0.61	—	0.42～0.50（350～400℃）	—
1Cr18Ni9Ti	0.53～0.57	0.44	—	0.35～0.37

注：带 * 为试验值，其余均为生产推荐值，括号内加热温度。

第十节　拉深模设计步骤及实例

一、拉深模设计步骤

（1）收集、分析原始资料。包括如下资料：

① 冲压件的图纸和技术条件；

② 冲压件的生产批量；

③ 可选冲床的技术规格；

④ 有关冲模标准件资料。

（2）零件的工艺性分析。在充分理解零件结构、用途和技术要求的基础上，分析零件的材料、形状、尺寸和精度要求等工艺性是否合理。

（3）工艺方案制订。根据工艺分析的结果，结合零件批量大小、工期、本单位生产的具体条件等，制订零件的工艺方案。

（4）工艺计算。工艺计算的内容包括各次拉深半成品的尺寸、冲压工艺力及设备选择等。需要说明的是，工艺计算和上面的工艺方案制订有时是交替进行的。

（5）模具总体结构形式确定。根据已确定的工艺方案，在充分考虑了对冲压件的质量保

障基础上，在模具结构上要体现安全、效率、以人为本的设计理念。

模具总体结构形式，包括模具的类型(简单模、级进模、复合模)、正装与倒装、具体结构(定位、卸料)等。

(6)模具零部件设计。

二、拉深模设计实例

如图 4－76 所示为 180 柴油机通风口座子零件，材料为 08 酸洗钢板，大批量生产。

1. 分析零件的工艺性

这是一个不带底的阶梯形零件，其尺寸精度、各处的圆角半径均符合拉深工艺要求。该零件形状比较简单，可以采用落料——拉深成二级阶梯件——底部冲孔——翻边的方案加工。但是能否一次翻边达到零件所要求的高度，需要进行计算。

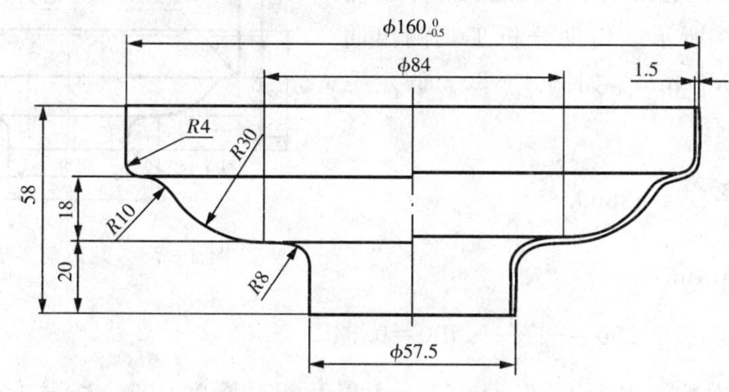

图 4－76　通风口座子

(1)翻边工序计算

一次翻边所能达到的高度：

取极限翻边系数 $K_{min}=0.68$，由相应公式计算：

$$H_{max}=D/2(1-K_{min})+0.43r+0.72t$$
$$=56/2\times(1-0.68)+0.43\times8+0.72\times1.5$$
$$=13.48\text{mm}$$

而零件的第三阶高度 $H=21.5>H_{max}=13.48$。

由此可知一次翻边不能达到零件高度要求，需要采用拉深成三阶形阶梯件并冲底孔，然后再翻边。第三阶高度应该为多少，需要几次拉深，还需继续分析计算。

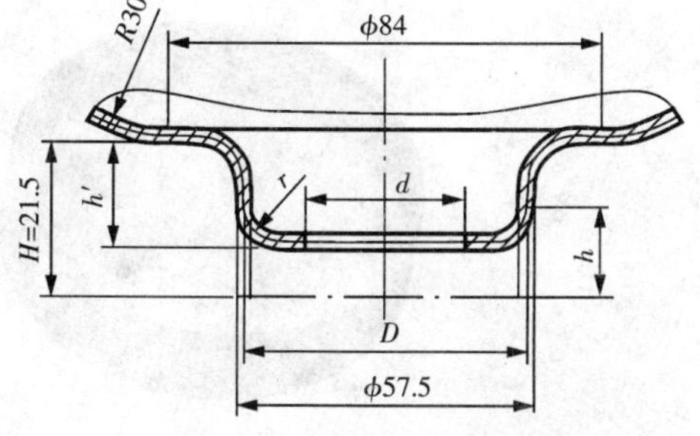

图 4－77　拉深后翻边计算图

计算冲底孔后的翻边高度 h(见图 4－77)：

取极限翻边系数 $K_{min}=0.68$，拉深凸模圆角半径取 $r_p=2t=3$ mm，由相关公式得翻边所能达到的最大高度为

$$H_{max}=D/2(1-K_{min})+0.57r_p$$
$$=56/2(1-0.68)+0.57\times3=10.67\text{ mm}$$

取翻边高度 $h=10$ mm。

计算冲底孔直径 d：

$d=D+1.14r_p-2h=56+1.14\times3-2\times10=39.42$ mm，实际采用 $\phi39$ mm。

计算用拉深拉出的第三阶高度 h'：

$$h'=H-h+r_p+t=21.5-10+3+1.5=16\text{ mm}$$

根据上述分析计算可以按照中性层尺寸画出翻边前需拉深成的半成品图，如图 4-78 所示。

(2)拉深工序计算

① 计算毛坯直径及相对厚度。根据图 4-78 尺寸，利用 Pro/ENGINEER Wildfire 软件做曲面造型如图 4-79 所示。借助分析工具测出曲面表面积为 43609.8 mm²，如图 4-80。假定毛坯直径为 D，于是有

$$\frac{\pi}{4}D^2=43609.8$$

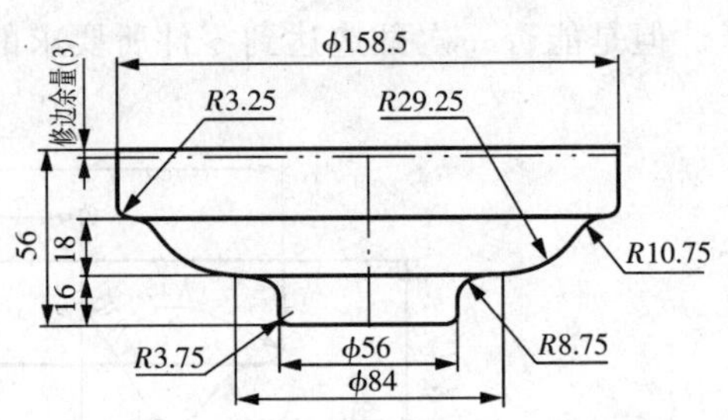

图 4-78　翻边前半成品形状

可求出：$D=235.6$mm。

计算相对厚度：$\frac{t}{D}\times100=\frac{1.5}{235.6}\times100=0.64$

② 确定拉深次数。根据 $h/d_n=56/56=1$ 以及相对厚度 0.64，查表 4-9，得拉深次数为 2，故一次不能拉成。

图 4-79　半成品图

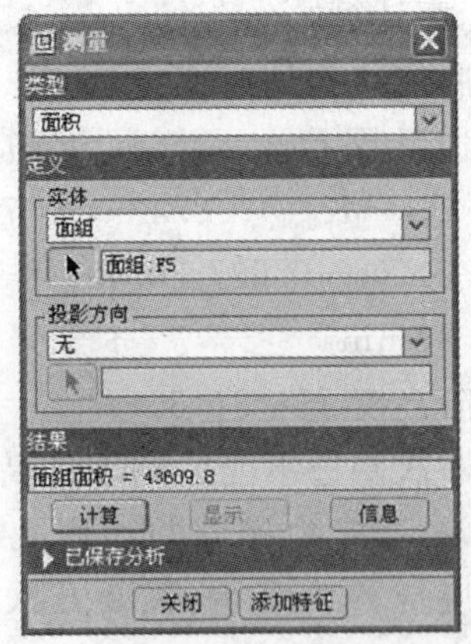

图 4-80　半成品的表面积

计算第一次拉深工序尺寸：

为了计算第一次拉深工序尺寸，需利用等面积法，即第二次拉深后的面积和拉深前参与变形的面积相等，求出第一次拉深工序的直径和深度。

由于参与第二次拉深变形的区域是从 $\phi84$ 圆以内开始，因此以 $\phi84$ 圆开始计算面积，并求出相应的直径，即

$$\frac{t}{D}\times 100=\frac{1.5}{235.6}\times 100=0.64$$

查表 4－7,得第二次拉深系数 $m_2=0.76$,因此,第一次应拉成的第二阶直径为

$$d=56/0.76=73.6\ \text{mm}$$

为了确保第二次拉深质量,充分发挥板料在第一次拉深变形中的塑性潜力,实际定为

$$d=\phi 72\ \text{mm}$$

可以求出

$$h=0.25/72(96.6^2-84^2)+0.86\times 4.75=11\ \text{mm}$$

这样就可以画出第一次拉深工序图,如图 4－81 所示。

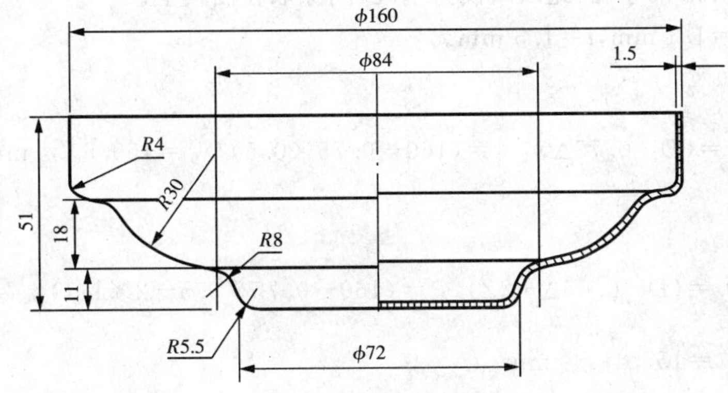

图 4－81　第一次拉深工序图

上述计算是否正确,即第一次能否由 $\phi 235.6$ 的平板毛坯拉深成图 4－81 所示的半成品,需进行核算。

阶梯形零件能否一次拉成,可以用下述近似方法判断。即求出零件的高度与最小直径之比 h/d_n,再按圆筒形零件拉深许可相对高度表,查得其拉深次数,如拉深次数为 1,则可一次拉成。

根据图 4－81 所示,$h=51$,$d_n=72$,$h/d_n=0.70$,$t/D\times 100=0.64$,查表 4－9,得拉深次数为 1,说明图 4－81 所示半成品可以由平板毛坯一次拉成。

2. 确定工艺方案

通过上述分析计算可以得出该零件的正确工艺方案是:落料——第一次拉深成如图 4－81 所示的形状——第二次拉深、冲孔成如图 4－78 所示的形状——翻边,达到零件形状和尺寸要求,共计四道工序。

现在以第一次拉深模为例继续介绍设计过程。

3. 进行必要的计算

(1)计算总拉深力

根据相对厚度 $t/D\times 100=0.64$,按照公式判断要使用压边圈。

按照公式计算得到拉深力为

$$F=\pi d_1 t\sigma_b K_1=3.14\times158.5\times1.5\times450\times0.91=305606\ \text{N}$$

压边力为

$$F_Y=\frac{\pi}{4}[D^2-(d_1+2r_d)^2]q=\frac{\pi}{4}\times[235.6^2-(160+2\times8)^2]\times2.5=48143\ \text{N}$$

式中，q 选取为 2.5 N/mm²。

总拉深力为

$$F_\Sigma=F+F_Y=305606+48143=353749\ \text{N}$$

(2)工作部分尺寸计算

该工件要求外形尺寸，因此以凹模为基准，间隙取在凸模上。

单边间隙 $Z=1.1$ mm，$t=1.5$ mm。

凹模尺寸：

$$D_d=(D-0.75\Delta)_0^{+\delta_d}=(160-0.75\times0.5)_0^{+0.1}=159.6_0^{+0.1}\ \text{mm}$$

凸模尺寸：

$$D_p=(D-0.75\Delta-2Z)^0_{-\delta_p}=(160-0.75\times0.5-2\times1.1)^0_{-0.07}$$

$$=157.4^0_{-0.07}\ \text{mm}$$

4. 模具总体设计

勾画模具草图，初算模具闭合高度：

$$H=272.5\ \text{mm}$$

外轮廓尺寸估算为 ϕ420 mm。

5. 模具主要零部件设计

该模具的零件比较简单，可以在绘制总图时，边绘边设计。

6. 选定设备

本工件的拉深力较小，仅有 353749 N，但要求压力机行程应满足 $S\geqslant2.5h=2.5\times51=128$ mm。同时考虑到压边要使用气垫，所以实际生产中选用有气垫的 3150000 N 闭式单点压力机。其主要技术规格为：

公称压力	3150000 N
滑块行程	400 mm
连杆调节量	250 mm
最大装模高度	500 mm
工作台尺寸	1120 mm×1120 mm

7. 绘制模具总图

模具总图,如图 4－82 所示。

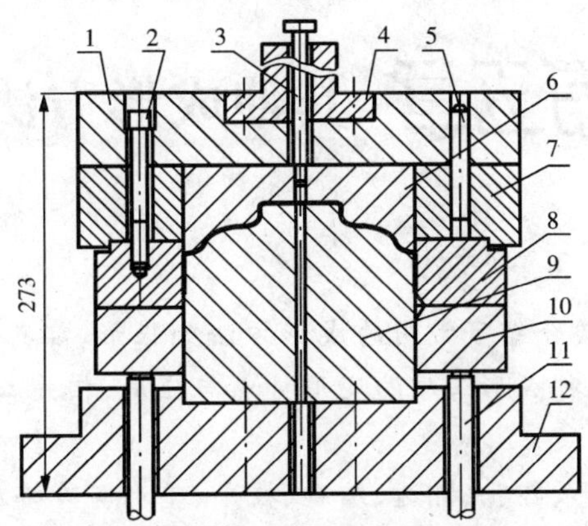

图 4－82　通风口座子首次拉深模

1－上模座　2－内六角螺钉　3－打杆　4－模柄　5－圆柱销　6－凹模底　7－垫板　8－凹模　9－凸模　10－压边圈　11－顶杆　12－下模座

思考题与练习题

1. 拉深工序中最容易出现的问题是什么？如何预防？
2. 什么是拉深系数？影响极限拉深系数的因素有哪些？
3. 宽凸缘圆筒件的拉深方法有哪些？它与无凸缘直壁圆筒件拉深相比有何不同？
4. 确定图 4－83 所示拉深件的拉深次数及模具工作部分尺寸,材料 08 钢。

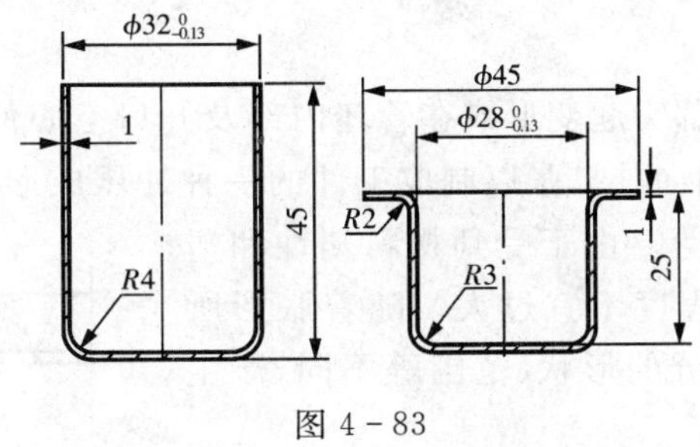

图 4－83

第五章 其他成形方法

【内容提要】 本章主要介绍了常用的成形方法如胀形、翻孔、翻边、缩口、校平、整形与冷挤压等,还介绍了以上各种成形工序的变形特点与应用、相关工艺计算方法以及典型的模具结构。

【目标要求】 了解胀形、翻孔、翻边、缩口、校平、整形与冷挤压的基本概念;了解各种成形工序的变形特点与应用;掌握相关工艺计算方法及模具设计要点;进行相关成形模具的设计。

在冲压生产中,除冲裁、弯曲和拉深工序以外,还有一些是通过板料的局部变形来改变毛坯形状和尺寸的冲压成形工序,如胀形、翻边、缩口、旋压和校形等,这类冲压工序统称为其他冲压成形工序。应用这些工序可以加工许多复杂零件。生产实际中成形时大多采用的是刚性模具,但近年来一些先进的成形技术,如软模成形、激光成形、电液成形、超塑成形、电磁成形等也得到了较好的应用。

第一节 胀 形

胀形是将平板坯料局部突起变形或在管坯内部及开口空心件内通以高压液体、气体或放入刚体瓣模,使之沿径向向外扩张以制成工件的一种冲压成形工艺。胀形有多种工序形式如起伏、圆管胀形、扩口等。由于受到材料塑性和塑性变形能力的限制,胀形程度不宜过大。随着胀形所用的毛坯和所要变形的部分的形状、范围等不同,产生各种胀形工序。

一、胀形的变形特点及成形极限

图 5-1 是胀形时坯料的变形情况,图中涂黑部分表示坯料的变形区。一般来说,当 $D/d<3$ 时,发生的是拉深变形;当 $D/d>3$ 时,发生的是胀形变形。胀形变形时,变形区材料仅局限于 d 区域,其既不向外转移也不拉入其外部材料,而是在凸模作用下受到切向和径向的两向拉应力,使得其厚度变薄而实现表面积增大以致成形所需形状。胀形时,变形区的材料不会产生失稳起皱现象,成形后的零件表面光滑,质量好。且

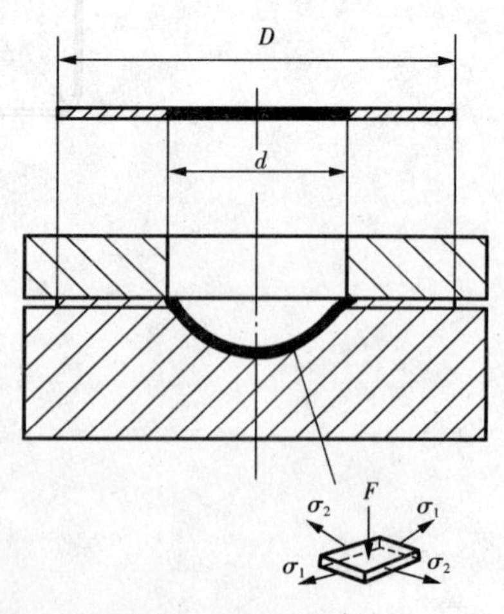

图 5-1 胀形变性区

由于变形区材料截面上拉应力沿厚度方向的分布比较均匀，所以卸载后的回弹很小，容易得到尺寸精度较高的零件。

胀形变形区内金属处于双向拉应力状态，所以当变形量过大时，d 区域严重变薄，会出现胀裂现象，故其成形极限受到了胀裂的限制。胀形的成形极限是指制件在胀形时不产生破裂所能达到的最大变形。由于胀形方法、模具结构、制件形状等不同，各种胀形的成形极限表示方法也不相同（后面将会逐一介绍）。

材料的塑性和硬化指数是影响胀形成形极限的主要因素。如果材料的塑性和硬化指数大，则有利于胀形变形。

二、起伏成形

平板坯料的局部胀形俗称起伏成形，可以压制加强筋、凸包、凹坑、花纹图案及标记等。图 5－2 是平板坯料胀形的一些例子。经过起伏的制件，可以有效地提高零件的刚度和强度，还能够起到美观装饰的作用，在实际生产中应用广泛。

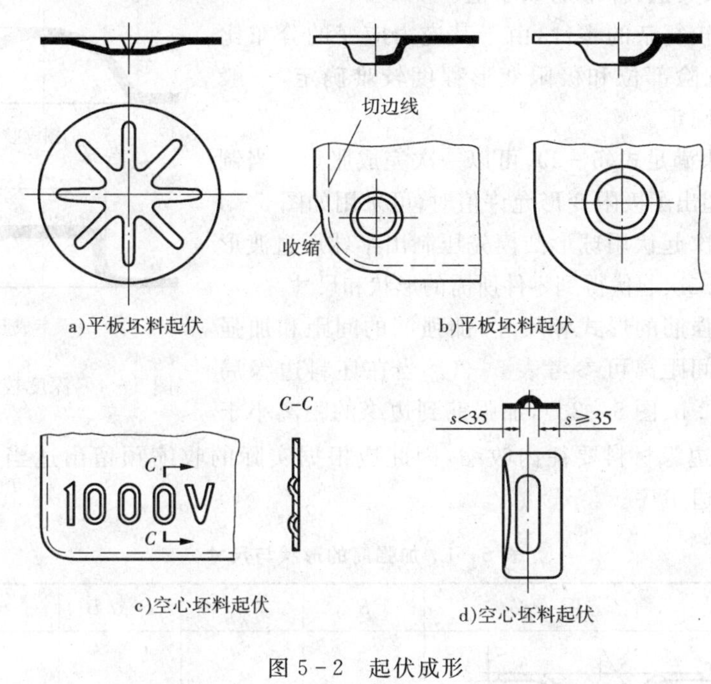

图 5－2　起伏成形

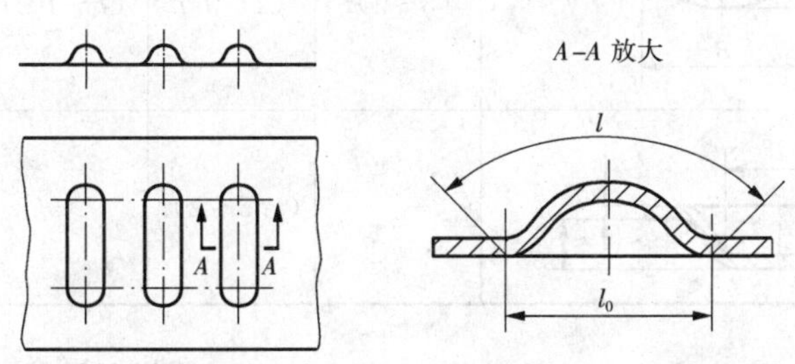

图 5－3　平板坯料胀形前后的长度

1. 压筋设计

在平板坯料上压出加强筋称为压筋成形。压筋成形可以使零件惯性矩改变和材料产生加工硬化从而提高零件的刚度和强度，因此在生产中压筋成形得到了广泛的应用。

该成形的极限变形程度通常有两种确定方法，即试验法和计算法。压筋成形的极限变形程度，主要受到材料的塑性、零件的几何形状、模具结构以及润滑等因素的影响。对于形状比较简单的压筋零件，其极限变形程度可以根据变形材料的延伸率进行检验（见图 5-3）：

$$\varepsilon_p = \frac{l - l_0}{l} < (0.7 \sim 0.75)[\delta] \qquad (5-1)$$

式中：ε_p——压筋成形时的许用变形程度（%）；

$[\delta]$——毛坯材料的断后伸长率（%）；

l、l_0——变形区材料前后的线长度（mm）。

压筋成形时的变形不均，根据筋的形状选择系数 0.7～0.75，球形筋取大值，梯形筋取小值。

对于形状比较复杂的零件，由于其应力应变的分布比较复杂，因此其危险部位和极限变形程度较难确定，一般通过试验的方法确定。

压筋成形如果满足式(5-1)，可以一次完成胀形。当制件要求的加强筋超出了极限变形允许值时，可采用如图 5-4 所示的方法，第一次起伏用球形凸模先压制出半球形过渡形状；然后再通过第二次起伏得到零件所需的形状和尺寸。

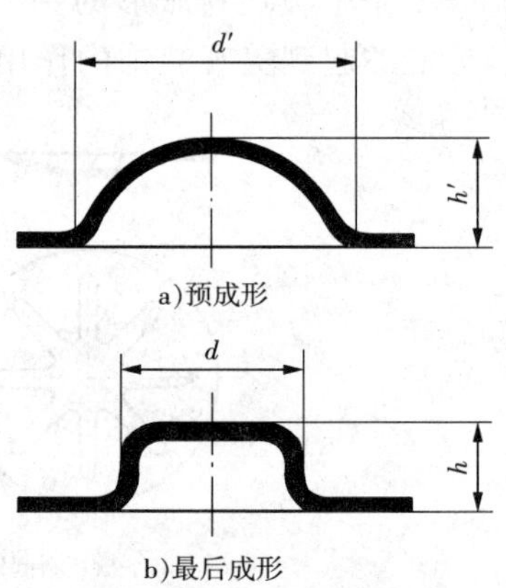

图 5-4 深度较大的起伏方法

平板胀形加强筋的形式和尺寸，加强筋的间距和加强筋与工件边缘之间距离可参考表 5-1。当在坯料边缘局部起伏时（图 5-2 b、图 5-2d），加强筋到边缘的距离小于 $(3\sim5)t$ 时，由于边缘材料要往内收缩，因此应根据实际的收缩预留出适当的切边余量，成形后增加一道切边工序。

表 5-1 加强筋的形状与尺寸

名称	简　图	R	h	D 或 B	r	α
压筋	R, t, h, r, B	$(3\sim4)t$	$(2\sim3)t$	$(7\sim10)t$	$(1\sim2)t$	——
压凸	α, D, t, r, h	——	$(1.5\sim2)t$	$\geqslant 3h$	$(0.5\sim1)t$	15°～30°

压制加强筋时，其压力通常以试验数据为基础。用刚性模具胀形时，其冲压力可用下式近似计算：

$$F = KLt\sigma_b \qquad (5-2)$$

式中：L——加强筋的截面长度(mm)；

t——材料的厚度(mm)；

σ_b——材料的抗拉强度(MPa)；

K——系数，一般 $K=0.7\sim1.0$(根据筋的宽度和深度而定，窄而深时 K 取大值，宽而浅时 K 取小值)；

采用曲柄压力机对厚度小于 1.5 mm、面积小于 200 mm^2 的薄料小件进行压筋成形时，其冲压力可用下式进行近似计算：

$$F=K_zAt^2 \tag{5-3}$$

式中：F——胀形冲压力(N)；

A——胀形面积(mm^2)；

t——材料厚度(mm)；

K_z——系数，对于钢件一般取 $K_z=200\sim300\ N/mm^4$，对于黄铜或铝件取 $K_z=150\sim200\ N/mm^4$。

2. 压凸包

平板坯料上压凸包时要求毛坯直径与凸模直径的比值应大于 4，此时凸缘部分不会向里收缩，属于胀形性质的起伏成形，否则即成为拉深。

压凸包时，凸包的高度受到了材料的塑性限制。表 5-2 列出了压凸包时凸包与凸包间、凸包与边缘间的极限尺寸及许用成形高度。如果制件的凸包高度超出表中所列数值，则需采用多道工序的方法冲压凸包。

表 5-2　平板毛坯局部压凸包时的许用成形高度和尺寸

材料	许用凸包成形高度 h_p/mm
软钢	$\leqslant(0.15\sim0.2)d$
铝	$\leqslant(0.1\sim0.15)d$
黄铜	$\leqslant(0.15\sim0.22)d$

D	L	l
6.5	10	6
8.5	13	7.5
10.5	15	9
13	18	11
15	22	13
18	26	16
24	34	20
31	44	26
36	51	30
43	60	35
48	68	40
55	78	45

三、空心坯料的胀形

空心坯料的胀形俗称“凸肚”，它是利用模具使空心毛坯或管状坯料在径向上局部向外扩张，胀出所需的凸起曲面零件。空心坯料的胀形通常在其圆筒部实施，使其局部在径向上向外曲面凸起或口端部扩大(扩口)等。用这种工艺可以制造各种形状复杂的零件，如壶嘴、波纹管等，如图 5-5 所示。

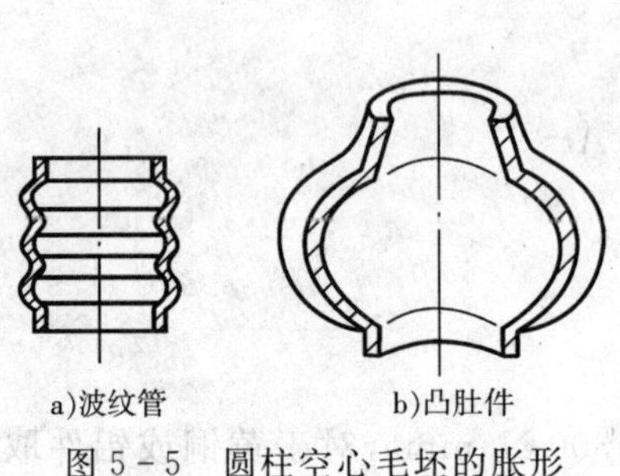

图 5-5　圆柱空心毛坯的胀形

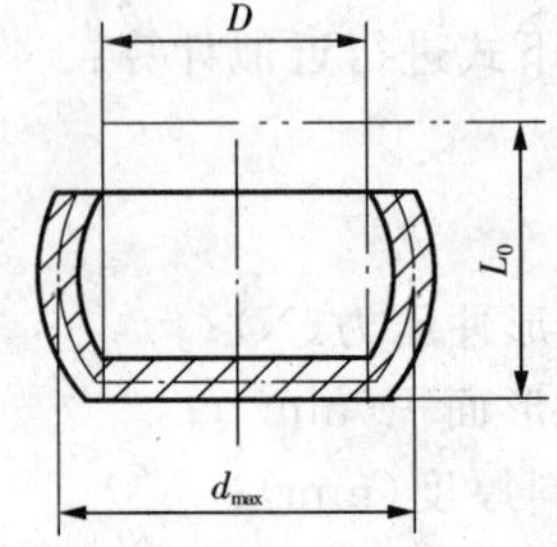

图 5-6　胀形前后尺寸的变化

1. 胀形的变形程度

胀形时，在凸肚尺寸最大处材料所受到的切向拉伸最严重，其极限变形程度受材料伸长率限制，所以空心坯料的胀形成形缺陷为制件的开裂。那么，生产中常用胀形系数 K 来表示胀形极限变形程度(如图 5-6)，即

$$K=\frac{d_{max}}{D} \tag{5-4}$$

式中：d_{max}——胀形后零件的最大直径(mm)；

D——胀形前毛坯原始直径(mm)。

影响极限胀形系数的主要因素是材料的伸长率。一般胀形系数 K 和材料切向伸长率 δ 其关系为

$$\delta=\frac{d_{max}-D}{D}=K-1 \tag{5-5}$$

或

$$K=1+\delta \tag{5-6}$$

由上式可以看出，极限胀形系数受到了材料伸长率的限制，所以也可根据上式由材料的伸长率算出相应的极限胀形系数。但胀形时材料的变形条件及应力应变状态与简单拉伸不尽相同，故其应有专门的试验确定。表 5-3 和表 5-4 是一些材料的许用伸长率[δ]和极限胀形系数的试验值，可供参考。

表 5-3　常用材料的极限胀形系数与伸长率

材　料		厚度/mm	极限胀形系数[K]	切向许用伸长率[δ]×100
铝合金 LF21－M		0.5	1.25	25
纯铝	L1、L2	1.0	1.28	28
	L3、L4	1.5	1.32	32
	L5、L6	2.0	1.32	32

（续表）

材　料		厚度/mm	极限胀形系数[K]	切向许用伸长率[δ]×100
黄铜	H62	0.5～1.0	1.35	35
	H68	1.5～2.0	1.40	40
低碳钢	低碳钢 08F	0.5	1.20	20
	10、20	1.0	1.24	24
不锈钢		0.5	1.26	26
1Cr18Ni9Ti		1.0	1.28	28

表 5－4　铝管坯料的试验极限胀形系数

胀形方法	极限胀形系数[K]
用橡胶的简单胀形	1.2～1.25
用橡胶并对坯料轴向加压的胀形	1.6～1.7
局部加热至200～250℃	2.0～2.1
加热至 380℃用锥形凸模的端部胀形	～3.0

2. 胀形的坯料尺寸计算

自然胀形时，为了保证材料的顺利流动，且减小变形区材料的变薄率，毛坯的两端一般不加固定，使其能够自由收缩。因此毛坯高度在计算时需要考虑在制件的高度上增加一个收缩量并留出相应的切边余量。

如图 5－6 所示，胀形制件的毛坯直径 D 按下式计算：

$$D=\frac{d_{\max}}{K} \tag{5-7}$$

胀形变形区坯料长度 L_0 按下式计算：

$$L_0=l(1+c\delta)+\Delta h \tag{5-8}$$

式中：l——变形后母线展开长度（mm）；

δ——制件切向的最大伸长率，$d=D+1.14r-2h_{\max}$，见表 5－3；

c——考虑切向伸长而引起高度缩小的影响因素，一般 $c=0.3\sim0.4$；

Δh——修边余量，一般 $\Delta h=5\sim20$ mm，形状对称件 Δh 取小值，形状不对称复杂件 Δh 取较大值。

空心坯料多为拉深件或空心管坯，那么，坯料的总长度应该为以上胀形变形区长度与拉深件或管坯直壁部分长度之和。

3. 胀形力的计算

空心坯料胀形时，其所需胀形力 F 按下式计算：

$$F=pA \tag{5-9}$$

$$p=1.15\sigma_b\frac{2t}{d_{\max}} \tag{5-10}$$

式中：p——胀形时所需的单位面积压力(MPa)；

A——胀形面积(mm^2)；

σ_b——材料的抗拉强度(MPa)；

t——材料的原始厚度(mm)；

d_{max}——胀形后零件的最大直径(mm)。

四、胀形方法及模具设计要点

胀形可以采用不同的方法来实现，若按生产中使用的模具分类，可分为刚性模胀形和软模胀形两类。

当采用刚性分块式凸模胀形时，称为刚性模胀形。图 5－7 为刚性凸模胀形。压力机滑块下压时，分瓣凸模 2 在锥形芯块 4 作用下向外扩张，使毛坯产生径向扩张胀成所需形状。胀形结束后，分瓣凸模 2 在顶杆及拉簧 3 作用下回到最初位置，取出制件。工件的精度随分瓣凸模的数目增多而提高。分瓣凸模之间存在间隙或滑动，故这种胀形方法难以得到形状复杂和精度较高的零件，且模具结构复杂、制模困难，成本高。

利用液体、气体或弹性体的压力代替刚性凸模的作用作为传压介质对管坯进行胀形时，则可统称为软模胀形。液体可用油、乳化液或水，弹性体通常用聚氨酯橡胶或天然橡胶。图 5－8 是软模胀形，它是利用橡胶 3 来作为凸模的。柱塞 1 下压，橡胶变形压迫工序件，使工序件胀开直至完全贴合凹模 2 内壁，从而得到所需要的形状。凹模采用刚性材料，常由两块或多块组合而成，便于取出制件。这种方法使毛坯的变形比较均匀，零件的精度容易保证，因此便于加工形状复杂的空心件，其生产的波纹管及一些异形件获得了较好的效果。

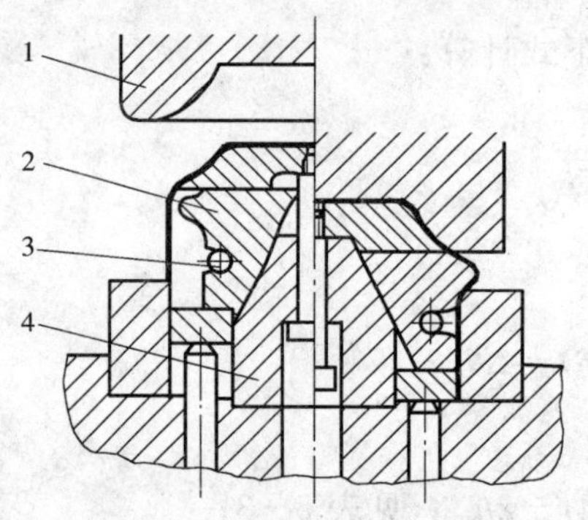

图 5－7 刚性凸模的胀形

1—凹模 2—分瓣凸模 3—拉簧 4—锥形芯块

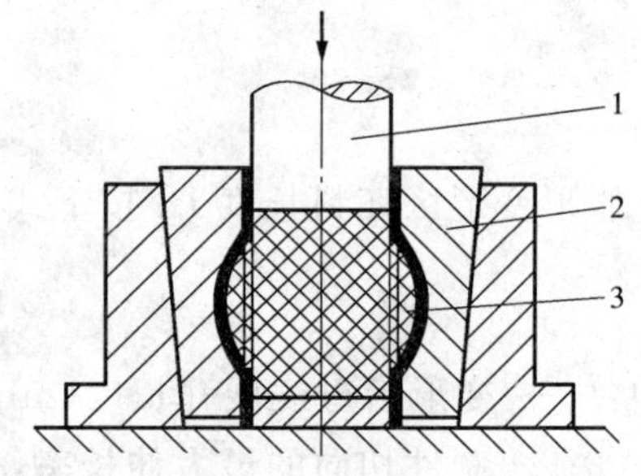

图 5－8 软凸模胀形

1—柱塞 2—分块凹模 3—橡胶

胀形时采用橡胶作为凸模的结构尺寸应该合理设计。通常橡胶凸模做成柱形、锥形等简单形状，直径略小于坯料内径。例如，圆柱形橡胶凸模的直径及高度按照下式计算(见图 5－9)：

$$d = 0.895D \tag{5-11}$$

$$h_1 = K\frac{L_0 D^2}{d^2} \tag{5-12}$$

式中：d——橡胶凸模的直径(mm)；

D——空心坯料的内径(mm)；

h_1——橡胶凸模的高度(mm)；

L_0——空心坯料的长度(mm)；

K——橡胶凸模被压缩后可能体积缩小或变形力提高，一般 $K=1.1\sim1.2$。

图 5-9　圆柱形橡胶凸模的尺寸确定

图 5-10 是液压胀形。胀形前要先在预先拉深成的工序件内灌注液体，然后在封闭条件下使液体产生高压迫使工序件产生径向扩张直至与凹模内壁紧紧贴合，获得所需的制件形状。由于工序件经过拉深，产生加工硬化，为了保证胀形时金属的良好塑性，故在胀形前应该进行退火。液压胀形的零件表面质量好，可加工大型零件，但其操作上不方便、生产率较低。

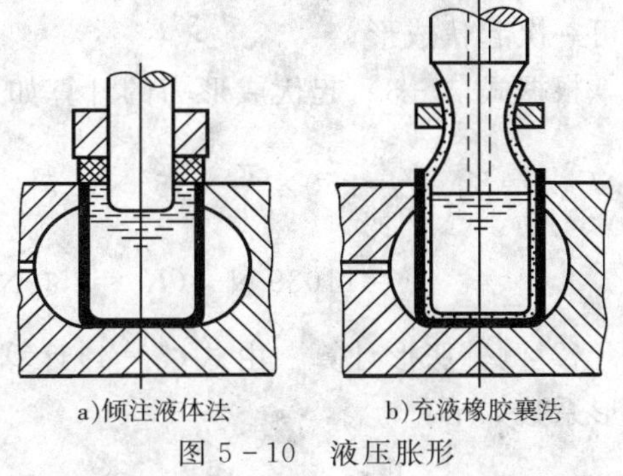

a)倾注液体法　b)充液橡胶裹法

图 5-10　液压胀形

伴随胀形时变形条件的不同会出现不同的胀形结果。图 5-11 是采用轴向压缩和高压液体联合作用的胀形方法。首先将管坯置于下模 3，然后将上模 1 下压将其压紧，再使两端的轴头 2 压紧管坯端部，接着从轴头中心孔通入高压液体，在高压液体径向和轴向压力的共同作用下，管坯在凹模中胀形而获得所需的形状。用这种方法可较大程度地增加胀形量，加工高压管接头、自行车的管接头等形状复杂的零件。

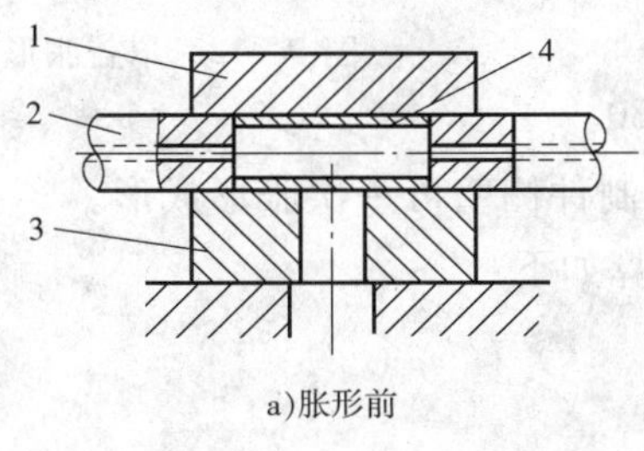

a)胀形前

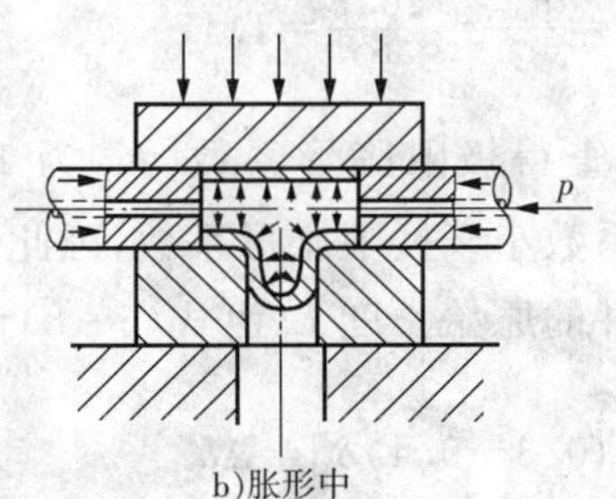

b)胀形中

图 5-11　轴向压缩的高压液体胀形

1—上模　2—轴头　3—下模　4—管坯

胀形模的凹模通常由钢、铸铁、锌基合金等材料做成，其结构有整体式和分块式。整体式凹模应有足够的强度以承受工作时的强大压力，通常可以在凹模的外面加上模套，采用过盈配合构成一定的预应力，也可以采用加强筋来提高其强度。

如果是分块式凹模，则应根据零件形状选择合理的分模面，且分块数尽可能少。模具闭合后，分模面应贴合紧密，拼接缝处不应产生间隙及不平。分块式凹模采用整体式模套，利用锥面配合进行紧固，模块间采用定位销连接。

五、胀形模设计实例

制件名称：罩盖；

生产批量:中批量;

材　　料:10 钢;

料　　厚:0.5 mm;

制件简图:如图 5-12 所示。

1. 制件的工艺性分析

由图 5-12 可知,其侧壁是由空心毛坯胀形而成,底部凸包由平板起伏成形,实际为两种胀形同时成形。

2. 胀形相关工艺计算

(1)底部凸包起伏成形计算　由表 5-2 查得该零件底部凸包成形的许用成形高度如下:

$$h_p=(0.15\sim0.2)d=(2.25\sim3)\ \text{mm}$$

此值比制件底部起伏成形的实际高度大,所以可一次起伏成形。

根据式(5-3),起伏成形力的计算如下:

$$F_{凸包}=K_z A t^2=250\times\frac{\pi}{4}\times15^2\times0.5^2$$

$$=11039\ \text{N}\quad(K_z=250\ \text{N/mm}^4)$$

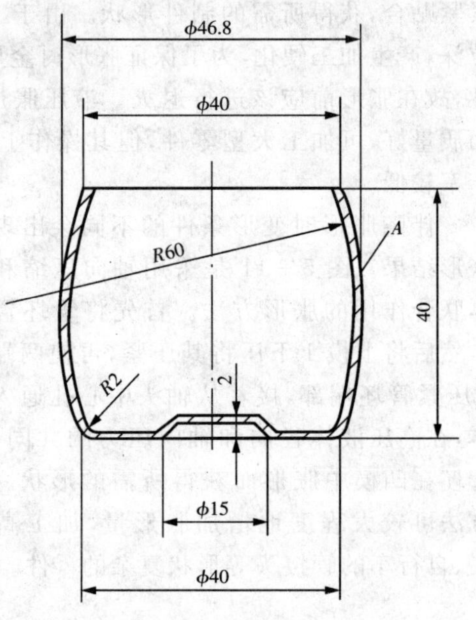

图 5-12　罩盖胀形简图

(2)侧壁胀形计算　由式(5-4)计算制件的胀形系数如下:

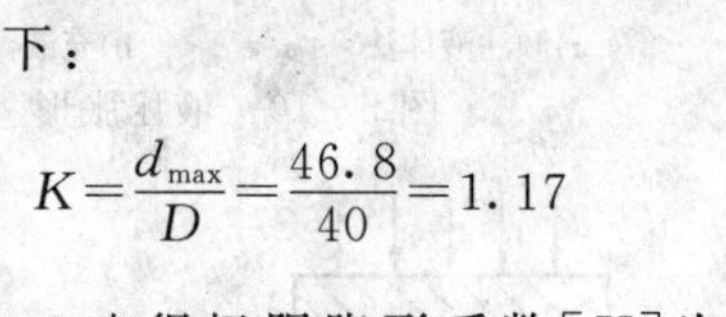

$$K=\frac{d_{max}}{D}=\frac{46.8}{40}=1.17$$

由表 5-3 查得极限胀形系数[K]为 1.20。该制件的胀形系数小于极限胀形系数,因此该制件侧壁可一次胀形成形。

胀形前制件的原始长度 L_0 由式(5-8)计算如下:

$$L_0=l[1+(0.3\sim0.4)\delta]+\Delta h$$

$$=40.8\times[1+(0.3\sim0.4)\times0.17]+3$$

$$=(45.88\sim46.57)\ \text{mm}$$

式中:$\delta=\frac{d_{max}-D}{D}=\frac{46.8-40}{40}=0.17$;$l$ 为 $R60$ 一段圆弧的长,通过几何计算得 $l=40.8$ mm;修边余量 Δh 取 3 mm。L_0 取整数 46 mm。

根据式(5-9)计算侧壁胀形力如下:

$$F_{胀形}=pA=10.6\times\pi\times46.8\times40.8=63554\ \text{N}$$

其中:$\sigma_b=430$ MPa,根据式(5-10)计算 p 得

$$p=1.15\sigma_b\frac{2t}{d_{max}}=1.15\times430\times\frac{2\times0.5}{46.8}=10.6\ \text{MPa}$$

总成形力：$F_{总}=F_{凸包}+F_{胀形}=11039+63554=74593\approx74.6\ \text{kN}$

橡胶胀形凸模的直径与高度由式(5-11)与式(5-12)计算如下：

$$d=0.895D=0.895\times(40-1)\approx35\ \text{mm}$$

$$h_1=K\frac{L_0D^2}{d^2}=1.15\times\frac{46\times39^2}{35^2}\approx65.7\ \text{mm}\quad(K=1.15)$$

3. 模具结构设计

胀形模采用聚氨酯橡胶进行软模胀形，如图5-13所示。该模具将凹模分为上、下两部分，上、下凹模之间用止口定位，单边间隙取0.05 mm，便于制件成形后取出。侧壁由橡胶凸模胀开成形，底部由压包凸模与凹模成形。

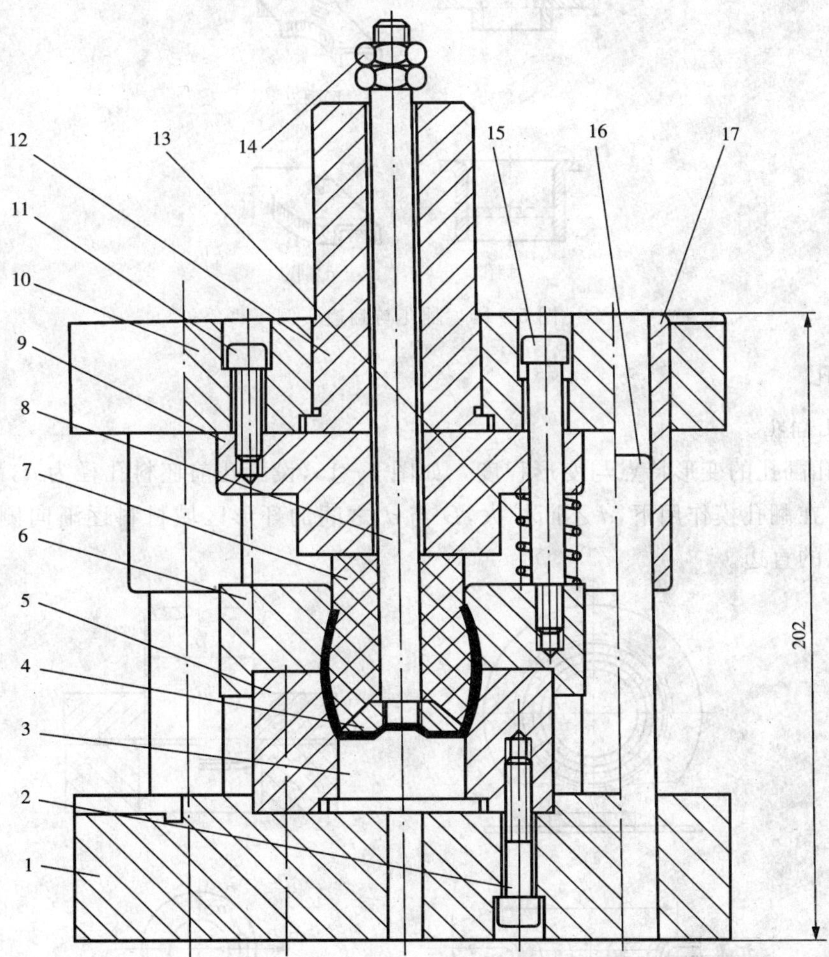

图5-13　罩盖胀形模装配图

1—下模座　2、11—螺栓　3—压包凸模　4—压包凹模　5—胀形下模　6—胀形上模　7—聚氨酯橡胶　8—拉杆　9—上固定板　10—上模板　12—模柄　13—弹簧　14—螺母　15—拉杆螺母　16—导柱　17—导套

模具闭合高度为 202 mm，所需压力约 74.6 kN。因此，选用设备时以模具尺寸为依据，选用 250 kN 开式可倾压力机。

第二节　翻孔与翻边

在预先冲孔的工序件上沿孔边缘冲制起竖立直边的成形方法叫做翻孔；而在坯料的外边缘沿一定曲线冲制起竖立直边的成形方法叫做翻边。翻孔和翻边可以加工形状复杂且刚度较好、空间形状合理的立体零件。大型钣金成形时，翻孔与翻边还可作为控制材料破坏的手段使用。

如图 5－14 所示是一些翻孔和翻边的零件。根据材料的应力应变状态不同，翻孔可分为变薄翻孔与不变薄翻孔，翻边可分为伸长类翻边和压缩类翻边。

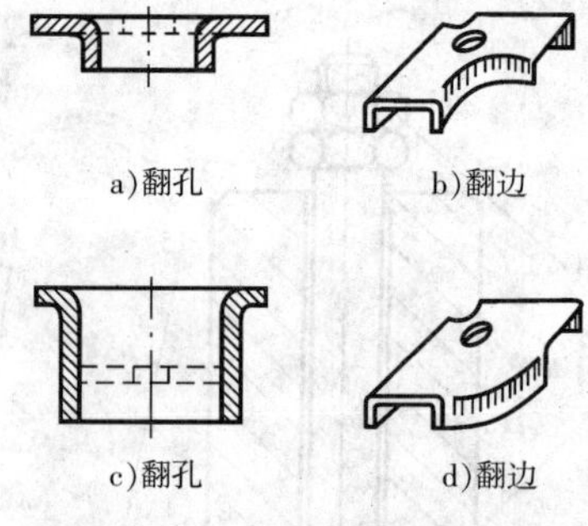

图 5－14　翻孔与翻边实例

一、翻孔

1. 圆孔翻孔

(1)圆孔翻孔的变形特点与变形程度　如图 5－15，设翻孔前坯料孔径为 d，翻孔后孔口直径为 D。在翻孔模作用下，d 不断扩大，D 与 d 之间的环形区域材料逐渐向侧壁转移，最终翻成竖立的直边。

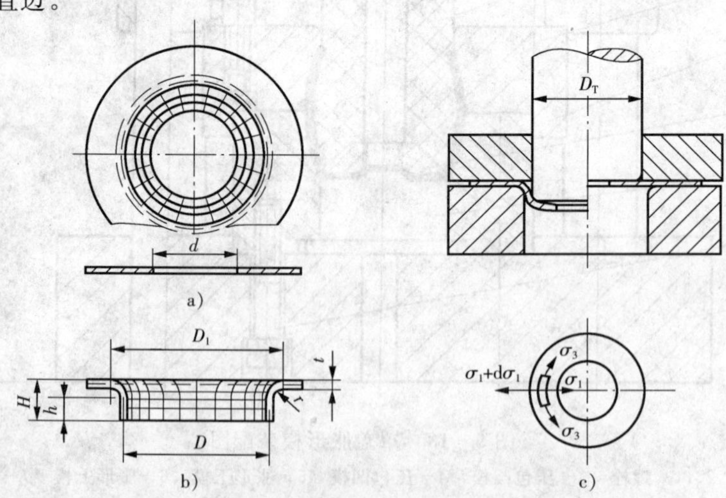

图 5－15　圆孔翻孔时的应力与变形情况

通过网格实验法对上述圆孔翻边的情况进行分析。如图 5－15，经过翻孔，从坐标网格的变化可以看出：D 与 d 之间的环形区域为变形区，其坐标网格由扇形变为矩形，说明材料沿切向伸长了，且越靠近孔口处伸长量越大；各同心圆之间距离变化不明显，说明材料在径向变形很小。被竖立起的直边厚度变薄了，越靠近孔口处其厚度越薄。变形区受切向拉应力 σ_3 和径向拉应力 σ_1 这两向拉应力作用，其中切向拉应力 σ_3 是最大主应力，而径向拉应力 σ_1 值则较小。变形区内，应力大小是变化的，并在孔口边缘处其值达到最大。所以，圆孔翻孔的失败在于孔口边缘被拉裂，而拉裂的条件取决于变形程度的大小。

圆孔翻孔的变形程度用翻孔系数 K 表示，即翻孔前孔径 d 与翻孔后孔径 D 之比。

$$K=d/D \tag{5-13}$$

K 值越小，变形程度就越大，K 值越大，变形程度就越小。翻孔时孔口不致破裂所能达到的最小翻孔系数称为极限翻孔系数，用$[K]$表示。影响极限翻孔系数的因素很多，主要有以下几个：

① 材料塑性。材料的塑性越好，极限翻孔系数越小，允许的变形程度越大。

当翻孔允许有不大裂痕时，可以用$[K]$值，一般情况下，用 K 值。

② 孔的边缘状况。翻孔前毛坯孔边缘表面质量高，无撕裂、无毛刺和无硬化时，有利于翻孔，可取较小的 K 值。此时常用钻孔代替冲孔。如采用冲孔后翻孔，应将孔口进行退火，消除冷作硬化，恢复塑性，以得到与钻孔相近的 K 值。

③ 材料的相对厚度$(t/d)\times100$。由于较厚的材料对拉深变形的补充性较好，使材料断裂前的伸长值变大，所以相对厚度越大，允许的翻孔系数越小。

④ 凸模的形状。凸模工作边缘的圆角半径越大，越有利于翻孔。如球形凸模比圆柱形凸模有利于翻孔，因为前者在翻孔时，孔边是圆滑过渡逐步张开，有利于减小孔边破裂的可能，所以极限翻孔系数值偏小。

各种材料圆孔的极限翻孔系数见表 5－5 和表 5－6，方孔或其他非圆孔翻孔时，其值可酌情减少 10%～15%。

表 5－5　翻孔系数 K、$[K]$

退火材料	K	$[K]$
白铁皮	0.70	0.65
碳钢	0.74～0.87	0.65～0.71
合金结构钢	0.80～0.87	0.70～0.77
镍铬合金钢	0.65～0.69	0.57～0.61
软铝(t=0.5～5 mm)	0.71～0.83	0.63～0.74
硬铝	0.89	0.80
紫铜	0.72	0.63～0.69
黄铜 H62(t=0.5～6 mm)	0.68	0.62

表 5-6　低碳钢圆孔的极限翻孔系数[K]

翻孔方法		球形凸模		圆柱形凸模	
制孔方法		钻孔去毛刺	冲孔	钻孔去毛刺	冲孔
相对直径 d/t	100	0.70	0.75	0.80	0.85
	50	0.60	0.65	0.70	0.75
	35	0.52	0.57	0.60	0.65
	20	0.45	0.52	0.50	0.60
	15	0.40	0.48	0.45	0.55
	10	0.36	0.45	0.42	0.52
	8	0.33	0.44	0.40	0.50
	6.5	0.31	0.43	0.37	0.50
	5	0.30	0.42	0.35	0.48
	3	0.25	0.42	0.30	0.47
	1	0.20	—	0.25	—

(2)圆孔翻孔的工艺计算　翻孔后直边厚度变薄了，变薄后的厚度 t' 可按下式近似计算：

$$t'=t\sqrt{d/D}=t\sqrt{K} \tag{5-14}$$

式中：t'——翻孔后竖立直边的厚度；

t——翻孔前坯料的原始厚度；

K——翻孔系数。

① 平板坯料翻孔的工艺计算。如图 5-16，在进行翻孔前平板坯料上应预先加工出待翻孔的孔。翻孔后的直壁和圆弧部分相当于弯曲，因此孔径 d 的计算类似于弯曲，即

$$d=D-2(h-0.43r-0.72t) \tag{5-15}$$

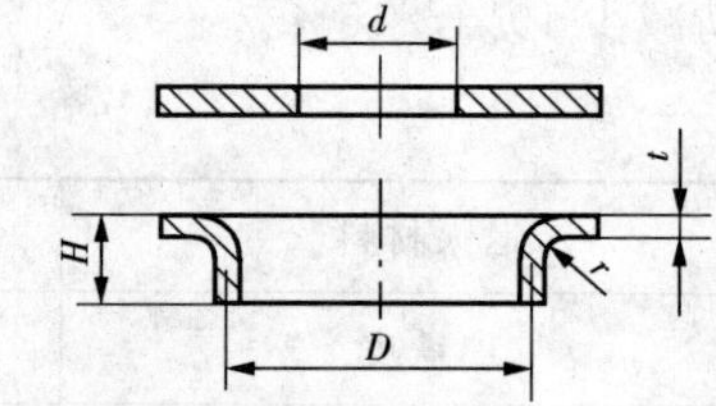

图 5-16　平板坯料翻孔尺寸计算

式中：D——翻孔中线直径(mm)；

h——翻孔高度(mm)；

r——翻孔圆角半径(mm)。

根据翻孔尺寸，有以下两种判别零件能否一次翻孔成形的方法：

一是如果制件的 d/D 大于极限翻孔系数，则可以一次翻孔成形。如果 d/D 小于极限翻孔系数，则不能一次翻孔。

二是先求出竖边高度：

$$h=\frac{D-d}{2}+0.43r+0.72t=\frac{D}{2}(1-K)+0.43r+0.72t \tag{5-16}$$

将极限翻孔系数[K]代入上式，可以得到一次翻孔能够达到的最大极限高度 h_{max}，即

$$h_{max}=\frac{D}{2}(1-[K])+0.43r+0.72t \tag{5-17}$$

当零件翻孔高度 $h<h_{max}$ 时，则可以一次翻孔成形；反之，则不能一次翻孔成形。

一次翻孔难以成形的零件，可以采用多次翻孔或者可采用先拉深，再在底部冲预孔，最后翻孔的工艺方法。

若采用多次翻孔的工艺方法，应在工序之间进行退火，并且以后各次的翻孔系数要比第一次的增大约 15%～20%。

② 先拉深后冲底孔再翻孔的工艺计算。由于多次翻孔的应用较少，对于一次不能翻孔成形的零件可以采用预先拉深，在底部冲孔然后再翻孔的方法。

如图 5-17 所示，拉深高度 h' 为

$$h'=H-h+r \tag{5-18}$$

式中：h——一次翻孔的高度(mm)；

H——零件直边高度(mm)；

r——拉深圆角半径(mm)。

由上式可知，拉深高度决定于一次翻孔高度的大小，翻孔高度大则需要拉深的高度小。从冲压工艺的角度，应尽可能将翻孔高度一次翻到最大。

假设拉深后底部预冲孔直径为 d，则一次翻孔高度 h 可按下式计算：

$$h=\frac{D-d}{2}+0.57r=\frac{D}{2}(1-K)+0.57r \tag{5-19}$$

再将极限翻孔系数[K]代入上式，可得翻孔的最大高度 h_{max}，即

$$h_{max}=\frac{D}{2}(1-[K])+0.57r \tag{5-20}$$

而预制孔直径 d 为

$$d=D+1.14r-2h_{max} \tag{5-21}$$

或

$$d=[K]D \tag{5-22}$$

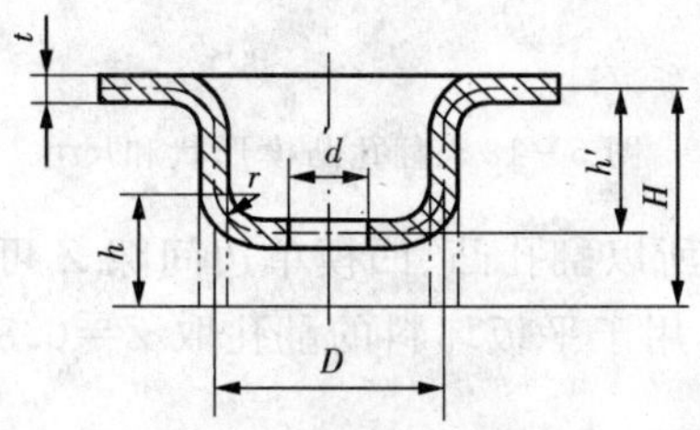

图 5-17 先拉深再翻孔的相关尺寸计算

③ 翻孔力 F 的计算。圆孔翻孔力一般不大，用圆柱形凸模翻孔时，其翻孔力可按下式计算：

$$F=1.1\pi(D-d)t\sigma_s \tag{5-23}$$

式中：D——翻孔后的直径（按中线计算，mm）；

d——翻孔前的预孔直径（mm）；

t——材料厚度（mm）；

σ_s——材料的屈服点（MPa）。

④ 翻孔模工作部分的设计。翻孔凹模圆角半径一般对翻孔成形影响不大，可以直接按照零件的圆角半径确定。为有利于翻孔变形，翻孔凸模圆角半径应尽量取大些。图 5-18 是几种常用的圆孔翻孔凸模的形状和主要尺寸。图 5-18a～图 5-18c 所示为较大孔的翻孔凸模，从利于翻孔变形看，以抛物线形凸模（图 c）最好，球形凸模（图 b）次之，平底凸模再次之；而从凸模的加工难易看则相反。图 5-18d～图 5-18e 所示的凸模端部带有定位引导部分，图 5-18d 用于圆孔直径为 10 mm 以上的翻孔，图 5-18e 用于圆孔直径为 10 mm 以下的翻孔；图 5-18f 用于无预孔的不精确翻孔。如翻孔模采用压料圈，凸模不需要肩部。

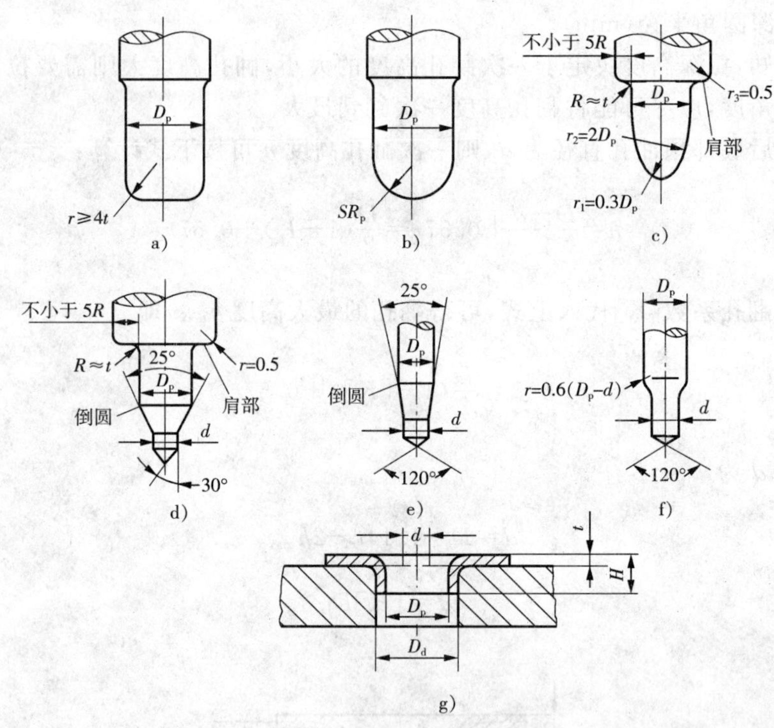

图 5-18 翻孔凸模形状和尺寸

通常翻孔后材料会变薄，所以翻孔凸、凹模单边间隙 Z 可小于材料原始厚度 t。一般用于拉深后的翻孔取 $Z=0.75t$，用于平板坯料的翻孔取 $Z=0.85t$。

2. 非圆孔翻孔

图 5-19 为沿非圆形的内孔翻孔，称非圆孔翻孔。翻孔前预制孔的形状和尺寸根据孔形分段处理。如图所分，Ⅰ区属于圆孔翻孔变形，Ⅱ区为直边，属于弯曲变形区，Ⅲ区与拉深

变形情况相似。由于Ⅱ和Ⅲ区两部分的变形性质可以减轻Ⅰ区部分的变形程度，因此非圆孔翻孔系数 K_f（一般指小圆弧部分的翻孔系数）可小于圆孔翻孔系数 K，两者的关系大致是：

$$K_f=(0.85\sim0.95)K \tag{5-24}$$

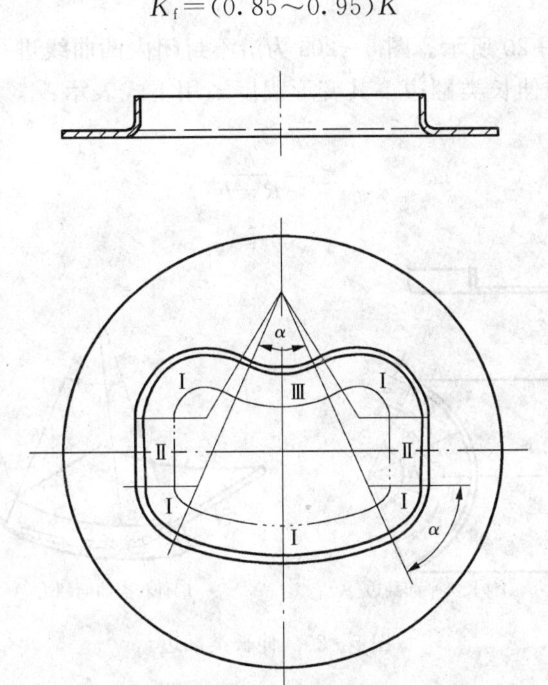

图 5-19　非圆孔翻孔

非圆孔的极限翻孔系数，可根据各圆弧的圆心角 α 大小查表 5-7。

表 5-7　低碳钢非圆孔翻孔的极限翻孔系数[K_f]

α/(°)	比值 d/t						
	50	33	20	12.5～8.3	6.6	5	3.3
180～360	0.80	0.60	0.52	0.50	0.48	0.46	0.45
165	0.73	0.55	0.48	0.46	0.44	0.42	0.41
150	0.67	0.50	0.43	0.42	0.40	0.38	0.375
135	0.60	0.45	0.39	0.38	0.36	0.35	0.34
120	0.53	0.40	0.35	0.33	0.32	0.31	0.30
105	0.47	0.35	0.30	0.29	0.28	0.27	0.26
90	0.40	0.30	0.26	0.25	0.24	0.23	0.225
75	0.33	0.25	0.22	0.21	0.20	0.19	0.185
60	0.27	0.20	0.17	0.17	0.16	0.15	0.145
45	0.20	0.15	0.13	0.13	0.12	0.12	0.11
30	0.14	0.10	0.09	0.08	0.08	0.08	0.08
15	0.07	0.05	0.04	0.04	0.04	0.04	0.04
0	弯曲变形						

对于非圆孔翻边坯料的预制孔形状和尺寸，可以根据作图法将各区进行划分，最后将各区展开线平滑的连接起来。

二、翻边

1. 伸长类翻边

伸长类翻边如图 5-20 所示。图 5-20a 为沿不封闭内凹曲线进行的平面翻边，图5-20b 为在曲面毛坯上进行的伸长类翻边。其变形程度 ε_d 用下式表示：

$$\varepsilon_d=\frac{b}{R-b} \tag{5-25}$$

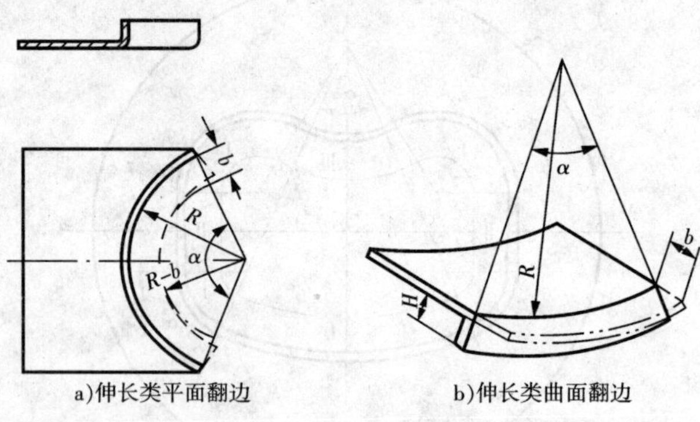

图 5-20　伸长类翻边

常用材料的允许变形程度见表 5-8。

2. 压缩类翻边

压缩类翻边如图 5-21 所示。图 5-21a 为沿不封闭外凸曲线进行的平面翻边，图 5-21b 为压缩类曲面翻边。其变形程度 ε_p 用下式表示：

$$\varepsilon_p=\frac{b}{R+b} \tag{5-26}$$

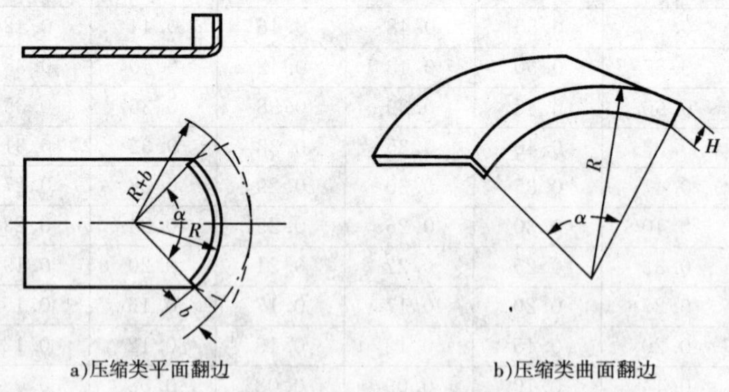

图 5-21　压缩类翻边

常用材料的允许变形程度见表 5-8。

表 5-8 翻边时材料允许的变形程度

材料名称及牌号		$\varepsilon_d \times 100$		$\varepsilon_p \times 100$	
		橡皮成形	模具成形	橡皮成形	模具成形
铝合金	L4 软	25	30	6	40
	L4 硬	5	8	3	12
	LF21 软	23	30	6	40
	LF21 硬	20	8	3	12
	LF2 软	5	25	6	35
	LF2 硬	20	8	3	12
	LY12 软	14	20	6	30
	LY12 硬	6	8	0.5	9
	LY11 软	14	20	4	30
	LY11 硬	5	6	0	0
黄铜	H62 软	30	40	8	5
	H62 半硬	10	14	4	16
	H68 软	35	45	8	55
	H68 半硬	10	14	4	16
钢	10	—	38	—	10
	20	—	22	—	10
	1Cr18Ni9 软	—	15	—	10
	1Cr18Ni9 硬	—	40	—	10
	2Cr18Ni9	—	40	—	10

三、变薄翻孔

翻孔变形过程中拉应力的作用会引起材料的自然变薄，这是翻孔的普遍情况。而对于一些零件高度较大时也可以采用减小模具间隙来使坯料变薄，这叫作变薄翻边，其可以提高生产率和节约原材料。

翻孔时，变形区材料先受拉深变形使得孔径变大，而后在小于板料厚度的凸、凹模间隙中受挤压变薄，所以变形程度不仅决定于翻孔系数，还决定于壁部的变薄系数。其变形程度用变薄系数 K 表示，即

$$K=\frac{t_1}{t} \tag{5-27}$$

式中：t_1——变薄翻孔后制件竖边的厚度(mm)；

t——变薄翻孔前材料的原始厚度(mm)。

一次翻孔中的变薄系数可达 $K=0.4 \sim 0.5$，甚至更小。

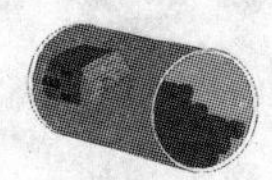

图 5－22 是变薄翻孔的一个例子，通过图上看出原材料厚度为 2 mm，变薄翻孔后其厚度为 0.8 mm。经过阶梯形凸模的作用，工序件直壁部分逐步变薄，但高度增加。

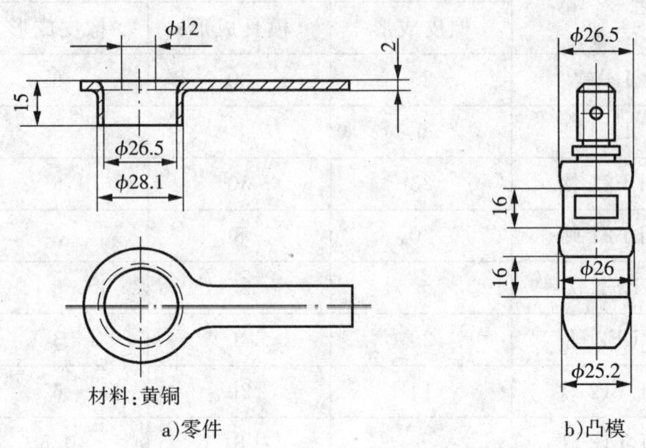

图 5－22　用阶梯凸模变薄翻孔

四、翻孔翻边模结构

图 5－23 所示为翻孔模，其结构与拉深模相似。图 5－24 所示为翻孔与翻边同时进行的翻孔翻边复合模。

图 5－25 所示为落料、拉深、冲孔、翻孔复合模。凸凹模 8 与落料凹模 4 固定在下模，以保证同轴度。冲孔凸模 2 和凸凹模 1 固定在上模，且冲孔凸模固定在凸凹模内，并以垫片 10 调整它们的高度差，以控制冲孔前的拉深高度。该模具的工作过程是：上模开始下行，首先在凸凹模 1 和凹模 4 的作用下完成落料。随后上模继续下行，在凸凹模 1 内形和凸凹模 8 外形的相互作用下进行拉深，通过顶杆 6 和顶件块 5 对其施加压料力。上模接着下行，制件达到一定的拉深高度，凸模 2 进入凸凹模 8 中进行冲孔，伴随上模行程的增加由凸凹模 1 和凸凹模 8 完成翻孔成形。模具打开，在顶件块 5 和推件块 3 的作用下将制件推出，条料通过卸料板 9 卸下。

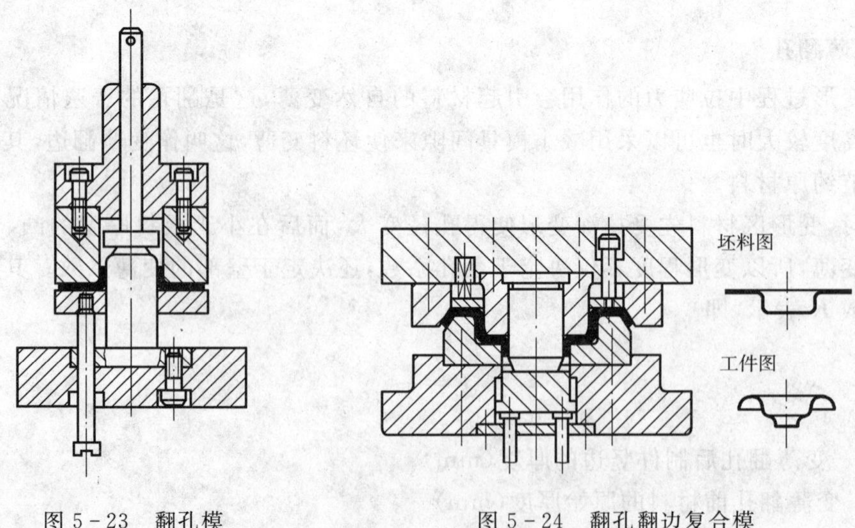

图 5－23　翻孔模　　　　图 5－24　翻孔翻边复合模

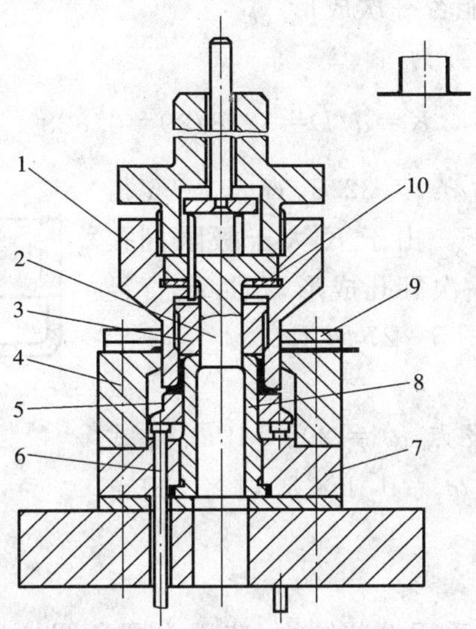

图 5-25 落料、拉深、冲孔、翻孔复合模

1、8—凸凹模 2—冲孔凸模 3—推件块 4—落料凹模 5—顶件块
6—顶杆 7—固定板 9—卸料板 10—垫片

五、固定套翻孔模的设计

制件名称:固定套

生产批量:中批量

材料:08 钢

料厚:1 mm

零件简图:如图 5-26 所示。

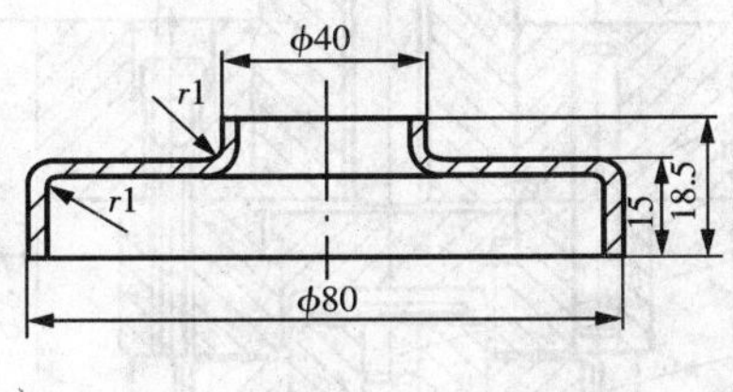

图 5-26 固定套零件图

1. 制件工艺性分析

对固定套翻孔件进行工艺分析可知,ϕ40 mm 处由内孔翻孔成形,翻边前应预冲孔,ϕ80 mm是圆筒形拉深件,可一次拉深成形。工序安排为落料、拉深、预冲孔、翻孔等。翻孔前为 ϕ80 mm、高 15 mm 的无凸缘圆筒形制件,如图 5-26 所示。翻孔的工艺计算如下。

2. 固定套翻孔件工艺计算

(1)计算预冲孔

已知 $D=40-1=39$ mm,根据式(5-18)计算拉深高度 $h'=H-h_{max}+r=18.5-15+1=4.5$ mm;由式 (5-15)计算翻孔前预冲孔直径 d:

$$d=D-2(h'-0.43r-0.72t)=39-2(4.5-0.43\times1-0.72\times1)=32.3\text{ mm}$$

(2)计算翻孔系数,判断能否一次成形

由式(5-13)计算翻孔系数为

$$K=d/D=32.3/39=0.828$$

翻孔采用圆柱形凸模,由 $d/t=32.3$,查表 5-6 得知 08 钢极限翻孔系数为 0.65。由于 K 大于极限翻孔系数 0.65,所以该零件可以一次翻孔成形,预冲孔直径 $d=32.3$ mm,翻孔前毛坯如图 5-27 所示。

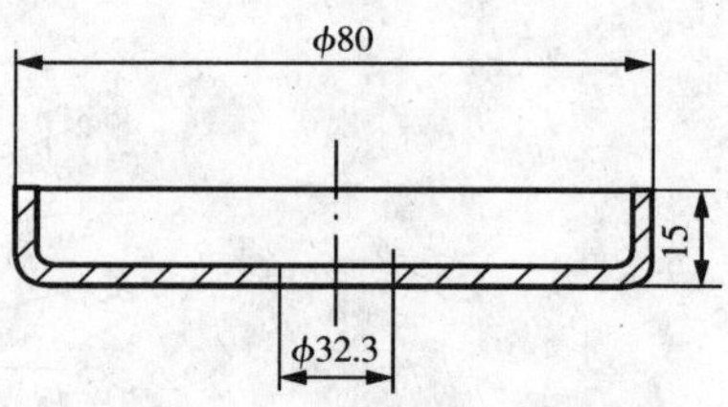

图 5-27 翻孔前毛坯

(3)计算翻孔力

查资料得 08 钢的屈服点 $\sigma_s=200$ MPa,由式(5-23)得 $F=1.1\pi(D-d)t\sigma_s=1.1\times3.14\times(39-32.3)\times1\times200=4628$ N。

3. 翻孔模结构设计

如图 5-28 所示,翻孔模采用倒装结构,使用大圆角圆柱形翻孔凸模,制件预冲孔套在凸模 7 上的定位销 9 上定位,随后上模下行完成翻孔。制件的压边靠下模的弹顶器完成,翻孔结束由压料板将制件顶起,若制件留在上模则通过打杆推动推件块打下。

由于翻孔力较小,则根据压力机固定板尺寸和模具闭合高度选用 160 kN 双柱可倾式压力机。

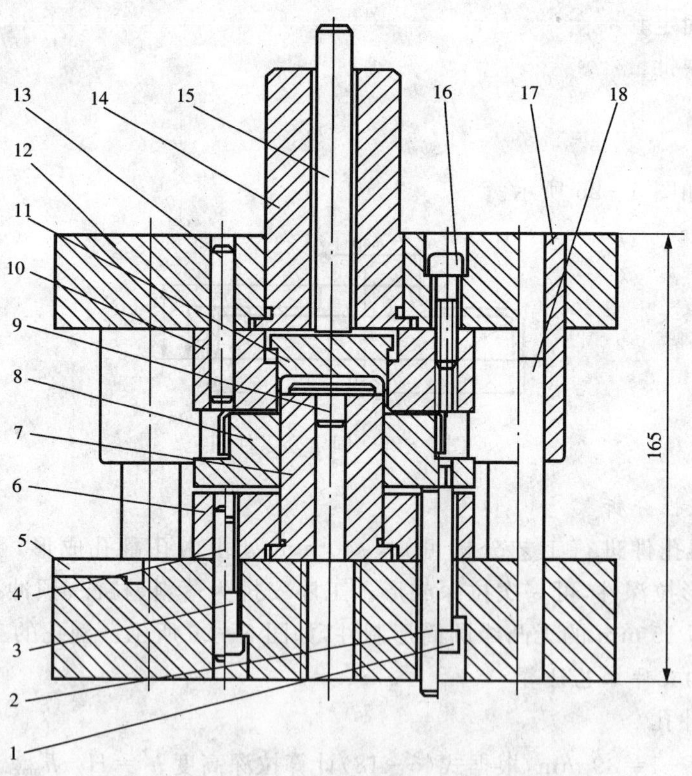

图 5-28 翻孔模装配图

1—限位钉 2—顶杆 3、16—螺钉 4、13—销钉 5—下模座板 6—凸模固定板 7—凸模 8—压料板 9—定位销 10—凹模 11—推件块 12—上模座板 14—模柄 15—打杆 17—导套 18—导柱

第三节　缩　口

利用模具把管形件或预先拉深好的圆筒形件的口部直径缩小的成形方法称为缩口。缩口在国防领域及民用产品中有广泛应用，如导弹、水壶的壶嘴等。

一、缩口变形特点及变形程度

如图 5-29 所示，在缩口变形过程中，坯料变形区受切向和轴向压应力，并以切向压应力为主，使坯料直径减小，壁厚和高度增加，因而切向可能产生失稳起皱。除此，在缩口压力 F 的作用下，非变形区的筒壁轴向也可能产生失稳变形。所以，防止失稳是缩口工艺要解决的主要问题，其变形受到侧壁抗压强度的限制。

缩口的变形程度用缩口系数 m 表示（图 5-29），即

$$m=\frac{d}{D} \tag{5-28}$$

式中：d——缩口后直径(mm)；

D——缩口前直径(mm)。

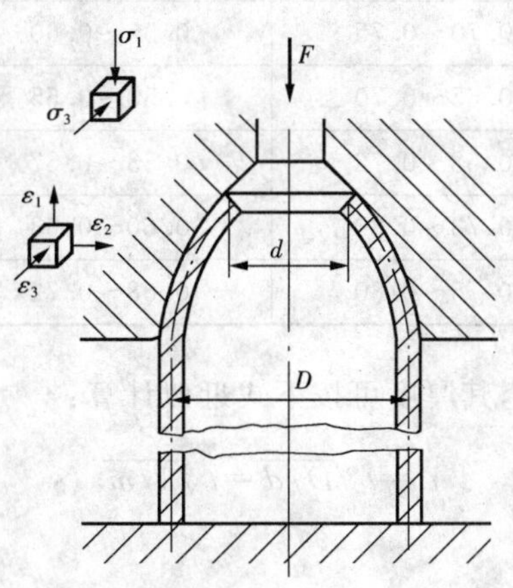

图 5-29　缩口的应力应变特点

表 5-8　平均缩口系数 m_0

材　料	材料厚度 t/mm		
黄铜	<0.5	>0.5～1	>1
钢	0.85	0.8～0.7	0.7～0.65
	0.8	0.75	0.7～0.65

缩口系数 m 越小，变形程度越大。表 5-8 列出了不同材料、不同厚度的平均缩口系数参考值。由表 5-8 得出结论：材料塑性越好，厚度越大，缩口系数越小。

图 5-30 是模具对筒壁的三种不同支承方式，图 a 是无支承方式，该模具结构简单，缩

口时坯料的稳定性比较差；图 b 是外支承方式，模具结构比前者复杂，但缩口时坯料的稳定性比前者要好，故允许的缩口系数要小些；图 c 是内外支承方式，模具结构最复杂，但缩口时坯料的稳定性最好，所以其允许的缩口系数最小。由此看出，模具对筒壁有支持作用，允许缩口系数较小。表 5-9 是不同材料选择不同支承方式时的极限缩口系数参考值。

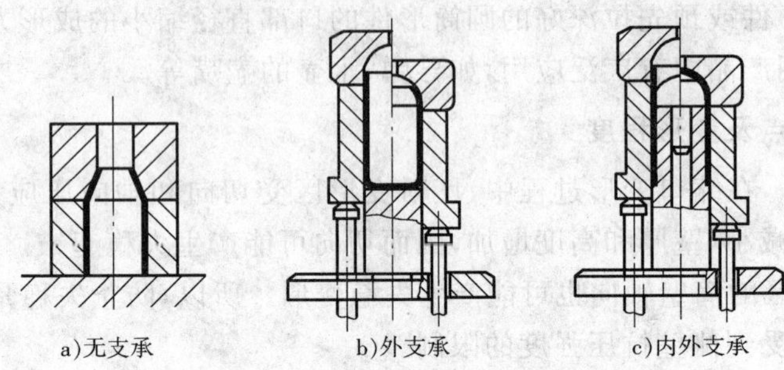

图 5-30　不同支承方法的缩口模

表 5-9　极限缩口系数[m]

材　料	支承方式		
	无支承	外支承	内外支承
软钢	0.70～0.75	0.55～0.60	0.3～0.35
黄铜 H62、H68	0.65～0.70	0.50～0.55	0.27～0.32
铝	0.68～0.72	0.53～0.57	0.27～0.32
硬铝(退火)	0.73～0.80	0.60～0.63	0.35～0.40
硬铝(淬火)	0.75～0.80	0.68～0.72	0.40～0.43

缩口后零件口部略有增厚，其厚度可按下式近似计算：

$$t'=t\sqrt{D/d}=t\sqrt{1/m} \tag{5-29}$$

式中：t'——缩口后口部厚度；

t——缩口前坯料原始厚度；

m——缩口系数。

二、缩口工艺计算

1. 缩口次数

若零件的缩口系数 m 大于表 5-9 中所列极限缩口系数[m]时，则零件可以一次缩口成形。反之，则需进行多次缩口，缩口次数 n 按下式估算：

$$n=\frac{\ln m}{\ln m_0}=\frac{\ln d-\ln D}{\ln m_0} \tag{5-30}$$

式中：m_0——平均缩口系数，参看表 5-8。

2. 各次缩口直径

多次缩口时，对于第一道工序，其缩口系数一般比平均缩口系数小 5%～10%。从第二

道工序开始，最好进行中间退火以消除加工硬化，其缩口系数一般取比平均缩口系数大5%～10%，具体计算方法如下：

首次缩口系数　　$m_1=(0.9\sim0.95)m_0$

以后各次缩口系数　　$m_i=(1.05\sim1.10)m_0 \quad (i=2,3,\cdots,n)$

首次缩口后的以后各次缩口直径为：

$$d_1=m_1D$$

$$d_2=m_2d_1=m_1m_2D$$

$$d_3=m_3d_2=m_1m_2m_3D$$

$$\cdots$$

$$d_n=m_nd_{n-1}=m_1m_2m_3\cdots m_nD \tag{5-31}$$

式中，d_n应等于制件的缩口直径，零件总的缩口系数即$m=\dfrac{d_n}{D}$，以后每次缩口系数为$m_1=\dfrac{d_1}{D}$，$m_i=\dfrac{d_i}{d_{i-1}}$，即$m=m_1m_2m_3\cdots m_n=\dfrac{d_1}{D}\times\dfrac{d_2}{d_1}\times\dfrac{d_3}{d_2}\times\cdots\times\dfrac{d_n}{d_{n-1}}=\dfrac{d_n}{D}\approx m_0^n$。

缩口后，由于回弹，制件要比模具尺寸增大0.5%～0.8%。

3. 毛坯高度

缩口后，零件高度发生了变化，一般根据变形前后体积不变的原则计算。如图5-31所示，不同形状的缩口零件，其计算方法如下：

图5-31a所示缩口前毛坯高度H为

$$H=1.05\left[h_1+\frac{D^2-d^2}{8D\sin\alpha}\left(1+\sqrt{\frac{D}{d}}\right)\right] \tag{5-32}$$

图5-31b所示缩口前毛坯高度H为

$$H=1.05\left[h_1+h_2\sqrt{\frac{d}{D}}+\frac{D^2-d^2}{8D\sin\alpha}\left(1+\sqrt{\frac{D}{d}}\right)\right] \tag{5-33}$$

图5-31c所示缩口前毛坯高度H为

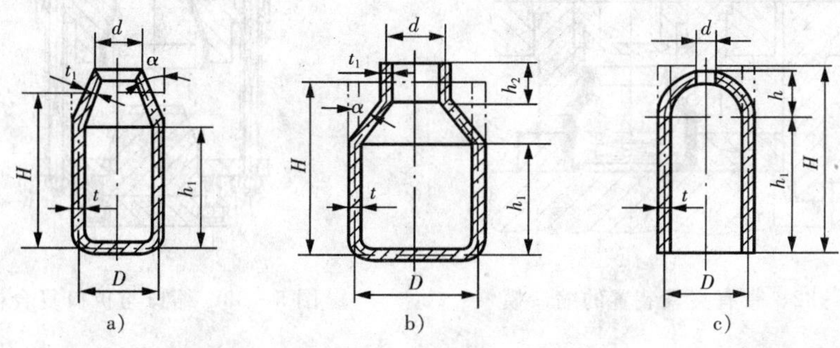

图5-31　缩口制件

$$H=h_1+\frac{1}{4}\left(1+\sqrt{\frac{D}{d}}\right)\sqrt{D^2-d^2} \tag{5-34}$$

式中，α 为凹模的半锥角，其值影响缩口成形过程，一般应为 $\alpha<45°$，最好取 $\alpha<30°$。

4. 缩口力

缩口时，坯料在有支承和无支承这两种状态下成形。

(1)无支承进行缩口时(图 5-31a)，缩口力按下式计算：

$$F=K\left[1.1\pi Dt\sigma_b\left(1-\frac{d}{D}\right)(1+\mu\mathrm{ctg}\alpha)\frac{1}{\cos\alpha}\right] \tag{5-35}$$

(2)有支承进行缩口时(图 5-31c)，缩口力按下式计算：

$$F=K\left\{\left[1.1\pi Dt\sigma_b\left(1-\frac{d}{D}\right)(1+\mu\mathrm{ctg}\alpha)\frac{1}{\cos\alpha}\right]+1.82\sigma'_b t_1^2\left[d+r_d(1-\cos\alpha)\right]\frac{1}{r_d}\right\} \tag{5-36}$$

式中：t——缩口前料厚(mm)；

d——制件缩口部分直径(mm)；

D——制件缩口前直径(mm)；

t_1——缩口后制件口部壁厚，$t_1=t\sqrt{D/d}$(mm)；

σ_b——材料的屈服强度(MPa)；

μ——制件与凹模之间的摩擦系数；

α——凹模圆锥孔的半锥角(°)；

σ_b'——材料缩口硬化的变形应力(MPa)；

r_d——凹模圆角半径(mm)；

K——速度系数，普通冲床时取 $K=1.15$。

三、缩口模结构

图 5-32 为带有夹紧装置的缩口模。图 5-33 为缩口与扩口复合模，可以得到特别大的直径差。

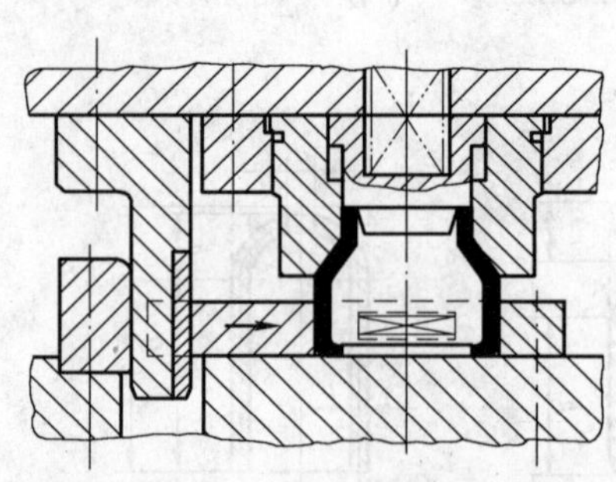

图 5-32　带有夹紧装置的缩口模

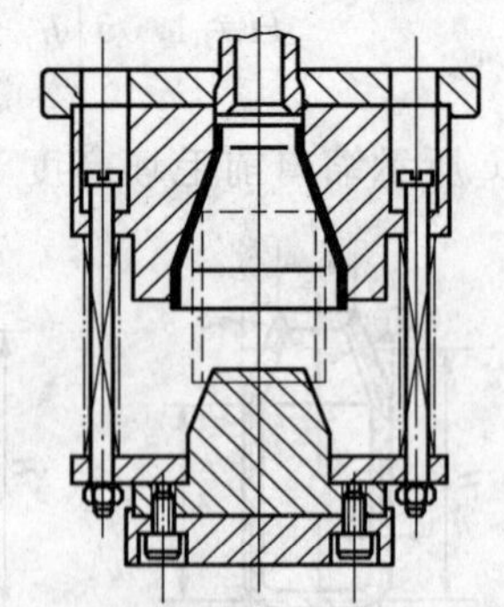

图 5-33　缩口与扩口复合模

四、气瓶缩口模设计

制件名称：气瓶；

生产批量：中批量；

材料：08 钢；

料厚：1 mm；

制件简图：如图 5－34 所示。

1. 制件工艺分析

气瓶为带底的筒形缩口制件，可采用拉深工艺制成圆筒形件，再进行缩口成形。缩口下部不变，仅计算缩口部分。

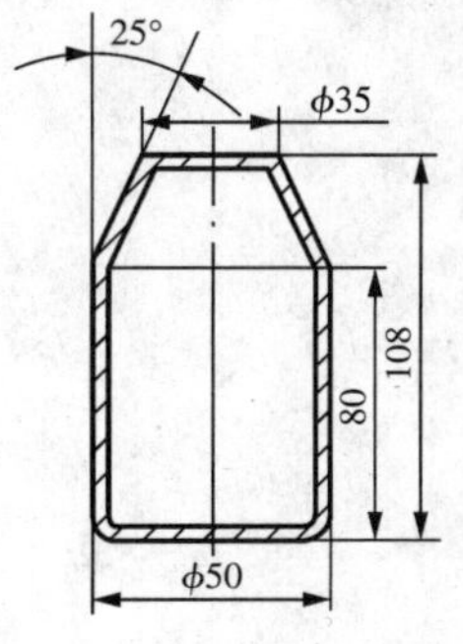

图 5－34　气瓶缩口制件

2. 工艺计算

(1)计算缩口系数

由图 5－34 可知，$d=35$ mm，$D=49$ mm。缩口系数 m 计算如下：$m=d/D=35/49=0.71$。

因为该制件是有底的缩口件，所以只能采用外支承方式的缩口模具，查表 5－9 得极限缩口系数[m]为 0.55～0.6，由于制件缩口系数 $m=0.71$ 大于极限缩口系数[m]，所以该制件可一次缩口成形。

(2)计算缩口前毛坯高度

由图 5－34 可知，$h_1=79$ mm，$\alpha=25°$，由式(5－32)计算毛坯高度

$$H=1.05\left[h_1+\frac{D^2-d^2}{8D\sin\alpha}\left(1+\sqrt{\frac{D}{d}}\right)\right]$$

$$=1.05\times\left[79+\frac{49^2-35^2}{8\times49\times\sin 25°}\times\left(1+\sqrt{\frac{49}{35}}\right)\right]$$

$$=99.2\text{ mm}$$

取 $H=99.5$ mm，缩口前毛坯如图 5－35 所示。

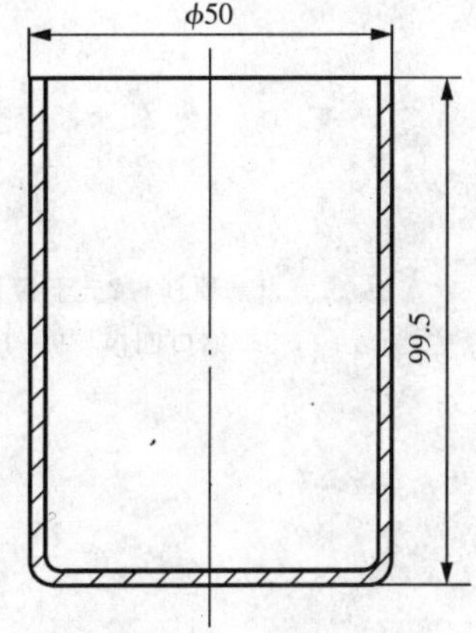

图 5－35　缩口前毛坯

(3)计算缩口力

取凹模与制件的摩擦系数 $\mu=0.1$，$\sigma_b=430$ MPa，$\sigma_b'=230$ MPa。缩口力 F 按式(5－36)计算

$$K\left\{\left[1.1\pi Dt\sigma_b\left(1-\frac{d}{D}\right)(1+\mu\text{ctg}\alpha)\frac{1}{\cos\alpha}\right]+1.82\sigma'_b t_1^2\left[d+r_d(1-\cos\alpha)\right]\frac{1}{r_d}\right\}$$

$$=1.15\times\left\{\left[1.1\times3.14\times49\times1\times430\times\left(1-\frac{35}{49}\right)(1+0.1\times\text{ctg }25°)\times\frac{1}{\cos 25°}\right]\right.$$

$$\left.+1.82\times230\times1.18^2\times\left[35+1\times(1-\cos 25°)\times\frac{1}{1}\right]\right\}$$

$$=32057\approx32\text{ kN}$$

3. 缩口模结构设计

气瓶缩口模采用外支承式一次缩口成形，如图 5－36 所示。缩口凹模工作面要求表面粗糙度 R_a 为 0.4 μm，使用标准下弹顶器，采用后侧导柱模架，导柱、导套加长为 210 mm，考虑到模具闭合高度为 275 mm，则选用 400 kN 开式双柱可倾压力机。

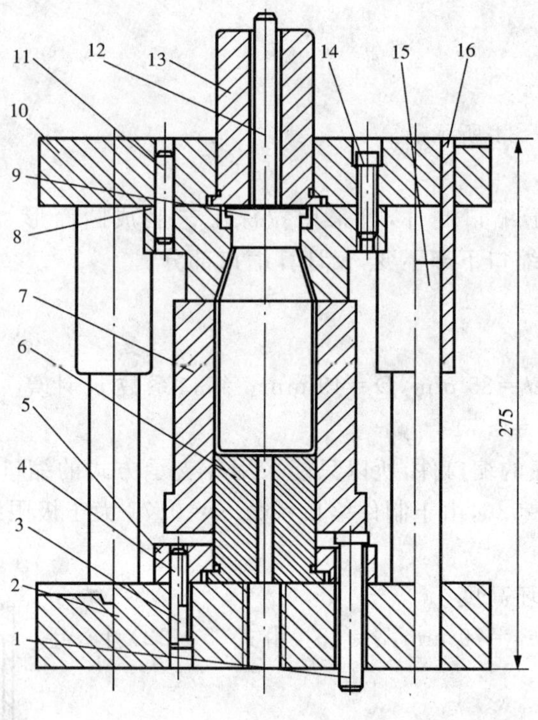

图 5－36　气瓶缩口模

1—顶杆　2—下模板　3、14—螺栓　4、11—销钉　5—下固定板　6—垫板　7—外支承板　8—缩口凹模　9—顶出器具　10—上模板　12—打料杆　13—模柄　15—导柱　16—导套

第四节　旋　压

旋压成形工艺是一种使毛坯局部连续塑性累积成形为空心回转件的先进的成形工艺方法。旋压产品有日常生活用具、化工容器、各种形状的机器零件、航空器、火箭导弹及航天器的各种壳体部件等。旋压的特点是：用很小的变形力可成形很大的工件；使用设备和模具都比较简单，中小尺寸的薄板件还可用普通车床旋压。但是旋压的生产率较低，劳动强度较大，比较适合试制和小批量生产。

为适应飞机、火箭和导弹的生产需要，在普通旋压的基础上，又发展了变薄旋压（又称强力旋压）。

一、普通旋压工艺

1. 普通旋压变形特点

如图 5－37 为平板毛坯的旋压过程。毛坯被顶块 1 紧压在芯模 3 上，毛坯随芯模一同在机床主轴作用下转动的同时，赶棒加压于毛坯反复赶碾，使之产生局部的塑性变形。于是由点到线，由线及面，使整个毛坯的表面产生局部塑性变形，紧贴于芯模，完成旋压。

由上述旋压成形过程可知，毛坯切向受拉，径向受压。在赶棒的作用下，毛坯产生两种变形：一是与赶棒接触的材料产生局部塑性变形；二是毛坯沿着赶棒加压的方向大片倒伏。

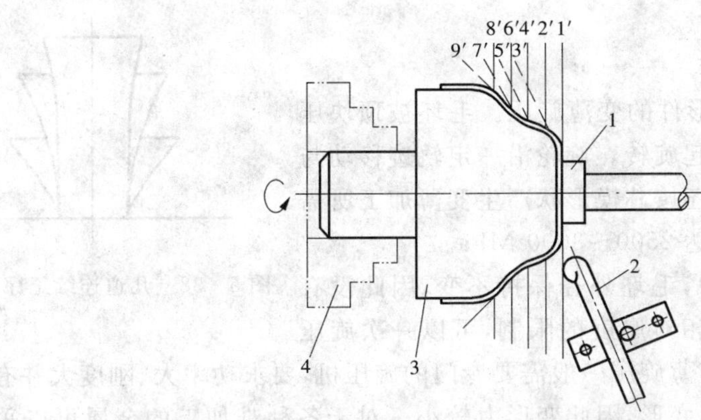

图 5-37 旋压成形

1—顶块 2—赶棒 3—芯模 4—卡盘 1′～9′—毛坯的连续位置

前一种现象是旋压成形所必需的，但后一种现象则会引起毛坯的失稳起皱与破裂。因此应该选择适当的主轴转速、合理的变形过渡形状与赶棒压力的大小，使得毛坯均匀变形。

(1)合理的转速 转速太高，材料与赶棒接触次数增多，使得材料容易过度碾薄。反之，转速太低，旋压难以进行，所以要选择合理的转速。一般情况下，软钢为 400～600 r/min；铝为 800～1200 r/min。当毛坯直径较大，厚度较薄时取小值，反之取较大值。

(2)合理的过渡形状 如图 5-37，首先应从毛坯靠近模具底部圆角处开始，得出过渡形状 2′。再轻赶毛坯的外缘，得出过渡形状 3′的浅锥形，这样做是因为锥形的抗压稳定性要高于平板，材料不易起皱。与前相同，后面操作先赶碾锥形件的内缘，使这部分材料贴模形成过渡形状 4′，然后再轻赶外缘形成过渡形状 5′。这样经过多次反复的赶碾，直到零件完全贴模为止。

(3)合理的赶棒压力 确定赶棒的压力一般要靠经验。为了毛坯能够均匀延伸，赶棒的着力点必须不断转移，且压力不能过大，否则零件容易起皱。

2. 旋压成形极限

旋压成形的变形程度用旋压系数 m 表示，即

$$m=\frac{d}{D} \tag{5-37}$$

式中：d——制件直径（制件为锥形件时，d 为圆锥最小直径）(mm)；

D——毛坯直径(mm)。

当旋压的变形程度过大时，制件容易起皱或是壁厚变薄严重、甚至破裂，所以需要对其极限旋压系数进行限制。

圆筒形件的极限旋压系数通常取为 $m_{min}=0.6\sim0.8$。当相对厚度 $t/D=2.5\%$ 时取小值，$t/D=0.5\%$ 时取大值。

圆锥形件的极限旋压系数通常取为 $m_{min}=0.2\sim0.3$。

当制件的变形程度超过极限旋压系数时（即 m 小于 m_{min}），则需要多次旋压。多次旋压都以底部直径相同的锥形过渡，在不同的芯模上进行，但应进行中间退火，如图 5-38 所示。

二、变薄旋压工艺

1. 变薄旋压工艺的特点

如图 5-39a 所示为锥形件的变薄旋压。毛坯被顶块压紧在芯模上，随旋压主轴一起旋转。旋轮沿一定轨迹移动与模具保持一定间隙，使得毛坯按芯模形状产生变薄加工所需的零件，其单位面积压力可达 2500～3000 MPa。

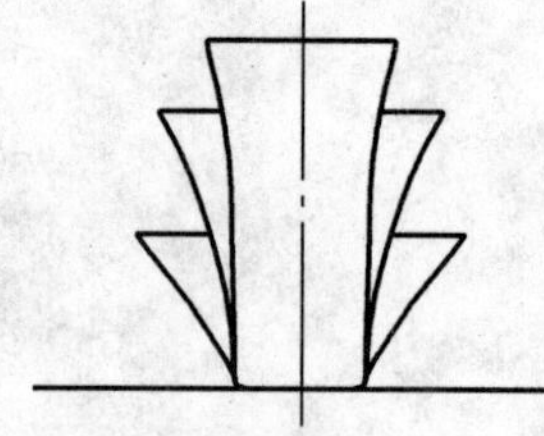

图 5-38　几道连续工序的旋压

变薄旋压在加工过程中，毛坯外径保持不变，因此没有凸缘起皱问题，也不受毛坯相对厚度的限制，可以一次旋压出相对深度较大的零件。变薄旋压一般需要专门的旋压机，要求功率大、刚度大并有精确的靠模机构。变薄旋压是局部变形，因此变形力较小。对于各种难加工的金属可以采用加热变薄旋压，且材料的高温性能能够得到一定的改善。

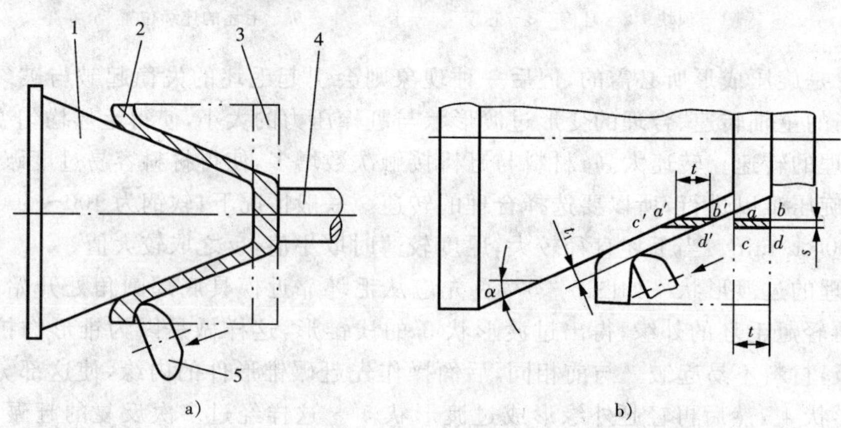

图 5-39　锥形件变薄旋压

1—芯模　2—制件　3—毛坯　4—顶块　5—旋轮

变薄旋压后，材料晶粒紧密细化，其强度、硬度等均有所提高，表面质量 R_a 可达 0.8～3.2 μm，尺寸精度可达到 IT8 左右，比普通旋压以及其他冲压方法要高。

如图 5-39b 所示是变薄旋压过程中毛坯的变形情况。试验证明，毛坯外径以及毛坯中任意点的径向位置在变形前后始终不变。变形前 ab 与 cd 的距离为 s，$ab=cd=t$，变形后 $a'b'$ 与 $c'd'$ 的距离仍为 s，且 $a'b'=c'd'=t$，所以在变薄旋压中，毛坯的厚度按正弦定则变化，其关系为

$$t_1=t\sin\alpha \tag{5-38}$$

式中：t_1——制件厚度(mm)；

t——毛坯厚度(mm)；

α——芯模半锥角(°)。

2. 变薄旋压成形极限

变薄旋压的变形程度用变薄率 ε 来表示，即

$$\varepsilon=\frac{t-t_1}{t}=1-\frac{t_1}{t}=1-\sin\alpha \tag{5-39}$$

由上式可知，芯模的半锥角α反应了变形程度的大小。α越小，则变形程度越大。材料变薄旋压时所允许的最大变形称为材料的极限变薄率，用极限半锥角α_{min}表示。一次变薄旋压的极限半锥角α_{min}值的实验数值见表 5-10。旋压最大总变薄率见表 5-11。

表 5-10 一次变薄旋压的极限半锥角 α_{min} 值

料厚 t/mm	允许的最小半锥角 α_{min}/(°)				
	LF21 软	LY12	1Cr18Ni9Ti	20	08F
1	15	17.5	20	17.5	15
2	12.5	15	15	15	12.5
3	10	15	15	15	12.5

表 5-11 旋压最大总变薄率(无中间退火) (%)

材 料	圆锥形	半球形	圆筒形
不锈钢	60～75	40～50	65～75
高合金钢	65～75	50	75～82
铝合金	50～75	30～50	70～75
钛合金	30～55		30～35

当制件的半锥角小于极限半锥角α_{min}时，制件需要进行多次旋压，且每两道工序间需要进行中间退火。

3. 变薄旋压件的毛坯尺寸计算

圆筒件的变薄旋压，由于圆筒形件的半锥角α为零，根据毛坯厚度关系$t_1 = t\sin\alpha$，其厚度为无穷大，所以平板毛坯加工不了圆筒件，只能采用壁厚较大，轴向长度较短，内径与制件相同的圆筒形毛坯进行成形，如图 5-40 所示。其毛坯尺寸按照体积相等原则计算。

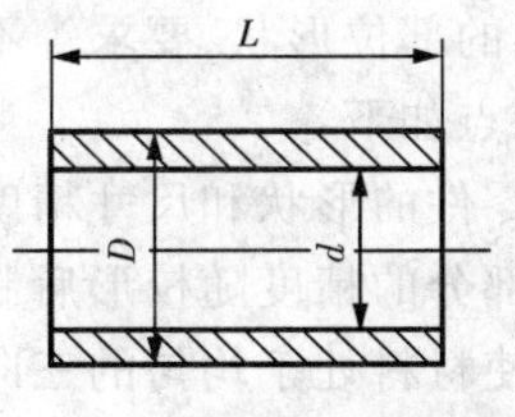

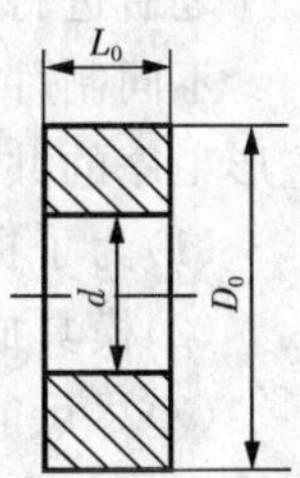

图 5-40 圆筒形毛坯件

抛物线形和半球形件的变薄旋压，其母线为曲线，母线上各点的半锥角数值呈现一定的变化规律。由平板毛坯获得的旋压件其厚度是变化的，而要获得等厚的工件，其毛坯应是不等厚的。如图 5-41 定性表达了这类制件壁厚与毛坯厚度的关系。

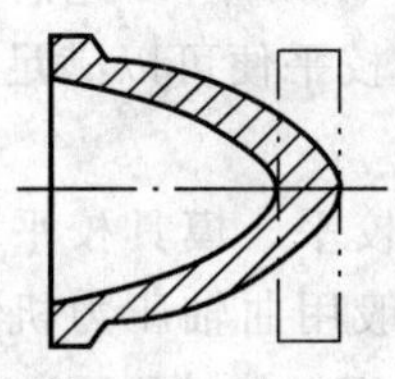

a)等厚毛坯，不等厚工件

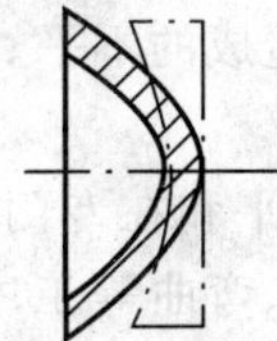

b)不等厚毛坯，等厚工件

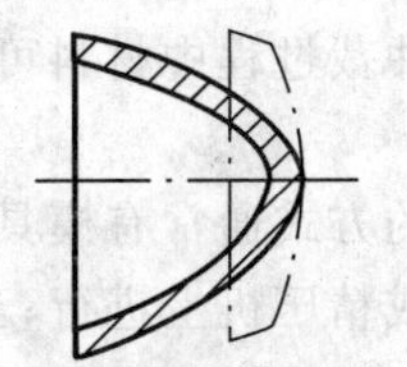

c)不等厚预成形毛坯，等厚工件

图 5-41 旋压的壁厚关系

不等厚毛坯，可以采用车削获得，也可采用预成形的方法。

对于半球形等厚件如图 5－41 所示，毛坯各处的厚度 t 可用下式计算：

$$t=t_1/\sin\alpha \tag{5-40}$$

$$r=R\cos\alpha \tag{5-41}$$

对于母线为抛物线形的等厚件，各处厚度 t 由下式计算：

$$t=t_1\sqrt{\frac{x}{\rho}+1} \tag{5-42}$$

式中：ρ——抛物线焦点到坐标原点的距离(mm)；

x——制件母线距 y 轴坐标值(mm)。

取不同的 x 值后，y 值按下式计算：

$$y=2\rho\sqrt{\frac{x}{\rho}} \tag{5-43}$$

第五节　校平与整形

校形通常指平板工序件的校平和空间形状工序件的整形。在制件的形状和尺寸非常接近成品时，为了提高制件的形状、尺寸精度使零件消除平面误差，这步工序叫做校平。而整形则是将弯曲、拉深及其他成形件整成正确的形状。校形工序大都是在冲裁、弯曲、拉深等工序之后进行的，它在冲压生产中具有相当重要的意义，而且应用也比较广泛。

不同制件校形的部位形状、要求等不同，校形的形式也不同。但无论何种形式，校平和整形工序的共同特点如下：

(1)为了提高零件的形状和尺寸精度，工件只产生较小的塑性变形。

(2)模具成形部分的精度随校形后制件精度的提高而相应地提高。

(3)尽可能地使材料处于均匀的三向压应力状态，减少卸载后制件的回弹，使制件的形状及尺寸稳定。

(4)校形是在曲柄压力机下止点进行的，因此，对设备的精度、刚度要求高，所用设备最好为精压机。若用普通压力机，需要防止设备损坏，因而要求机床应装有过载保护装置。

一、校平

校平是将不平整的制件放入模具内压平的工序。校平多用于冲裁件，以此消除板料的不平以及冲裁过程中材料可能产生穹弯造成的不平。冲裁后进行校平便可以满足零件的平面度要求。

校平的方式通常有模具校平、手工校平和在专门校平设备上校平。模具校平一般在摩擦压力机或精压机上进行；当校平与拉深、弯曲等工序复合时，一般用曲轴压力机或双动压力机；对于带料可以采用滚轮碾平；表面不允许有压痕的零件可采用加热校平。

1. 校平变形特点

校平的变形情况如图 5－42 所示，压力机位于下止点处，板料在上模板作用下处于三向

压应力状态从而产生反向弯曲而被压平。

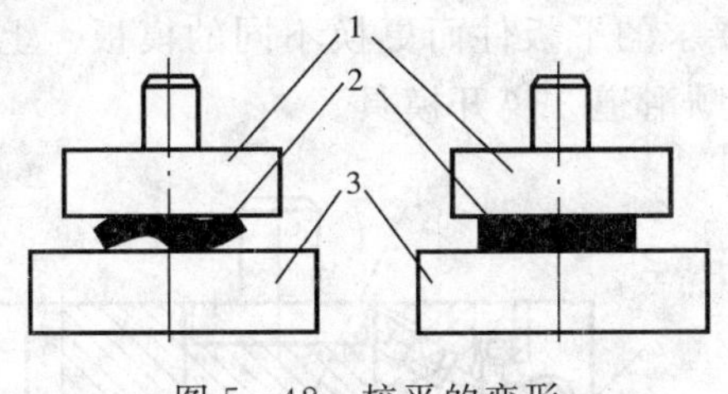

图 5-42　校平的变形

1—上模板　2—制件　3—下模板

2. 校平模

根据板料厚度及表面要求的不同，校平有光面模校平和齿形模校平两种形式。

光面模校平时，由于材料受到回弹的影响，尤其是对一些高强度材料的零件校平效果较差。为了使校平不受压力机滑块导向精度的影响，校平模最好采用浮动上模或浮动下模的结构（图 5-43）。在实际生产中有时将零件背靠背地（弯曲方向相反）叠起来校平，效果较好。光面校平模应用较多，主要校平软而薄的材料或表面不允许有压痕的零件。

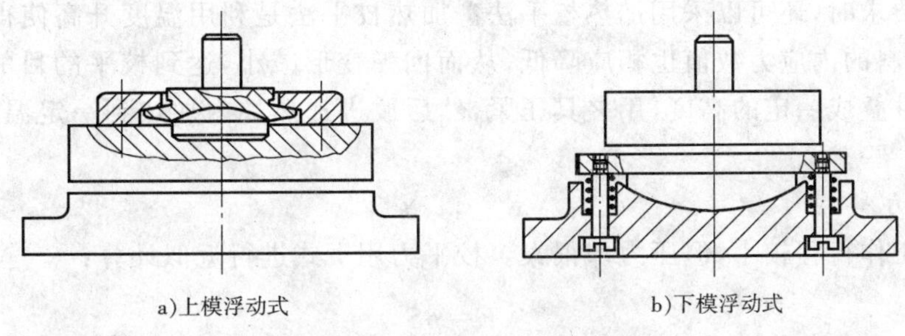

a)上模浮动式　b)下模浮动式

图 5-43　光面模校平

对于平直度要求较高、较硬的材料以及材料较厚的零件，通常采用齿形校平模校平。齿形模有尖齿和平齿两种，图 5-44a 为尖齿齿形。采用尖齿校平模时，模具的尖齿挤压进入材料表面层内一定的深度，使之形成很多塑性变形的小网点，改变了材料原有的应力状态，故能减少回弹，校平效果较好。但在校平零件的表面上留有较深的压痕，故它适用于表面允许留有齿痕的制件。图 5-44b 为平齿齿形，适用于料厚较小的铝、青铜、黄铜等表面不允许有齿痕的制件。无论是尖齿模或是平齿模，上齿与下齿都应互相交错。

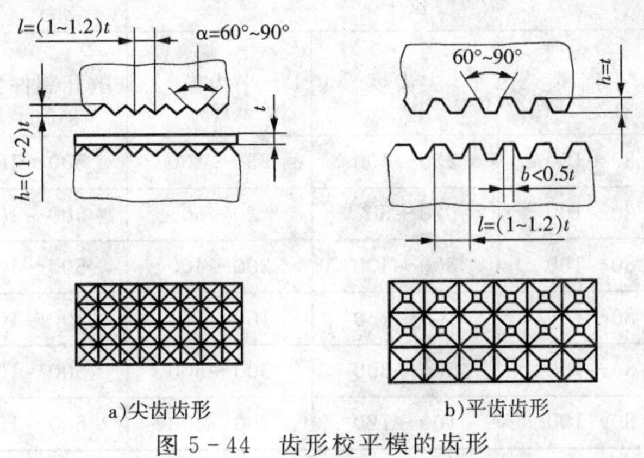

a)尖齿齿形　b)平齿齿形

图 5-44　齿形校平模的齿形

校平模结构比较简单,多采用通用结构。图 5-45 所示为带有自动弹出器的平板件校平模。它可根据校平不同要求的平板件而更换不同的模板。上模回程,自动弹出器 2 将平板件从下模板上弹出,随后顺滑道 3 离开模具。

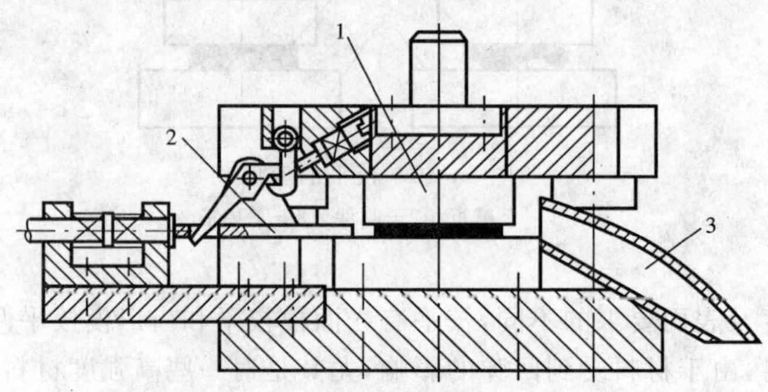

图 5-45　带自动弹出器的通用校平模

1—上校平模　2—自动弹出器　3—制件滑道

除上述校平方法外,当零件的表面不允许有压痕,或零件的尺寸较大,而又要求具有较高的平直度要求时,还可以采用加热校平法。加热校平法是利用温度升高使得材料的屈服强度降低,材料的内应力数值也相应降低,从而回弹变形减小,达到校平的目的。首先将需要校平的零件叠成一定的高度,用夹具压紧,然后放进加热炉内加热到一定温度,最后进行校平。

3. 校平力

校平的工作行程较小,但压力却很大。校平力用下式进行近似计算:

$$F = pS \tag{5-44}$$

式中:p——单位面积上的校平压力(MPa),见表 5-12;

S——校平面积(mm^2)。

校平力 F 的大小与制件的材料厚度、材料性能、校平模齿形等有关,如其他条件相同时,厚板比薄板所需的校平力要大。因此在确定校平力时应对表 5-12 中的值做适当的调整。

表 5-12　单位面积校平与整形压力　(MPa)

材　料	校平			光模整形	
	平面模	尖齿模	平齿模	敞开制件整形	底面、侧面减小圆角半径
软钢	80～100	250～400	250～400	500～100	150～200
软铝	80～100	20～50	20～50	500～100	150～200
硬铝	80～100	300～400	300～400	500～100	150～200
软黄铜	80～100	100～150	100～150	500～100	150～200
硬黄铜	80～100	500～600	500～600	500～100	150～200
一般材料	80～100	100～120	200～300	500～100	150～200

二、弯曲、拉深件的整形

空间形状制件的整形是指在弯曲、拉深或其他成形工序之后对工序件进行形状和尺寸修整的校形。可能制件的某些形状及尺寸等精度还没有完全达到图纸要求，这时便可以借助于整形模使工序件产生局部的塑性变形来完成整形。整形模和工序件的成形模大致相似，只是模具对工作部分的精度及粗糙度要求更高，凸、凹模间隙和圆角半径较小。由于零件的形状和精度要求各不相同，冲压生产中所用的整形方法有多种形式，下面主要介绍弯曲和拉深件的整形。

1．弯曲件的整形

(1)压校　压校以提高折弯后零件的角度精度，同时对弯曲件两臂的平面也有校平作用，如图 5－46a 所示。压校时材料沿长度方向无约束，整形区的变形特点类似于其弯曲时，材料内部应力状态的性质变化不大，所以效果也不显著。压校特别适用于折弯件和对称弯曲件的整形。

压校 V 形件时，应注意两个侧面的水平分力大致平衡，对于对称的弯曲件来说容易做到，而不对称的弯曲件则应注意弯曲件在模具中的位置。压校 U 形件时，模具间隙应取的偏小，使制件在强挤压状态下获得较高的尺寸精度。

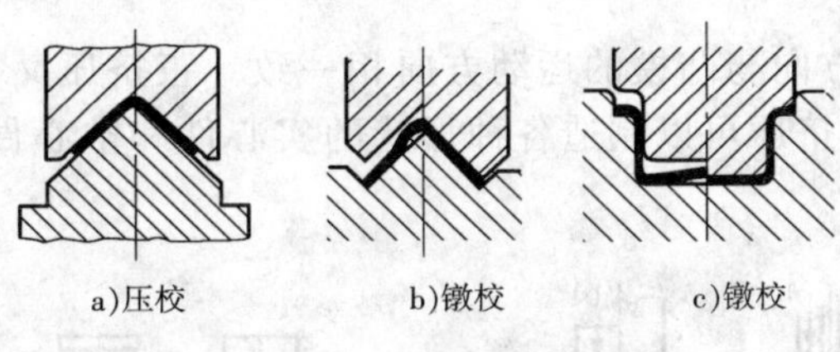

图 5－46　弯曲件的整形

(2)镦校　镦校是目前常采用的一种整形方法，如图 5－46b、c 所示，其所得到的制件尺寸精度较高。制件除了在模具内受到了垂直方向上的压应力，且在长度方向上也受到了压应力，形成了三向压应力状态，达到了较好的整形效果。但是，对于带有孔或是宽度不等的弯曲件，镦校方法受到了限制，因为该方法可能造成孔的变形及宽度变形的不一致。

2．拉深件的整形

(1)拉深件筒壁、凸缘平面和底平面的整形　对于拉深件的筒壁通常采用负间隙拉深整形法，其 Z 一般取 $(0.9\sim0.95)t$。这种整形也可以与最后一道拉深工序结合在一起进行。

凸缘平面与底平面通常是利用模具自身结构(如图 5－47 中的推件块和压料圈等)来进行校平。

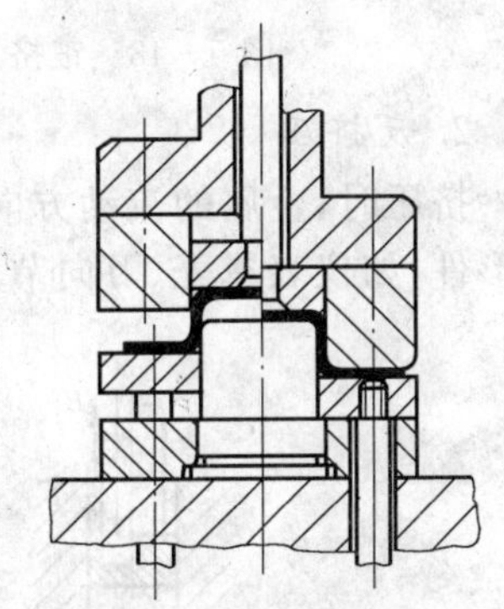

图 5－47　带凸缘拉深件整形

(2)拉深件圆角　整形时由于工序件圆角半径变小，要求从邻近区域补充材料，如果邻近不能流动过来(例如凸缘直径大于筒壁直径的 2.5 倍时，凸缘的外径已不可能产生收缩变形)，则只有靠变形区本身的材料变薄来实现。这时，变形部位材料的伸长变形以 2%～5%左右为宜，变形过大则工件会破裂。

3. 整形力

$$F=pS \tag{5-45}$$

式中：p——单位面积上的整形力(MPa)，见表 5-12；

S——整形面积(mm^2)。

第六节 冷挤压

一、冷挤压工艺的分类

冷挤压是精密塑性体积成形技术中的一个重要组成部分。冷挤压是指在常温下将金属毛坯放入模具模腔内，在强大的压力和一定的速度作用下，迫使金属从凸、凹模间隙中挤出，从而获得一定形状、尺寸以及力学性能的挤压件。冷挤压加工是靠模具来控制金属流动，靠金属体积的大量转移来成形零件的。

根据挤压时金属流动方向与凸模运动方向之间的关系，常用的挤压方法可以分为以下几类：

1. 正挤压

挤压时，金属的流动方向与凸模的运动方向相一致。正挤压又分为实心件正挤压和空心件正挤压两种。通过正挤压可以制造各种形状的实心件和空心件，如螺钉、心轴、管子和弹壳等。

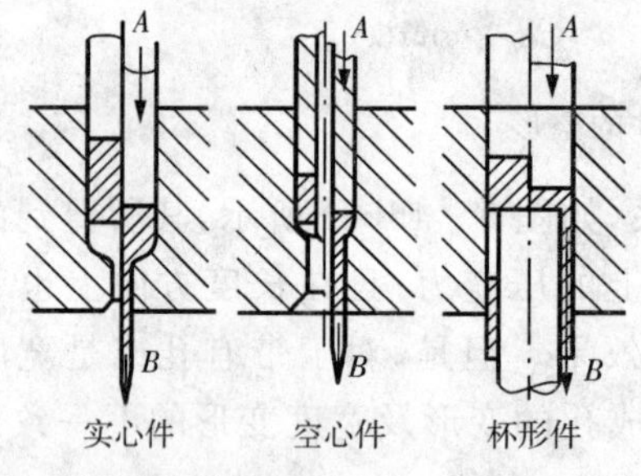

图 5-48　正挤压变形简图

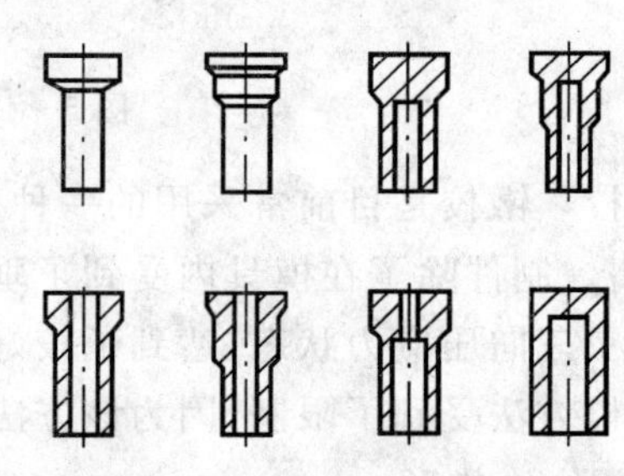

图 5-49　正挤压件示例

2. 反挤压

挤压时，金属的流动方向与凸模的运动方向相反，通过反挤压可以制造各种断面形状的杯形件，如仪表罩壳、万向节轴承套等。

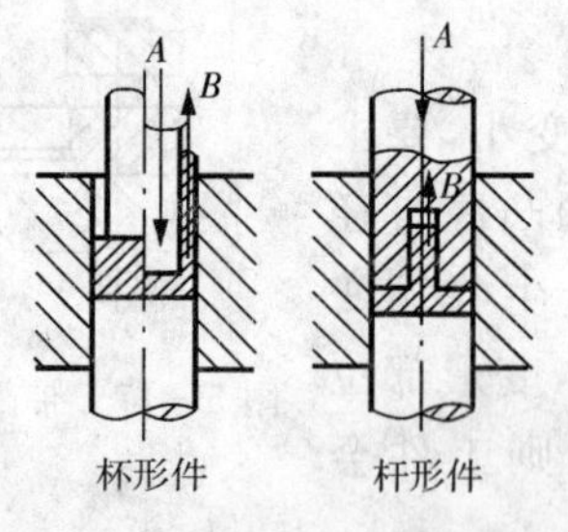

图 5-50　反挤压变形简图

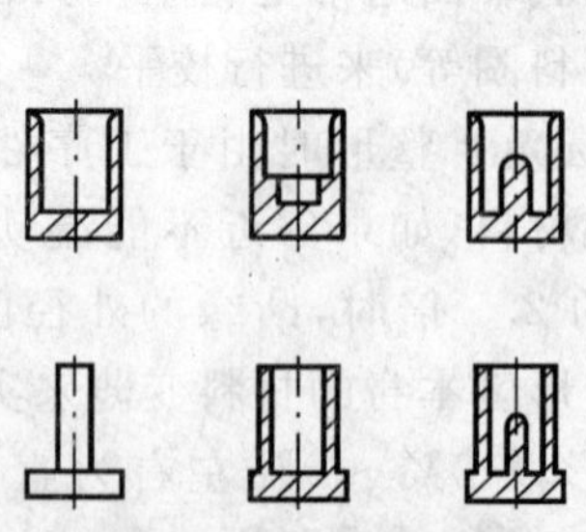

图 5-51　反挤压件示例

3. 复合挤压

挤压时，毛坯一部分金属流动方向与凸模的运动方向相同，而另一部分金属流动方向则与凸模的运动方向相反，通过复合挤压可以制造杯类零件，也可以制造杯杆类零件。

以上三种挤压方式，金属的流动方向都是与凸模的流动方向平行的，所以统称为轴向挤压。

4. 径向挤压

挤压时，金属流动的方向与凸模运动方向垂直。

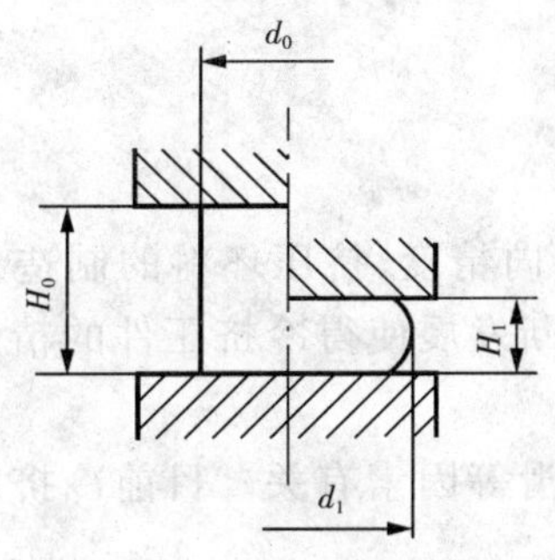

图 5-52　径向挤压变形简图

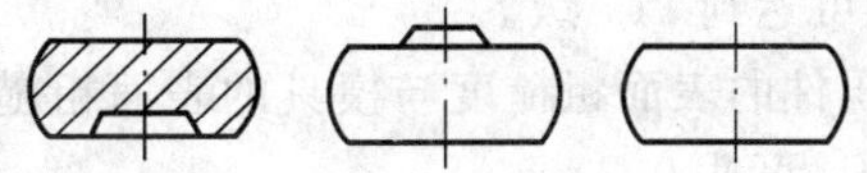

图 5-53　径向挤压件示例

以上轴向挤压与径向挤压联合的加工方法称为镦挤法。

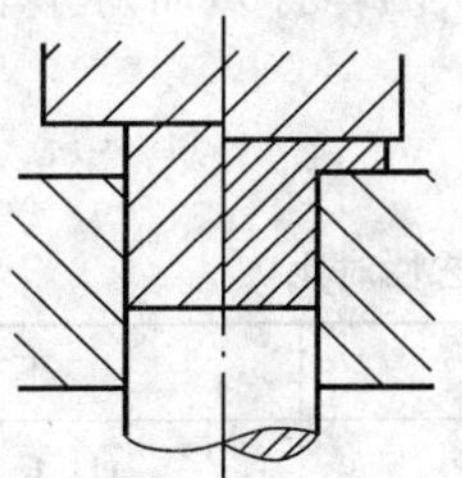

图 5-54　镦挤法变形简图

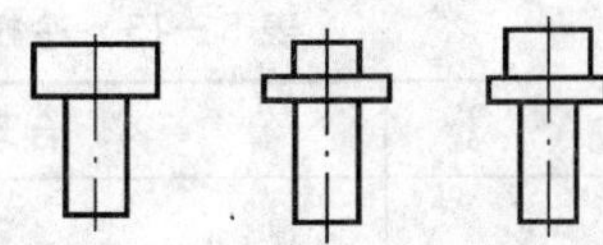

图 5-55　镦挤法挤压件示例

二、冷挤压的特点及应用

目前，冷挤压技术已在机械、仪表、轻工、宇航、船舶、军工等工业部门中得到较为广泛的应用。随着科技的进步和汽车、家用电器等行业对产品技术要求的不断提高，冷挤压生产工艺技术已逐渐成为中小锻件精化生产的发展方向。与其他加工工艺相比冷挤压有如下优点：

1. 制件可以获得良好的表面粗糙度和尺寸精度

零件的精度可达 IT7～IT8 级，表面粗糙度可达 R_a1.6～0.2 μm。因此，用冷挤压加工的零件一般很少再切削加工，只需在要求特别高之处进行精磨。

2. 提高劳动生产率

用冷挤压工艺代替切削加工制造零件，能使生产率提高几倍、几十倍、甚至上百倍。

3. 节约原材料

冷挤压是利用金属的塑性变形来制成所需形状的零件，属于少切削或无切削加工，其材料利用率一般可达到 70%～95%。

4. 提高零件的力学性能

冷挤压后金属产生加工硬化，零件内部组织致密，形成合理的纤维流线分布，使零件的强度高、刚度好，表面硬度较高，耐磨性较好。

5. 可加工形状复杂的零件

如异形截面、复杂内腔、内齿及表面看不见的内槽等。

6. 降低零件成本

与传统机械加工相比，冷挤压具有节约原材料、提高生产率、减少零件的加工工序，从而使零件成本大大降低等优点。

三、冷挤压件的工艺性

1. 冷挤压件的尺寸精度与表面粗糙度

冷挤压件的表面精度受模具精度、压力机刚度及导向精度、挤压坯料的制造及表面处理、挤压工艺方案等因素的影响较大。冷挤压技术的不断发展使得冷挤压件的精度得到了提高，一般可达到IT7级。

冷挤压件的表面粗糙度与模具的表面粗糙度值、润滑等因素有关。目前冷挤压件的表面粗糙度 R_a 可达 0.2 μm。

2. 冷挤压件的结构工艺性

根据冷挤压时金属的变形特点，最适宜于冷挤压的零件形状是轴对称旋转体零件，其次是轴对称非旋转体零件（如方形、矩形、齿形等截面形状的零件），而对于非轴对称零件的挤压成形较困难。

冷挤压件的结构工艺性对比情况见表 5－13。

表 5－13　冷挤压件结构工艺性对比

设计要点	合理形状	不合理形状
(1)零件形状尽量设计成对称形状 (2)与加压方向垂直的断面尽量取圆形	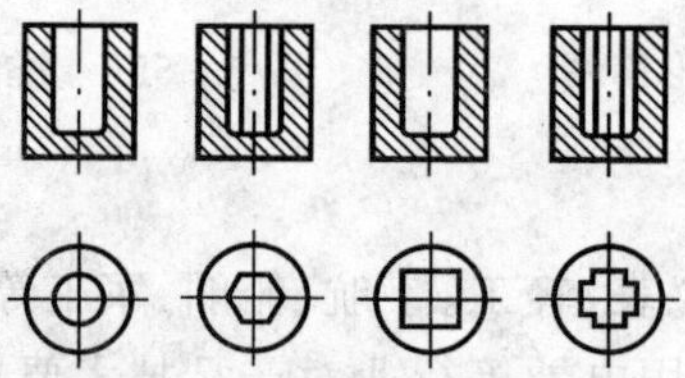	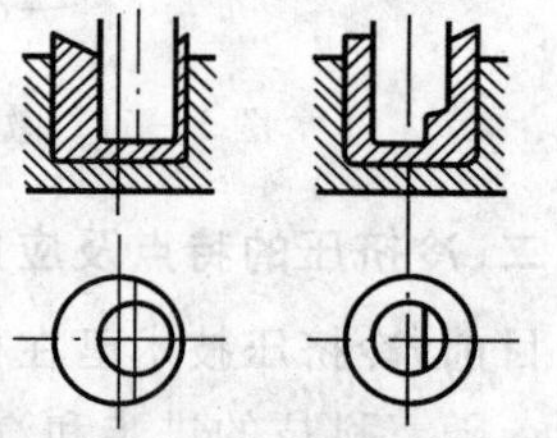 a)偏心孔　b)局部形状偏心
(3)只有一个凹穴时，必须布置在制件的对称中心	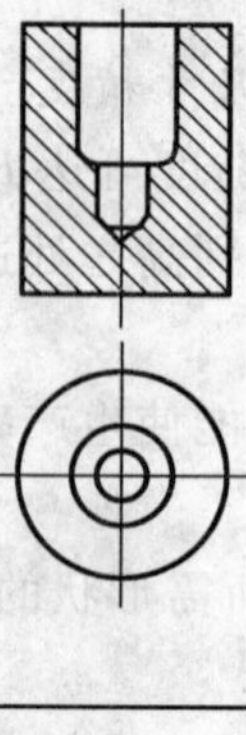	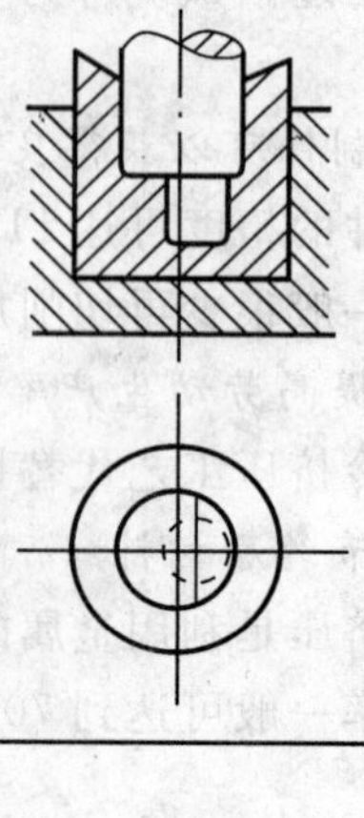

（续表）

设计要点	合理形状	不合理形状
(4)非对称形状挤压件，设计时按对称形状考虑，挤压后将多余部分切除		
(5)不允许有加强筋和材料局部聚集，可在挤压后焊接		
(6)挤压件上避免带有锥形		
(7)极小孔在挤压后切削加工		
(8)尽量不采用通孔		
(9)与挤压方向垂直的孔、内螺纹及外螺纹、径向凹槽、拐角处退刀槽等结构不能挤压成形		
(10)避免直角平台转折和断面急剧变化，零件内、外表面相连及转角处应为圆角，断面过渡处附加微小的锥度		

（续表）

设计要点	合理形状	不合理形状
(11)尽量简化挤压件的形状，台阶尺寸相差不大时，应将阶梯形状改为直壁筒形		

四、冷挤压模具典型结构

冷挤压模具的结构形式很多，按冷挤压方式有正挤压模、反挤压模、复合挤压模以及其他冷挤压模；按通用性有专用冷挤压模和通用冷挤压模；按调整的可能性有可调式冷挤压模和不可调冷挤压模。为适应冷挤压金属成形的需要和降低模具制造的成本，往往采用可调式和通用式冷挤压模。

图 5－56 所示为挤压带凸缘的纯铝零件的正挤压模，其主要特点如下：

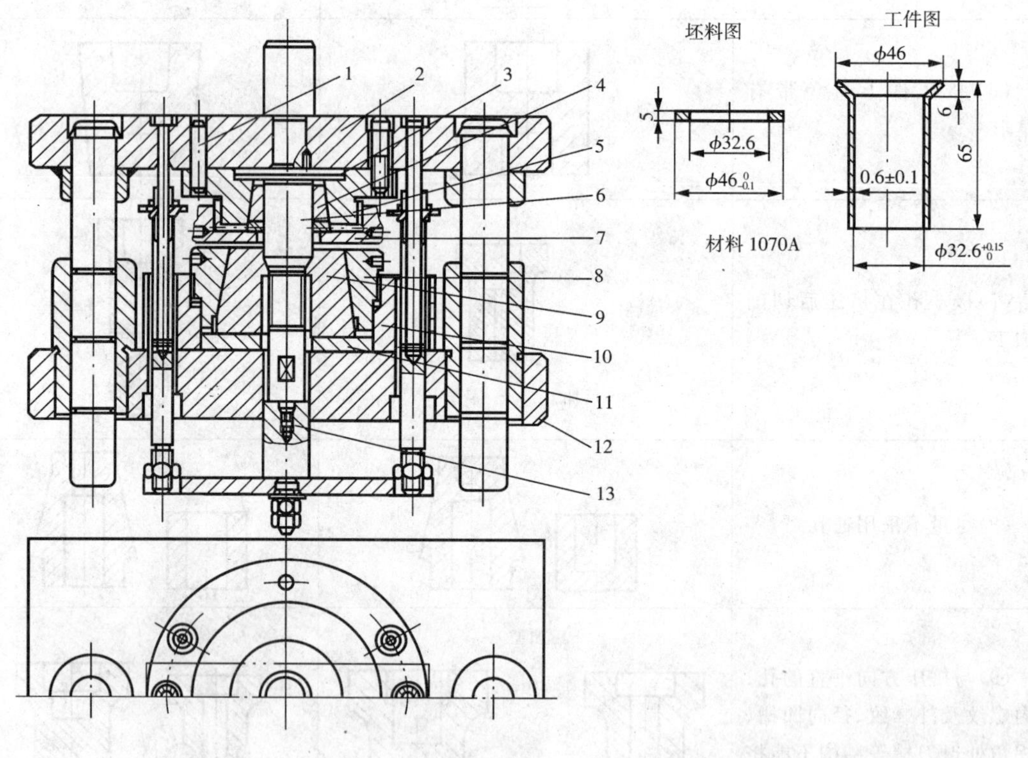

图 5－56　正挤压模具

1—定位销　2—上模座　3—垫板　4—弹性夹头　5—凸模固定板　6—凸模　7、8—紧固圈　9—凹模　10—凹模固定板　11—垫板　12—下模座　13—顶杆

(1)采用通用模架，通过更换凸、凹模可挤压不同的冷挤压件。通过弹性夹头 4、凸模固定圈 5 和紧固圈 7 将凸模 6 固定；通过凹模固定圈 10 和紧固圈 8 将凹模 9 固定，凹模固定圈与紧固圈按照间隙配合(H6/h5)。

(2)以导柱、导套进行导向，导柱固定在上模，增加导柱长度。导柱导套按照间隙配合(H6/h5)。

(3)挤压结束,工件留在凹模内,通过拉杆式顶出装置顶杆 13 将其顶出,顶件机构顶件工作稳定可靠。

(4)上、下模座材料为中碳钢,凸、凹模材料采用较厚的淬硬垫板支承。

图 5－57 所示为挤压黑色金属空心件的反挤压模具,其主要特点如下:

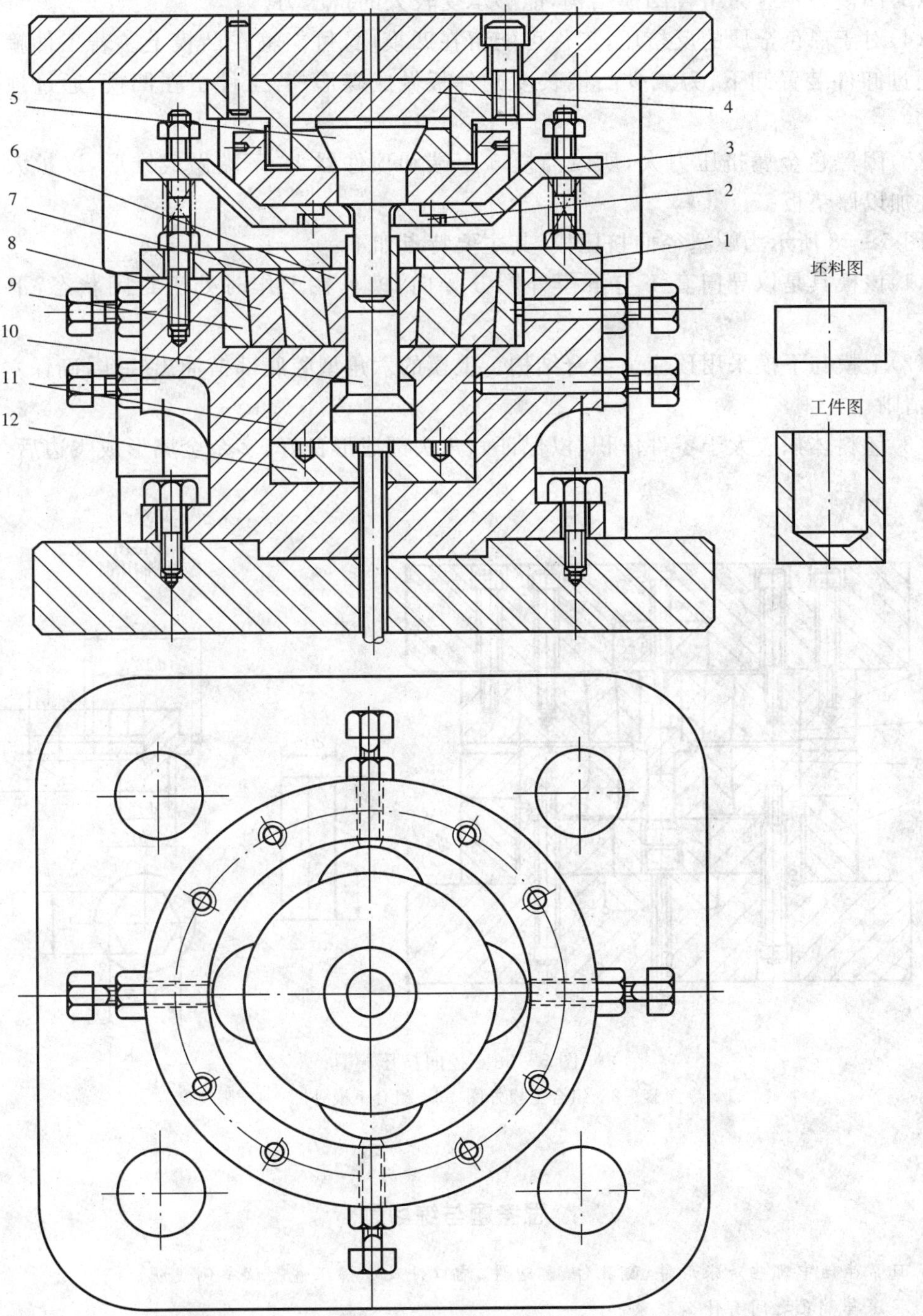

图 5－57　反挤压模具

1－压板　2－卸料器　3－卸件板　4－垫板　5－凸模　6－凹模　7－组合凹模中圈　8－组合凹模外圈　9－月牙形板　10－顶件器　11－垫块　12－垫板

(1)采用通用模架,通过更换凸模、组合凹模等零件,可以进行各类不同的挤压,如正挤压、复合挤压等。

(2)通过月牙形板 9 与螺钉可以调整凹模的位置,从而保证凸、凹模的同轴度。另外,通过月牙形板和压板 1 可以将凹模压紧定位,防止挤压过程中凹模发生位移。

(3)凹模为预应力组合凹模结构,能够承受较大的挤压力。

(4)对于黑色金属的反挤压,工件可能留在凹模内,可能箍在凸模上。若工件箍在凸模上,通过卸件装置卸下,为减少凸模长度卸件板做成碟形;若工件留在凹模,通过顶件装置顶出。

(5)因黑色金属挤压力大,所以凸模 5 上端和顶件器 10 下端做成锥形,以扩大支承面积,并加以厚垫板。

图 5-58 所示为螺塞径向挤压模,其主要特点如下:

(1)该模具是以导向套 1 与下模外圈 3 导向,模具在工作时处于封闭状态,下设限位套 4。

(2)上模与下模采用预应力组合结构。上模的六角型腔底部揩油出气孔,确保六角头部轮廓清晰。

(3)坯料体积应大于零件体积,以保证六角头部成形良好,多余金属形成飞边后,冷镦后切除。

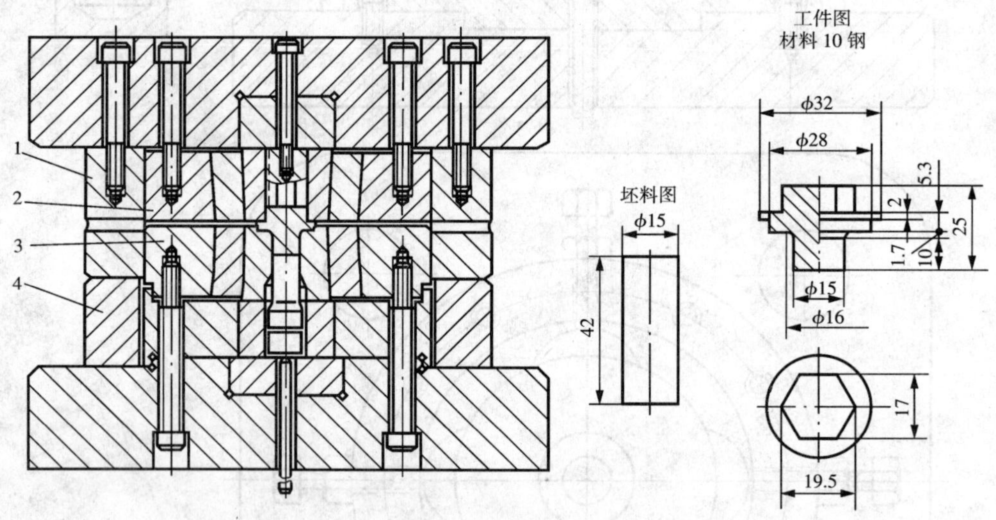

图 5-58 径向挤压模具

1—导向套 2—组合上模外圈 3—组合下模外圈 4—限位套

思考题与练习题

1. 日常生活中哪些是胀形件、翻孔件、翻边件、缩口件及冷挤压件?试举例说明。
2. 拉深与翻孔之间有什么联系?
3. 什么情况下工件需要校平与整形?
4. 试分析如图 5-59 所示零件的冲压工艺方案,进行相关的工艺计算。

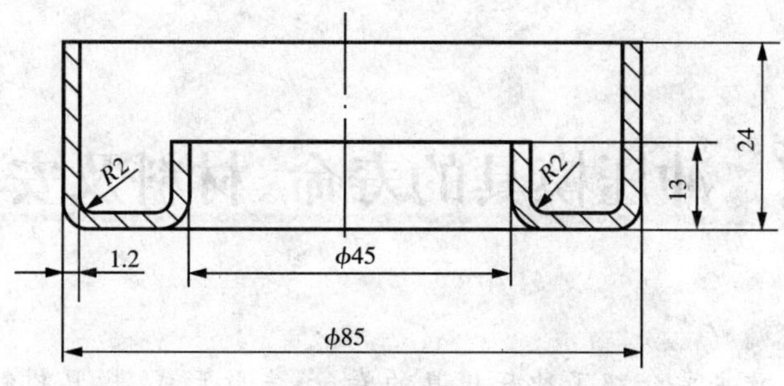

图 5-59

5. 判断如图 5-60 所示的零件能否一次成形，并设计其模具结构。

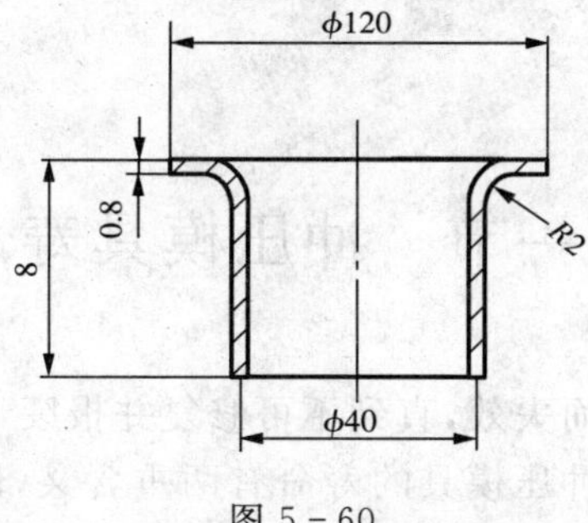

图 5-60

第六章　冲压模具的寿命、材料及安全措施

【内容提要】　本章主要介绍了冲压模具的寿命、失效形式、模具材料以及在设计与生产过程中牵涉到的安全防护措施等知识。

【目标要求】　了解冲压模具寿命的概念、模具材料的正确选用方法、模具材料的热处理常识及在生产过程中的安全知识。

第一节　冲压模具寿命

模具因为磨损或其他形式而失效，直到不可修复并报废，在这之前所加工的冲压件数称为模具的寿命（即使用寿命）。冲压模具的寿命有两重含义，即模具在两次刃磨之间所冲工件数量称为刃磨寿命，模具从开始使用到不能修复时所加工冲压件的总数称为模具的总寿命。模具因某种原因而损坏，致使不能再修复，则损坏前所冲的工件总数称为损坏寿命。

一、冲模的工作条件及失效形式

每一副冲模都是由许多零件组成的，其中对模具的质量和寿命起决定作用的是工作零件。模具在使用过程中以何种形式失效，取决于多种因素，而首要的外界因素是模具的工作条件。

各种冲模的工作都是在常温下对被加工材料施加压力，使其产生分离或变形，从而获得一定形状、尺寸和性能要求的冲件。但不同种类的冲模，其具体的工作条件有所不同，它们的主要失效形式也各不相同。下面就以冲模中较典型的冲裁模、拉深模和冷挤压模为例来分析其工作条件及失效形式。

1. 冲裁模的工作条件及主要失效形式

(1)冲裁模的工作条件　冲裁模具主要用于各种板料的冲切。从冲裁的工艺分析中我们已经得知，板料的冲裁过程可以分为3个阶段，即弹性变形阶段、塑性变形阶段和断裂分离阶段。在板料的弹性变形阶段，凸模端面的中央部位与板料脱离接触，压力主要集中于刃口附近的狭小区域，使刃口上的单位面积压力增大。在板料的塑性变形和断裂分离阶段，凸模切入板料，板料挤入凹模内，使模具刃口的端面和侧面产生挤压和摩擦。模具刃口受力的大小与板料的厚度和硬度有关。凸模的压力通常大于凹模，尤其在厚板上冲裁小孔时，凸模所受的单位压力很大。设凸模工作部分的直径为 d，板料厚度为 t，则比值 d/t 越小，凸模受力越大，模具寿命就越低。

(2)冲裁模的主要失效形式　模具刃口所受作用力的大小和板料的力学性能、厚度等因素有关。考虑到板料厚度对模具冲裁负荷的影响，通常可以将冲裁按板料的厚度分为薄板

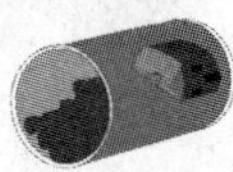

冲裁（$t \leqslant 1.5$ mm）和厚板冲裁（$t > 1.5$ mm）。对于薄板冲裁模，由于模具受到的冲击载荷不大，在正常的使用过程中，模具因摩擦产生的刃口磨损是主要的失效形式。从磨损的机理上看，主要为黏着磨损，同时也伴随着磨粒磨损，使用时间过长时会产生疲劳磨损。由于凸、凹模的刃口处于端面压应力和侧面压应力的交汇处，同时也处在端面摩擦力和侧面摩擦力的交汇处，因此凸、凹模刃口的工作状况较为恶劣，磨损较严重。其中，凸模的受力最大，在一次冲裁过程中经受两次摩擦（冲入和退出各一次），因而凸模的磨损最快。磨损将使刃口变钝，棱角变圆，甚至产生表面脱落，从而使冲裁件毛刺增大，尺寸超差。凸、凹模磨损后，必须对其刃口进行修磨才能继续使用。冲裁模的磨损过程可分为初期磨损、正常磨损和急剧磨损3个阶段。对应于这3个阶段，刃口的损伤过程如图6－1所示。

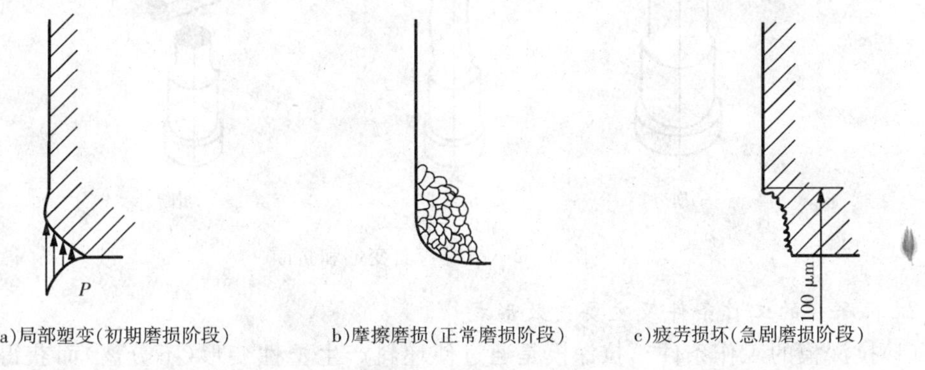

图6－1　冲裁时刃口的损伤过程

① 初期磨损阶段。模具刃口与板料相碰时接触面积很小，刃口所承受的单位压力很大，造成了刃口端面的塑性变形，一般称为塌陷磨损。其磨损速度较快，如图6－1a所示。

② 正常磨损阶段。当初期磨损达到一定程度后，刃口部位承受的单位压力逐渐减小，同时刃口的表面因应力集中而产生应变硬化，如图6－1b所示。这时，刃口和被加工坯料之间的摩擦磨损成为主要的磨损形式，磨损进展较缓慢，并进入长期稳定的正常磨损阶段，该阶段时间越长，说明其耐磨性能越好。

③ 急剧磨损阶段。刃口经长期工作以后，经受了频繁冲压会产生疲劳磨损，表面出现了损坏剥落，如图6－1c所示。此时进入了急剧磨损阶段，磨损加剧，刃口呈现疲劳破坏，模具已无法正常工作。模具使用时，必须控制在正常磨损阶段以内，当出现急剧磨损时，要立即刃磨修复。随着刃口的磨损，工件的毛刺高度会不断增加，因此在实际生产中，可以通过观测毛刺高度的大小来推断模具刃口的磨损量，在冲裁件达到质量允许的毛刺极限值时即进行刃磨修复。从磨损机理上分析，凸、凹模的磨损主要是黏着磨损和磨粒磨损。黏着磨损是模具刃口在与板料的相对摩擦运动过程中，由于高压产生了局部的相互黏着和咬合现象，当接触面相对滑动时，黏着部分便发生剪切引起磨损。磨粒磨损是指模具工作时表面剥落的碎屑嵌入工作部件的表面，成为磨料，使其逐渐磨损的过程。冲裁硬度较高的金属材料（如高碳钢和硅钢）时，因材料的硬粒或碳化物剥离而产生磨粒磨损。当冲压高韧性材料（如奥氏体不锈钢）时，易产生黏着磨损。一般情况下，凸模的磨损要快于凹模，这是因为凸模刃口处的受力面积小于凹模，在同一冲裁力的作用下，凸模刃口处单位面积承受的压应力要比凹模刃口处更大一些。同时，在每一次冲裁过程中，凸模都要切入并退出板料，前后要经历

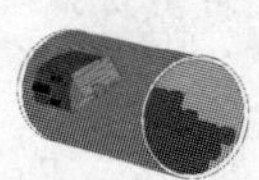

两次摩擦，而凹模和板料的分离部分仅发生一次摩擦。另外，凹模的淬火硬度通常高于凸模。这一切使得凸模的磨损要比凹模更快。此外，凸模退出板料时，需要有一定的卸料力将板料从凸模上卸下，卸料力与作用在凸模上的其他压应力不同，是唯一的拉应力，从而使凸模在反复拉、压应力的作用下产生疲劳磨损，这也是导致凸模崩刃的原因之一。对于厚板冲裁模，由于凸、凹模受到的作用力增大，在过大应力的作用下，不仅会产生磨损，而且可能造成刃口变形和疲劳崩刃等现象。当冲裁凸模较细长时，还会引起弯曲变形或折断，如图 6-2 所示。

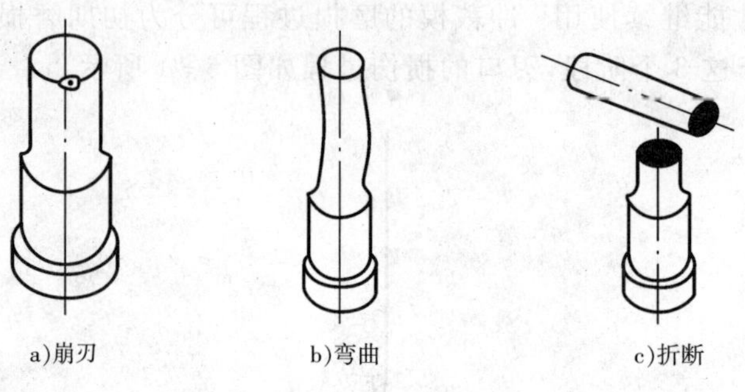

图 6-2　凸模弯曲变形和折断

2. 拉深模的工作条件及主要失效形式

(1)拉深模的工作条件　拉深模是通过使坯料产生塑性变形(不分离)而获得各种开口空心件的冲模，是塑性变形工序所用冲模的典型代表。拉深过程中模具的受力状态如图 6-3 所示。拉深时凸模下压板料毛坯，拉深力通过凸模的底部和凸模的圆角部位传递给毛坯，板料毛坯的外缘部分通过凹模端面与压边圈之间被拉入凸模与凹模之间的间隙中。在拉深力 F_P、压边力 F_Q 以及毛坯与模具工作部件相对运动产生的动摩擦力的作用下，凸模圆角半径处受到压力 F_{P1} 和摩擦力 F_1，凹模圆角半径处受到压力 F_{P2} 及摩擦力 F_2，凹模端面部位受到压力 F_{P3} 和摩擦力 F_3，压边圈与板料相接触的部位则受到压力 F_{P4} 和摩擦力 F_4 的作用。在拉深的开始阶段，凸模圆角半径处的板料被弯曲拉伸并作相对运动，摩擦力 F_1 使凸模的圆角半径受到磨损。随着拉深的继续进行，已变形的板料将紧贴凸模圆角半径部位并开始产生应变硬化，这时相对运动大大减弱，摩擦力变小。但是在整个拉深过程中，凹模圆角半径处、凹模端面以及压边圈的相应部位始终与板料作相对运动，并产生剧烈摩擦，压应力和摩擦力都很大，因此凹模与压边圈的磨损现象始终存在。

(2)拉深模的主要失效形式　由于拉深模具的工作部件没有刃口，受力面积大，同时凸、凹模的间隙一般比板材厚度大，模具工作时无严重的冲击力，工作时不易出现偏载，因此，拉深模不易出现塑性变形和断裂失效。但是工作时板料与凹模和压边圈产生相对运动，存在着很大的摩擦，致使拉深模具的主要失效形式为黏着磨损和磨粒磨损，并以黏着磨损为主，这也是拉深过程中常出现的问题和模具失效的重要原因。黏着磨损的部位发生在凸模、凹模的圆角半径处，以及凹模和压边圈的端面，其中以凹模和压边圈的端面黏着磨损最为严重。模具与工件表面产生黏着磨损后，脱落的材料碎屑会成为磨粒，从而伴生出磨粒磨损。磨粒磨损将使模具的表面更为粗糙，进而又加重黏着磨损。

从显微方面来观察，模具和坯料的表面都是凹凸不平的，但是由于模具表面的硬度高于坯料，相互挤压摩擦时会将坯料表面刮下的碎粒压入模具表面的凹坑。在拉深过程中，坯料

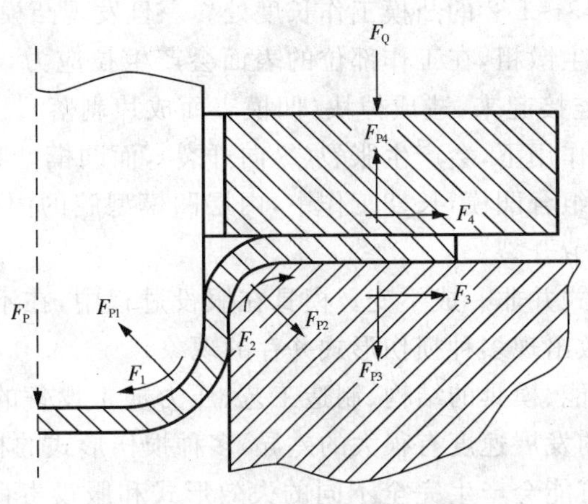

图 6-3 拉深时模具受力状态

的塑性变形以及坯料和模具工作部件表面的摩擦会产生出热能。特别是在某些塑性变形严重和摩擦剧烈的局部区域,所产生的热能造成了高温,破坏了模具和坯料表面的氧化膜和润滑膜,这会使金属表面裸露,促使材料分子之间相互吸引,并使模具表面凹坑里的坯料碎屑熔化,从而和模具表面焊合,形成坚硬的小瘤,即黏着瘤。这些坚硬的小瘤,会使拉深件的表面粗糙度变大,严重时将在产品的表面刻划出刻痕,擦伤工件,并且加速模具的不均匀磨损,这种失效形式称为黏模。此时,需对模具进行修磨,除去黏附的金属。拉深模的重要问题就在于如何防止黏着的金属小瘤。在拉深工作中,出现拉深黏模的问题与被拉深坯料的化学成分、所使用的润滑剂及模具工作部件的表面状况等因素有关。镍基合金、奥氏体不锈钢、坡莫合金和精密合金等材料在拉深时极易发生黏模。为保证产品的质量,拉深模的工作部件表面不允许出现磨损痕迹,因此必须具有较低的表面粗糙度和较高的耐磨性。

3. 冷挤压模的工作条件及主要失效形式

(1)冷挤压模的工作条件　冷挤压模具工作时,将大截面的坯料挤压为小截面的工件,坯料受到强烈的三向压应力作用,从而发生剧烈的塑性流动,由于被挤压材料的变形抗力较高,如钢的冷挤压,其变形抗力高达 1960 MPa 以上,使模具承受强大的挤压反作用力和摩擦力。产生的摩擦功和变形功将会转化成热能,使模具表面升温达 300℃左右(局部可达 300℃以上)。此外,每一次挤压过程都是在很短的瞬间完成的,从而使模具在工作时温度升高,不工作时温度又下降,也就是说模具还承受着冷热交变温度和多次冲击负载的作用。如此严酷的工作条件,使得冷挤压模具的使用寿命比其他模具要低。

(2)冷挤压模的主要失效形式　冷挤压模具的凸、凹模由于受力状况有所不同,所以失效形式有所差异,一般凸模易于折断,凹模易于胀裂。冷挤压凸模的失效形式主要有折断、磨损、镦粗、疲劳断裂和纵向开裂等。冷挤压凹模的失效形式主要有胀裂和磨损等。冷挤压模具的磨损主要是磨粒磨损和黏着磨损,磨损主要发生在凸模的工作端部和凹模的内壁。模具表面温度的升高可能会使模具材料的表层软化,从而加速磨损失效的过程。冷挤压时,凸模可能在弯曲应力或应力集中的作用下折断,或因脱模时的拉应力而拉断。凸模的肩部由于承受很高的压应力和摩擦力,易产生麻点和磨损,从而成为导致凸模折断的疲劳源。若凸模选材或热处理不当,在压应力和弯曲应力的作用下,将产生纵向弯曲或镦粗。镦粗一般发生在距工作端部约1/3～1/2的凸模工作长度处。一旦发现凸模镦粗，应立即修磨。如果凸模因抗压强度不够发生镦粗，在工作部位的表面会产生拉应力，从而引起表面纵裂，若继续挤压，裂纹将扩展并连接起来，造成掉块（凹模表面成片剥落）。若凹模的抗拉强度不够，挤压时在切向拉应力的作用下，会产生胀裂（纵向开裂），而凹模型腔变化的部位会发生横向开裂。如果采用预应力组合凹模，长期工作中，内层凹模型腔的内壁会因拉、压交变循环的切向应力作用而产生疲劳开裂。

任何模具的失效形式并非一成不变。模具在服役过程中，在不同的部位会承受不同形式的作用力，这可能导致出现多种损伤形式并存的现象。

由于模具材料的性能、模具的结构、制造工艺、压力加工设备的特性和加工操作方法等的不同，各种损伤形式的发展速度有很大的差异，多种损伤形式的相互促进会加速模具的失效。因此，同样的模具可能会产生完全不同的失效形式和服役寿命。对模具进行失效分析时，不仅要查明其失效形式、失效原因及影响因素，还应当了解其他可能导致损伤的原因及影响因素，掌握全面的情况。在克服某一种失效形式时，还要防止其他损伤的发展，以确保和延长模具的服役期限。

二、影响冲模寿命的因素及提高冲模寿命的措施

1. 影响冲压模具寿命的因素

冲模的失效形式主要为磨损失效、变形失效、断裂失效和啃伤失效等。然而，由于冲压工序和工作条件不同，造成模具失效的原因有很多，涉及的技术面也很广，但其中的主要原因可归纳为设计不合理、材质不佳、热处理不当、加工不良以及使用不妥等几方面。据有关部门调查分析，模具失效的比例大致为：设计不合理占3.3%，材质不佳占17.8%，热处理不当占52%，制造不良占7.8%，加工工艺不合理占8.9%，使用不当占10.2%。因此，在模具使用中出现失效问题后，应逐项分析，找出原因，并提出解决问题的办法。

(1)模具结构的影响

① 模具几何形状的影响。模具的几何形状对成形过程中坯料的流动和成形力产生很大的影响，从而影响模具的寿命。如图6-4所示为3种形状的反挤压凸模，其中a、b两种结构的凸模比c结构的凸模挤压力降低了20%，但a、b两种结构的凸模端面倾斜角不能过大，否则虽然降低了挤压力，但凸模容易因挤偏受到弯曲应力而折断。

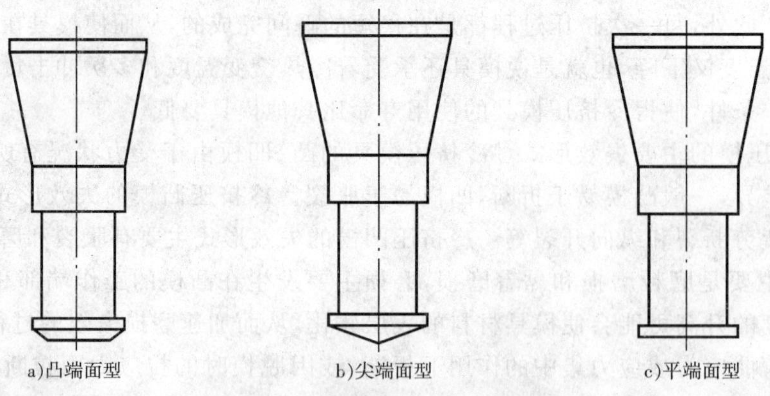

图6-4　三种反挤压凸模结构

② 模具间隙的影响。模具的凸凹模工作间隙不仅会影响工件的质量，还会影响模具的寿命。例如，拉深模的间隙过小将增加摩擦阻力，易擦伤工件表面，并增大了模具的磨损。冲裁模的间隙过小则会加剧凸凹模的磨损，降低模具的使用寿命。

③ 结构形式的影响。模具的结构形式不合理将导致应力集中而断裂失效。如图6－5a所示为正挤压空心工件的整体式凸模，挤压时极易在心轴的根部产生应力集中而发生折断。若改为如图6－5b所示的组合式，便可消除应力集中，从而防止模具的早期断裂失效。

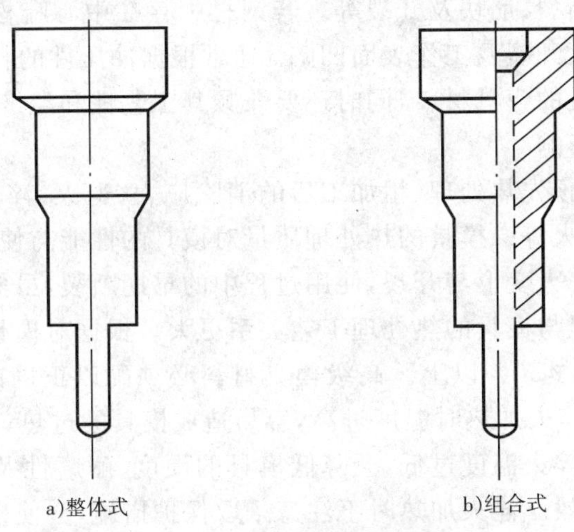

图6－5　挤压凸模结构形式

(2)模具材料的影响

① 模具材料性能的影响。模具材料对模具寿命的影响是模具材料种类、化学成分、组织结构、硬度和冶金质量等的综合反映。模具材料的种类对模具寿命的影响是很大的。例如，拉深镍基合金板料时极易发生咬合，若采用Cr12MoV钢制作拉深模具，拉深时就会很快出现咬合和拉毛等现象，模具的使用寿命极低，若采用GT35型钢结硬质合金制作拉深凹模，热处理硬度为65～67HRC，则可大大减弱咬合的倾向，模具的寿命大为提高。各种模具材料的硬度、耐磨性、耐腐蚀性、塑性变形抗力、断裂抗力以及冷热疲劳抗力等性能均有所不同。因此材料的性能必须满足模具的具体使用要求，否则将导致模具的早期失效。为此，对于冲模工作零件的材料提出了两项基本要求，具体如下：

a. 材料的使用性能应具有高硬度(58～64HRC)和高强度，并具有高的耐磨性和足够的韧性，热处理变形小，有一定的热硬性。随着硬度的提高，模具钢的抗压强度、耐磨性和抗咬合能力等指标升高，而其韧性、冷热疲劳抗力及可磨削性等指标下降。经验表明，模具的早期失效多数是由于硬度过高而断裂，少数是由于硬度过低而变形或磨损。例如，采用T10钢制造硅钢片的小孔冲模，硬度为56～58HRC时，只冲几千次，冲件的毛刺就很大；如果将硬度提高到60～62HRC，则刃磨寿命可达2～3万次；但如果继续提高硬度，则会出现早期断裂。而有的冲模硬度却不宜过高。例如，采用Cr12MoV制造六角冷镦冲头，其硬度为57～59HRC时，寿命一般为2～3万件，失效形式为崩裂，如果将硬度降低到52～54HRC，其寿命将提高到6～8万件。

b. 工艺性能良好。冲模工作零件的加工制造过程一般比较复杂，因而必须具备对各种加工工艺的适应性，如可锻性、可切削加工性、淬硬性、淬透性、淬火裂纹敏感性和磨削加工性等。

② 模具钢材冶金质量的影响。模具材料的冶金质量问题主要出现在大、中型截面模具以及碳合金元素含量高的模具钢中，其具体形式有非金属夹杂、碳化物偏析和中心疏松等。若钢中含有强度低、塑性差的非金属夹杂物，则容易形成裂纹源，从而引起模具早期断裂失效。当钢中的碳化物过多，形成网状、大块状或带状时，将严重降低钢的冲击韧度及断裂抗力，会引起模具的早期断裂、崩块及开裂等。若钢材中存在中心疏松和白点，将会降低模具的抗压强度，使模具淬火开裂及工作表面凹陷。通常根据冲压件的材料特性、生产批量和精度要求等，选择性能优良的模具材料，同时还要兼顾其工艺性和经济性。

(3)热处理工艺的影响

模具的热处理包括预先热处理、粗加工后的消除应力、退火、淬火与回火以及磨削后或电加工后的消除应力退火等。模具的热处理质量对模具的性能与使用寿命影响很大。实践证明，模具工作零件的淬火变形与开裂，使用过程中的早期断裂，虽然与材料的冶金质量、模具结构和加工等有关，但与模具的热处理工艺关系更大。根据对模具失效原因的分析统计，热处理不当引起的失效占50%以上。高级模具材料必须配以正确的热处理工艺才能真正发挥材料的潜力。模具淬火加热时温度过高，容易造成模具的过热、过烧，冲击韧度下降，从而导致早期断裂。如果淬火温度过低，会降低模具的硬度、耐磨性及疲劳抗力，容易造成模具的塑性变形和磨损失效。淬火加热时不注意采取保护措施，会使模具的表面氧化和脱碳，脱碳将造成淬火软点或软区，降低模具的耐磨性、疲劳强度和抗咬合能力，影响其使用寿命。淬火冷却速度过快或油温过低，模具容易产生淬火裂纹。如果回火温度太低，而且不够充分，将无法消除淬火过程中的残余应力，从而使模具的韧性降低，容易发生早期断裂。

(4)模具制造工艺的影响

① 锻造工艺的影响。如果锻造工艺不合理，会降低钢材的性能，造成锻造缺陷，从而产生导致模具早期失效的隐患。常见的锻件表面缺陷有裂纹、折叠和凹坑等，内部缺陷有组织偏析、流线分布不合理、疏松、过热和过烧等。锻造时，若镦击力过大，则变形量过大，易产生裂纹。若加热不均，温度过高会产生材料晶粒粗大的过热现象，或导致晶界熔化和氧化的过烧现象。停锻后，若冷却速度过快则容易开裂，特别是高碳高合金钢，其锻造温度范围较窄，操作不当极易开裂。锻造不充分会产生组织应力，热处理时也易发生变形开裂。模具材料中的非金属夹杂物锻压后，若其流线分布走向与凸模的轴线垂直，则可能引起横向折断，如果分布走向与轴线平行，则可能发生纵向劈裂。锻造后的模具零件毛坯一般需进行预处理(如退火、正火和调质等)，以消除毛坯中的残余内应力和锻造组织的某些缺陷，改善其加工工艺性，并为以后的淬火作好准备。模具钢经过适当的预处理可使碳化物球化和细化，并提高碳化物分布的均匀性，这样的组织经淬火和回火后质量高，可大大提高模具的寿命。

② 加工工艺的影响。模具制造一般要经过切削加工、磨削加工和电火花加工等。这些加工的质量问题，尤其是加工表面的质量，将会显著影响模具的耐磨性、断裂抗力、疲劳强度及热疲劳抗力等。

a. 切削加工的影响。切削加工时如果没有彻底去除材料表面的脱碳层，将会降低模具的表面硬度，加剧模具磨裂及淬裂的倾向。若切削的表面粗糙，连接处不光滑，或留有尖角和加工刀痕，将产生疲劳裂纹，造成模具疲劳失效。

b. 磨削加工的影响。磨削加工时如果进给量过大、冷却不足，则容易产生磨削裂纹和磨削烧伤，这将大大降低模具的疲劳强度和断裂抗力。

c. 电火花加工的影响。电火花加工中会产生电火花烧伤层，烧伤层会使模具表面产生拉应力和显微裂纹等，从而导致表面剥落和早期开裂。若材料淬火后的内应力很高，电火花加工时应力会重新分布，引起模具变形或开裂。

(5)模具工作条件和使用维护的影响

① 被加工材料的影响。被加工材料的材质和厚度的不同对模具寿命有很大的影响。被加工材料的强度越高、厚度越大，模具承受的力也越大，模具的寿命相对较低。若被加工材质与模具材料的亲和力大，在冲压成形过程中会和模具发生黏着磨损，降低模具的寿命。例如，用 Cr12MoV 钢制作拉深模，拉深镍基合金钢板时，极易产生黏附咬合及拉毛现象，若改用 GT35 钢结硬质合金制作拉深凹模，黏附咬合的倾向便会大大降低，提高了模具的寿命。被加工材料的表面状态对模具的磨损也有很大的影响。采用表面没有氧化黑皮和脱碳层，仅有极薄的氧化膜或磷化膜的坯料，对模具的冲压最为有利。例如，用 T10A 钢制造的工作部件的冲裁模，冲裁表面光亮的薄钢板时，每刃磨 1 次可冲 3 万件，冲裁同等厚度的热轧钢板时，由于表面有氧化黑皮，每次刃磨只能冲裁 1.7 万件左右。

② 冲压设备特性的影响。冲压设备的刚度和精度对模具的寿命影响极大。开式压力机为 C 型框架，刚度较差，在冲压力的作用下易产生变形，造成上、下模的中心线不重合，模具的工作间隙不均，甚至啃刃和崩刃。此外，冲裁过程结束的瞬间，载荷锐减，压力机在冲压过程中积聚的变形能量突然释放，从而造成上、下模间的冲击振动，即所谓的“失重插入”现象，这也加剧了模具的磨损。因此，精密冲裁或使用硬质合金冲裁模具时，最好采用刚度较好、精度较高的闭式压力机。

③ 润滑条件的影响。良好的润滑条件可以有效地降低摩擦力、摩擦热和冲压力，减少模具的磨损，并显著提高模具的使用寿命。如冲裁硅钢片时，采用润滑的模具寿命大约是无润滑模具的 10 倍。另外，使用的润滑剂和润滑方式是否适当，对模具的使用寿命影响也很大。如不锈钢表壳挤压模，工作时采用机油润滑，模具寿命只有 80 件，若改用二硫化钼配制润滑剂，使用寿命可达 1 万件。

2. 提高冲模寿命的措施

(1)优选模具材料

对于拉深模，磨损是拉深模具失效的主要原因，一般黏着易发生在性质相近的材料之间，所以应根据被拉深材质的不同，选择相应的模具材料。如果被拉深材料为有色金属，模具材料可以选用铸铁、钢材和硬质合金等。若被拉深材料为黑色金属，则模具材料可选用有色金属、硬质合金以及与其亲和力小的钢铁材料等。

对于冷挤压模，如果模具承受的单位挤压力很大，则应使用高淬透性的材料，如基体钢和高速钢等，否则未淬硬的材料心部会引起模具的塑性变形。如果凸模受偏心力较大，则应选用高强韧性的材料。挤压工件的形状复杂、生产批量大或者被挤压坯料的强度高时，选择硬质合金或钢结硬质合金可以提高模具的寿命。冷镦模在选材上应注意钢的原始组织和化学成分，钢材不应有原始组织缺陷，如偏析、夹杂和少量缩孔等。在高负荷条件下工作的冷镦模，其模具用钢要有较高的纯度，硫、磷的含量要严格控制。一般来说，钢材含碳量在 0.8%～0.9%韧性较好，含碳量在 0.95%～1.05%为硬韧，含碳量在 1.05%～1.15%为硬性，通常大型模具含碳量取下限，小型模具取上限。当冲裁模的生产批量很大时，应选择强度高、韧性好以及耐磨性好的高性能模具材料。由于凸模的工作条件比凹模差，凸模材料的耐磨性可以选得比凹模材料高一些。

(2)合理设计模具

① 合理选择模具间隙。在保证冲裁工件质量的前提下，冲裁模具应尽可能选用较大的冲裁间隙，以降低冲裁力，减小模具的磨损。为了提高凸模的刚度，加强其抗偏载的能力，以防止工作时凸模发生弯曲变形或折断，一般凸模的头部截面积和尾柄部截面积分别取为工作端面面积的 2 倍和 4 倍，必要时可对凸模进行导向保护。另外，还可以采用弹性卸料板对板料施加一定的压边力，以减少因板料滑移或翘曲对凸模产生的作用力。为确保冲压过程中冲裁间隙均匀，避免啃刃和刃口的不均匀磨损，可选用精确的模具导向装置，例如使用滚珠导柱导套等。拉深模的凸、凹模间隙设计要合理。间隙过小，摩擦阻力增大将使模具的磨损加剧。间隙过大，则容易使制件起皱而加大模具的磨损。间隙不均，在模具的工作中会产生不均匀的内应力，使模具的使用寿命下降。模具工作表面的硬度要高，以减少磨损。模具的表面粗糙度值要低，同时被拉深板料的表面粗糙度值也要低一些，以减少拉深时的摩擦阻力，从而有利于拉深件的塑性成形并提高模具的寿命。

② 保证结构刚度。模具的结构必须具有足够的刚度和可靠的导向，这样才能保证凸、凹模间的动态间隙和工作精度，避免凸、凹模相互卡死和啃伤，从而保证其正常工作并延长使用寿命。

a. 合理设计凸模的截面形状和尺寸，尽量减少其长径比，使之具有足够的强度、刚度和抗压稳定性。采用最佳的凸模形状，在条件许可的情况下可采用工艺轴，变单纯正挤压或反挤压为复合挤压，以降低单位挤压力。挤压凸模不易过长，以防止纵向弯曲。

b. 适当加大凸模柄部的承载面积和固定长度，例如，可以使固定长度由占总长度的 1/5～1/4 增加到 1/3～1/2，以提高其刚度。

c. 加大凸模垫板的厚度或采用多层淬硬垫板，这样可以避免由于垫板面积小、厚度薄或硬度不足而出现变形和凹坑等损伤，致使凸模产生附加弯曲应力。

d. 对细长凸模可设置导向板等辅助支承。导向板的位置应尽量减少凸模悬臂部分的长度，且使凸模始终不脱离导向板，同时还应保证导向精度。

③ 减轻工作载荷。通过合理制订冲压加工工艺以及合理设计模具结构来减轻模具的工作载荷。

④ 采用组合式凸、凹模。采用预应力组合式凹模结构可以防止内层凹模的纵向开裂。采用阶梯式组合凹模比同尺寸的平口组合凹模具有更大的承受径向内压力的能力。

a. 模具工作部件的过渡部分应设计足够大的圆角半径，避免因尖角过渡而产生应力集中的现象。在冷镦模的凹模入口处，应尽量设置足够大的渐变圆角，避免应力集中，并在出模方向上作出拔模斜度，以利于坯料在型腔内的流动及降低模具的负荷。

b. 凹模易横向开裂的部位应采用分割式结构，以消除应力集中。

c. 硬质合金或钢结硬质合金冷镦模具的硬度高，耐磨性好，生产出来的产品精度高。因而，可以采用硬质合金或钢结硬质合金镶块的组合式结构，用加套的方法施加预应力，减少或抵消模具受到的冷镦力，以提高模具的使用寿命。但硬质合金的脆性很大，当模具形状复杂并在较高的冲击负荷下工作时，不宜采用硬质合金。

(3)拟定合理的冲压工艺

合理安排冲压工序，以简化模具的设计与制造，并有利于冲件成形。选用冲压成形性能好、厚度均匀以及表面质量较高的冲压材料。安排必要的润滑和热处理等辅助工序。

(4)提高模具制造加工质量

要重视模具钢坯的锻造工艺，消除带状和网状碳化物分布，使流线和冲击力的方向垂直。锻造时为了充分打碎坯料中的碳化物，使其呈弥散状均匀分布，应采用高锻比变向镦拔的方法。在制造加工的过程中，必须严格保证模具的尺寸形状精度，避免留下机加工刀痕。过渡部分要平滑，不能有微小的缺陷，防止使用过程中出现应力集中裂纹。电加工及磨削加工后应进行回火，以消除加工应力。拉深模具的最后抛光工序的操作方向应和坯料金属流动的方向一致，凹模型腔应纵向往复而不是圆周运动抛光。抛光时还应注意冷却，防止过热使模具硬度下降。冷挤压凸模加工后形状要对称，工作部分必须同轴心，否则凸模单边受力容易发生折断。正挤压或反挤压凹模的表面粗糙度值越低越好，可以采用磨削后再研磨抛光的方法，以减少磨损，提高模具的寿命。应根据冷镦模的工作条件和材料的性质适当选择淬火硬度和硬化层深度，以防止早期失效。热处理中要注意充分回火，若回火时间不足，应力不能全部消除，即使硬度满足要求，仍会产生崩块现象，回火时间一般在 1.5 小时以上。

(5)采用模具强韧化处理和表面强化处理

采用强韧化处理和表面强化处理技术，可以使模具获得优良的整体强韧性能、优异的表面硬度、耐磨性和抗黏附性能等，是提高各类模具使用寿命的有效途径。

(6)合理使用维护模具

正确的操作、使用和维护与模具的寿命也有很大的关系。它包括模具的正确安装与调整，注意保持模具的清洁和合理的润滑，防止误送料、冲叠片，严格控制凸模进入凹模的深度和控制校正弯曲、整形等工序上模的下止点位置，及时修复、研光以及设置安装块和行程限制器，以便安装、使用和储存。总之，在模具的设计、制造、使用和维护的全过程中，应用先进制造技术和实行全面质量管理是提高模具寿命的有效途径。它们不但有利于发展专业化生产，加强模具的标准化工作(除零件标准化外，还有设计参数标准化、组合形式标准化以及加工方法标准化等)，而且还会促使不断提高模具的设计和制造水平，从而有利于提高模具的寿命。

第二节　冲压模具材料

一、对冲模材料的要求

冲压模具工作时要承受冲击、振动、摩擦、高压和拉伸、弯扭等负荷，甚至在较高的温度下工作(如冷挤压)，工作条件复杂，易发生磨损、疲劳、断裂、变形等现象。因此，对模具工作零件材料的要求比普通零件高。由于各类冲压模具的工作条件不同，所以对模具工作零件材料的要求也有所差异。

1. 对冲裁模材料的要求

对于薄板冲裁模具的工作零件用材要求具有高的耐磨性和硬度，而对厚板冲裁模除了要求具有高的耐磨性、抗压屈服点外，为防止模具断裂或崩刃，还应具有高的断裂抗力、较高的抗弯强度和韧性。

2. 对拉深模材料的要求

要求模具工作零件材料具有良好的抗黏附性(抗咬合性)、高的耐磨性和硬度、一定的强韧性以及较好的切削加工性能,而且热处理时变形要小。

3. 对冷挤压模材料的要求

要求模具工作零件有高的强度和硬度、高耐磨性,为避免冲击折断,还要求有一定的韧性。由于挤压时会产生较大的温升,所以还应具有一定的耐热疲劳性和热硬性等。

二、冲压模具材料的种类及特性

制造冲压模具的材料有钢材、硬质合金、钢结硬质合金、锌基合金、低熔点合金、铝青铜、高分子材料等等。目前制造冲压模具的材料绝大部分以钢材为主,常用的模具工作部件材料的种类有:碳素工具钢、低合金工具钢、高碳高铬或中铬工具钢、中碳合金钢、高速钢、基体钢以及硬质合金、钢结硬质合金等等。

1. 碳素工具钢

在模具中应用较多的碳素工具钢为 T8A、T10A 等,优点为加工性能好,价格便宜。但淬透性和红硬性差,热处理变形大,承载能力较低。

2. 低合金工具钢

低合金工具钢是在碳素工具钢的基础上加入了适量的合金元素。与碳素工具钢相比,减少了淬火变形和开裂倾向,提高了钢的淬透性,耐磨性亦较好。用于制造模具的低合金钢有 CrWMn、9Mn2V、7CrSiMnMoV(代号 CH－1)、6CrNiSiMnMoV(代号 GD)等。

3. 高碳高铬工具钢

常用的高碳高铬工具钢有 Cr12 和 Cr12MoV、Cr12Mo1V1(代号 D2),它们具有较好的淬透性、淬硬性和耐磨性,热处理变形很小,为高耐磨微变形模具钢,承载能力仅次于高速钢。但碳化物偏析严重,必须进行反复镦拔(轴向镦、径向拔)改锻,以降低碳化物的不均匀性,提高使用性能。

4. 高碳中铬工具钢

用于模具的高碳中铬工具钢有 Cr4W2MoV、Cr6WV 、Cr5MoV 等,它们的含铬量较低,共晶碳化物少,碳化物分布均匀,热处理变形小,具有良好的淬透性和尺寸稳定性。与碳化物偏析相对较严重的高碳高铬钢相比,性能有所改善。

5. 高速钢

高速钢具有模具钢中最高的硬度、耐磨性和抗压强度,承载能力很高。模具中常用的有 W18Cr4V(代号 8－4－1)和含钨量较少的 W6Mo5Cr4V2(代号 6－5－4－2,美国牌号为 M2)以及为提高韧性开发的降碳降钒高速钢 6W6Mo5Cr4V(代号 6W6 或称低碳 M2)。高速钢也需要改锻,以改善其碳化物分布。

6. 基体钢

在高速钢的基本成分上添加少量的其他元素,适当增减含碳量,以改善钢的性能。这样的钢种统称基体钢。它们不仅有高速钢的特点,具有一定的耐磨性和硬度,而且抗疲劳强度和韧性均优于高速钢,为高强韧性冷作模具钢,材料成本却比高速钢低。模具中常用的基体钢有 6Cr4W3Mo2VNb(代号 65Nb)、7Cr7Mo2V2Si(代号 LD)、5Cr4Mo3SiMnVAL(代号 012AL)等。

7. 硬质合金和钢结硬质合金

硬质合金的硬度和耐磨性高于其他任何种类的模具钢，但抗弯强度和韧性差。用作模具的硬质合金是钨钴类，对冲击性小而耐磨性要求高的模具，可选用含钴量较低的硬质合金。对冲击性大的模具，可选用含钴量较高的硬质合金。钢结硬质合金是以铁粉加入少量的合金元素粉末（如铬、钼、钨、钒等）做黏合剂，以碳化钛或碳化钨为硬质相，用粉末冶金方法烧结而成。钢结硬质合金的基体是钢，克服了硬质合金韧性较差、加工困难的缺点，可以切削、焊接、锻造和热处理。钢结硬质合金含有大量的碳化物，虽然硬度和耐磨性低于硬质合金，但仍高于其他钢种，经淬火、回火后硬度可达 68～73HRC。

三、冲模材料的选用及热处理

选用冲裁模具材料应考虑工件生产的批量，若批量不大就没有必要选择高寿命的模具材料；还应考虑被冲工件的材质，不同材质适用的模具材料亦有所不同。对于冲裁模具，耐磨性是决定模具寿命的重要因素，钢材的耐磨性取决于碳化物等硬质点相的状况和基体的硬度，两者的硬度越高，碳化物的数量越多，则耐磨性越好。常用冲压模具钢材耐磨性的劣优依次为碳素工具钢，合金工具钢，基体钢，高碳高铬钢，高速钢，钢结硬质合金，硬质合金。

此外还必须考虑工件的厚度、形状、尺寸大小、精度要求等因素对模具材料选择的影响。

1. 传统的模具用钢

长期以来，国内薄板冲裁模用钢主要为 T10A、CrWMn、9Mn2V、Cr12 和 Cr12MoV 等。其中 T10A 为碳素工具钢，有一定强度和韧性。但耐磨性不高，淬火容易变形及开裂，淬透性差，只适用于工件形状简单、尺寸小、数量少的冲裁模具。T10A 碳素工具钢的热处理工艺为：760℃～810℃水或油淬，160℃～180℃回火，硬度 59～62HRC。CrWMn、9Mn2V 是高碳低合金钢种，淬火操作简便，淬透性优于碳素工具钢，变形易控制。但耐磨性和韧性仍较低，应用于中等批量、工件形状较复杂的冲裁模具。CrWMn 钢的热处理工艺为：淬火温度 820℃～840℃油冷，回火温度 200℃，硬度 60～62HRC。9Mn2V 钢的热处理工艺为：淬火温度 780℃～820℃油冷，回火温度 150℃～200℃，空冷，硬度 60～62HRC。注意回火温度在 200℃～300℃范围有回火脆性和显著体积膨胀，应予避开。

Cr12 和 Cr12MoV 为高碳高铬钢，耐磨性较高，淬火时变形很小，淬透性好，可用于大批量生产的模具，如硅钢片冲裁模。但该类钢种存在碳化物不均匀性，易产生碳化物偏析，冲裁时容易出现崩刃或断裂。其中，Cr12 含碳量较高，碳化物分布不均比 Cr12MoV 严重，脆性更大一些。Cr12 型钢的热处理工艺选择取决于模具的使用要求，当模具要求比较小的变形和一定韧性时，可采用低温淬火、回火（Cr12 为 950℃～980℃淬火，150℃～200℃回火；Cr12MoV 为 1020℃～1050℃淬火，180℃～200℃回火）。若要提高模具的使用温度，改善其淬透性和红硬性，可采用高温淬火、回火（Cr12 为 1000℃～1100℃淬火，480℃～500℃回火；Cr12MoV 为 1110℃～1140℃淬火，500℃～520℃回火）。高铬钢在 275℃～375℃区域有回火脆性，应予避免。

2. 常用模具新钢种

为了弥补传统模具钢种性能的不足，国内开发或引进了以下性能较好的冲压模具用钢：

(1)Cr12Mo1V1（代号 D2）钢　为仿美国 ASTM 标准中的 D2 钢引进的钢种，属 Cr12 型钢。由于 D2 钢中 Mo、V 含量增加，细化了晶粒，改善了碳化物的分布状况，因此 D2 钢的强韧性（冲击韧度、抗弯强度、挠度）比 Cr12MoV 钢有所提高，耐磨性和抗回火稳定性也比

Cr12MoV 更高。其可用深冷处理，提高硬度并改善尺寸稳定性。用 D2 钢制作的冲裁模具寿命要高于 Cr12MoV 钢模具。D2 钢的锻造性能和热塑成形性比 Cr12MoV 钢略差，机械加工性能和热处理工艺与 Cr12 型钢相似。

(2)Cr6WV 钢　为高耐磨微变形高碳中铬钢，碳、铬含量均低于 Cr12 型钢，碳化物的分布状态较 Cr12MoV 均匀，具有良好的淬透性。热处理变形小，机械加工性能较好。抗弯强度、冲击韧度优于 Cr12MoV，只是耐磨性略低于 Cr12 型钢。用于承受较大冲击力的高硬度、高耐磨板料冲裁模，其效果好于 Cr12 型钢。推荐热处理工艺：淬火温度 970℃～1000℃，一般可热油或硝盐分级淬火冷却，尺寸不大的部件可采取空冷。淬火后应立即回火，回火温度 160℃～210℃，硬度 58～62HRC。

(3)Cr4W2MoV 钢　也是高耐磨微变形高碳中铬钢，替代 Cr12 型钢而研制的钢种，碳化物均匀性好，耐磨性高于 Cr12MoV，适于制作形状复杂、尺寸精度要求高的冲压模具，可用于硅钢片冲裁模。Cr4W2MoV 钢的热处理工艺：要求强度、韧性较高时，采用低温淬火、低温回火工艺，淬火温度 960℃～980℃，回火温度 280℃～320℃，硬度 60～62HRC。要求热硬性和耐磨性较高时，采用高温淬火、高温回火工艺，淬火温度 1020℃～1040℃，回火温度 500℃～540℃，硬度 60～62HRC。

(4)7CrSiMnMoV(代号 CH－1)钢　为空淬微变形低合金钢、火焰淬火钢，可以利用火焰进行局部淬火，淬硬模具刃口部分。淬火温度(800～1000℃)，具有良好的淬透性和淬硬性(可达 60HRC 以上)，强度和韧性较高，崩刃后能补焊。可代替 CrWMn、Cr12MoV 钢，制作形状复杂的冲裁模。CH－1 钢的推荐热处理工艺：淬火温度 900～920℃，油冷，190～200℃回火 1～3 小时，硬度 58～62HRC。

(5)6CrNiSiMnMoV(代号 GD)钢　为高韧性低合金钢，淬透性好，空淬变形小，耐磨性较高。其强韧性显著高于 CrWMn 和 Cr12MoV 钢，不易崩刃或断裂。尤其适用于细长、薄片状凸模及大型、形状复杂、薄壁凸凹模。GD 钢的推荐热处理工艺：淬火温度 870℃～930℃(900℃最佳)，盐浴炉加热(45 s/mm)，油冷或空冷、风冷，175℃～230℃回火 2 小时，硬度 58～62HRC。由于空冷即可淬硬，也可采用火焰加热淬火。

(6)9Cr6W3Mo2V2(代号 GM)钢　为高耐磨高强韧合金钢，各项工艺性能良好，其耐磨性、强韧性、加工性能均优于 Cr12 型钢，能够用于高速压力机冲压下的多工位级进模等精密模具，是较理想的耐磨、精密冲压模具用钢。GM 钢的热处理工艺：淬火温度 1080～1120℃，硬度 64～66HRC，回火温度 540～560℃，回火二次。

(7)Cr8MoWV3Si(代号 ER5)钢　属高耐磨高强韧合金钢，具有较好的电火花加工性能，强度、韧性、耐磨性都优于 Cr12 型钢，适用于大型精密冲压模具。用于硅钢片冲裁模，一次刃磨寿命为 21 万次，总寿命高达 360 万次，是目前合金钢冲模冲裁硅钢片的较高寿命水平。ER5 钢的推荐热处理工艺：对高耐磨性、高强韧性的模具，采用 1150℃淬火，520～530℃回火 3 次；对重载服役条件下的模具，采用 1120～1130℃淬火，550℃回火 3 次。

3. 硬质合金及钢结硬质合金

当工件的批量极大时，可以考虑选用硬度和耐磨性比各类模具钢种更高的硬质合金或钢结硬质合金。用作模具材料的硬质合金为钨钴类，随着含钴量的增加，韧性及抗弯强度提高而硬度降低。对于承受冲击力较小的模具，可以选用含钴量较低的 YG10X；承受冲击力中等或较大的模具，可以选用含钴量较高的 YG15 或 YG20。硬质合金的缺点为韧性较差、

难加工，作为模具的工作部件可以设计为镶拼结构。钢结硬质合金的性能介于硬质合金和高速钢之间，能够机械加工和热处理，可以用于制作复杂的高寿命模具。用作冲裁模的钢结硬质合金有DT、GT35、TLMW50、GW50等。

厚板冲裁模具所用的钢材料由于厚板冲裁模承受的冲压力高于薄板冲模，为重载冲裁模，易磨损、崩刃和断裂，所以要求模具材料应具有高的耐磨性和强韧性。传统的重载冲裁模具钢种主要有T8A、Cr12MoV、W18Cr4V、W6Mo5Cr4V2等。其中T8A碳素工具钢，虽然淬透性、韧性比T10A有所改善，但易残存网状碳化物、热硬性差，只能用于工件批量较小的中厚冲裁模。T8A工具钢的热处理工艺为：790～820℃水或油淬，160～180℃回火，硬度58～61HRC。W18Cr4V、W6Mo5Cr4V2为高速工具钢，具有很高的硬度、抗压强度和耐磨性，但韧性较低，工作时有可能产生崩刃或断裂，而且价格较贵。建议采用低温淬火、快速加温淬火等工艺措施来改善其韧性。对于工件批量较大的厚板冲裁模，可以用W18Cr4V、W6Mo5Cr4V2钢做凸模，Cr12MoV钢做凹模。W18Cr4V钢的推荐热处理工艺：1220～1250℃淬火，550～570℃回火3次。W6Mo5Cr4V2钢的推荐热处理工艺：1160～1200℃淬火，550～570℃回火3次。

4. 常用模具钢材料的选用

(1)轻载拉深(拉深薄钢板和铜、铝合金)时的模具材料　生产批量较小时，对于形状简单的筒形浅拉深件，可选用T8、T10钢；对于形状复杂的中小型件，选用CrWMn、9Mn2V。中批量生产或生产批量较大时，选用Cr12MoV。生产批量很大时，选用硬质合金或钢结硬质合金。

(2)重载拉深(拉深厚钢板、反拉深、变薄拉深)时的模具材料　生产批量较小时，可选用T10、CrWMn。生产批量较大时，选用Cr12MoV以及GM钢。GM钢的强度和韧性高于高速钢、Cr12MoV；抗黏附磨损和磨粒磨损能力明显优于基体钢和Cr12MoV，在拉深模方面已得到较好应用。生产批量很大时，考虑选用硬质合金或钢结硬质合金。

(3)拉深不锈钢、高镍合金钢、耐热钢板的模具材料　拉深这类材料时，容易发生黏附和拉毛，首选模具材料为铝青铜。生产批量较小时，可选用铝青铜、T10A(镀硬铬，注意采用镀硬铬工艺时镀层不能太厚，以防拉深时剥落)。生产批量较大时，选用铝青铜、Cr12MoV、Cr12Mo1V1(表面渗氮)。生产批量很大时，选用硬质合金。

(4)大型拉深件、汽车覆盖件的拉深模具材料　可以选用合金铸铁或高强度球墨铸铁。球墨铸铁能够浸入润滑油，组织中的石墨具有自润滑作用，能有效地减轻拉深中的摩擦，而且成本较低、容易加工。高强度球墨铸铁可以采用双介质延迟冷却马氏体等温淬火，以获得较高的强度和韧性，硬度为55～58HRC。先将模具缓慢预热后再加热至880～900℃，保温后先空气预冷，然后盐水淬冷至550℃左右即转入油冷，当模温降至250℃左右，放入180～200℃的热油中等温保持2～3时，再将油温降至170℃左右等温5～7时，最后转入空冷。

第三节　冲压操作的安全措施

一、冲压生产常见事故发生的原因

冲压加工是一种动作单一、连续重复的作业，要求操作者的注意力高度集中，持久稳定。

要达到这样的要求，需要有良好的身体素质。据有关统计表明：国外冲压工受害者大多数是中年人；我国则相反，多数是30岁以下的年青人。这个事实说明，熟练的技能和健康的身体都是保证操作者安全的重要因素。

在冲压加工中，受伤害最多的是手指，这是由于操作者常将手伸入冲床施压后造成的。在冲压加工中发生事故而受伤的，绝大多数伤在手指。造成冲压人身伤害事故的原因，按照操作者通过主观努力是否能够避免，可以分为主观原因和客观原因。

(1)主观原因　是由于操作者的主观意识所造成的，通常又进一步分为两类，直接原因和间接原因。

① 直接原因。是指由于操作者的不安全行为引起的，它包含了以下几种形式：

a. 教育的原因，包括作业人员对于与安全有关的知识与经验不足，对作业过程中的危险性及其安全运行方法无知、轻视、不理解、训练不足，或没有经验等；

b. 身体的原因，包括带病工作、近视与耳聋、睡眠不足、疲劳、醉酒等；

c. 精神的原因，包括怠慢、不满等不良情绪，焦躁、紧张、惧怕、心不在焉等精神态度，以及反映迟钝等。在现实的生产中完全是由于物的原因而引起的伤害事故占少数，大多数的伤害事故都是由于操作者不安全行为引起的。

② 间接原因。是由于物的作用而引起的，诸如操作者事前没有检查设备，导致加工过程中机械失灵而造成伤害事故均属于间接原因。

(2)客观原因　客观原因通常有两种情况：

① 技术原因，包括机构设备技术上的不完善，设备的布置、厂房内的照明与通风、模具的设计与保养、安全装置等方面所存在的技术缺陷；

② 管理的原因，包括企业领导人对安全生产的责任心不强，作业标准不明确，缺乏检查保养制度，人事配备不完善等管理上的缺陷。

二、冲压操作的安全措施

冲压加工，虽然操作不算复杂，但持续时间长，重复频率高，很容易疲劳而发生事故。针对冲压加工过程中容易发生伤害事故的特点，提出如下安全措施：

(1)人的不安全行为是冲压事故发生的重要原因。制定严格的冲压安全操作规程，加强岗位培训，提高操作人员素质，消除事故隐患，这是安全生产的基本保证。

(2)开动前要仔细检查冲压机器操作系统，曲柄滑块机构各部有无异常，离合器和制动器是否处于可靠有效状态，操纵部位的弹簧有无失效或断裂现象，安全装置是否完好。发现异常即采取必要措施，严禁带病使用。

(3)正式作业前必须空转试车，确认各部分正常后方可工作。清理工作台上一切不必要的物品，防止开机震落击伤人或撞击开关引起滑块突然起动。

(4)备有的安全防护装置在工作中自始至终地使用。手工进取单个坯料时，必须使用合适的专用工具，严禁用手直接伸进模口取物，手用工具不得放在模具上。

(5)工作中发现机器运转声音不正常、产生连冲、操作不灵或电气故障要立即停车检修。在机器运转过程中，严禁到转动部位检查和修理。修理和清理模具时，必须停车并切断电源，待飞轮完全停止转动后进行。

(6)突然停电或操作完毕应关掉电源，并将操纵器恢复到离合器空挡、制动器制动状态。

(7)冲压加工要在工艺文件指导下进行。文件要有安全内容，在工艺操作卡上必须明确

注上冲模安全状况、编号、配备的安全工具名称、编号等。有了这些具体明确的工艺文件作为生产依据，才能防止各种由于无章可循或工艺纪律不明等原因造成的伤害事故。

(8)冲压加工中绝大多数事故的发生都是由于人的不安全行为所致。应用人机工程学和冲压设备冲手事故树分析图，分析导致事故发生的所有基本原因。从培训教育、操作管理、设备安全、监督检查等方面入手，实行全方位的治理，保障职工生命安全。通过事故树的分析，进一步明确"手入模作业"作为控制重点，以达到减少冲压事故的目的。

运用人体生物三节律指导冲压生产，也是减少冲压事故的一种途径。

思考题

1. 简述冲裁模的工作条件及主要失效形式。
2. 简述拉深模的工作条件及主要失效形式。
3. 简述冷挤压模的工作条件及主要失效形式。
4. 浅谈影响冲模寿命的因素及提高冲模寿命的措施。
5. 简述冲压模具材料的种类及特性。
6. 冲模材料如何选用？分别叙述常用冲模材料的热处理方式。
7. 谈谈冲压生产中常见事故的原因。
8. 浅谈实际生产当中、冲模冲压过程中的安全防护措施。

第七章 冲压工艺过程的制订

【内容提要】 本章在分析冲压工艺过程的原始资料的基础上，将冲裁工艺、弯曲工艺和拉深工艺综合应用到具体的零件上，用实例详细介绍了冲压工艺过程制订的步骤及方法。

【目标要求】 了解制订冲压工艺过程的原始资料，通过实例掌握冲压工艺过程制订的步骤及方法。

冲压件的生产过程通常包括原材料的准备、各种冲压工序的加工和其他必要的辅助工序（退火、酸洗、表面处理等）。对于某些组合件或精密要求较高的冲压件，还需经过切削加工、焊接或铆接等才能最后完成制造的全过程。

制订冲压工艺过程就是针对某一具体的冲压件恰当地选择各工序的性质，正确确定坯料尺寸、工序数量和工序件尺寸，合理安排各冲压工序及辅助工序的先后顺序及组合方式，以确保产品质量，实现高生产率和低成本生产。

同一冲压件工艺方案可以有多种，设计者必须考虑多方面的因素和要求，通过分析比较，从中选择出技术上可行、经济上合理的最佳方案。

第一节 冲压工艺过程制订的步骤及方法

一、制订冲压工艺过程的原始资料

制订冲压工艺过程应在收集、调查、研究并掌握有关原始资料的基础上进行。原始资料主要包括以下内容：

1. 冲压件的零件图及使用要求

冲压件的零件图对冲压件的结构形状、尺寸大小、精度要求及有关技术条件作出了明确的规定，它是制订冲压工艺过程的主要依据。而了解冲压件的使用要求及在机器中的装配关系，可以进一步明确冲压件的设计要求，并且在冲压件工艺性较差时向产品设计部门提出修改意见，以改善零件的冲压工艺性。当冲压件只有样件而无图样时，一般应对样件测绘后绘出图样，作为分析与设计的依据。

2. 冲压件的生产批量及定型程度

冲压件的生产批量及定型程度也是制订冲压工艺过程中必须要考虑的重要内容，它直接影响加工方法及模具类型的确定。

3. 冲压件原材料的尺寸规格、性能及供应状况

冲压件原材料的尺寸规格是确定坯料形式和下料方式的依据，材料的性能及供应状态对确定冲压件变形程度与工序数量、计算冲压力、要否安排热处理辅助工序等都有重要影响。

4. 冲压设备条件

工厂现有冲压设备的类型、规格、自动化程度等是确定工序组合程度、选择各工序压力机型号、确定模具类型的主要依据。

5. 模具制造条件及技术水平

冲压工艺与模具设计要考虑模具的加工。模具制造条件及技术水平决定了制模能力，从而影响工序组合程度、模具结构与精度的确定。

6. 有关的技术标准、设计资料与手册

制订冲压工艺过程和设计模具时，要充分利用与冲压有关的技术标准、设计资料与手册，这有助于设计者进行分析与设计计算、确定材料与尺寸精度、选用相应标准和典型结构从而简化设计过程、缩短设计周期、提高工作效率。

二、制订冲压工艺过程的步骤及方法

1. 冲压件分析

(1)冲压件功用与经济性分析　了解冲压件的使用要求及在机器中的装配关系与装配要求；根据冲压件的结构形状特点、尺寸大小、精度要求、生产批量及所用原材料，分析是否利于材料的充分利用，是否利于简化模具设计与制造，产量与冲压加工特点是否相适应，从而确定采用冲压加工是否经济。

(2)冲压件的工艺性分析　根据冲压件图样或样件，分析冲压件的形状、尺寸、精度及所用材料是否符合冲压工艺性要求。良好的冲压工艺性表现在材料消耗少、工序数目少、占用设备数量少、模具结构简单而且寿命长、冲压件质量稳定、操作方便等。如发现冲压件工艺性很差时，则应会同设计人员，在不影响使用要求的前提下，对冲压件的形状、尺寸、精度要求乃至原材料的选用做必要的修改。图 7-1a 所示的原设计左边的 $R3$ 和右边封闭的铰链弯曲，在板厚为 4 mm 情况下都很难实现，修改后的零件就比较容易冲压加工；图 b 的原设计为两个弯曲件焊接而成，若在不影响使用的条件下改为一个整体零件，则可减少一个零件，工艺过程变的很简单，还节约了原材料；图 c 为某汽车消声器后盖，在满足使用要求的条件下，修改后的形状比原设计的形状简单，冲压工序由原来的八道减至两道。

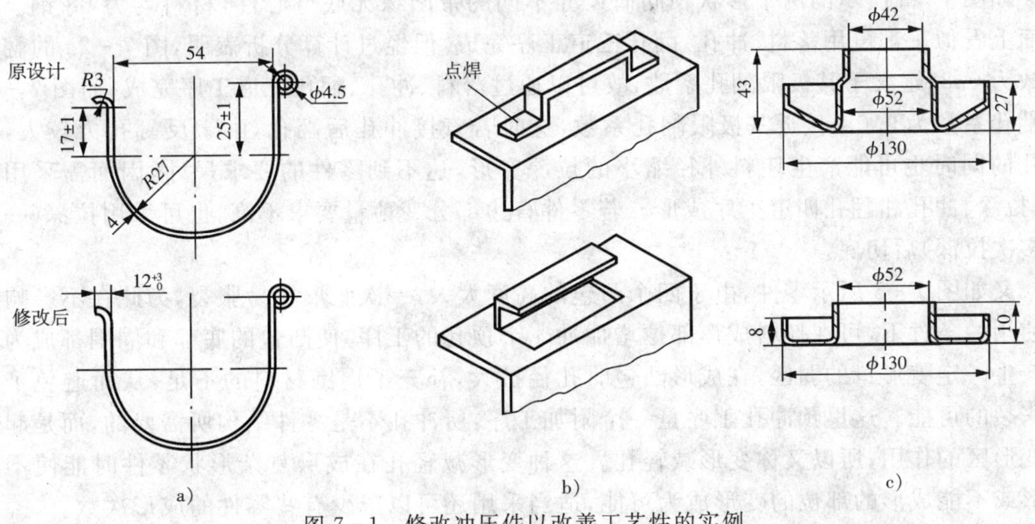

图 7-1　修改冲压件以改善工艺性的实例

分析冲压件工艺性的另一个目的在于明确冲压该零件的难点所在。因而要特别注意冲压件图样上的极限尺寸、设计基准以及变薄量、翘曲、回弹、毛刺大小和方向要求等，因为这些要求对确定所需工序的性质、数量和顺序，对选择工件的定位方法、模具结构与精度等都有较大的影响。

2. 冲压工艺方案的分析与确定

在对冲压件进行工艺分析的基础上，便可着手确定冲压工艺方案。确定冲压工艺方案主要是确定各次冲压加工的工序性质、工序数量、工序顺序和工序的组合方式。

冲压工艺方案的确定是制订冲压工艺过程的主要内容，需要综合考虑各方面的因素，有的还需要进行必要的工艺计算。因此，实际确定时通常先提出几种可能的方案，再在此基础上进行分析、比较和择优。

(1)冲压工序性质的确定　冲压工序性质是指成形冲压件所需要的冲压工序种类，落料、冲孔、切边、弯曲、拉深、翻孔、翻边、胀形、整形等都是冲压加工中常见的工序。不同的冲压工序各有其不同的变形性质、特点和用途，实际确定时要根据冲压件的形状、尺寸、精度、成形规律及其他具体要求等综合考虑。

① 从零件图上直观地确定工序性质。有些冲压件可以从图样直观地确定其冲压工序性质。如带孔和不带孔的各类平板件，当产量小、形状规则、尺寸要求不高时采用剪裁工序，当产量大、有一定精度要求时采用落料、冲孔、切口等工序，当平整度要求较高时还需增加校平工序；弯曲件一般均采用冲裁工序制出坯料后用弯曲模进行弯曲，相对弯曲半径较小时要增加整形工序，产量不大、形状较规则时可采用弯曲机弯曲；各类开口空心件一般采用落料、拉深、切边工序，带孔的拉深件需增加冲孔工序，径向尺寸精度要求较高或圆角半径小于允许值时需增加整形工序；对于胀形件、翻边(翻孔)件、缩口件如能一次成形，都是用冲裁或拉深工序制出坯料后直接采用相应的胀形、翻边(翻孔)、缩口工序成形。

② 通过有关工艺计算或分析确定工序性质。有些冲压件由于一次成形的变形程度较大或对零件的精度、变薄量、表面质量等方面要求较高时，需要进行有关工艺计算或综合考虑变形规律、冲件质量、冲压工艺性要求等因素后才能确定性质。

如图 7-2 所示的两个形状相同而尺寸不同的带凸缘无底空心件，材料均为 08 钢。从表面上看似乎都可用落料、冲孔、翻孔三道工序完成，但经过计算分析表明，图 7-2a 的翻孔系数为 0.8，远大于其极限翻孔系数，故可以通过落料、冲孔、翻孔三道工序完成；而图 7-2b 的翻孔系数为 0.68，接近其极限翻孔系数，这时若直接冲孔后翻孔，由于反翻孔力较大，在翻孔的同时也可能产生坯料外径缩小的拉深变形，达不到零件的要求尺寸，因而需采用落料、拉深、冲孔和翻孔四道工序成形。若零件直边部分变薄量要求不高，也可采用拉深(一般需多次拉深)后切底。

又如图 7-3 所示零件，由于四个凸包的高度太大，一次胀形容易胀裂，为此在不影响零件使用的条件下，可在坯料成形部位增加冲 4 个顶孔的工序，使凸包的底部和周围都成为可以产生一定变形量的弱区，在成形凸包时孔径扩大，补充了周围材料的不足，从而避免了产生胀裂的可能。这里预冲孔工序是一个附加工序，所冲孔不是零件结构所需要的，而是起转移变形区的作用，所以又称变形减轻孔。这种变形减轻孔在成形复杂形状零件时能使不易成形或不能成形的部位的变形成为可能，适当采用还可以减少有些零件的成形次数。

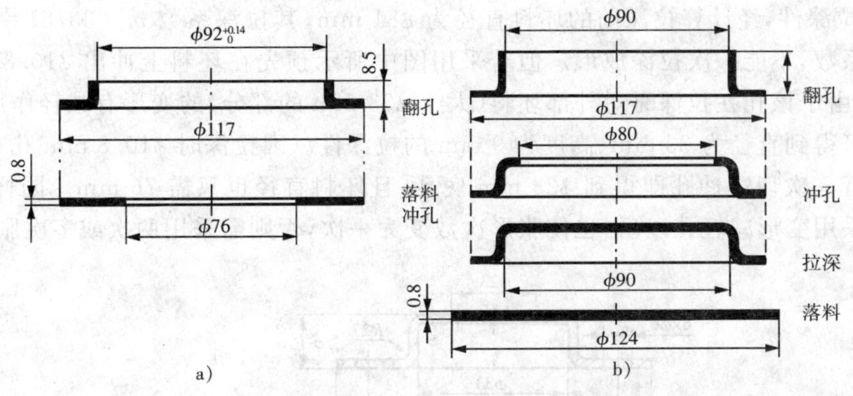

图 7－2　带凸缘无底空心件的工艺过程

对于图 7－4 所示非对称形零件，由于冲压工艺性较差，在成形时坯料会产生偏移，很难达到预期的变形效果，为此可采用成对冲压的方法，增加一道剖切工序，这对改善坯料的变形均匀性、简化模具结构和方便操作等都有很大好处。有时不宜成对冲压时，也应在坯料上适当位置冲出工艺孔，利用工艺孔进行定位，防止坯料发生偏移。

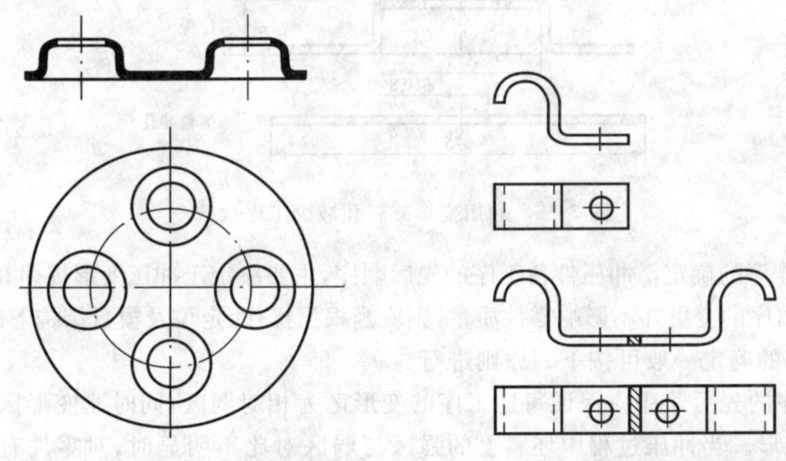

图 7－3　增加冲变形减轻孔工序　　　图 7－4　非对称形零件

(2)工序数量的确定　工序数量是指同一性质的工序重复进行的次数。工序数量的确定主要取决与零件几何形状复杂程度、尺寸大小与精度、材料冲压成形性能、模具强度等，并与冲压工序性质有关。对于冲裁件，形状简单时一般内、外形只需一次冲孔和落料工序，而形状复杂或孔边距较小时，常常需将内、外轮廓分成几部分依次冲出，其工序次数取决于模具强度与制模条件；对于拉深件，其拉深次数主要根据零件的形状、尺寸及极限变形程度通过计算得出；弯曲件的弯曲次数一般根据弯曲角数量、相对弯曲半径及弯曲方向等情况而定；至于其他成形件，也主要是根据具体形状和尺寸以及极限变形程度来决定。

保证冲压工艺稳定性也是确定工序数量时不可忽视的问题。工艺稳定性差时，冲压加工中的废品率会显著提高，而且对原材料、设备性能、模具精度、操作水平等的要求也会相应苛刻些。为此，在保证冲压工艺过程合理的前提下，应适当增加冲压成形工序的工序次数，以降低变形程度，避免在接近极限变形程度的情况下成形。

另外，对于拉深、胀形等成形工序，有时适当利用变形减轻孔也可减少工序次数。如图

7－5 所示拉深件，经计算拉深前的坯料直径为 ϕ81 mm，其拉深系数 $m=33/81=0.4$，小于极限拉深系数，不能一次拉深成形。但若采用图中所示预先在坯料上冲出 ϕ10.8 mm 的变形减轻孔，由于该孔在拉深时对外部坯料（大于 ϕ33 mm 的部分）的变形有减轻作用，从而一次拉深便可得到直径为 33 mm、高度为 9 mm 的拉深件。因拉深时 ϕ10.8 mm 孔有所变大，所以再进行一次切边冲孔即得到 ϕ23 mm 底孔，且坯料直径也只需 76 mm。同样，图 7－3 所示零件采用变形减轻孔以后，也使胀形次数变为一次，否则需采用两次或多次胀形。

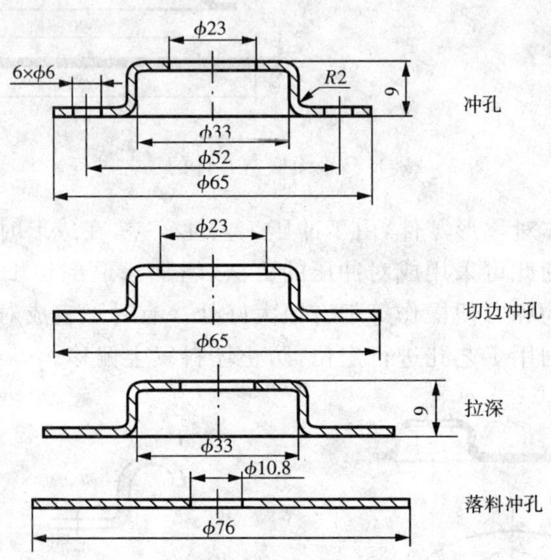

图 7－5　利用变形减轻孔减少工序次数

(3)工序顺序的确定　冲压件各工序的先后顺序，主要决定于冲压变形规律和零件质量要求，如果工序顺序的变更并不影响零件质量，则应当根据操作、定位及模具结构等因素确定。

工序顺序的确定一般可按下列原则进行：

① 各工序的先后顺序应保证每道工序的变形区为相对弱区，同时非变形区应为相对强区而不参与变形。当冲压过程中坯料上的强区与弱区对比不明显时，对零件有公差要求的部位应在成形后冲出。如图 7－6 所示的套圈，其内径 $\phi\,22^{0}_{-0.1}$ mm 是配合尺寸，如果采用先落料、冲孔后再成形，由于成形时整个坯料都是变形区，很难保证内孔公差要求，因而应采用落料、成形、冲孔的工序顺序。

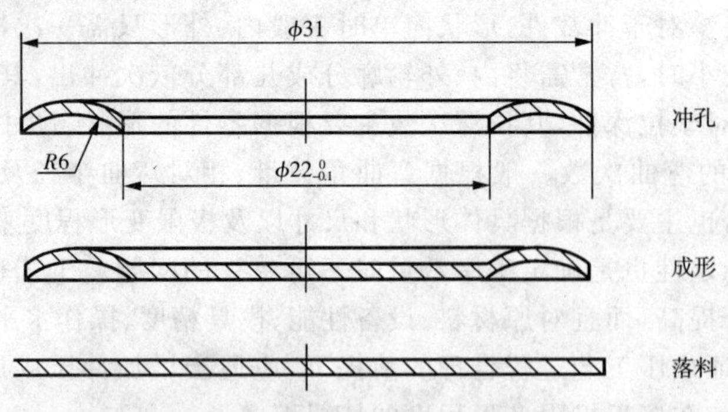

图 7－6　套圈的冲压工序顺序

② 前道工序成形后得到的符合零件图样要求的部分，在以后各道工序中不得再发生变形。

③ 工件上所有的孔，只要其形状和尺寸不受后续工序影响，都应在平面坯料上先冲出。先冲出的孔可以作为后续工序的定位用，而且可使模具简单，生产效率高。

④ 对于带孔的或有缺口的冲裁件，如果选用单工序模冲裁，一般先落料、再冲孔或切口；使用级进模冲裁时，则应先冲孔或切口，后落料。若工件上同时存在两个直径不同的孔，且其位置又较近时，应先冲大孔再冲小孔，这样可避免冲大孔时变形大而引起小孔变形。

⑤ 对于带孔的弯曲件，孔边与弯曲变形区的间距较大时，可以先冲孔，后弯曲。如果孔边在弯曲变形区附近或以内，必须在弯曲后再冲孔。孔间距受弯曲回弹影响时，也应先弯曲后冲孔。如图 7-8 所示的托架弯曲件，ϕ10 mm 孔位于弯曲变形区之外，可以在弯曲前冲出。而 4 个 ϕ5 mm 孔及其中心距 36 mm 会受到弯曲工序的影响，应在弯曲后冲出。

⑥ 对于带孔的拉深件，一般来说，都是先拉深，后冲孔，但当孔的位置在零件的底部，且孔径尺寸相对筒体直径较小并要求不高时，也可先在坯料上冲孔，再拉深。

⑦ 对于多角弯曲件，应从弯曲时材料的变形和运动两方面考虑安排弯曲的先后顺序，一般是先弯外角，再弯内角，详见第三章第五、六节。

⑧ 工件需整形或校平等工序时，均应安排在工件基本成形以后进行。

(4)工序的组合方式　一个冲压件往往需要经过多道工序才能完成。因此，制订工序方案时，必须考虑是采用单工序模分散冲压，还是将工序组合起来采用复合模或级进模冲压。一般来说，工序组合的必要性主要取决于冲压件的生产批量。生产批量大时，冲压工序应尽可能地组合在一起，采用复合模或级进模冲压，以提高生产效率，降低成本；生产批量小时，则以单工序模分散冲压为宜，但有时为了操作方便，保障安全，或为了减少冲压件在生产过程中的占地面积和传递工作量，虽然生产批量不大，也把冲压工序相对集中，采用复合模或组合模进行冲压。另外，对于尺寸过小或过大的冲件，考虑到多套单工序模制造费用比复合模还高，生产批量不大时也可考虑将工序组合起来，采用复合模冲压。对于精度要求较高的零件，为了避免多次冲压的定位误差，也应采用复合模冲压。

然而，工序集中组合必然使模具结构复杂化。因此工序组合的程度受到模具结构、模具强度、模具制造与维修以及设备能力的限制。例如，孔边距较小的冲孔、落料复合和浅拉深件的落料、拉深复合，受到凹凸模壁厚的限制；落料、冲孔和翻孔复合，受到凸凹模强度的限制；较大零件的多工位级进冲压，模具轮廓尺寸受到压力机台面尺寸的限制，冲压力过大时又受到压力机许用压力的限制；工序集中后，如果冲模工作零件的工作面不在同一平面上，就会给修磨带来一定困难等等。但尽管如此，随着冲压技术和模具制造技术的发展，在大批量生产中工序组合程度还是越来越高。

3. 有关工艺计算

(1)排样与裁板方案的确定　根据冲压工艺方案，确定冲压件或坯料的排样方案，计算条料宽度与进距，选择板料规格并确定裁板方式，计算材料利用率。

(2)确定各次冲压工序件形状，并计算工序件尺寸　冲压工序件是坯料与成品零件的过渡件。对于冲裁或成形工序少的冲压件(如一次拉深成形的拉深件，简单弯曲件等)，工艺过程确定后，工序件形状及尺寸就已确定。而对于形状复杂，需要多次成形工序的冲压件，其工序件形状与尺寸的确定需要注意以下几点：

① 根据极限变形参数确定工序件尺寸。受极限变形参数限制的工序件尺寸在成形工序中是很多的，除拉深以外，还有胀形、翻孔、翻边、缩口等。除直径、高度等轮廓尺寸外，圆角半径等也是直接或间接地受极限变形程度限制，如最小弯曲半径、拉深的圆角半径等，这些尺寸都应根据需要和变形程度的可能加以确定，有的需要逐步成形达到要求。

② 工序件的形状和尺寸应有利于下一道工序的成形，如盒形件的过渡形状与尺寸，包括圆角和锥角等，前后两工序件均应有正确的关系。

③ 工序件各部位的形状和尺寸必须按等面积原则确定。如图 7-7 所示出气阀罩盖的冲压工艺过程，第二次拉深所得工序件中，$\phi 16.5$ mm 的圆筒形部分与成品零件相同，在以后的工序中不再变形，其余部分属于过渡部分。被圆筒形部分隔开的内外部分的表面积，应能够满足以后各工序中形成零件相应部分的需要，不能从其他部分来补充材料，也不能过剩。因此，该零件的两次拉深所得工序的底部不是平底而是球面形状，这是为了储备材料以满足压出 $\phi 5.8$ mm 凹坑的需要。如果做成平底的形状，压凹坑时只能产生局部胀形。

④ 工序件形状和尺寸必须考虑成形以后零件表面的质量。有时工件的尺寸会直接影响到成品零件的表面质量，例如多次拉深的工件底部或凸缘处的圆角半径过小，会在成品零件表面留下圆角处的弯曲与变薄的痕迹。如果零件表面质量要求较高，则圆角半径就不应取得太小。板料冲压成形的零件，产生表面质量问题的原因是多方面的，其中工序件过渡尺寸不合适是一个很重要的原因，尤其对复杂形状的零件更是如此。

(3)计算各工序冲压力　根据冲压工艺方案，初步确定各冲压工序所用冲压模具的结构方案(如卸料与压料方式、推件与顶件方式等)，计算各冲压工序的变形力(冲裁力、弯曲力、拉深力、膨胀力、翻边力等)。对于非对称形状件冲压和级进冲压，还需计算压力中心。

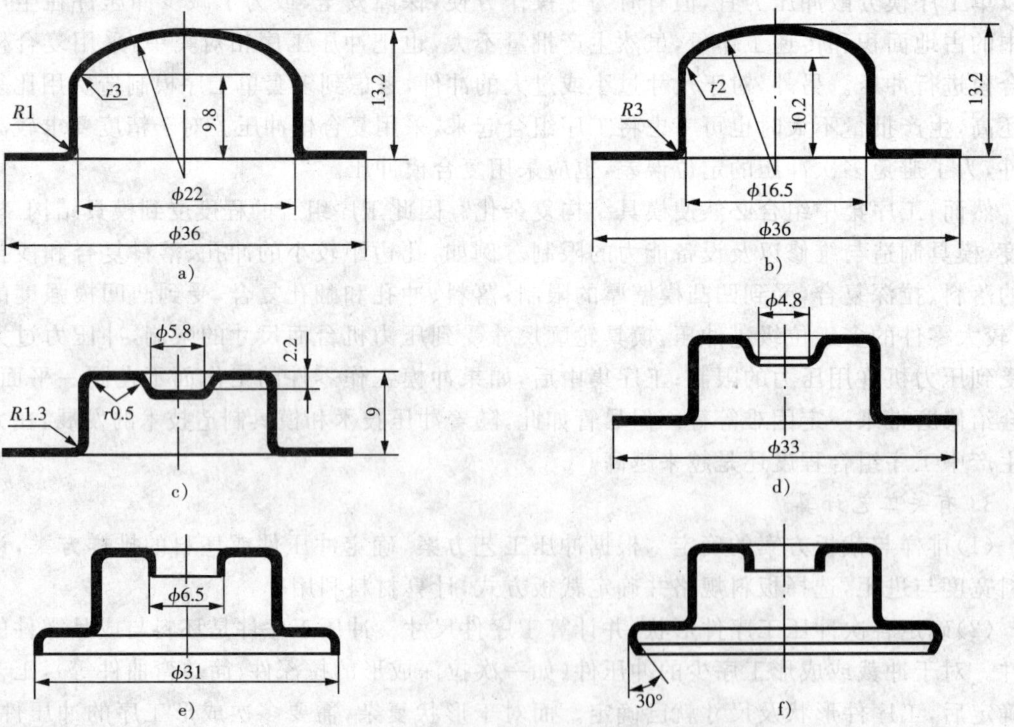

图 7-7　阀罩盖的冲压工艺过程

4. 冲压设备的选择

根据工厂现有设备情况、生产批量、冲压工序性质、冲压件尺寸与精度、冲压加工所需的冲压力、变形力以及估算的模具闭合高度和轮廓尺寸等主要因素，合理选定冲压设备的类型和规格。

5. 编写冲压工艺文件

在上述各项工作进行完成以后，根据需要再安排适当的非冲压辅助工序（如机械加工、焊接、铆合、热处理、表面处理、清理和去毛刺等），这样，冲压工艺过程的制订基本完成。为了将制订的冲压工艺过程实施于生产，需要用工艺文件的形式确定下来，以作为生产准备（如下料与制造模具等）、经济核算和指导生产的依据。

冲压工艺文件主要是冲压工艺过程卡和工艺卡。其中，冲压工艺过程卡表示了零件整个冲压工艺过程的有关内容，而工艺卡是具体表示每一工序的有关内容。在大批量生产中，需要制订每个零件的工艺过程卡和工序卡；在成批和小批量生产中，一般只需制订工艺过程卡。

在冲压生产中，冲压工艺卡尚无统一的格式，各单位可根据既简单又有利于生产管理的原则进行确定。一般冲压工艺卡主要内容应包括工序号、工序名称、工序内容、工序草图（加工简图）、工艺装备、设备型号、材料牌号与规格等。表 7－1 和表 7－2 分别是支架和壳体的冲压工艺过程卡，可供参考。

第二节　冲压工艺过程制订实例

一、支架零件冲压工艺过程制订

支架零件如图 7－8 所示，材料为 08F，料厚 $t=1.5$ mm。年产量为 2 万件，要求表面无严重划痕，孔不允许变形，试制订冲压工艺过程。

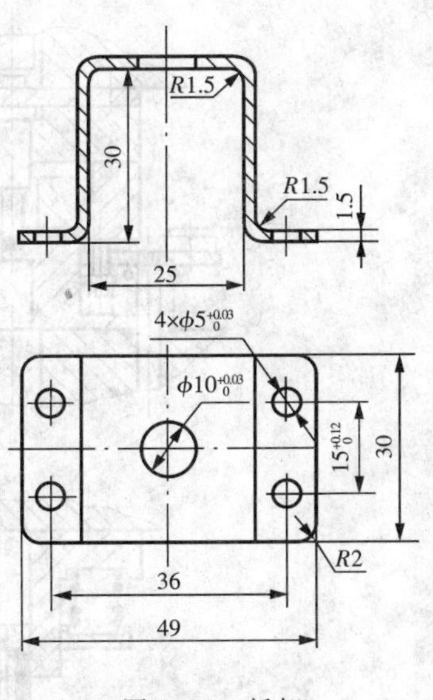

图 7－8　托架

1. 零件的分析

（1）零件的功用与经济分析　该零件是某机械产品上的一个支架，支架的 $\phi10$ 孔内装有芯轴，并通过四个 $\phi5$ mm孔与机身连接。零件工作时受力不大，对其强度和刚度的要求不太高。该零件的生产批量为 20 万件/年，属于中批量生产，外形简单对称，材料为一般冲压钢材，故采用冲压加工经济性良好。

（2）零件工艺性分析　支架为有五个孔的四角弯曲件。其中孔的公差为 IT9 级，其余尺寸为自由公差。各孔的尺寸精度在冲裁允许的精度范围以内，且孔径均大于允许的最小孔径，故可以冲裁。但 $4\times\phi5$ mm 孔的孔边距圆角变形区太近，易使孔变形，且弯曲后的回弹也影响孔距尺寸 36 mm，故 $4\times\phi5$ mm 孔应该在弯曲后冲出。而 $\phi10$ mm 的孔距圆角变形区较远，为简化模具结构和便于弯曲时的坯料

的定位，宜在弯曲前与坯料一起冲出。弯曲部分的相对圆角半径 r/t 均等于1，大于表3－3所列的最小相对弯曲半径 r_{min}/t，可以弯曲。零件的材料为08F钢材，冲压成形性能较好。由此可知，该支架零件的冲压工艺性良好，便于冲压成形。但应注意适当控制弯曲时的回弹，并避免弯曲时划伤零件表面。

2. *冲压工艺方案的分析与确定*

从零件的结构形状可知，所需基本工序为落料、冲孔、弯曲，其中弯曲成形的方式有图7－9所示三种。因此，可能的冲压工艺方案有以下六种。

方案一：冲 ϕ10 mm 的孔与落料复合（图7－10a）⟶弯两外角并使两内角预弯45°（图7－10b）⟶弯两内角（图7－10c）⟶冲4×ϕ5 mm 孔（图7－10d）。

方案二：冲 ϕ10 mm 孔与落料复合（同方案一）⟶弯两外角（图7－11a）⟶弯两内角（图7－11b）⟶冲4×ϕ5 mm 孔（同方案一）。

方案三：冲 ϕ10 mm 孔与落料复合（同方案一）⟶弯四角（图7－12）⟶冲4×ϕ5 mm 孔（同方案一）。

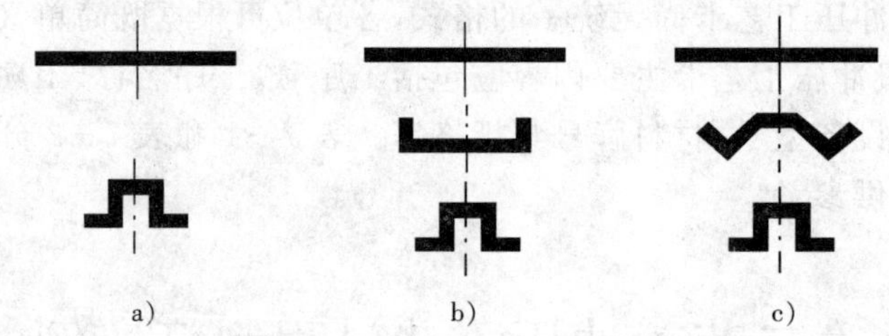

图7－9　托架弯曲成形方式

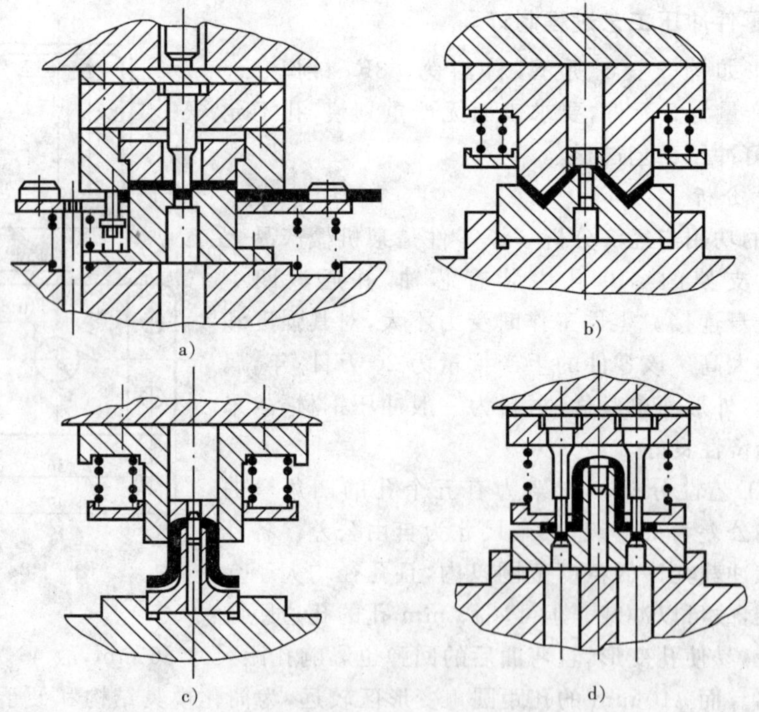

图7－10　方案一：各工序模具结构简图

方案四：冲 ϕ10 mm 孔、切断与弯两外角级进冲压（图 7－13）⟶弯两内角（图 7－11b）⟶冲 4×ϕ5 mm 孔（同方案一）。

方案五：冲 ϕ10 mm 孔、切断与弯四角级进冲压（图 7－14）⟶冲 4×ϕ5 mm 孔（同方案一）。

方案六：全部工序合并，采用带料级进冲压（图 7－15）

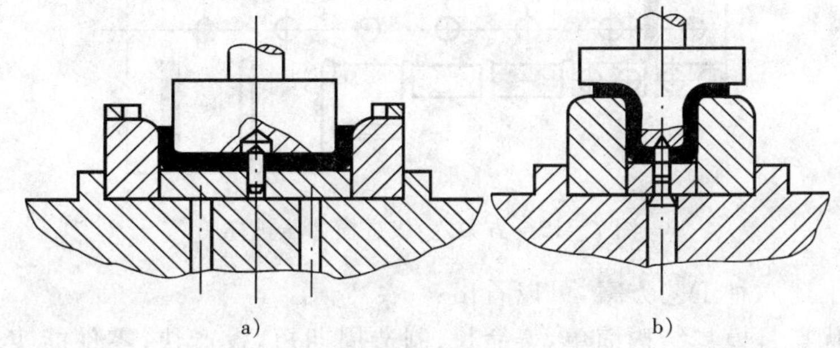

图 7－11　方案二：第 2 道、第 3 道工序模具结构简图

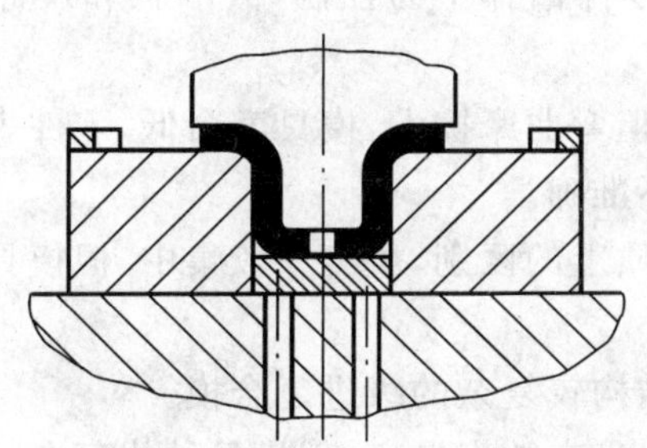

图 7－12　方案三：第 2 道工序模具结构简图

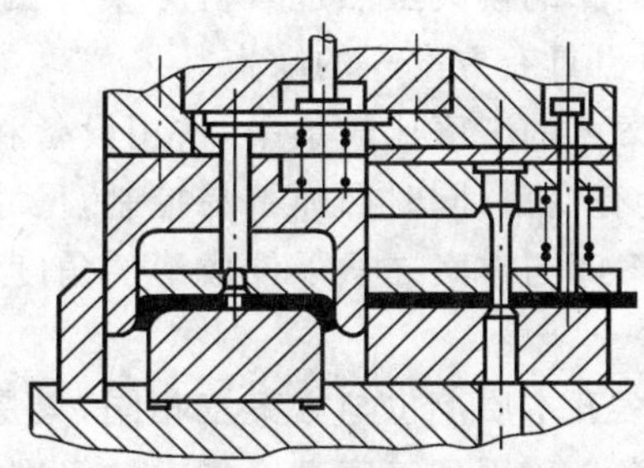

图 7－13　方案四：第 1 道工序模具结构简图

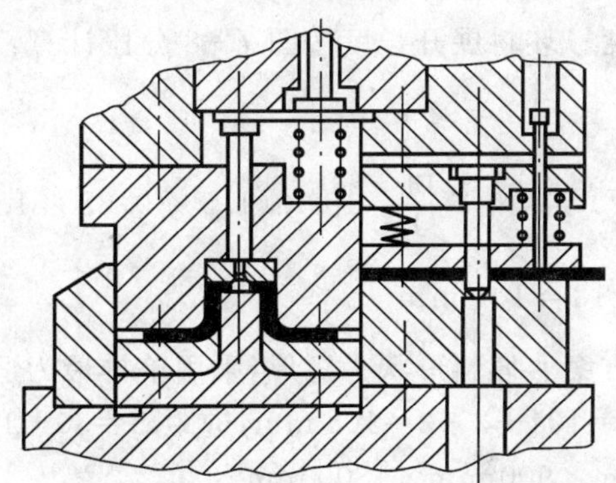

图 7－14　方案五：第 1 道工序模具结构简图

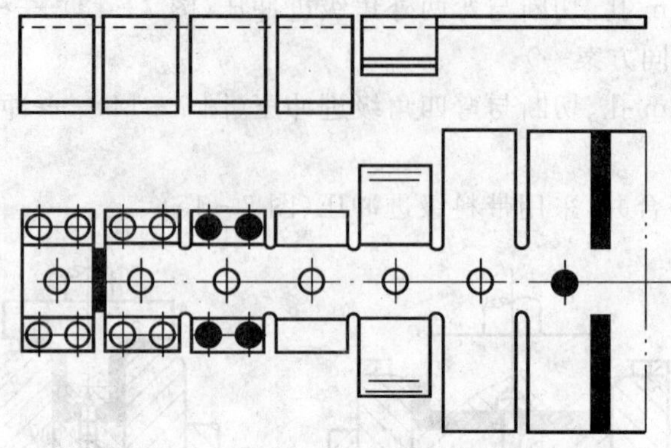

图 7-15　方案六：级进模冲压排样图

分析比较上述六种工艺方案，可以看出：

方案一的优点是模具结构简单，寿命长，制造周期短，投产快；零件能实现校正弯曲，故回弹容易控制，尺寸和形状准确，且坯料受凸、凹模的摩擦阻力小，因而表面质量也高；除工序 1 以外，各工序定位基准一致且与设计基准重合，操作也比较方便。缺点是工序分散，需用模具、设备和操作人员较多，劳动量较大。

方案二的模具虽然也具有方案一的优点，但零件回弹不易控制，故形状和尺寸不太准确，同时也具有方案一的缺点。

方案三的工序比较集中，占用设备和人员少，但弯曲摩擦大，模具寿命低，零件表面有划伤，厚度有变薄，同时回弹不易控制，尺寸和形状不准确。

方案四与方案二从零件成形的角度看没有本质上的区别，虽工序较集中，但模具结构也复杂些。

方案五本质上也与方案三相同，只是采用了结构较复杂的级进复合模。

方案六采用了工序高度集中的级进冲压方式，生产效率最高，但模具结构复杂，安装、调试、维修比较困难，制造周期长，适用于大量生产。

综上所述，考虑到零件不大，而质量要求较高，选择方案一较为合适。

3. 主要工艺参数的计算

(1)计算坯料展开长度　坯料展开长度按图 7-8 分段计算：

$$L_{直}=2\times9+2\times25.5+22=91\ \text{mm}$$

$$L_{弯}=4\times\frac{\pi\alpha}{180}(r+x\,t)=4\times\frac{3.14\times90}{180}\times(1.5+0.32\times1.5)\approx13\ \text{mm}$$

$$L=L_{直}+L_{弯}=91+13=104\ \text{mm}$$

(2)确定排样与裁板方案　坯料形状为矩形，采用单排最为适宜。取搭边 $a=2$ mm，$a_1=1.5$ mm，则条料宽度 $B=104+2\times2=108$ mm，进距 $S=30+1.5=31.5$ mm。

板料规格选用 1.5 mm×900 mm×1800 mm。

采用纵裁法时：

每板条料数 $n_1=(900\div108)\approx8$ 条，余 36 mm

每条零件数 $n_2=(1800-1.5)\div31.5\approx57$ 件

36 mm×1800 mm 余料利用件数 $n_3=(1800-2)\div108\approx16$ 件

每板零件数 $n=n_1n_2+n_3=(8\times57+16)=472$ 件

板料利用率 $\eta_1=\dfrac{472\times(30\times104-\pi\times10^2/4-4\times5^2/4)}{900\times1800}=87.9\%$

采用横裁法时：

每板条料数 $n_1=(1800\div108)\approx16$ 条，余 72 mm

每条零件数 $n_2=\dfrac{900-1.5}{31.5}\approx28$ 件

72 mm×900 mm 余料利用件数 $n_3=2\times\dfrac{900-2}{108}\approx16$ 件

每板零件数 $n=n_1n_2+n_3=(16\times28+16)=464$ 件

板料利用率 $\eta_2=\dfrac{464\times(30\times104-\pi\times10^2/4-4\times5^2/40)}{900\times1800}=86.4\%$

由以上计算可知，纵裁法的材料利用率高，从弯曲线与纤维方向之间的关系看，横裁法较好。但材料 08F 钢的塑性较好，不会出现弯裂现象，故采用纵裁法排样，以降低成本，提高经济性。

(3)计算各工序冲压力

① 工序 1（落料冲孔复合）。采用 7－10a 所示模具结构形式，则

冲裁力　$F_{落}=L_1t\sigma_b=(2\times30+2\times104)\times1.5\times360=144720$ N

$F_{孔}=L_2t\sigma_b=10\pi\times1.5\times360=16956$ N

$F=F_{落}+F_{孔}=144720+16956=161676$ N

卸料力　$F_X=K_XF_{落}=0.05\times144720=7236$ N

推料力　$F_T=nK_TF_{孔}=5\times0.05\times16956=4239$ N

冲压总力　$F_{\sum}=F+F_X+F_T=161676+7236+4239=173151\approx173$ kN

② 工序 2（弯两外角并使两内角预弯 45°）。采用 7－10b 所示模具结构形式，按校正弯曲计算，则

$$F_{校}=Aq=85\times30\times50=127500\text{ N}$$

③ 工序 3（弯曲内角）。采用 7－10c 所示模具结构形式，按 U 形件自由弯曲计算，则

弯曲　$F_{自}=\dfrac{0.7KBt^2\sigma_b}{r+t}=\dfrac{0.7\times1.3\times30\times1.5^2\times360}{1.5+1.5}=7371$ N

压料力　$F_Y=(0.3\sim0.8)F_{自}=0.6\times7371=4422$ N

冲压总力　$F_{\sum}=F_{自}+F_Y=7371+4422=11793$ N

④ 工序 4（冲 4×ϕ5 mm）。采用 7－10d 所示模具结构形式，则

冲裁力　$F=Lt\sigma_b=4\times5\pi\times1.5\times360=33912$ N

卸料力　　$F_X=K_XF_{落}=0.05\times33912=1696$ N

推件力　　$F_T=nK_TF_{孔}=5\times0.05\times33912=8478$ N

冲压总力　　$F_{\sum}=F+F_X+F_T=33912+1696+8478=44086$ N

4. 选择冲压设备

本零件各工序只有冲裁和弯曲两种冲压方法，且冲压力均不太大，故可选用开式可倾式压力机。根据所计算的各工序冲压力大小，并考虑零件尺寸和可能的模具闭合高度，工序1（落料冲孔复合工序）选用J23－25压力机，其余各工序均选用J23－16压力机。

5. 填写冲压工序过程卡

该零件的冲压工艺过程卡见表7－1。

二、壳体的冲压工艺过程制订

图7－16所示壳体。该零件的材料为08钢，厚度$t=1.5$ mm，年产量10万件，试制订其冲压工艺过程。

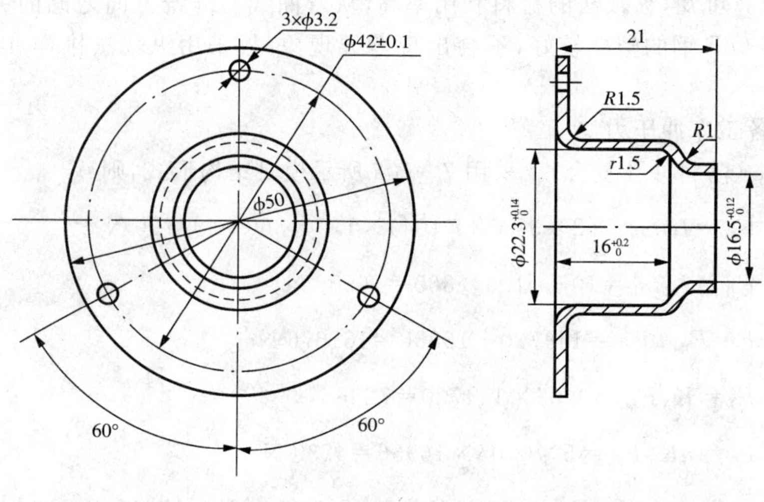

图7－16　壳体

1. 零件的分析

(1)零件的功用与经济性分析　该零件是汽车车门玻璃升降器的外壳壳体，玻璃升降器的装配图如图7－17所示。从装配图可以看出，升降的传动机构装于外壳5的内腔，并通过外壳凸缘上均布的三个小孔$\phi3.2$ mm以铆钉铆接在车门的座板2上。传动轴6与外壳承托部位$\phi16.5$的配合为间隙配合，公差等级为IT11级。传动轴通过制动弹簧3，联动片9，心轴4与小齿轮11，摇动手柄7将动力传至小齿轮，再带动大齿轮12，推动车门的玻璃升降。

外壳采用材料08钢及1.5 mm厚度保证了足够的强度和刚度。外壳内腔主要配合尺寸$\phi22.3_0^{+0.14}$ mm、$\phi16.5_0^{+0.12}$ mm及$\phi16_0^{+0.2}$ mm为IT11至IT12级的精度。为使外壳与座板铆接后保证外壳承托部位$\phi16.5_0^{+0.12}$ mm与轴套同轴，三个小孔$\phi3.2$ mm与$\phi16.5$ mm的相互位置要准确，小孔中心圆直径($\phi42\pm0.1$) mm为IT10级精度。

该零件的年产量为中批量，零件外形简单对称，材料为一般用钢，采用冲压加工经济性

良好。

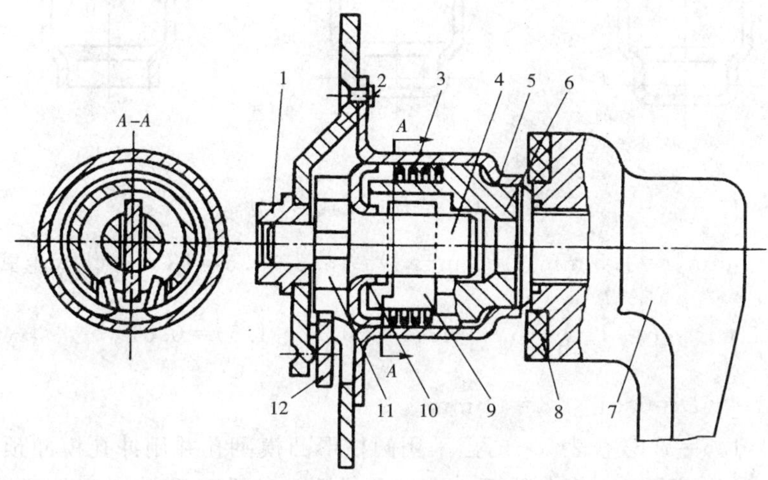

图 7-17　汽车玻璃升降器装配图

1—轴套　2—底板　3—制动扭簧　4—心轴　5—外壳　6—传动轴　7—手柄　8—油毛毡　9—联动片　10—挡圈　11—小齿轮　12—大齿轮

(2)零件的工艺性分析　该零件形状的基本特征是一带凸缘的圆筒形件，故主要成形方法是冲裁和拉深。零件的 d_t/d、h/d 都不太大，其拉深工艺性较好，只是圆角半径 $R1$ mm 及 $R1.5$ mm 偏小，$\phi 22.3_0^{+0.14}$ mm、$\phi 16.5_0^{+0.12}$ mm 及 $\phi 16_0^{+0.2}$ mm 的精度有点偏高，这可在末次拉深时采用精度较高的模具和较小的凸、凹模间隙，并安排一次整形工序最后达到。三个小孔 $\phi 3.2$ mm 的孔径大于冲裁所允许的最小孔径，但中心距要求较高，并要求与 $\phi 16.5_0^{+0.12}$ mm的相互位置准确，可采用较高精度的冲模同时冲出三个孔，并以 $\phi 22.3$ mm 内孔定位。零件的材料为 08 钢，其冲压成形性能较好。

综上所述，该零件的形状、尺寸、精度、材料均符合冲压工艺性要求，故可以采用冲压方法加工。

2. 冲压工艺方案的分析与确定

(1)工序性质与数量的确定　该零件的主要成形方法是冲裁和拉深。但底部 $\phi 16.5$ mm 的成形可有三种方法：一种是拉深成阶梯形后用车削方法切去底部；一种是拉深成阶梯形后用冲孔法冲去底部；再一种是拉深后冲底孔，再翻孔，如图 7-18 所示。此三种方法中，第一种车底的方法口部质量较高，但生产效率低且废料，该零件底部要求不高，不宜采用；第二种冲底的方法其效率要比车底高，但要求底部圆角半径接近零，这需要增加整形工序，即使这样口部还是有锋利的锐角；第三种翻孔的方法生产效率高，且节省原材料，翻孔质量虽不如以上好，但该零件高度尺寸 21 mm 未标注公差，翻孔完全可以保证要求。所以，比较起来，采用第三种方法较为合理。

翻孔次数确定如下：

由式(5-15)求得翻孔系数计算式为

$$K=1-\frac{2}{D}(h-0.43r-0.72t)$$

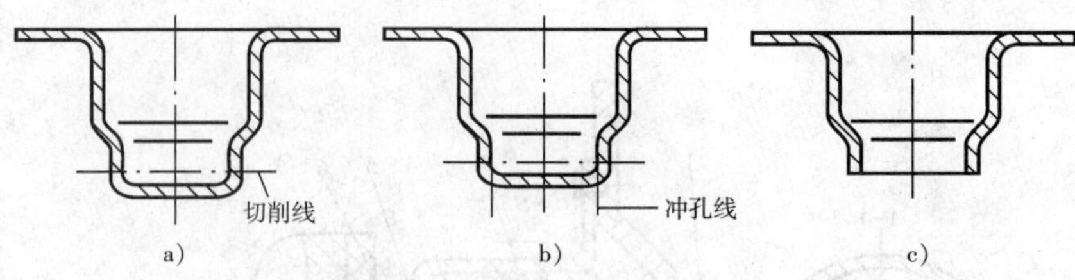

图 7-18　壳体底部成形方法

将 $h=21-16=5$ mm，$t=1.5$ mm，$r=1$ mm，$D=16.5+1.5=18$ mm 代入上式得

$$K=1-\frac{2}{18}(5-0.43\times1-0.72\times1.5)=0.61$$

预冲直径 $d=KD=0.61\times18=11$ mm

由 $d/t=11/1.5=7.3$，查表 5-6，当采用圆柱形凸模翻孔并用冲孔模冲预孔时，其极限翻孔系数[K]=0.5。因 $K>[K]$，故可一次翻孔成形。冲孔翻孔前工序件形状和尺寸如图 7-19a 所示，图中凸缘直径 ϕ54 mm 是由零件凸缘直径 ϕ50 mm 加上拉深后切边的余量(取 $\Delta R=2$ mm)确定的。

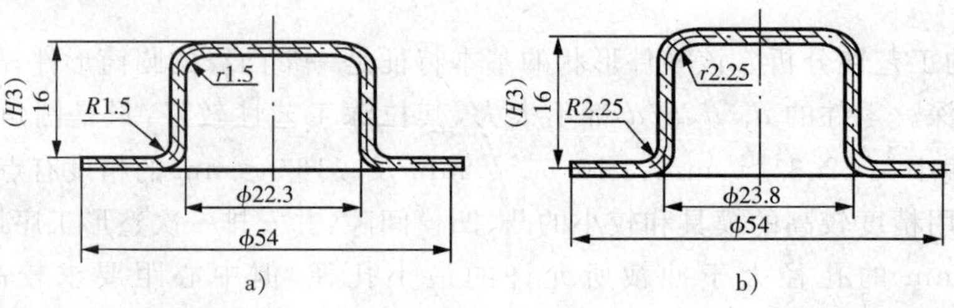

图 7-19　冲孔翻孔前工序件形状和尺寸

拉深次数确定如下：

零件的坯料直径 D 按图 7-19b 所示中线尺寸计算，由表 4-6 得

$D=\sqrt{d_t^2+4dH-3.44rd}$

$=\sqrt{54^2+4\times23.8\times16-3.44\times2.25\times23.8}\approx65$ mm

根据 $d_t/d=54/23.8=2.26$，$t/D=1.5/65\times100\%=2.3\%$，查表 4-11，得$[h_1/d_1]=0.35\sim0.45$，而 $h/d=16/23.8=0.67>[h_1/d_1]$，所以不能一次拉深成形，需多次拉深。

若取 $m_1=0.50$，有 $d_1=m_1D=0.50\times65=32.5$mm，则 $m_2=d_2/d_1=23.8/32.5=0.73$。查表，得$[m_2]=0.73=m_2$，故用两次拉深可以成形。但考虑到两次拉深时均接近极限拉深系数，为了提高工艺稳定性，保证零件质量，采用三次拉深，并在第三次拉深时兼整形工艺。这样，既不需要添加模具数量，又可减少前两次拉深的变形程度，以保证能稳定地生产。于是，三次拉深系数可调整为 $m_1=0.56$，$m_2=0.805$，$m_3=0.81$，则

$m_1m_2m_3=0.56\times0.805\times0.81=0.366=m=23.8/65$

根据以上的分析和计算，该零件的冲压加工需要以下基本工序：落料、首次拉深、二次拉深、三次拉深兼整形、冲 ϕ11 mm 孔、翻孔、冲三个 ϕ3.2 mm 孔、切边。

(2)冲压工艺方案的确定　根据以上基本工序，可拟定出以下五种冲压工艺方案：

方案一：落料与首次拉深复合，其余按基本工序，如图 7-20 所示。

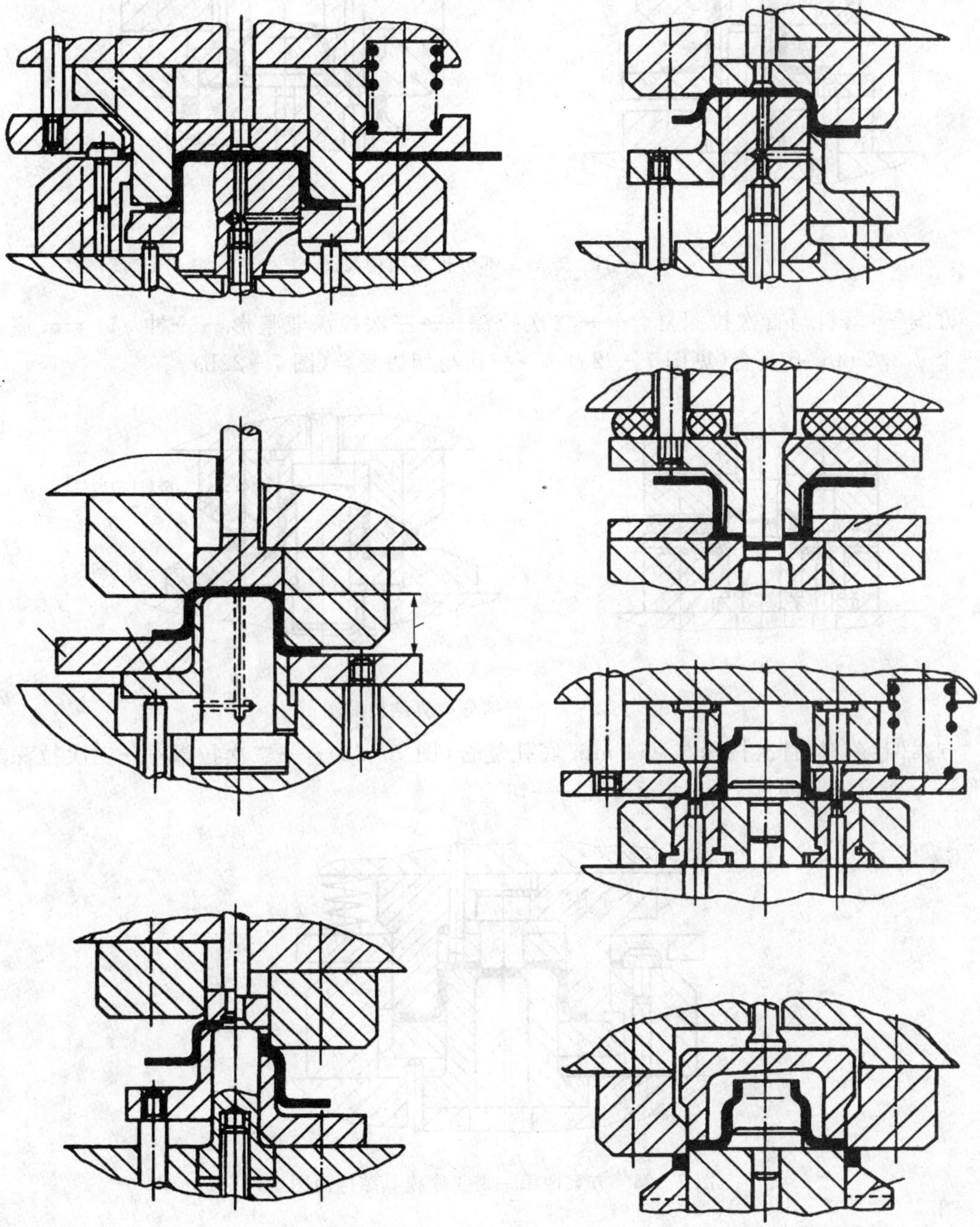

图 7-20　方案一各工序模具结构简图

方案二：落料与首次拉深复合——→二次拉深——→三次拉深兼整形——→冲 ϕ11 mm 底孔与翻孔复合(见图 7-21a)——→冲三个 ϕ3.2 mm 孔与切边复合(图 7-21b)。

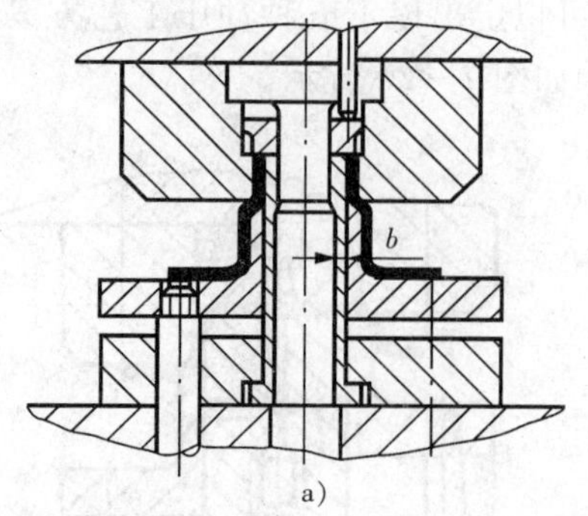

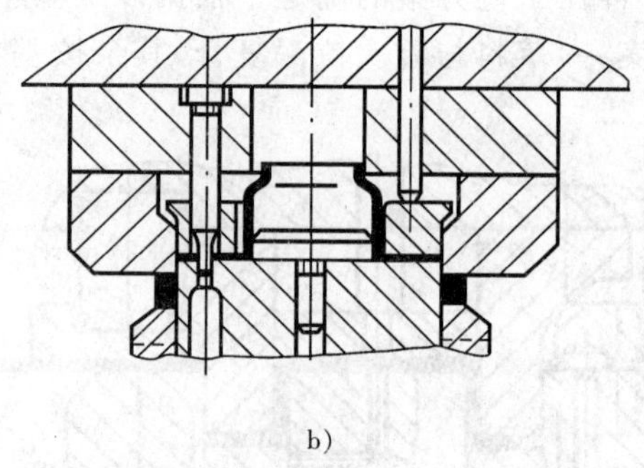

图 7-21　方案二部分模具结构简图

方案三：落料与首次拉深复合⟶二次拉深⟶三次拉深兼整形 ⟶冲 ϕ11 mm 底孔与三个 ϕ 3.2 mm 孔复合(见图 7-22a)⟶翻孔与切边复合(图 7-22b)。

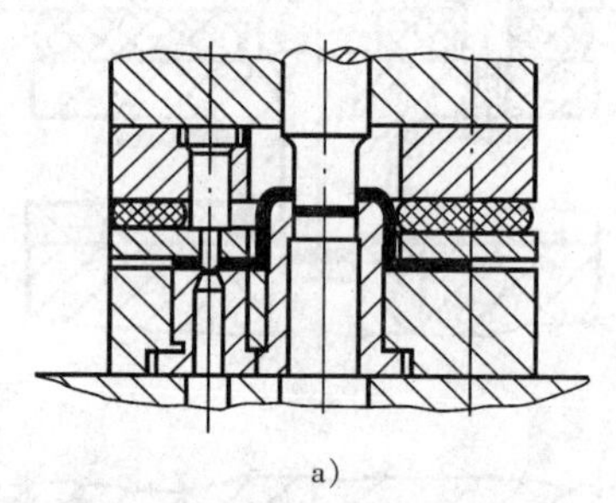

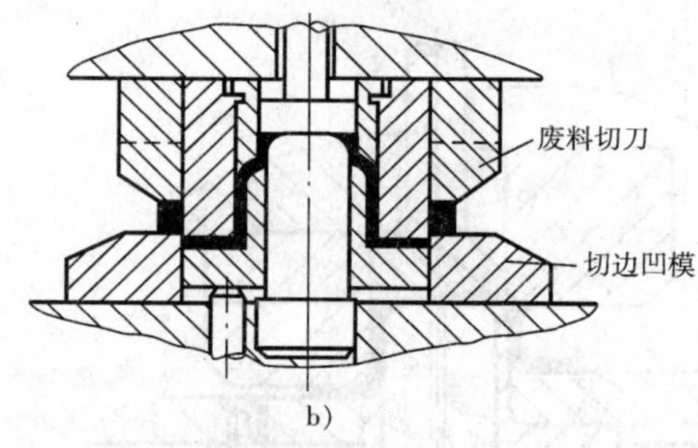

图 7-22　方案三部分模具结构简图

方案四：落料、首次拉深与 ϕ11 mm 底孔复合(图 7-23)⟶二次拉深⟶三次拉深兼整形⟶ 翻孔⟶冲三个 ϕ3.2 mm 孔⟶切边。

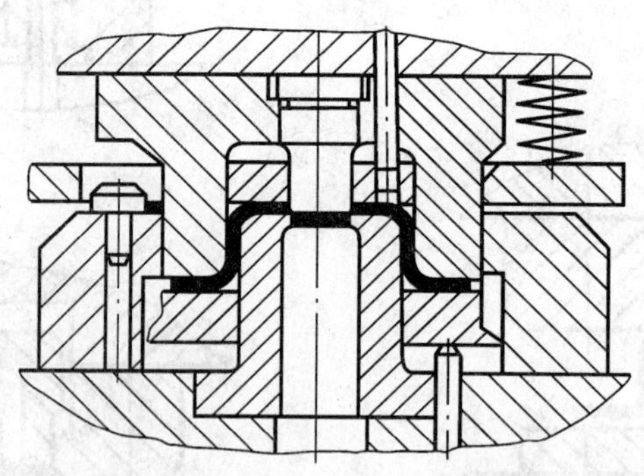

图 7-23　方案四第一道工序模具结构简图

方案五：采用带料级进拉深或在工位自动压力机上冲孔。

分析比较上述五种方案，可以看出：

方案二符合冲压成形规律，但冲孔与翻孔复合和冲孔与切边复合都存在凸凹模壁厚太薄(分别为 2.75 mm 和 2.4 mm)的问题，模具容易损坏，故不宜采用。

方案三也符合冲压成形规律，并且也解决了上述模壁太薄的问题，但冲 ϕ11 mm 底孔与

冲 ϕ3.2 mm 小孔复合及翻孔与切边复合时，它们的工作零件都不在同一平面上，磨损快慢不一样，这会给修磨带来不便，修磨后要保持相对位置也有困难。

方案四不仅在工作零件修磨不方便的问题，而且预冲的底孔在第二次和第三次拉深时可能会变形，将会影响翻孔高度和口部质量。

方案五采用带料级进拉深或多工位自动压力机冲压，可获得高的生产效率，而且操作安全，也避免了上述方案的缺点，但这一方案需要专用压力机或自动送料装置，而且模具结构复杂，制造周期长，生产成本高。因此，只有在大量生产中才较适宜。

方案一没有上述各方案的缺点，但其工序组合程度较低，生产率较低。不过各工序模具结构简单，制造费用低，对中小批量生产是合适的。

根据以上分析比较，决定采用方案一为本外壳零件的冲压工艺方案。

3. 主要工艺参数的计算

(1)确定排样与裁板方案

板料规格拟选用 1.5 mm×900 mm×1800 mm(08 钢板)。因坯料直径为 ϕ65 mm 不算太小，考虑到操作方便，采用条料单排。取搭边值 $a=2$ mm，$a_1=1.5$ mm，则

进距：$S=D+a_1=65+1.5=66.5$ mm

条料宽度：$B=D+2a=65+2\times2=69$ mm

经计算，采用纵裁法时，材料利用率为 $\eta=69.5\%$；采用横裁法时，材料利用率为 $\eta=66.5\%$。由此可见，纵裁有较高的材料利用率，且该零件没有纤维方向的考虑，故决定采用纵裁法。

经计算单个零件的净重 $G=0.033$ kg，材料消耗定额(即单个零件所消耗的原材料)$G_0=0.054$ kg。

(2)确定中间各工序尺寸(按中线尺寸计算)

① 首次拉深。首次拉深直径 $d_1=m_1D=0.56\times65=36.5$ mm，首次拉深时凹模与凸模圆角半径分别按式(4-17)和式(4-18)计算，取 $r_{d1}=5$ mm，$r_{p1}=4$ mm。则首次圆角半径为 $R_1=5.75$ mm，$r_1=4.75$。

首次拉深高度按第四章公式计算，得

$$h_1=\frac{0.25}{d_1}(D^2-d_1^2)+0.43(r_1+R_1)+\frac{0.14}{d_1}(r_1^2-R_1^2)$$

$$=\frac{0.25}{36.5}\times(65^2-54^2)+0.43\times(4.75+5.75)+\frac{0.14}{36.5}\times(4.75^2-5.75^2)$$

$$=13.5\ \text{mm}$$

② 二次拉深。拉深直径 $d_2=m_2d_1=0.805\times36.5=29.5$。取 $r_{d2}=r_{p2}=2.5$ mm，则 $R_2=r_2=3.25$ mm。拉深高度按第四章公式算得 $h_2=13.9$ mm。

③ 三次拉深。拉深工序件尺寸与图 7-19 相同，即 $d_3=23.8$ mm，$R_3=r_3=2.25$ mm，$h_3=16$ mm。本工序中的 $r_{d3}=r_{p3}=1.5$ mm，已达到零件要求圆角半径，此值虽然偏小，但因第三次拉深兼有整形作用，故可以达到。

其余中间工序件的尺寸均按零件尺寸而定，各工序的工序件形状及尺寸如图 7-24 所示。

(3)计算各工序冲压力，选择冲压设备

① 工序 1（落料拉深复合，模具结构按图 7-20a）

落料力 $F_1 = L t\sigma_b = 65\pi \times 1.5 \times 400 = 122460$ N

卸料力 $F_X = K_X F_1 = 0.05 \times 122460 = 6123$ N

拉深力 $F_2 = K_1 \pi d_1 t\sigma_b = 1 \times 3.14 \times 36.5 \times 1.5 \times 400 = 68766$ N

压料力 $F_Y = \pi[D^2 - (d_1 + 2r_{d1})^2]p/4$

$= 3.14 \times [65^2 - (36.5 + 2 \times 5)^2] \times 2.5/4 = 4048$ N

因 $F_1 > F_2$，故这一工序的最大冲压力在距下止点 13.5 mm 左右达到，其值为

$$F_{\sum} = F_1 + F_X + F_Y = 122460 + 6123 + 4048 = 132417 \approx 133 \text{ kN}$$

因本工序是落料拉深复合，因此确定压力机标称压力时应考虑压力机的许用压力曲线，根据工厂现有的设备选择合适的压力机。本工序可以选用 J23－35 压力机。

② 工序 2(第二次拉深，模具结构按图 7-20b)

拉深力 $F = K_2 \pi d_2 t\sigma_b = 0.8 \times 3.14 \times 29.5 \times 1.5 \times 400 = 44462$ N

压料力 $F_Y = \pi(d_1^2 - d_2^2)p/4 = 3.14 \times (36.5 \times 36.5 - 29.5 \times 29.5) \times 2.5/4 = 907$ N

冲压总力 $F_{\sum} = F + F_Y = 44462 + 907 = 45369 \approx 45$ kN

压力机的标称压力同样应考虑压力机的许用压力曲线。本工序可以选用 J23－25 压力机。

本工序拉伸系数较大($m_2 = 0.805$)，坯料相对厚度也较大($t/d_1 = 1.5/36.5 \times 100\% = 4.1\%$)，可以不用压料，这里的压料圈实际上是作为定位和顶件之用。

③ 工序 3 （第三次拉深兼整形，模具结构按图 7-20c)

拉深力 $F_1 = K_2 \pi d_3 t\sigma_b = 0.7 \times 3.14 \times 23.8 \times 1.5 \times 400 = 31387$ N

压料力可以取拉深力10%，即 $F_Y = 0.1F_1 = 0.1 \times 31387 = 3139$ N

整形力 $F = pA = 100 \times 3.14 \times [(54^2 - 25.3^2) + (22.3 - 2 \times 1.5)^2]/4 = 207899$ N

由于整形力比拉深力大得多，且整形力是在临近下止点位置时发生，符合压力机的工作压力特性，故可按整形力大小选择压力机。本工序可选 J23－35 压力机。

④ 工序 4 （冲 $\phi 11$ mm 的孔，模具结构按图 7-20d)

冲孔力 $F = Lt\sigma_b = 11\pi \times 1.5 \times 400 = 20724$ N

卸料力 $F_X = K_X F = 0.05 \times 20724 = 1036$ N

推件力 $F_T = nK_T F = 5 \times 0.055 \times 20724 = 5699$ N

冲压总力 $F_{\sum} = F + F_X + F_T = 20724 + 1036 + 5699 = 27459 \approx 28$ kN

显然，只要选 63 kN 压力机即可，但考虑冲件尺寸及行程要求，选用 J23－25 压力机。

⑤ 工序 5 （翻孔，模具结构按图 7-20e)

本工序在翻孔变形结束时有整形作用，因而应分别计算翻孔力、整形力和顶件力。

翻孔力 $F_1 = 1.1\pi(D-d)t\sigma_s = 1.1 \times 3.14 \times (18-11) \times 1.5 \times 196 = 7108$ N

顶件力可取翻孔力的 10%，即 $F_D = 0.1F_1 = 0.1 \times 7108 = 711$ N

整形力 $F_2 = pA = 100 \times 3.14 \times (22.3 \times 22.3 - 16.5 \times 16.5)/4 = 17665$ N

同样因整形力比翻孔力和顶件力大得多，故按整形力选择压力机。这里可以选用 J23－25 压力机。

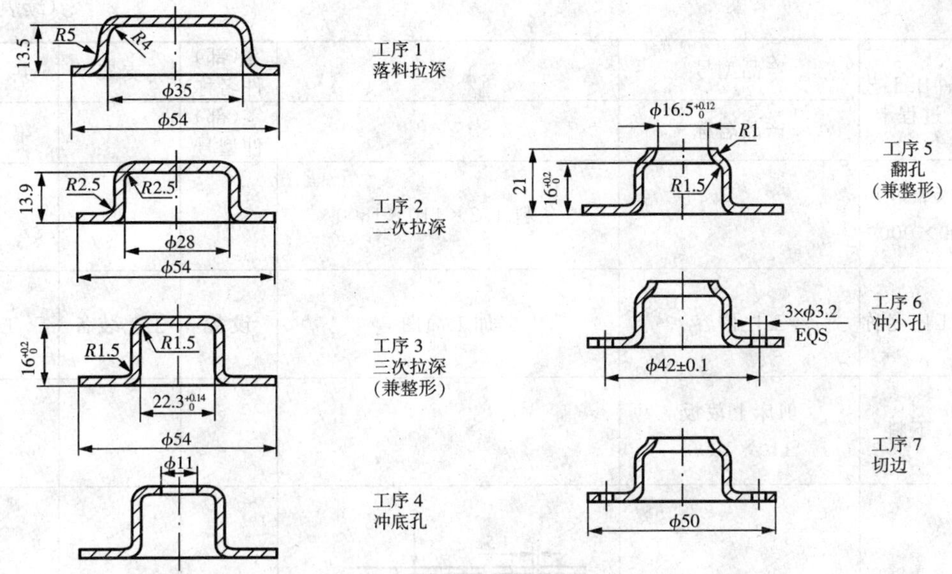

图 7-24　外壳冲压工序件图

⑥ 工序 6(冲三个 ϕ3.2 mm 孔,模具结构按图 7-20f)

冲孔力　$F=Lt\sigma_b=3\times3.14\times3.2\times1.5\times400=18086$ N

卸料力　$F_X=K_X F=0.05\times18086=904$ N

推件力　$F_T=nK_T F=5\times0.055\times18086=4974$ N

冲件总力　$F_\sum=F+F_X+F_T=18086+904+4974=23964\approx24$ kN

与工序 4 同样原因,可选用 J23—25 压力机。

⑦ 工序 7(切边,模具结构按图 7-20g)

模具结构采用废料切刀(2 个)卸料和刚性推件方式,故只需计算切边力和废料切刀的切断力。

切边力　$F_1=Lt\sigma_b=50\pi\times1.5\times400=94200$ N

切断力　$F_2=2L't\,\sigma_b=2\times(54-50)\times1.5\times400=4800$ N

冲压总力　$F_\sum=F_1+F_2=94200+4800=99000=99$ kN

也选用 J23—25 压力机。

4. 填写冲压工艺过程卡

该零件的冲压工艺过程卡见表 7-2。

5. 试模中出现的缺陷及产生原因和调整方法

通过设计、制作模具后获得生产满意的制件,在试模中根据不同类型的模具出现的问题可采取相应的措施,可查阅表 7-3、表 7-4、表 7-5。

表 7-1　支架冲压工艺过程卡

(厂名)	冲压工艺过程卡	产品型号		零(部)件名称	支架	共　页
		产品名称		零(部)件型号		第　页
材料牌号及规格		材料技术要求	坯料尺寸	每个坯料可制件数	毛坯重量	辅助材料

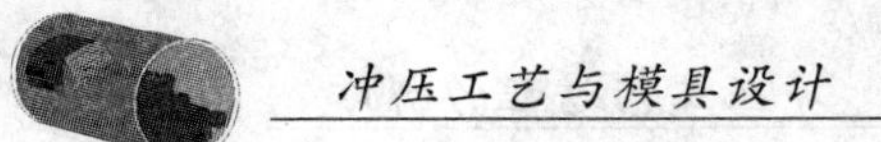

（续表）

(厂名)	冲压工艺过程卡	产品型号		零(部)件名称	支架	共　页
		产品名称		零(部)件型号		第　页
08 钢 1.5±0.11×1800×900			条料 1.2×110×1800			
工序号	工序名称	工序内容	加工简图	设备	工艺装备	工时
0	下料	剪床上裁板 110×1800				
1	落料冲孔	冲 $\phi10$ 孔与落料复合	1.5　2　108　31.5　t=1.5　104　30　R2　$\phi10^{+0.03}_{0}$	J23－25	落料冲孔复合模	
2	弯曲	弯两外角并使两内角预弯45°	25　90°　45°　R1.5　10.5	J23－16	弯曲模	
3	弯曲	弯两内角	25　R1.5　30　R1.5　49	J23－16	弯曲模	

（续表）

（厂名）	冲压工艺过程卡	产品型号		零（部）件名称	支架	共 页
		产品名称		零（部）件型号		第 页
4	冲孔	冲 4×ϕ5 孔	4×$\phi5^{+0.03}_{0}$ 15$^{+0.12}_{0}$ 36	J23－16	冲孔模	
5	检验	按零件图样检验				

								编制	审核	会签
标记	处数	更改文件号	签字	日期	处数	更改文件号	签字日期			

表 7－2 壳体冲压工艺过程卡

（厂名）	冲压工艺过程卡	产品型号		零（部）件名称	支架	共 页
		产品名称		零（部）件型号		第 页
材料牌号及规格		材料技术要求	坯料尺寸	每个坯料可制件数	毛坯重量	辅助材料
08 钢 1.5±0.11×1800×900			条料 1.5×69×1800			
工序号	工序名称	工序内容	加工简图	设备	工艺装备	工时
0	下料	剪床上裁板 70×1800				
1	落料拉深	落料与首次拉深复合	R5 r4 13.5 ϕ35 ϕ54	J23－35	落料拉深复合模	
2	拉深	二次拉深	R2.5 r2.5 13.9 28 ϕ54	J23－25	拉深模	

（续表）

(厂名)	冲压工艺过程卡	产品型号		零(部)件名称	支架	共 页
		产品名称		零(部)件型号		第 页
3	拉深	三次拉深(兼整形)	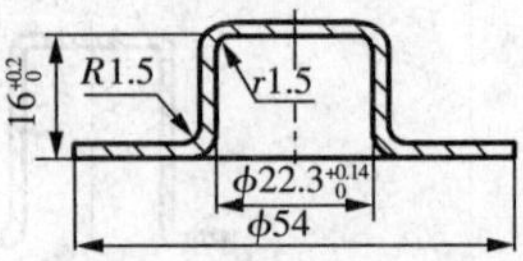 R1.5 r1.5 $16^{+0.2}_{0}$ $\phi22.3^{+0.14}_{0}$ $\phi54$	J23—35	拉深模	
4	冲孔	冲 $\phi11$ 底孔	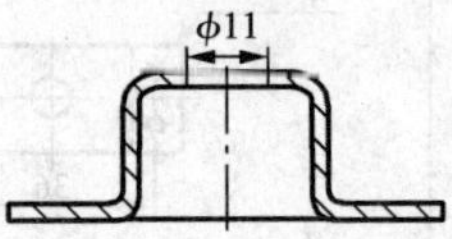 $\phi11$	J23—25	冲孔模	
5	翻孔	翻底孔(兼整形)	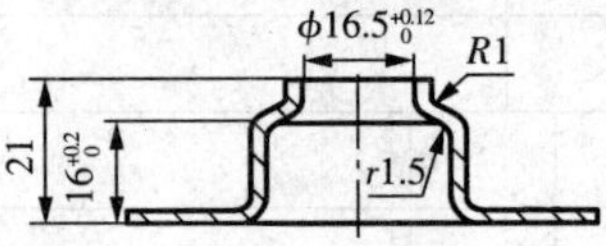 $\phi16.5^{+0.12}_{0}$ R1 21 $16^{+0.2}_{0}$ r1.5	J23—25	翻孔模	
6	冲孔	冲三个 $\phi3.2$ 孔	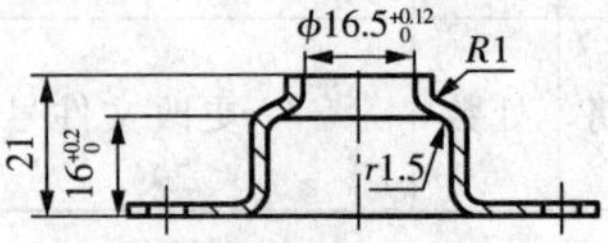 $\phi16.5^{+0.12}_{0}$ R1 21 $16^{+0.2}_{0}$ r1.5	J23—25	冲孔模	
7	切边	切边缘达到尺寸要求	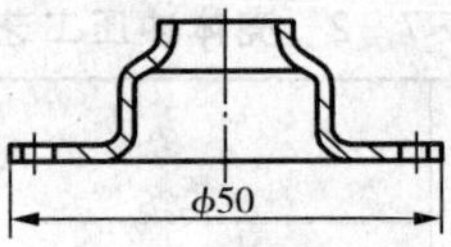 $\phi50$	J23—25	切边模	
8	检验	按零件图样检验				

									编制	审核	会签
标记	处数	更改文件号	签字	日期	处数	更改文件号	签字	日期			

表 7－3　冲裁模试冲的常见缺陷、产生原因及调整方法

试冲的缺陷	产生原因	调整方法
送料不正常退不下料	(1)两导料板之间的尺寸过小或有斜度； (2)凸模与卸料板之间的间隙过大，使搭边翻扭； (3)用侧刃定距的冲裁模导料板的工作面和侧刃不平行形成毛刺，使条料卡死； (4)侧刃与侧刃挡块不密合形成方毛刺，使条料卡死	(1)根据情况修正或重装导料板； (2)根据情况采取措施减小凸模与卸料板的间隙； (3)重装导料板； (4)修整侧刃挡块消除间隙

（续表）

试冲的缺陷	产生原因	调整方法
卸料不正常退不下料	(1)由于装配不正确，卸料机构不能动作，如卸料板与凸模配合过紧，或因卸料板倾斜而卡紧； (2)弹簧或橡皮的弹力不足； (3)凹模和下模座的漏料孔没有对正，凹模孔有倒锥造成工件堵塞，料不能排出； (4)顶出器过短或卸料板行程不够	(1)修整卸料板、顶板等零件； (2)更换弹簧或橡皮； (3)修整漏料孔，修整凹模； (4)顶出器的顶出部分加长或加深卸料螺钉沉孔的深度
凸、凹模的刃口相碰	(1)上模座、下模座、固定板、凹模、垫板等零件安装面不平行； (2)凸、凹模错位； (3)凸模、导柱等零件安装不垂直； (4)导柱与导套配合间隙过大使导向不准； (5)卸料板的孔位不正确或歪斜，使冲孔凸模位移	(1)修整有关零件，重装上模或下模； (2)重新安装凸、凹模，使之对正； (3)重装凸模或导柱； (4)更换导柱或导套； (5)修理或更换卸料板
凸模折断	(1)冲裁时产生的的侧向力未抵消； (2)卸料板倾斜	(1)在模具上设置靠块来抵消侧向力； (2)修整卸料板或给凸模加导向装置
凹模被胀破	凹模孔有倒锥度现象(上口大下口小)	修磨凹模孔，消除倒锥现象
冲裁件的形状和；尺寸不正确	凸模和凹模的入口形状及尺寸不正确	先将凸模和凹模的形状及尺寸修准，然后调整冲模的间隙
落料外形和冲孔位置；不正，成偏位现象	(1)挡料销位置不正； (2)落料凸模上导正销尺寸过小； (3)导料板和凹模送料中心线不平行，使孔位偏斜； (4)侧刃定距不准	(1)修正挡料销； (2)更换导正销； (3)修正导料板； (4)修磨或更换侧刃
冲压件不平	(1)落料凹模有上口大、下口小的倒锥，冲件从孔中通过时被压弯； (2)冲模结构不当，落料时没有压料装置； (3)在连续模中，导正销与预冲孔配合过紧，将工件压出凹陷，或导正销与挡料销之间的距离过小，导正钉使条料前移，被挡料销挡住	(1)修磨凹模孔，去除倒锥度现象； (2)加压料装置； (3)修小挡料销
冲裁件的毛刺较大	(1)刃口不锋利或淬火硬度低； (2)凸、凹模配合间隙过大或间隙不均匀	(1)修磨工作部分刃口； (2)重新调整凸、凹模间隙，使其均匀

表 7－4　弯曲模试冲时出现的缺陷、产生原因及调整方法

试冲的缺陷	产生原因	调整方法
制件的弯曲度不够	(1)凸、凹模的弯曲回弹角制造过小； (2)凸模进入凹模的深度太浅； (3)凸、凹模之间的间隙过大； (4)校正弯曲的实际单位校正力太小	(1)修正凸、凹模，使弯曲角度达到要求； (2)加大凸模进入凹模深度，增大制件的有效变形区域； (3)按实际情况采取措施，减小凸、凹模的配合间隙； (4)增大校正力或修正凸(凹)模形状，使校正力集中在变形部位
制件的弯曲位置；不合要求	(1)定位板位置不正确； (2)弯曲件两侧受力不平衡使制件产生滑移； (3)压料力不足	(1)重新装定位板，保证其位置正确； (2)分析制件受力不平衡的原因并加以克服； (3)采取措施增大压料力
制件尺寸过长或不足	(1)间隙过小，将材料拉长； (2)压料装置的压料力过大使材料伸长； (3)设计计算错误或不正确	(1)根据实际情况修整凸、凹模，增大间隙值； (2)根据情况采取措施，减少压料装置的压料力； (3)落料尺寸在弯曲模试模后确定
制件表面擦伤	(1)凹模圆角半径过小，表面粗糙度不合要求； (2)润滑不良使板料黏在凹模上； (3)凸、凹模之间的间隙不均匀	(1)增大凹模圆角半径，降低表面粗糙度； (2)合理润滑； (3)修正凸、凹模，使间隙均匀
制件弯曲部位；产生裂纹	(1)板料的塑性差； (2)弯曲线与板料的纤维方向平行； (3)剪切断面的毛刺在弯曲的外侧	(1)将坯料退火后再弯曲； (2)改变落料排样，使弯曲线与板料纤维方向成一定的角度； (3)使毛刺在弯曲的内侧，光亮带在外侧

表 7－5　拉深模试冲时出现的缺陷、产生原因及调整方法

试冲的缺陷	产生原因	调整方法
制件拉深高度不够	(1)毛坯尺寸小； (2)拉深间隙过大； (3)凸模圆角半径太小	(1)放大毛坯尺寸； (2)更换凸模与凹模，使间隙适当； (3)加大凸模圆角半径
制件拉深高度太大	(1)毛坯尺寸太大； (2)拉深间隙太小； (3)凸模圆角半径太大	(1)减小毛坯尺寸； (2)整修凸、凹模，加大间隙； (3)减小凸模圆角半径
制件壁厚和高度不均	(1)凸模与凹模间隙不均匀； (2)定位板或挡料销位置不正确； (3)凸模不垂直； (4)压料力不均； (5)凹模的几何形状不正确	(1)重装凸模和凹模，使间隙均匀一致； (2)重新调整定位板及挡料销位置，使之正确； (3)修正凸模后重装； (4)调整托杆长度或弹簧位置； (5)重新修正凹模

（续表）

试冲的缺陷	产生原因	调整方法
制件起皱	(1)压边力太小或不均； (2)凸、凹模间隙太大； (3)凹模圆角太大； (4)板料太薄或塑性差	(1)增大压边力或调整顶件杆长度、弹簧位置； (2)减小凸、凹模间隙； (3)减小凹模圆角半径； (4)更换材料
制件破裂或有裂纹	(1)压料力太大； (2)压料力不够，起皱引起破裂； (3)毛坯尺寸太大或形状不当； (4)拉深间隙太小； (5)凹模圆角半径太小； (6)凹模圆角表面粗糙； (7)凸模圆角半径太小； (8)冲压工艺不当； (9)凸模与凹模不同心或不垂直； (10)板料质量不好	(1)调整压料力； (2)调整顶杆长度或弹簧位置； (3)调整毛坯形状和尺寸； (4)加大拉深间隙； (5)加大凹模圆角半径； (6)修整凹模圆角，降低表面粗糙度； (7)加大凸模圆角半径； (8)增加工序或调换工序； (9)重装凸、凹模； (10)更换材料或增加退火工序，改善润滑条件
制件表面拉毛	(1)拉深间隙太小或不均匀； (2)凹模圆角表面粗糙度大； (3)模具或板料不清洁； (4)凹模硬度太低，板料有黏附现象； (5)润滑油质量太差	(1)修整拉深间隙； (2)修光凹模圆角； (3)清洁模具及板料； (4)提高凹模硬度进行镀铬及氮化处理； (5)更换润滑油
制件表面不平	(1)凸模或凹模(顶出器)无出气孔； (2)顶出器在冲压的最终位置时顶力不足； (3)材料本身存在弹性	(1)增加出气孔； (2)调整冲模结构，使冲模达到闭合高度时，顶出器处于刚性接触状态； (3)改变凸、凹模和压料板形状

思考题与练习题

1. 制订冲压工艺过程时应分析研究哪些原始资料？

2. 简述冲压工艺制订的主要内容及步骤。

3. 冲压工序顺序的确定一般应考虑哪些原则？

4. 怎样理解工序组合的必要性和可能性？

5. 如图 7-25 所示零件，材料为 08F 钢，厚度 $t=1.5$，大批量生产。完成以下工作内容：

(1)分析零件的工艺性，在冲压时会产生什么问题，试述如何解决？

(2)计算零件的拉深次数及各次拉深工序件尺寸。

(3)计算各次拉深时的拉深力及压料力。

(4)绘制最后一次拉深时的拉深模结构草图。

(5)确定最后一次拉深时凸、凹模工作部位尺寸，绘制凸、凹模零件图。

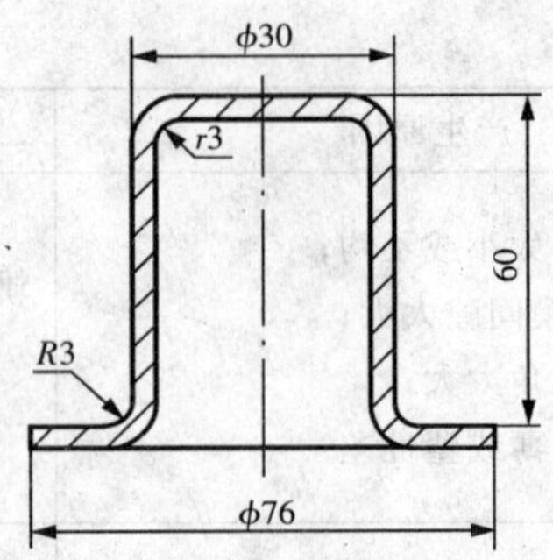

图 7-25

6. 分别制订图 7-26 所示零件的冲压工艺过程，生产批量为中批量生产。

7. 试述图 7-26 所示零件在试冲时出现的缺陷、产生原因及调整方法。

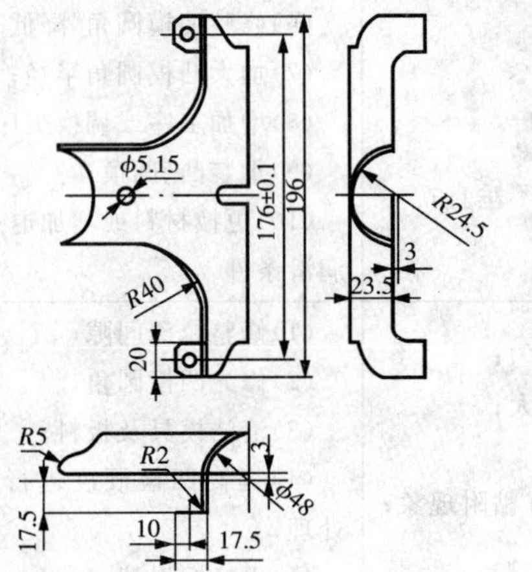

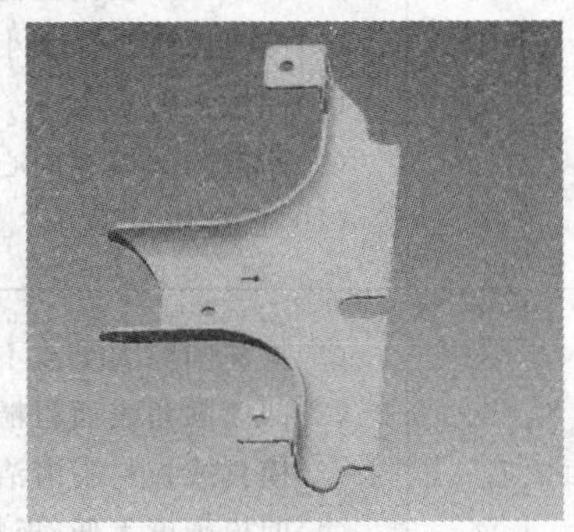

图 7-26

本书参考文献

[1] 许法樾．实用模具设计与制造手册．北京：机械工业出版社，2004.

[2] 钟毓斌．冲压工艺与模具设计．北京：机械工业出版社，2002.

[3] 翁其金．冷冲压技术．北京：机械工业出版社，2004.

[4] 张荣清．模具设计与制造．北京：高等教育出版社，2003.